LIBRARY 工学基礎 & 高専TEXT

T3

微分積分

[第2版]

河東泰之●監 修

佐々木良勝／鈴木香織／竹縄知之●共編著

数理工学社

LIBRARY 工学基礎 & 高専 TEXT について

LIBRARY 工学基礎 & 高専 TEXT は 2012 年から 2015 年にかけて『基礎数学』,『線形代数』,『微分積分』,『応用数学』を刊行した．そして，このたび改訂の第 1 弾として，『基礎数学 [第 2 版]』を出版することとなった．この後，『線形代数 [第 2 版]』(2022 年秋),『微分積分 [第 2 版]』(2023 年秋),『応用数学 [第 2 版]』および新たに『確率統計』(2024 年秋) と刊行を続けていく予定であり，また『応用数学』を除いた教科書には，それぞれに対応した問題集 (の第 2 版) も別に出版される．

数学があらゆる科学技術の基礎であるということはよく言われる．しかし，小学校低学年で習う算数が日常生活で必要なことは誰の目にも明らかなのに対し，より進んだ数学が，どのように実社会で有用なのかは，残念ながらそれほどわかりやすくはない．だが実際に数学，特に本ライブラリが対象としているような数学は日常生活のあらゆる面で (多くの場合表面からは直接見えない形で) 使われているのである．これらの数学がなければ，携帯電話はつながらないし，飛行機も飛ばないし，AI ソフトも動かないし，病気治療の有効性も判定できないのである．もし数学という手段を持っていなかったとしたら，我々は今でも江戸時代と変わりないような生活をしていることであろう．

コンピュータ技術の爆発的な進展に伴い，数学的な考え方の重要性もまた飛躍的に高まっている．最近社会的インパクトが盛んに強調されるデータサイエンスの基礎も数学の塊である．世界の人類は今もさまざまな危機にさらされているが，社会の構成員がどれだけのレベルの数学的理解を持っているかどうかに，我々の未来はかかっているのである．

そこで本ライブラリは，そのような未来を切り開く数学の力を身につける大きな手助けとなるようにと書かれたものである．最も基礎的なところから始め，丁寧な解説を加えて一歩ずつ進んでいくことを心がけた．これによって，単なる目先の試験だけではなく，一生使っていける数学の深い知識が身につくようになることを目指したものである．数学を理解するという深い楽しみと喜びを味わってもらえるように願っている．

2021 年秋　　　　監修者　河東　泰之

第2版まえがき

我々は，学習者が数学を理解・修得する際の障壁をできるだけ低くし，手助けをできるだけ手厚くすることを第一義に掲げた教科書として初版を作成した．一見教科書らしからぬ教科書となることをも厭わず，式変形の際の行間の注記や，初学者が混乱・誤解しやすい点についての説明など，実際に教室で学生たちがつまずく点について配慮した記述をし，また，説明の重複を必ずしも厭わず，同じことを異なる箇所で復習できるような記述を心がけた．

本ライブラリで，例えば三角関数の加法定理など，一つの数学的事実をいくつもの視点から見る体験をしたり，公式をその導出過程も含めて理解することで暗記に頼らない数学のよさを体験できるであろう．数学が得意な人たちは暗記に頼らない．数学が得意になりたい人もまた，そのように学ぶべきであろう．

改訂にあたり，基本方針は堅持しつつ，より見やすい構成になるよう全面的に見直した．また，国際化が進む時勢に鑑み，索引には英語の綴りを入れた．さらに，例題，問題の難易度を見直し，基本的な問題を充実させた．

微分積分（calculus）は，理工学において最も重要であり，自然科学や社会科学，情報科学などの科学に欠くことのできない数学的技法といえる．本巻では，その基礎的な計算の習得，理工学への応用とそのつながりがわかるよう配慮している．微分積分を学ぶことにより，応用分野への理解がより深まり，その素地となり，学問の視野が広がる手助けとなるだろう．今回の改訂により，グラフの追加や演習問題の見直し，微分方程式などの内容をより充実させた．

青い文字のメモおよびマーキングによって，理解しづらい部分，間違いやすい部分などがわかるようになっているのも本ライブラリを通しての特徴である．また，基本的な公式やグラフを巻末に掲載しているので，ぜひ活用されたい．

幾分高度な証明や内容には♣を付し，本文よりひとまわり小さい文字で記述している．これにより授業の進度に合わせ取扱いの選択ができるよう配慮した．

この出版計画に際してお声をお掛けくださり，またご監修いただいた東京大学の河東泰之先生に，この場を借りて敬愛と感謝の念を表したい．

2023年秋　　　　編著者・執筆者一同

第2版刊行にあたり小山工業高等専門学校の岡田崇先生から貴重なご意見・ご指摘をいただきました．監修者・編著者・著者，編集部一同より厚く御礼を申し上げます．

目　　次

5 偏微分

6 重積分

■重要語句のルビについて
本ライブラリは手厚い教科書を目指しており，教育上の配慮から，
すべての太字にルビを振っております．

本書のサポートページ(右の QR コード)はサイエンス社・数理工学社ホームページ
https://www.saiensu.co.jp
をご覧ください．

ギリシア文字一覧

大文字	小文字	読み	大文字	小文字	読み
A	α	アルファ	N	ν	ニュー
B	β	ベータ	Ξ	ξ	グザイ（クシィ）
Γ	γ	ガンマ	O	o	オミクロン
Δ	δ	デルタ	Π	π	パイ
E	ϵ, ε	イプシロン	P	ρ	ロー
Z	ζ	ゼータ（ツェータ）	Σ	σ	シグマ
H	η	イータ（エータ）	T	τ	タウ
Θ	θ	シータ	Υ	υ	ウプシロン
I	ι	イオタ	Φ	φ, ϕ	ファイ
K	κ	カッパ	X	χ	カイ
Λ	λ	ラムダ	Ψ	ψ, ψ	プサイ（プシィ）
M	μ	ミュー	Ω	ω	オメガ

1 数列と極限

微分積分学とは，曲線などの曲がった図形をまっすぐな図形で近似する学問である．近似の精度を限りなく高めれば，近似値は厳密な値に限りなく近づいていく——これが微分積分の基本的なアイディアである．本章では，その手始めに，数を並べたものがある値に限りなく近づいていく際の取扱いを学ぶ．

1.1 等差数列と等比数列

等差数列と等比数列は最も基本的な数列である．他の数列を調べる際にもこれらに帰着させることが多いため，数列の取扱いにおける雛形《ひながた》としても重要である．

数　列　数を一列に並べたものを**数列**《すうれつ》という．おのおのの数を**項**《こう》という．数列の最初の項を**初項**《しょこう》，第 n 番目の項を**第**《だい》 $\boldsymbol{n}$ **項**《こう》という．初項は第 1 項である．

例：(奇数列) 1，3，5，7，9，...　← 初項は 1，第 n 項は $2n-1$

項が無限に続く数列を**無限数列**《むげんすうれつ》という．以下，主として無限数列を扱う．

無限数列を一般的に表すには次のようにかく．

a_1，a_2，a_3，a_4，...（無限数列の場合）

この「···」はまだ続くことを示す．したがって省略できない．

数列 $a_1, a_2, a_3, a_4, \ldots$ を一括して $\{a_n\}$ とかく．数列 $\{a_n\}$ の第 n 項 a_n を n の式として表したものをこの数列の**一般項**《いっぱんこう》という．

右下に添えた番号を**添字**《そえじ》という．

例：上の例の奇数列は $\{2n-1\}$ と表せる無限数列で，その一般項は $a_n = 2n-1$

項が有限個で終わる数列を**有限数列**《ゆうげんすうれつ》という．有限数列においては最後の項を**末項**《まっこう》，項の個数を**項数**《こうすう》という．

例：(24 の約数列) 1，2，3，4，6，8，12，24　← 末項は 24，項数は 8

有限数列を一般的に表すには次のようにかく．

a_1，a_2，a_3，...，a_n（有限数列の場合）

等差数列　ある数 a からはじめて次々に一定の数 d ずつ増えていく数列を**等差数列**《とうさすうれつ》という．

例 1.1　(1)　正の奇数を小さい方から並べると

$$1,\ 3,\ 5,\ 7,\ 9,\ 11,\ \ldots$$

これは $a=1$ からはじめて $d=2$ ずつ増えていく等差数列である（図の①）．

(2)　10 からはじめて 2 ずつ引いていくと

$$10,\ 8,\ 6,\ 4,\ 2,\ 0,\ -2,\ \ldots$$

これは $a=10$ からはじめて $d=-2$ ずつ増えていく等差数列である（図の②）．

(3)　1 だけをずっと一列に並べると

$$1,\ 1,\ 1,\ 1,\ 1,\ \ldots$$

これは $a=1$ からはじめて $d=0$ ずつ増えていく等差数列である（図の③）．■

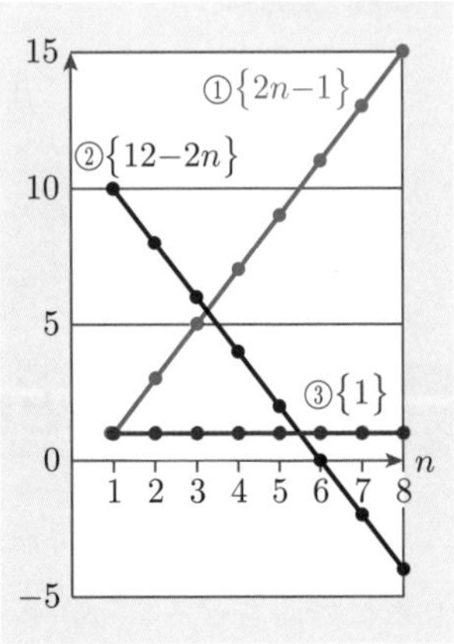

等差数列の一般形は

$$\overset{a_1}{\overset{\shortparallel}{a}},\quad \overset{a_2}{\overset{\shortparallel}{a+d}},\quad \overset{a_3}{\overset{\shortparallel}{a+2d}},\quad \overset{a_4}{\overset{\shortparallel}{a+3d}},\quad \overset{\cdots}{\ldots},\quad \overset{a_n}{\overset{\shortparallel}{a+(n-1)d}},\quad \ldots$$

$$+d \quad +d \quad +d \quad +d \quad +d \quad \cdots \quad +d$$

最初の数 a を初項，d を公差《こうさ》という．各項で加えられる d の個数が a_n の添字 n より 1 少ない，という規則性から，一般項は $a_n = a + (n-1)d$ であることがわかる．このような数列を等差数列とよぶのは $a_{n+1} - a_n = d$，すなわち，となり合う 2 つの項の差が常に一定だからである．まとめると

a はアルファベットの最初の文字　　d は difference（差）の頭文字

1.1　等差数列

初項 a，公差 d の等差数列 $\{a_n\}$ の一般項は

$$a_n = a + (n-1)d \quad \leftarrow \text{等差数列は初項 } a \text{ と公差 } d \text{ だけで決まる}$$

数列を書き下すと

$$a,\quad a+d,\quad a+2d,\quad a+3d,\quad \ldots,\quad a+(n-1)d,\quad \ldots$$

$$+d \quad +d \quad +d \quad +d \quad +d \quad \cdots \quad +d$$

例 1.2　初項が 7，公差が -3 の等差数列を書き下すと $7, 4, 1, -2, -5, \ldots$
この等差数列の一般項は $a_n = 7 + (n-1)(-3) = 10 - 3n$ である． ■

例題 1.1　初項が 2，第 4 項が 8 の等差数列の一般項を求めよ．

解　公差を d とおくと $a_4 = 2 + (4-1)d = 8$．すなわち $3d = 6$ であるから $d = 2$．よって，$a_n = 2 + 2(n-1) = 2n$　←$\{2n\}$ は偶数列 ■

Let's TRY

問 **1.1**　次を満たす等差数列の一般項を求め，最初の 5 項を書き下せ．

(1)　初項 3，公差 -2　　(2)　初項 6，第 4 項が -3

(3)　第 3 項が 5，第 5 項が 9　　(4)　第 3 項が -5，第 6 項が 4

例題 1.2　一般項が $a_n = 2n - 1$ である数列 $\{a_n\}$ は等差数列であることを示し，その初項と公差を求めよ．

解　$n \geqq 2$ に対し $a_n - a_{n-1} = (2n-1) - \{2(n-1)-1\} = (2n-1) - (2n-3) = 2$
次の項との差が n によらず一定であるから等差数列である．その初項は $a_1 = 2 \cdot 1 - 1 = 1$，公差は $d = a_n - a_{n-1} = 2$ ■

Let's TRY

問 **1.2**　次の数列が等差数列であることを示し，その初項と公差を求めよ．

(1)　一般項 $a_n = 3n - 2$ の数列 $\{a_n\}$　　(2)　一般項 $b_n = n + 4$ の数列 $\{b_n\}$

等差数列の和の公式　等差数列 $\{a_n\}$, $a_n = a + (n-1)d$ の初項から第 n 項までの和 $S_n = a_1 + \cdots + a_n$ を求めよう．末項である第 n 項 a_n を簡単に l と表すと $l = a + (n-1)d$ で，S_n と，項の順番を逆にしたもう 1 つの S_n を加えると

l は last term（末項）の頭文字

$$S_n = \frac{n(a+l)}{2} = \frac{n\{2a + (n-1)d\}}{2}$$

		第 1 項		第 2 項				第 n 項	
S_n	$=$	a	$+$	$a+d$	$+$	$\cdots$	$+$	l	
		$+$		$+$				$+$	
S_n	$=$	l	$+$	$l-d$	$+$	$\cdots$	$+$	a	
+)		‖		‖				‖	
$2S_n$	$=$	$a+l$	$+$	$a+l$	$+$	$\cdots$	$+$	$a+l$	$= n(a+l)$

このことの図形的な意味を考えてみよう．

まず台形の面積の公式を思い出そう．図のようにに同じ台形をもう 1 つくっつけると台形と同じ高さで台形の（上底＋下底）を底辺とする平行四辺形になるから，台形の面積 S は $S = \frac{(上底+下底)\times 高さ}{2}$

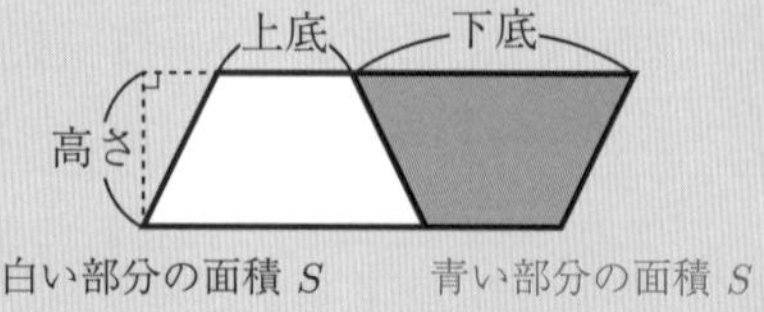

同様にして等差数列の和を求めてみる．

初項 a，公差 d の等差数列を第 n 項まで重ねたものが図の白い部分である．全く同じ図形を青い部分のようにぴったりと補うと，長方形になる．各段の面積は（高さを 1 とすると）すべて $a+l = 2a+(n-1)d$ であり，それが n 段あるから，長方形の面積は $n(a+l)$．等差数列の和は長方形の面積の半分，すなわち $S_n = \dfrac{n(a+l)}{2} = \dfrac{n\{2a+(n-1)d\}}{2}$ となる．まとめると

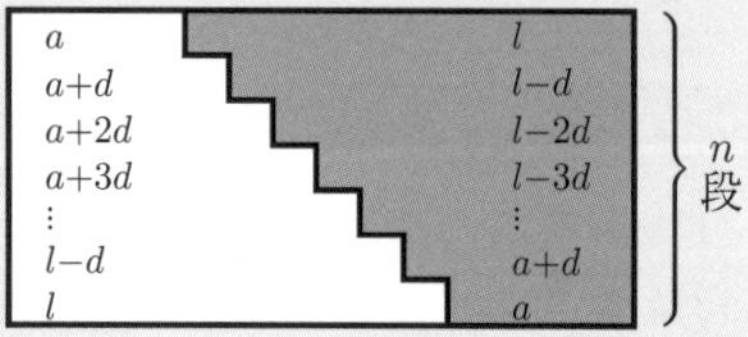

1.2 等差数列の和

初項 a，公差 d の等差数列 $\{a_n\}$ の初項から第 n 項 $a_n = l$ までの和 $S_n = a_1 + \cdots + a_n$ は

第 n 項　$l = a + (n-1)d$

$$S_n = \frac{n(a+l)}{2} = \frac{n\{2a+(n-1)d\}}{2}$$

例 1.3　(1)　1 から 10 までの自然数の列は初項 1，公差 1 の等差数列の第 10 項までだから，和は $S_{10} = \dfrac{\overset{5}{\cancel{10}}(1+10)}{\cancel{2}} = 5\cdot 11 = 55$

(2)　1 から n までの自然数の列は初項 1，公差 1 の等差数列の第 n 項までだから，和は $S_n = \dfrac{n(n+1)}{2}$　■

Let's TRY

問 1.3　次の和を求めよ．(1)　1 からはじまる n 個の奇数

(2)　2 からはじまる n 個の偶数　　(3)　初項 5，末項 49，項数 12 の等差数列

等比数列　ある数 a からはじめて次々に一定の数 r を掛けて得られる数列を**等比数列**《とうひすうれつ》という．簡単のため，本章では公比が実数のもののみ考える．

例 1.4　(1)　2 からはじめて，その 2 倍，そのまた 2 倍，$\cdots$ を一列に並べると

$$2,\quad 4,\quad 8,\quad 16,\quad 32,\quad 64,\quad \ldots$$

これは $a=2$ からはじめて次々に $r=2$ 倍になっていく等比数列である（図の①）．

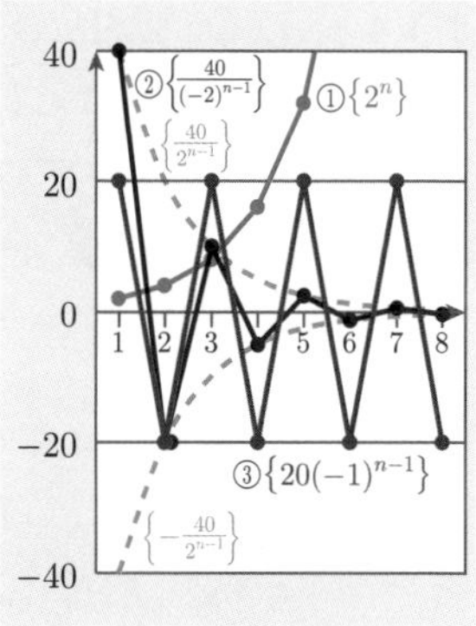

(2)　40 からはじめて，その半分，そのまた半分，$\cdots$ を符号を交互に入れ替えつつ一列に並べると

$$40,\quad -20,\quad 10,\quad -5,\quad 2.5,\quad -1.25,\quad \ldots$$

これは $a=40$ からはじめて次々に $r=-\dfrac{1}{2}$ 倍になっていく等比数列である（図の②）．

(3)　20 と -20 を交互に並べると

$$20,\quad -20,\quad 20,\quad -20,\quad 20,\quad -20,\quad \ldots$$

これは $a=20$ からはじめて次々に $r=-1$ 倍になっていく等比数列である（図の③）．■

等比数列の一般形は

$$\begin{array}{ccccccc} a_1 & a_2 & a_3 & a_4 & \cdots & a_n & \\ \| & \| & \| & \| & & \| & \\ a, & ar, & ar^2, & ar^3, & \ldots, & ar^{n-1}, & \ldots \\ \times r & \times r & \times r & \times r & \times r & \cdots & \times r \end{array}$$

最初の数 a は初項である．r を**公比**《こうひ》という．各項で掛けられる r の個数が a_n の添字 n より 1 少ない，という規則性から，一般項は $a_n=ar^{n-1}$ であることがわかる．このような数列を等比数列とよぶ．これは（$a, r\neq 0$ のとき）$\dfrac{a_{n+1}}{a_n}=r$，すなわち，となり合う 2 つの項の比が常に一定だからである．まとめると

（r は ratio（比）の頭文字）

1.3　等比数列

初項 a，公比 r の等比数列 $\{a_n\}$ の一般項は

$$a_n=ar^{n-1}$$　← 等比数列は初項 a と公比 r だけで決まる

数列を書き下すと

$$\begin{array}{ccccccc} a, & ar, & ar^2, & ar^3, & \ldots, & ar^{n-1}, & \ldots \\ \times r & \times r & \times r & \times r & \times r & \cdots & \times r \end{array}$$

例 1.5　(1)　初項が 6，公比が -2 の等比数列を書き下すと 6, -12, 24, -48, 96, ... この等比数列の一般項は $a_n = 6(-2)^{n-1} = -3(-2)^n$ である．
(2)　初項が 2，第 4 項が 16 の等比数列の一般項は公比を r として

$$a_4 = 2 \cdot r^{4-1} = 16 \quad \Longrightarrow \quad r = 2 \qquad \therefore\ a_n = 2 \cdot 2^{n-1} = 2^n$$ ■

Let's TRY

問 1.4　次を満たす等比数列の一般項を求め，最初の 5 項を書き下せ．
(1) 初項 3，公比 -2　(2) 初項 2，第 4 項が $-\frac{1}{4}$　(3) 第 3 項が 3，第 5 項が 9

等比数列の和の公式　初項 a，公比 r の等比数列 $\{a_n\}$, $a_n = ar^{n-1}$ の初項から第 n 項までの和 $S_n = a_1 + \cdots + a_n$ を求める．$r = 1$ のときは

$$S_n = a + ar + ar^2 + \cdots + ar^{n-1} = \overbrace{a + a + \cdots + a}^{n\text{ 個}} = na$$

$r \neq 1$ のときは，$S_n - rS_n$ を筆算でかくと次のように計算できる．

$$\begin{array}{rcllllllll}
S_n & = & a & + \cancel{ar} & + \cancel{ar^2} & + \cdots & + \cancel{ar^{n-1}} & & & \\
-)\ rS_n & = & & \cancel{ar} & + \cancel{ar^2} & + \cdots & + \cancel{ar^{n-1}} & + ar^n & & \\
\hline
(1-r)S_n & = & a & & & & & - ar^n & = & a(1-r^n)
\end{array}$$

両辺を r 倍

$$\therefore \quad S_n = a + ar + ar^2 + \cdots + ar^{n-1} = a(1 + r + r^2 + \cdots + r^{n-1}) = \frac{a(1-r^n)}{1-r}$$

これは展開 $(1-r)(1+r+\cdots+r^{n-1}) = 1 - r^n$ からも得られる．まとめると

1.4　等比数列の和

初項 a，公比 r の等比数列の和 $S_n = a_1 + \cdots + a_n$ は

$r \neq 1$ のとき　$S_n = \dfrac{a(1-r^n)}{1-r}$

$r = 1$ のとき　$S_n = a + a + \cdots + a = na$

← 場合分けが必要であることに注意！

例 1.6　等比数列 $\left\{\frac{9}{10^n}\right\}$ の初項は $\frac{9}{10}$，公比は $\frac{1}{10}$ だから初項から第 n 項までの和 S_n は $S_n = \dfrac{9}{10}\dfrac{1-\left(\frac{1}{10}\right)^n}{1-\frac{1}{10}} = 1 - \dfrac{1}{10^n} = 0.99\cdots9$ （9 が n 個） ■

Let's TRY

問 1.5　次を満たす等比数列の初項から第 n 項までの和を求めよ．
(1) 初項 3，公比 -2　(2) 初項 2，第 4 項が $-\frac{1}{4}$　(3) 第 3 項が 3，第 5 項が 9

1.2 いろいろな数列とその和

本節では，等差数列や等比数列とは限らない，多様な数列の取扱いを学ぶ．

数列とその和

$$\begin{array}{rcl} S_n &=& \cancel{a_1} + \cancel{a_2} + \cdots + \cancel{a_{n-1}} + a_n \\ -)\ S_{n-1} &=& \cancel{a_1} + \cancel{a_2} + \cdots + \cancel{a_{n-1}} \\ \hline S_n - S_{n-1} &=& a_n \end{array}$$

数列 $\{a_n\}$ の初項から第 n 項までの和を S_n とおくと，まず $a_1 = S_1$ であり，$n \geqq 2$ に対しては $S_{n-1}+a_n=S_n$ より $a_n=S_n-S_{n-1}$ が成り立つ．まとめると

1.5 数列の和と一般項

数列 $\{a_n\}$ の初項から第 n 項までの和を S_n とおくと

$$a_1 = S_1, \quad a_n = S_n - S_{n-1} \quad (n \geqq 2)$$

例題 1.3　初項から第 n 項までの和が n^2 である数列 $\{a_n\}$ の一般項を求めよ．

解　初項から第 n 項までの和を S_n とおくと，$a_1 = S_1 = 1$．また $n \geqq 2$ に対しては

$$a_n = S_n - S_{n-1} = n^2 - (n-1)^2 = 2n - 1$$

これは $n = 1$ のときも成り立つから，すべての自然数 n に対し $a_n = 2n - 1$ ■

Let's TRY

問 1.6　初項から第 n 項までの和が $S_n = 2^n - 1$ である数列の一般項を求めよ．

和の記号 Σ　a_k の $k = 1, 2, \ldots, n$ にわたる和 $a_1 + a_2 + \cdots + a_n$ を，和 (Sum) の頭文字 S にあたるギリシア文字 Σ (シグマ) を用いて，$\displaystyle\sum_{k=1}^{n} a_k$ と表す．

すなわち $\displaystyle\sum_{k=1}^{n} a_k = a_1 + a_2 + \cdots + a_n$

読み方は，例えば「エー ケーのケー イコール いちからエヌまでの和」，「シグマ，ケー イコール いちからエヌまで，エー ケー」など．

例 1.7　(1)　$\displaystyle\sum_{k=1}^{n} k = 1 + 2 + 3 + \cdots + n = \frac{n(n+1)}{2}$　(∵ 等差数列の和の公式)

(2)　$\displaystyle\sum_{k=1}^{2n} k = 1 + 2 + 3 + \cdots + 2n = \frac{2n(2n+1)}{2} = n(2n+1)$　(∵ 同上) ■

■**注意** 和は Σ の下の「$k=$」の後の整数から Σ の上の整数までのすべての整数についてとる．例えば $3+4+5+6=\sum_{k=3}^{6} k=\sum_{k=1}^{4}(k+2)$．また和をとる添字は結果に影響しないため，$k$ でなくてもよい．例えば $\sum_{k=1}^{n} a_k=\sum_{j=1}^{n} a_j=\sum_{i=1}^{n} a_i$．ただし $\sum_{k=1}^{n} a_k \neq \sum_{k=1}^{n} a_n=\overbrace{a_n+a_n+\cdots+a_n}^{n\text{ 個}}=na_n$

1.6 Σ の性質

Σ 記号の定数倍と和について次が成り立つ．

$$\sum_{k=1}^{n} ca_k=c\sum_{k=1}^{n} a_k, \quad \sum_{k=1}^{n} a_k+\sum_{k=1}^{n} b_k=\sum_{k=1}^{n}(a_k+b_k)$$

証明

$$\sum_{k=1}^{n} ca_k=ca_1+ca_2+\cdots+ca_n=c(a_1+a_2+\cdots+a_n)=c\sum_{k=1}^{n} a_k$$

$$\sum_{k=1}^{n} a_k+\sum_{k=1}^{n} b_k=(a_1+a_2+\cdots+a_n)+(b_1+b_2+\cdots+b_n)$$

$$=(a_1+b_1)+(a_2+b_2)+\cdots+(a_n+b_n)=\sum_{k=1}^{n}(a_k+b_k)$$ ■

例 1.8

$$\sum_{k=1}^{n} 3k=3\sum_{k=1}^{n} k=\frac{3n(n+1)}{2}$$

$$\sum_{k=1}^{n} 2k+\sum_{k=1}^{n} 3k=\sum_{k=1}^{n}(2k+3k)=\sum_{k=1}^{n} 5k=5\sum_{k=1}^{n} k=\frac{5n(n+1)}{2}$$ ■

■**注意** 次は成り立たない． 和の記号で特に多い間違いなので気をつけよう．

$\sum_{k=1}^{n} a_k b_k$ ✕ $a_k \sum_{k=1}^{n} b_k$　左辺は k によらないが，右辺は k が残ってしまう．

$\sum_{k=1}^{n} a_k b_k$ ✕ $\sum_{k=1}^{n} a_k \sum_{k=1}^{n} b_k$　反例：$a_1b_1+a_2b_2 \neq (a_1+a_2)(b_1+b_2)$

↑

簡単な反例を作ることが理解に役立つことも多い

例題 1.4　次の和を Σ で表せ.　(1)　$1\cdot 2+2\cdot 3+3\cdot 4+\cdots+n(n+1)$

(2)　$1\cdot 1+2\cdot 2+3\cdot 2^2+\cdots+n2^{n-1}$

(3)　$\dfrac{1}{1\cdot 2}+\dfrac{1}{2\cdot 3}+\dfrac{1}{3\cdot 4}+\cdots+\dfrac{1}{n(n+1)}$

解　(1)　$\displaystyle\sum_{k=1}^{n} k(k+1)$　　$\displaystyle\sum_{j=1}^{n} j(j+1)$, $\displaystyle\sum_{i=1}^{n} i(i+1)$ や $\displaystyle\sum_{k=0}^{n} k(k+1)$ なども正解.

(2)　$\displaystyle\sum_{k=1}^{n} k2^{k-1}$　　$\displaystyle\sum_{j=1}^{n} j2^{j-1}$, $\displaystyle\sum_{i=1}^{n} i2^{i-1}$ や $\displaystyle\sum_{k=0}^{n-1} (k+1)2^{k}$ なども正解.

(3)　$\displaystyle\sum_{k=1}^{n} \frac{1}{k(k+1)}$　　$\displaystyle\sum_{j=1}^{n} \frac{1}{j(j+1)}$, $\displaystyle\sum_{i=1}^{n} \frac{1}{i(i+1)}$ なども正解.　■

Let's TRY

問 1.7　次の和を Σ で表せ.

(1)　$3\cdot 6+4\cdot 7+5\cdot 8+\cdots+9\cdot 12$　　(2)　$\dfrac{1}{1\cdot 3}+\dfrac{1}{2\cdot 4}+\dfrac{1}{3\cdot 5}+\cdots+\dfrac{1}{n(n+2)}$

問 1.8　Σ を含む次の等式は正しいか否か判定せよ.

(1)　$\displaystyle\sum_{i=0}^{n}(i-1)i=\sum_{j=2}^{n}(j-1)j$　　(2)　$\displaystyle\sum_{k=1}^{n}(k-1)k=\sum_{k=1}^{n-1}k(k+1)$

整式型の和　まず次のことに注意する.

定数列 c, c, c, . . . は (初項 c, 公差 0 の) 等差数列でもあり, (初項 c, 公比 1 の) 等比数列でもある.

$$\sum_{k=1}^{n} 1 = 1+\cdots+1=n, \quad \sum_{k=1}^{n} c = c+\cdots+c=nc$$

自然数の和　$\displaystyle\sum_{k=1}^{n} k=1+2+\cdots+n=\frac{n(n+1)}{2}$ は等差数列の和の公式 **1.2** より求められるが, ここでは別の考え方で導いてみよう. $(k+1)^2-k^2=2k+1$ に順に $k=1,2,\ldots,n$ を代入し, 縦に揃えて辺々を加えると

$$\begin{array}{rrcl}
 & 2^2 - 1^2 & = & 2\cdot 1 + 1 \\
 & 3^2 - 2^2 & = & 2\cdot 2 + 1 \\
 & 4^2 - 3^2 & = & 2\cdot 3 + 1 \\
 & \vdots & & \vdots \\
+) & (n+1)^2 - n^2 & = & 2\cdot n + 1 \\
\hline
 & (n+1)^2 - 1^2 & = & 2\sum_{k=1}^{n} k + \sum_{k=1}^{n} 1
\end{array}$$

$$(n+1)^2-1^2=2\sum_{k=1}^{n}k+\sum_{k=1}^{n}1 \quad\Longrightarrow\quad \sum_{k=1}^{n}k=\frac{n(n+1)}{2}$$

$\because$　$\displaystyle 2\sum_{k=1}^{n}k=(n+1)^2-1^2-\sum_{k=1}^{n}1=n^2+2n-n=n(n+1)$

自然数の平方の和

$\sum_{k=1}^{n} k^2 = 1^2 + 2^2 + \cdots + n^2$

を上と同様に求めてみよう．

$(k+1)^3 - k^3 = 3k^2 + 3k + 1$

より

$$
\begin{array}{rcccrcrcr}
 & \cancel{2^3} & - & 1^3 & = 3\cdot 1^2 & + & 3\cdot 1 & + & 1 \\
 & \cancel{3^3} & - & \cancel{2^3} & = 3\cdot 2^2 & + & 3\cdot 2 & + & 1 \\
 & \cancel{4^3} & - & \cancel{3^3} & = 3\cdot 3^2 & + & 3\cdot 3 & + & 1 \\
 & \vdots & & & \vdots & & & & \vdots \\
+) & (n+1)^3 & - & \cancel{n^3} & = 3\cdot n^2 & + & 3\cdot n & + & 1 \\
\hline
 & (n+1)^3 & - & 1^3 & = 3\sum_{k=1}^{n} k^2 & + & 3\sum_{k=1}^{n} k & + & \sum_{k=1}^{n} 1
\end{array}
$$

$$
\begin{aligned}
3\sum_{k=1}^{n} k^2 &= (n+1)^3 - 1^3 - 3\sum_{k=1}^{n} k - \sum_{k=1}^{n} 1 \\
&= n^3 + 3n^2 + 3n - 3\frac{n(n+1)}{2} - n = \frac{n(n+1)(2n+1)}{2}
\end{aligned}
$$

$$
\therefore \quad \sum_{k=1}^{n} k^2 = \frac{n(n+1)(2n+1)}{6}
$$

自然数の立方の和

$\sum_{k=1}^{n} k^3 = 1^3 + 2^3 + \cdots + n^3$

も上と同じ考え方で求めてみよう．$(k+1)^4 - k^4 = 4k^3 + 6k^2 + 4k + 1$ より

$$
\begin{array}{rcccrcrcrcr}
 & \cancel{2^4} & - & 1^4 & = 4\cdot 1^3 & + & 6\cdot 1^2 & + & 4\cdot 1 & + & 1 \\
 & \cancel{3^4} & - & \cancel{2^4} & = 4\cdot 2^3 & + & 6\cdot 2^2 & + & 4\cdot 2 & + & 1 \\
 & \cancel{4^4} & - & \cancel{3^4} & = 4\cdot 3^3 & + & 6\cdot 3^2 & + & 4\cdot 3 & + & 1 \\
 & \vdots & & & \vdots & & & & \vdots & & \\
+) & (n+1)^4 & - & \cancel{n^4} & = 4\cdot n^3 & + & 6\cdot n^2 & + & 4\cdot n & + & 1 \\
\hline
 & (n+1)^4 & - & 1^4 & = 4\sum_{k=1}^{n} k^3 & + & 6\sum_{k=1}^{n} k^2 & + & 4\sum_{k=1}^{n} k & + & \sum_{k=1}^{n} 1
\end{array}
$$

$$
4\sum_{k=1}^{n} k^3 = (n+1)^4 - 1^4 - 6\sum_{k=1}^{n} k^2 - 4\sum_{k=1}^{n} k - \sum_{k=1}^{n} 1
$$

$$
= n^4 + 4n^3 + 6n^2 + 4n - n(n+1)(2n+1) - 2n(n+1) - n = n^2(n+1)^2
$$

$$
\therefore \quad \sum_{k=1}^{n} k^3 = \frac{n^2(n+1)^2}{4} = \left\{\frac{n(n+1)}{2}\right\}^2
$$

まとめると

1.7　整式型の和の基本

$\sum_{k=1}^{n} 1 = n$	$\sum_{k=1}^{n} k^2 = \frac{n(n+1)(2n+1)}{6}$
$\sum_{k=1}^{n} k = \frac{n(n+1)}{2}$	$\sum_{k=1}^{n} k^3 = \left\{\frac{n(n+1)}{2}\right\}^2$

次に，これらを用いて“Σ（k の整式）”の形の和を求めてみよう．

例題 1.5　次の和を求めよ．

$$1\cdot 2+2\cdot 3+3\cdot 4+\cdots+n(n+1)$$

解　与式を S_n とおくと

$$S_n=\sum_{k=1}^{n}k(k+1)=\sum_{k=1}^{n}(k^2+k)=\sum_{k=1}^{n}k^2+\sum_{k=1}^{n}k$$

$$=\frac{n(n+1)(2n+1)}{6}+\frac{n(n+1)}{2}=\frac{n(n+1)\{(2n+1)+3\}}{6}=\frac{n(n+1)(n+2)}{3}$$ ■

Let's TRY

問 1.9　次の和を求めよ．

(1)　1 からはじめて n 個の奇数の和　　(2)　2 からはじめて n 個の偶数の和

(3)　$1+2+3+\cdots+2n$　　(4)　$1\cdot 3+2\cdot 4+3\cdot 5+\cdots+n(n+2)$

(5)　$1\cdot n+2\cdot(n-1)+\cdots+n\cdot 1$　　(6)　$1\cdot 2\cdot 3+2\cdot 3\cdot 4+\cdots+n(n+1)(n+2)$

指数型の和　$S_n=\sum\limits_{k=1}^{n}kr^{k-1}$ のように k が指数にある場合は，まず S_n-rS_n を計算してみるとよい．$T_n=\sum\limits_{k=1}^{n}ar^{k-1}$ は前節で学んだ等比数列の和 **1.4** である．

例題 1.6　次の和を求めよ．

$$1\cdot 1+2\cdot 2+3\cdot 2^2+\cdots+n2^{n-1}$$

解　与式を S_n とおくと

$$S_n=\sum_{k=1}^{n}k2^{k-1}=1\cdot 1+2\cdot 2+3\cdot 2^2+\cdots+n2^{n-1}$$

$$2S_n=\sum_{k=1}^{n}k2^{k}=1\cdot 2+2\cdot 2^2+\cdots+(n-1)2^{n-1}+n2^n$$

辺々引き算すれば

$$-S_n=\underbrace{1+2+2^2+\cdots+2^{n-1}}_{\text{等比数列の和！}}-n2^n=\frac{1-2^n}{1-2}-n2^n=2^n-1-n2^n$$

$$=(1-n)2^n-1\qquad\therefore\quad S_n=(n-1)2^n+1$$ ■

Let's TRY

問 1.10　次の和を求めよ.

(1)　$2\cdot 1+5\cdot 3+8\cdot 3^2+\cdots+(3n-1)3^{n-1}$　　(2)　$\dfrac{1}{2}+\dfrac{2}{2^2}+\dfrac{3}{2^3}+\cdots+\dfrac{n}{2^n}$

分数型の和　一般項の分母が k の式である場合は，次のように部分分数に分解して差の形に直すと隣り合った項を消せる場合がある.

例題 1.7　次の和を求めよ.

(1)　$\dfrac{1}{1\cdot 2}+\dfrac{1}{2\cdot 3}+\dfrac{1}{3\cdot 4}+\cdots+\dfrac{1}{n(n+1)}$

(2)　$\dfrac{1}{1\cdot 2\cdot 3}+\dfrac{1}{2\cdot 3\cdot 4}+\dfrac{1}{3\cdot 4\cdot 5}+\cdots+\dfrac{1}{n(n+1)(n+2)}$

解　(1)　部分分数に分解すると $\dfrac{1}{k(k+1)}=\dfrac{1}{k}-\dfrac{1}{k+1}$ であるから

$$(\text{与式})=\sum_{k=1}^{n}\left(\frac{1}{k}-\frac{1}{k+1}\right)$$

$$=\left(1-\frac{1}{2}\right)+\left(\frac{1}{2}-\frac{1}{3}\right)+\left(\frac{1}{3}-\frac{1}{4}\right)+\cdots+\left(\frac{1}{n}-\frac{1}{n+1}\right)=1-\frac{1}{n+1}$$

具体的に書き下した方がわかりやすい場合も多い

(2)　$$(\text{与式})=\sum_{k=1}^{n}\frac{1}{k(k+1)(k+2)}=\frac{1}{2}\sum_{k=1}^{n}\left\{\frac{1}{k(k+1)}-\frac{1}{(k+1)(k+2)}\right\}$$

$$=\frac{1}{2}\left\{\left(\frac{1}{1\cdot 2}-\frac{1}{2\cdot 3}\right)+\left(\frac{1}{2\cdot 3}-\frac{1}{3\cdot 4}\right)+\cdots+\left(\frac{1}{n(n+1)}-\frac{1}{(n+1)(n+2)}\right)\right\}$$

$$=\frac{1}{2}\left\{\frac{1}{2}-\frac{1}{(n+1)(n+2)}\right\}=\frac{1}{4}-\frac{1}{2(n+1)(n+2)}$$ ■

Let's TRY

問 1.11　次の和を求めよ.

(1)　$\dfrac{1}{1\cdot 3}+\dfrac{1}{2\cdot 4}+\dfrac{1}{3\cdot 5}+\cdots+\dfrac{1}{n(n+2)}$

(2)　$\dfrac{1}{\sqrt{1}+\sqrt{2}}+\dfrac{1}{\sqrt{2}+\sqrt{3}}+\dfrac{1}{\sqrt{3}+\sqrt{4}}+\cdots+\dfrac{1}{\sqrt{n}+\sqrt{n+1}}$

1.3 漸化式と数学的帰納法

等差数列や等比数列でもみたように，ある項から次の項を決めるルールが定められていれば，与えられた初項から数列全体が順次定まる．本節では，このように「次々に定まる」数列の構造について学ぶ．

階差数列　数列 $\{a_n\}$ に対し，$b_n = a_{n+1} - a_n$ で定義される数列 $\{b_n\}$ をもとの数列 $\{a_n\}$ の**階差数列**《かいさすうれつ》という．図にかくと

$$a_1,\ a_2,\ a_3,\ a_4,\ \ldots,\ a_{n-1},\ a_n,\ a_{n+1},\ \ldots$$

$$+b_1\quad +b_2\quad +b_3\quad +b_4\ \ldots\qquad +b_{n-1}\quad +b_n\quad +b_{n+1}\ \ldots$$

$$\begin{array}{rcrcl}
\cancel{a_2} & - & a_1 & = & b_1 \\
\cancel{a_3} & - & \cancel{a_2} & = & b_2 \\
\cancel{a_4} & - & \cancel{a_3} & = & b_3 \\
\vdots & & & & \vdots \\
+)\ a_n & - & \cancel{a_{n-1}} & = & b_{n-1} \\
\hline
a_n & - & a_1 & = & \sum_{k=1}^{n-1} b_k
\end{array}$$

これより次のようになることがわかる．

1.8　階差数列と一般項

数列 $\{a_n\}$ の階差数列を $\{b_n\}$ とすると $a_n = a_1 + \displaystyle\sum_{k=1}^{n-1} b_k$ $(n \geqq 2)$

■**注意**　$n = 1$ のときについては上の式の Σ 部分に意味が無いから別途検討を要する．

例 1.9　数列　1，3，7，13，21，…　の第 n 項を推定しよう．階差数列 $2, 4, 6, 8, \ldots$ は初項 2，公差 2 の等差数列 $\{2n\}$ であろうと推定される．もしこの推定が正しければ一般項は

$$a_n = 1 + \sum_{k=1}^{n-1} 2k = 1 + 2\sum_{k=1}^{n-1} k = 1 + 2\frac{(n-1)n}{2} = n^2 - n + 1 \quad ■$$

■**注意**　一般項が $a_n = n^2 - n + 1$ である数列は $1, 3, 7, 13, 21, \ldots$ であるが，数列 $1, 3, 7, 13, 21, \ldots$ の一般項は $a_n = n^2 - n + 1$ とは限らない．実際，関数 $f(n) = (n-1)(n-2)(n-3)(n-4)(n-5)$ は $n = 1, 2, 3, 4, 5$ で $f(n) = 0$ だから一般項が $a_n = n^2 - n + 1 + Cf(n)$ である数列 $\{a_n\}$ は，C がどんな実数であっても，最初の 5 項が $1, 3, 7, 13, 21$ である．したがって「数列 $1, 3, 7, 13, 21, \ldots$」と表せる数列は無限にあり，1 つに特定できない．あくまでも「推定」できるにすぎない．

Let's TRY

問 **1.12**　数列　$1, 2, 5, 10, 17, \ldots$　の第 n 項を推定せよ．

漸化式　数列の各項をその前までの項から定める式を**漸化式**《ぜんかしき》という．その際，初項には「その前の項」が無いので別途定める必要がある．まず例をあげる．

例 1.10　(1)　初項 $a_1 = a$，公差 d の等差数列は漸化式 $a_{n+1} = a_n + d$ $(n \geqq 1)$ を満たす．

(2)　初項 $a_1 = a$，公比 r の等比数列は漸化式 $a_{n+1} = ra_n$ $(n \geqq 1)$ を満たす．

(3)　初項 $a_1 = 2$, 漸化式 $a_{n+1} = 3a_n - 2$ $(n \geqq 1)$ を満たす数列は右図のようになる．■

$$
\begin{aligned}
a_1 &= && = 2\\
a_2 &= 3a_1 - 2 = 3\cdot 2 - 2 && = 4\\
a_3 &= 3a_2 - 2 = 3\cdot 4 - 2 && = 10\\
a_4 &= 3a_3 - 2 = 3\cdot 10 - 2 && = 28\\
&\vdots && \vdots
\end{aligned}
$$

初項から漸化式によって次々に各項が定まるので，数列 $\{a_n\}$ 全体が定まる．このような定め方を数列の**帰納的定義**《きのうてきていぎ》という．以下では，等差数列・等比数列より一歩進んだ，基本的な漸化式の解法について学ぶ．

1.9　漸化式 $a_{n+1} = pa_n + q$ を満たす数列

$p \neq 1 \Longrightarrow a_{n+1} - c = p(a_n - c)$ となる c を求めて公比 p の等比数列に帰着．

$p = 1 \Longrightarrow a_{n+1} = a_n + q$ より公差 q の等差数列．

c は $x = px + q$ の解 $c = \dfrac{q}{1-p}$

例題 1.8　次の数列 $\{a_n\}$ の一般項を求めよ．

(1)　初項が 2 で漸化式 $a_{n+1} = 3a_n - 2$ を満たす数列 $\{a_n\}$

(2)　初項が 1 で漸化式 $a_{n+1} = a_n - 2$ を満たす数列 $\{a_n\}$

解　(1)　$a_{n+1} = 3a_n - 2 \Leftrightarrow a_{n+1} - 1 = 3a_n - 3 = 3(a_n - 1)$ であるから $b_n = a_n - 1$ とおけば数列 $\{b_n\}$ は初項 $b_1 = a_1 - 1 = 2 - 1 = 1$, 公比 3 の等比数列．よって $b_n = 1\cdot 3^{n-1} = 3^{n-1}$　$\therefore a_n = b_n + 1 = 3^{n-1} + 1$　←$\{a_n\}$ の一般項

(2)　$a_{n+1} = a_n - 2 \Leftrightarrow a_{n+1} - a_n = -2$ であるから $\{a_n\}$ は初項 1，公差 -2 の等差数列である．$\therefore$　$a_n = 1 + (n-1)\cdot(-2) = -2n + 3$　■

Let's TRY

問 **1.13**　初項が 3 で，漸化式 $a_{n+1} = 3a_n - 4$ を満たす数列の一般項を求めよ．

1.10　漸化式 $a_{n+1} = a_n + f(n)$ を満たす数列

階差数列 $b_n = a_{n+1} - a_n = f(n)$ の和を考える．

例 1.11　初項が 1 で，漸化式 $a_{n+1} = a_n + n$ を満たす数列の一般項を求めよう．

$b_n = a_{n+1} - a_n$ $(n \geqq 1)$ とおく．階差数列 $\{b_n\}$ の一般項は $b_n = n$

$$\therefore \quad a_n = a_1 + \sum_{k=1}^{n-1} k = 1 + \frac{(n-1)n}{2}$$ ■

初項 $a_1 = 1 + 0 = 1$ もこの式を満たす．

Let's TRY

問 1.14　初項が 1 で，漸化式 $a_{n+1} = a_n + n^2$ を満たす数列の一般項を求めよ．

1.11　漸化式 $a_{n+2} = pa_{n+1} + qa_n$ を満たす数列

$a_{n+2} - \beta a_{n+1} = \alpha(a_{n+1} - \beta a_n)$ となる α, β を求める．

$p = \alpha + \beta,\ q = -\alpha\beta$　← つまり，α, β は 2 次方程式 $x^2 = px + q$ の解である．

■**注意**　上のような **3 項間漸化式**では，初項の他に第 2 項も与える必要がある．

例 1.12　初項が 1，第 2 項が 2 で漸化式 $a_{n+2} = 3a_{n+1} - 2a_n$ を満たす数列の一般項を求めよう．

$a_{n+2} - a_{n+1} = 2(a_{n+1} - a_n)$ だから階差数列が初項 $a_2 - a_1 = 1$，公比 2 の等比数列．$\therefore$ $n \geqq 2$ に対し $a_n = a_1 + \sum_{k=1}^{n-1} 2^{k-1} = 1 + \frac{1-2^{n-1}}{1-2} = 1 + 2^{n-1} - 1 = 2^{n-1}$．$n = 1$ もこれを満たす．ゆえに一般項は $a_n = 2^{n-1}$ ■

Let's TRY

問 1.15　$a_1 = a_2 = 1$ で漸化式 $a_{n+2} = -a_{n+1} + 2a_n$ に従う数列の一般項を求めよ．

▶ フィボナッチ数列

初項と第 2 項がともに 1 で漸化式 $a_{n+2} = a_{n+1} + a_n$ により定まる数列 $\{a_n\}$ を**フィボナッチ数列《すうれつ》**という．最初の数項を書き下してみると $1, 1, 2, 3, 5, 8, 13, 21, \ldots$ となる．2 次方程式 $\lambda^2 = \lambda + 1$ の 2 解は黄金比 $\varphi = \frac{1+\sqrt{5}}{2}$ と $1 - \varphi$ なので，一般項は $a_n = \frac{1}{\sqrt{5}}\{\varphi^n - (1-\varphi)^n\}$ となる．証明は演習問題 B とする．自然数だけを加えてできる数列の一般項が $\sqrt{5}$ を含むのは不思議である．この数列はまた，植物の形状などをよく表すという．自然界の神秘である．

数学的帰納法　漸化式 $a_{n+1} = \dfrac{a_n}{2} + \dfrac{1}{2^{n-1}}$ $(n \geqq 1)$ と初項 $a_1 = 1$ により定まる数列を考える．まず，いくつかの項を書き下してみよう．

$$
\begin{aligned}
a_1 &= 1\\
a_2 &= \frac{a_1}{2} + \frac{1}{2^0} = \frac{1}{2} + 1 = \frac{3}{2}\\
a_3 &= \frac{a_2}{2} + \frac{1}{2^1} = \frac{3}{4} + \frac{1}{2} = \frac{5}{4}\\
a_4 &= \frac{a_3}{2} + \frac{1}{2^2} = \frac{5}{8} + \frac{1}{4} = \frac{7}{8}
\end{aligned}
$$

一般項は $a_n = \dfrac{2n-1}{2^{n-1}}$ と推定されるが，果たしてこの推定は正しいのだろうか？

事実：$n = 1, 2, 3, 4, 5$ で正しい．　← 上で計算した通りである．

予想：$n = 6$ 以降でも正しそう．　← 実際 $n = 6$ でも正しいが $\cdots$

↑　これはあくまで予想に過ぎない．証明するには次の難点がある．

難点：無限回も証明しなくてはならないのだろうか？

↑　しかしそれではいつまでたっても証明が終わらない．そこで

問題提起：何かよい方法はないだろうか？

ここで漸化式をもう一度おさらいしよう．初項 a_1 を決め，a_n から a_{n+1} を決める漸化式を与えると，次々と各項が定まり，数列 $\{a_n\}$ 全体が定まるのであった．これと同様の考え方に基いて，自然数 n に関する命題 $P(n)$ をすべての n に対して証明する方法がある．次に述べる**数学的《すうがくてき》帰納法《きのうほう》**である．

1.12　数学的帰納法

自然数 n に関する命題 $P(n)$ がすべての自然数について成り立つことを証明するには次の (I), (II) を示せばよい．

(I)　$n = 1$ のとき成り立つ．

(II) $n = k$ で成り立つ $\Longrightarrow$ $n = k+1$ でも成り立つ．

$P(1)$,　$P(2)$,　$P(3)$,　$P(4)$,　$\ldots$,　$P(n)$,　$\ldots$　←次々に すべて 成立

(I)　(II)　(II)　(II)　(II) $\ldots$ (II)　(II) $\ldots$　　　無限個！

例題 1.9 ♣

(1)　漸化式 $a_{n+1} = \dfrac{a_n}{2} + \dfrac{1}{2^{n-1}}$ $(n \geqq 1)$ と初項 $a_1 = 1$ により定まる数列 $\{a_n\}$ の一般項は $a_n = \dfrac{2n-1}{2^{n-1}}$ であることを示せ.

(2)　2 以上のすべての自然数 n に対し，$x > 0$ のとき $(1+x)^n > 1 + nx$ が成り立つことを数学的帰納法で示せ.

証明　(1)　(I)　$n = 1$ のとき，$\dfrac{2 \cdot 1 - 1}{2^{1-1}} = \dfrac{1}{1} = 1$ だから $a_n = \dfrac{2n-1}{2^{n-1}}$ は成り立つ.

(II)　$n = k$ のときも $a_n = \dfrac{2n-1}{2^{n-1}}$ が成り立つと仮定すると $a_k = \dfrac{2k-1}{2^{k-1}}$

帰納法の仮定

漸化式は前提として使ってよい

このとき 漸化式 より $a_{k+1} = \dfrac{a_k}{2} + \dfrac{1}{2^{k-1}} = \dfrac{2k-1}{2^k} + \dfrac{2}{2^k} = \dfrac{2k+1}{2^k} = \dfrac{2(k+1)-1}{2^{(k+1)-1}}$. よって $n = k+1$ のときも $a_n = \dfrac{2n-1}{2^{n-1}}$ が成り立つ.

示したい式で $n = k+1$ としたもの

(I), (II) から数学的帰納法によりすべての自然数 n に対し与式が成り立つ.　■

証明中に必ず書き入れること

(2)　(I)　$n = 2$ のとき, $x > 0$ より $(1+x)^2 - (1+2x) = (1+2x+x^2) - (1+2x) = x^2 > 0$ であるから $(1+x)^2 > 1 + 2x$ が成り立つ.

(II)　$n = k$ のときも成り立つと仮定すると，$x > 0$ のとき $(1+x)^k > 1 + kx$. 両辺に $1 + x$ を掛けて $(1+x)^{k+1} > (1+kx)(1+x) = 1 + (k+1)x + kx^2$. $x > 0$ より $(1+x)^{k+1} - \{1 + (k+1)x\} > kx^2 > 0$. ゆえに $n = k+1$ のときも成り立つ.

(I), (II) から数学的帰納法により 2 以上のすべての自然数 n に対し与式が成り立つ.　■

Let's TRY

問 1.16　次の漸化式と初項で定まる数列の一般項を推定し，数学的帰納法で示せ.

(1)　$a_{k+1} = \dfrac{2a_k}{a_k + 1}$ $(k \geqq 1)$, $a_1 = 1$　　(2)　$a_{k+1} = \dfrac{3a_k + 1}{a_k + 3}$ $(k \geqq 1)$, $a_1 = 3$

問 1.17　すべての自然数 n に対し次が成り立つことを数学的帰納法で示せ.

$$\sum_{k=1}^{n} k(k+1) = \frac{n(n+1)(n+2)}{3}$$

問 1.18　5 以上のすべての自然数 n に対し次が成り立つことを数学的帰納法で示せ.

(1)　$n^2 < 2^n$　　(2)　$2^n < n!$

1.4 数列の極限

本節では，数列やその和がある値に限りなく近づく場合や，限りなく大きく（あるいは小さく）なる場合についての取扱いを学ぶ．

数列の極限　無限数列 $\{a_n\}$ について，n が限りなく大きくなるとき，a_n の値がある一定の実数 α に限りなく近づくならば，数列 $\{a_n\}$ は α に **収束《しゅうそく》する** という．また，その α を数列の **極限値《きょくげんち》** という．数列 $\{a_n\}$ が α に収束することを次のように表す．

$n \to \infty$《エヌ トゥ むげんだい》のとき $a_n \to \alpha$《エーエヌ トゥ アルファ》　あるいは　$\lim_{n\to\infty} a_n = \alpha$《リミット エヌ トゥ むげんだい エーエヌ》

∞ は「無限大《むげんだい》」あるいは「インフィニティ」と読む

数列 $\{a_n\}$ がどんな実数値にも収束しないとき，数列 $\{a_n\}$ は **発散《はっさん》する** という．発散する数列 $\{a_n\}$ において，

- n が限りなく大きくなるとき，a_n の値が限りなく大きくなるならば，数列 $\{a_n\}$ は **正《せい》の無限大《むげんだい》**（$+\infty$）**に発散《はっさん》する** といい次のように表す．

  $n \to \infty$ のとき $a_n \to +\infty$　あるいは　$\lim_{n\to\infty} a_n = +\infty$

  $+\infty$ を単に ∞ ともかく．

- n が限りなく大きくなるとき，a_n の値がマイナスでその絶対値が限りなく大きくなるならば，数列 $\{a_n\}$ は **負《ふ》の無限大《むげんだい》**（$-\infty$）**に発散《はっさん》する** といい次のように表す．

  $n \to \infty$ のとき $a_n \to -\infty$　あるいは　$\lim_{n\to\infty} a_n = -\infty$

- 収束せず，正・負いずれの無限大にも発散しない数列 $\{a_n\}$ は **振動《しんどう》する** ということがある（高等数学では通常，単に「発散する」という）．

  ↑ 振動を表す記号は特にない

まとめると

1.13 数列の収束・発散

数列はすべて次の分類のいずれか 1 つだけに属する．

数列 $\{a_n\}$
- 収束 ……　極限値 α に収束　$\lim_{n\to\infty} a_n = \alpha$
- 発散
  - 正の無限大に発散　$\lim_{n\to\infty} a_n = +\infty$
  - 負の無限大に発散　$\lim_{n\to\infty} a_n = -\infty$
  - 振動

与えられた数列が上記の分類のいずれに属するかを定め，収束する場合にはその極限値を求めることを，**数列の極限を調べる**という．例をあげよう．

例 1.13　数列 $\left\{\frac{1}{n}\right\}$ は 0 に，$\left\{1-\frac{1}{n}\right\}$ は 1 に収束する．実際，計算してみると

n	$\frac{1}{n}$	$1-\frac{1}{n}$
1	1	0
10	0.1	0.9
100	0.01	0.99
1000	0.001	0.999
⋮	⋮	⋮
	↓ 0	↓ 1

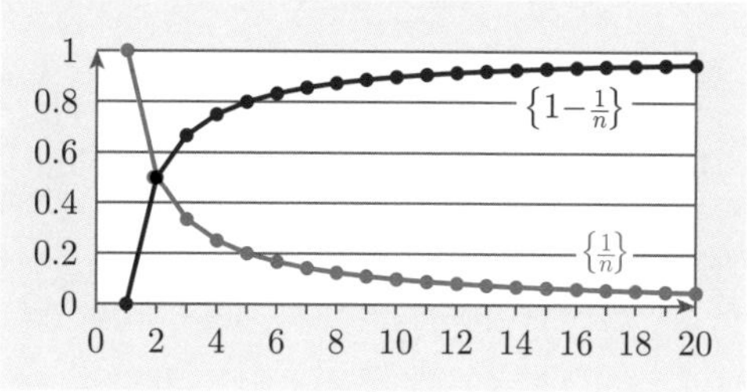

■

例 1.14　(1)　数列 $\{n\}$ は $+\infty$ に，$\{-n\}$ は $-\infty$ に発散する．

(2)　数列 $\{n^2\}$ は $+\infty$ に，$\{-n^2\}$ は $-\infty$ に発散する．

(3)　数列 $\{(-1)^n\}$ と $\{(-1)^n n^2\}$ はともに振動する．実際，計算してみると

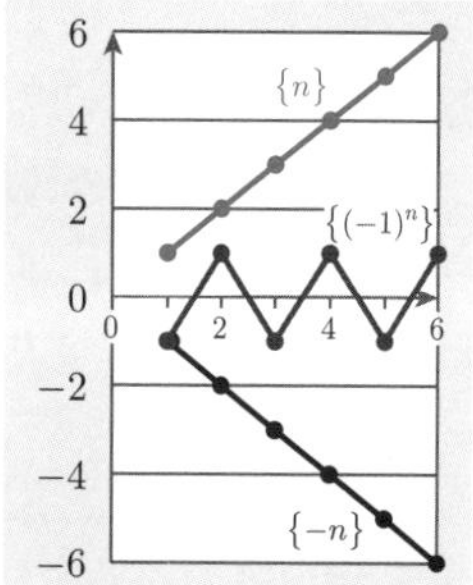

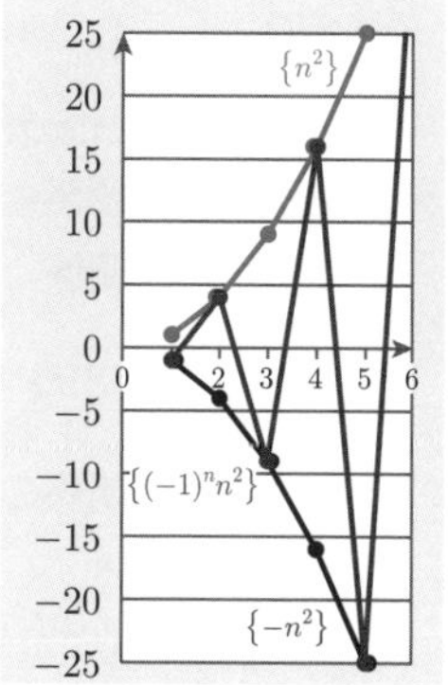

n	$-n$	n^2	$-n^2$	$(-1)^n$	$(-1)^n n^2$
1	−1	1	−1	−1	−1
2	−2	4	−4	1	4
3	−3	9	−9	−1	−9
4	−4	16	−16	1	16
5	−5	25	−25	−1	−25
⋮	⋮	⋮	⋮	⋮	⋮
10	−10	100	−100	1	100
11	−11	121	−121	−1	−121
⋮	⋮	⋮	⋮	⋮	⋮
100	−100	10000	−10000	1	10000
101	−101	10201	−10201	−1	−10201
⋮	⋮	⋮	⋮	⋮	⋮
↓ $+\infty$	↓ $-\infty$	↓ $+\infty$	↓ $-\infty$	振動	振動

■

収束・発散の厳密な定義は ε-N 論法による．(p.24 のコラム参照)

極限値の性質　次の諸性質が成り立つ（厳密な証明は ε-N 論法による）.

→p.24 のコラム

1.14 極限値の性質［I］（四則演算）

数列 $\{a_n\}$, $\{b_n\}$ が収束し $\lim_{n\to\infty} a_n = \alpha$, $\lim_{n\to\infty} b_n = \beta$ のとき

(1)　定数倍　$\lim_{n\to\infty} ka_n = k\alpha \ \left(= k \lim_{n\to\infty} a_n\right)$　（k は定数）

(2)　和・差　$\lim_{n\to\infty} (a_n \pm b_n) = \alpha \pm \beta \ \left(= \lim_{n\to\infty} a_n \pm \lim_{n\to\infty} b_n\right)$　（複号同順）

(3)　積　$\lim_{n\to\infty} a_n b_n = \alpha\beta \ \left(= \left(\lim_{n\to\infty} a_n\right)\left(\lim_{n\to\infty} b_n\right)\right)$

(4)　商　$\beta \neq 0$ ならば $\lim_{n\to\infty} \dfrac{a_n}{b_n} = \dfrac{\alpha}{\beta} \ \left(= \dfrac{\lim_{n\to\infty} a_n}{\lim_{n\to\infty} b_n}\right)$

■**注意**　$\lim_{n\to\infty} \dfrac{1}{n} = 0$（例 1.13）と **1.14** (3) より，自然数 L に対し $\lim_{n\to\infty} \dfrac{1}{n^L} = 0$

例 1.15　一般項が $a_n = 2 + \dfrac{1}{n}$, $b_n = 1 - \dfrac{1}{2n}$ で表される数列 $\{a_n\}$, $\{b_n\}$ に対し，極限値の性質 **1.14** により極限値が次のように計算できる.

$$\lim_{n\to\infty} a_n = \lim_{n\to\infty}\left(2+\frac{1}{n}\right) = 2+0 = 2, \quad \lim_{n\to\infty} b_n = \lim_{n\to\infty}\left(1-\frac{1}{2n}\right) = 1-\frac{1}{2}\times 0 = 1$$ ■

Let's TRY

問 1.19　例 1.15 の数列 $\{a_n\}$, $\{b_n\}$ に対し，次の数列の極限値を求めよ.

(1)　$\{a_n + b_n\}$　(2)　$\{a_n - b_n\}$　(3)　$\{a_n b_n\}$　(4)　$\left\{\dfrac{a_n}{b_n}\right\}$

1.15 極限値の性質［II］（大小関係）

(1)　**逆数関係**　すべての自然数 n に対し $a_n > 0$ のとき

$$\lim_{n\to\infty} a_n = \infty \text{ ならば } \lim_{n\to\infty} \frac{1}{a_n} = 0, \quad \lim_{n\to\infty} a_n = 0 \text{ ならば } \lim_{n\to\infty} \frac{1}{a_n} = \infty$$

(2)　**大小関係の保存**　2つの数列 $\{a_n\}$, $\{b_n\}$ が $a_n \leqq b_n$ を満たし，

等号が無くても結論は同じ

かつ $\lim_{n\to\infty} a_n = \alpha$, $\lim_{n\to\infty} b_n = \beta$ ならば $\alpha \leqq \beta$

等号が必要！

（つまり $\lim_{n\to\infty} a_n \leqq \lim_{n\to\infty} b_n$）

(3)　**はさみうちの原理《げんり》**

- 3 つの数列 $\{a_n\}, \{b_n\}$, $\{c_n\}$ が $a_n \leqq b_n \leqq c_n$ を満たし，かつ $\{a_n\}, \{c_n\}$ が同じ極限値 α に収束する（$\lim_{n\to\infty} a_n = \lim_{n\to\infty} c_n = \alpha$）ならば $\{b_n\}$ も収束して $\lim_{n\to\infty} b_n = \alpha$
- 2 つの数列 $\{a_n\}, \{b_n\}$ が $a_n \leqq b_n$ を満たすとき

$$\lim_{n\to\infty} a_n = +\infty \text{ ならば } \lim_{n\to\infty} b_n = +\infty,$$

$$\lim_{n\to\infty} b_n = -\infty \text{ ならば } \lim_{n\to\infty} a_n = -\infty$$

■**注意**　自然数 L に対し，すべての自然数 n で $n \leqq n^L$ で，例 1.14 より $\lim_{n\to\infty} n = +\infty$ だから，はさみうちの原理により $\lim_{n\to\infty} n^L = +\infty$ が成り立つ．

■**注意**　同様に，正の実数 R に対し，$\lim_{n\to\infty} n^R = +\infty$，逆数関係から $\lim_{n\to\infty} \frac{1}{n^R} = 0$（すべての自然数 n に対し $n^R < K$ となる実数 K が存在したとすると，$n < K^{\frac{1}{R}}$ がすべての自然数 n に対して成り立ち，いくらでも大きな自然数が存在することと矛盾.）

例 1.16　例 1.13 では $\lim_{n\to\infty} \frac{1}{n}=0$, 例 1.14 では $\lim_{n\to\infty} n=+\infty$ であった．**1.14** と **1.15** を用いれば，自然数 L に対し $\lim_{n\to\infty} \frac{1}{n^L} = 0$, $\lim_{n\to\infty} n^L = +\infty$．これらは逆数関係の例である．また，はさみうちの原理により次が成り立つ．

- $\infty+\infty = \infty$（$\lim_{n\to\infty} a_n = +\infty$ かつ $\lim_{n\to\infty} b_n = +\infty$ ならば $\lim_{n\to\infty} (a_n+b_n) = +\infty$）

  例：$\lim_{n\to\infty} n = \infty$ に対し $\lim_{n\to\infty} (n+n) = \lim_{n\to\infty} 2n = \infty$
- $\infty + \alpha = \infty$

  （$\lim_{n\to\infty} a_n = +\infty$ かつ $\lim_{n\to\infty} b_n = \alpha$（$\alpha$ は実数）ならば $\lim_{n\to\infty} (a_n + b_n) = +\infty$）

  例：$\lim_{n\to\infty} n = \infty$, $\lim_{n\to\infty} 1 = 1$ に対し $\lim_{n\to\infty} (n+1) = \infty$

同様に以下も成り立つ．

- $\infty \times \infty = \infty$（$\lim_{n\to\infty} a_n = +\infty$ かつ $\lim_{n\to\infty} b_n = +\infty$ ならば $\lim_{n\to\infty} a_n b_n = +\infty$）

  例：$\lim_{n\to\infty} n = \infty$ に対し $\lim_{n\to\infty} (n \times n) = \lim_{n\to\infty} n^2 = \infty$

$\alpha > 0$ のとき（以下，複号同順とする）

- $\infty\times(\pm\alpha) = \pm\infty$（$\lim_{n\to\infty} a_n = +\infty$ かつ $\lim_{n\to\infty} b_n = \pm\alpha$ ならば $\lim_{n\to\infty} a_n b_n = \pm\infty$）

  例：$\lim_{n\to\infty} n = \infty$, $\lim_{n\to\infty} (\pm 1) = \pm 1$ に対し

$$\lim_{n\to\infty} (n \times 1) = \lim_{n\to\infty} n = \infty, \quad \lim_{n\to\infty} (n \times (-1)) = \lim_{n\to\infty} (-n) = -\infty$$

- $\frac{\infty}{\pm\alpha} = \pm\infty$（$\lim_{n\to\infty} a_n = +\infty$ かつ $\lim_{n\to\infty} b_n = \pm\alpha$ ならば $\lim_{n\to\infty} \frac{a_n}{b_n} = \pm\infty$）

  例：$\lim_{n\to\infty} n = \infty$, $\lim_{n\to\infty} (\pm 1) = \pm 1$ に対し

  $\lim_{n\to\infty} (n \div 1) = \lim_{n\to\infty} n = \infty$, $\quad \lim_{n\to\infty} (n \div (-1)) = \lim_{n\to\infty} (-n) = -\infty$ ■

Let's TRY

問 1.20 $a_n = 2n$, $b_n = 2 - \dfrac{1}{n}$ のとき，次の数列の極限を調べよ．

(1) $\{a_n + 3\}$ (2) $\{a_n + b_n\}$ (3) $\{na_n\}$

(4) $\left\{\dfrac{a_n}{b_n}\right\}$ (5) $\{a_n^2\}$ (6) $\left\{\dfrac{1}{nb_n}\right\}$

一方，数列 $\{2n - n\}, \{n - n\}, \{n - 2n\}$ はいずれも $\infty - \infty$ の形だが極限はそれぞれ $+\infty, 0, -\infty$ となり，まちまちである．このように $\infty - \infty$ 形や $\frac{\infty}{\infty}$ 形などの**不《ふ》定《てい》形《けい》**では極限値の性質を直接適用できないため，工夫が必要となる．

例題 1.10 次の数列の極限を調べよ．

(1) $\left\{\dfrac{n^3+3}{2n^3+5n}\right\}$ $\leftarrow \dfrac{\infty}{\infty}$ 形　　(2) $\left\{\sqrt{n+1} - \sqrt{n}\right\}$ $\leftarrow \infty - \infty$ 形

解 (1) $\dfrac{n^3+3}{2n^3+5n} = \dfrac{1 + \frac{3}{n^3}}{2 + \frac{5}{n^2}} \to \dfrac{1+0}{2+0} = \dfrac{1}{2}\,(n \to \infty)$ ← 分数式は分母の最大次数の項で分母分子を割るとよい

あるいは $\lim_{n\to\infty} \frac{n^3+3}{2n^3+5n} = \lim_{n\to\infty} \frac{1+\frac{3}{n^2}}{2+\frac{5}{n^2}} = \frac{1+0}{2+0} = \frac{1}{2}$

(2) $$\sqrt{n+1} - \sqrt{n} = \frac{(\sqrt{n+1} - \sqrt{n})(\sqrt{n+1} + \sqrt{n})}{\sqrt{n+1} + \sqrt{n}}$$

$$= \frac{1}{\sqrt{n+1} + \sqrt{n}} \to \frac{1}{\infty} = 0 \quad (n \to \infty)$$ ← 無理式は分子を有理化 ■

Let's TRY

問 1.21 次の数列の極限を調べよ．

(1) $\left\{\dfrac{n(n+3)(n-4)}{2n^3+3}\right\}$ (2) $\left\{\dfrac{n^3+6}{n^2-3n}\right\}$

(3) $\{n(\sqrt{n^2+1} - n)\}$ (4) $\left\{\dfrac{\cos n\pi}{n}\right\}$

四角錐の体積　数列の極限の応用例として，四角錐の体積の公式を導いてみよう．

例 1.17　底面が横 $a\times$ 縦 b の長方形で高さ h の四角錐の体積 V は $V=\dfrac{1}{3}abh$ であった．高さを n 等分し，各段を内接（外接でもよい）する直方体で近似する．全体としては図のようなギザギザピラミッドとなる．$n\to\infty$ の極限をとれば，ピラミッドのギザギザが細かくなってゆき，四角錐に限りなく近づくので，極限値として四角錐の体積が得られる．このような方法を**区《く》分《ぶん》求《きゅう》積《せき》法《ほう》**という（→ 第 3 章）．

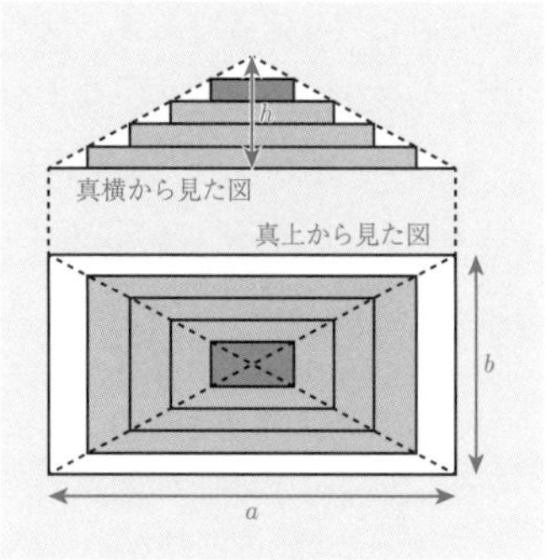

下から数えて k 段目の直方体は底面が横 $\dfrac{n-k}{n}a\times$ 縦 $\dfrac{n-k}{n}b$ で高さが $\dfrac{h}{n}$ なので，ギザギザピラミッドの体積 V_n は

$$
\begin{aligned}
V_n &= \sum_{k=1}^{n}\left(\frac{n-k}{n}\right)^2 ab\frac{h}{n} = \frac{abh}{n}\sum_{k=1}^{n}\left(1-\frac{k}{n}\right)^2 \\
&= \frac{abh}{n}\left(\sum_{k=1}^{n}1-\frac{2}{n}\sum_{k=1}^{n}k+\frac{1}{n^2}\sum_{k=1}^{n}k^2\right) \\
&= \frac{abh}{n}\left\{n-\frac{\cancel{2}}{\cancel{n}}\frac{\cancel{n}(n+1)}{\cancel{2}}+\frac{1}{n^2}\frac{n(n+1)(2n+1)}{6}\right\} \\
&= abh\left\{\underset{\searrow 0}{-\frac{1}{n}}+\frac{1}{6}\left(\underset{\searrow 1}{1+\frac{1}{n}}\right)\left(\underset{\searrow 2}{2+\frac{1}{n}}\right)\right\}
\end{aligned}
$$

よって $n\to\infty$ の極限をとれば，四角錐の体積 V は $V=\displaystyle\lim_{n\to\infty}V_n=\frac{1}{3}abh$ ■

Let's TRY

問 **1.22**　底面が半径 r の円で高さ h の円錐の体積を求めよ．

▶ ε-N 論法

「n が限りなく大きくなるとき，a_n の値が限りなく大きくなる」などというのは曖昧さが残る定義である．例えば次の数列の収束・発散はどうなるのであろうか？

例：$a_n=n+(-1)^n n$ のとき $\{a_n\}=0,4,0,8,0,12,\ldots$ ←0 に収束？ $+\infty$ に発散？

収束･発散の厳密な定義を次に述べよう．このような定式化を **ε-N 論法《ろんぽう》** という．

- 数列 $\{a_n\}$ が α に収束するとは，「すべての正の実数 ε に対し，ある自然数 N が存在して，$n \geqq N$ ならば $|a_n-\alpha|<\varepsilon$ が成り立つ」ことである．つまり，どんな小さな正の数 ε をとっても，ある項から先では a_n と α との差が常に ε より小さくなる，ということである．
- 数列 $\{a_n\}$ が正の無限大に発散するとは，「すべての正の実数 M に対し，ある自然数 N が存在して，$n \geqq N$ ならば $a_n>M$ が成り立つ」ことである．つまり，どんな大きな数 M をとっても，ある項から先では常に a_n が M より大きくなる，ということである．

例：$\displaystyle\lim_{n\to\infty}\frac{1}{n}=0$

$[x]$ は x を超えない最大の整数（ガウス記号）

証明　どんな $\varepsilon>0$ に対しても，$N=\left[\dfrac{1}{\varepsilon}\right]+1$ とれば N は自然数であり

- $\varepsilon>1$ のとき，$N=1$ ゆえ $n \geqq N \Rightarrow \dfrac{1}{n} \leqq \dfrac{1}{N}=1<\varepsilon$
- $\varepsilon \leqq 1$ のとき，$N=\left[\dfrac{1}{\varepsilon}\right]+1>\dfrac{1}{\varepsilon}$

> $[a] \leqq a < [a]+1$ が成り立つ．
> 例：$a=\pi$ なら $[a]=3$ で $3 \leqq \pi < 4$

ゆえ $n \geqq N \Rightarrow \dfrac{1}{n} \leqq \dfrac{1}{N}<\varepsilon$

いずれの場合も $n \geqq N$ なる任意の自然数 n に対し $\left|\dfrac{1}{n}\right|<\varepsilon$ が成り立つ．■

例：$\displaystyle\lim_{n\to\infty}\frac{1}{2^n}=0$

max( ) は ( ) 内の値のうち最大値

証明　どんな $\varepsilon>0$ に対しても，$N=[\max(0,-\log_2\varepsilon)]+1$ とれば導ける．

- $\varepsilon>1$ のとき，$N=1$ ゆえ $n \geqq N \Rightarrow \dfrac{1}{2^n} \leqq \dfrac{1}{2^N}=\dfrac{1}{2}<1<\varepsilon$
- $\varepsilon \leqq 1$ のとき，$N>-\log_2\varepsilon$ ゆえ $n \geqq N \Rightarrow \dfrac{1}{2^n} \leqq \dfrac{1}{2^N}<\varepsilon$

いずれの場合も $n \geqq N$ なる任意の自然数 n に対し $\left|\dfrac{1}{2^n}\right|<\varepsilon$ が成り立つ．■

上の定義により，冒頭の数列は 0 に収束も，$\pm\infty$ に発散もせず，ゆえに振動する．

等比数列の極限　等比数列 $\{r^n\}$ の極限を調べよう．$a_n = r^n$ とおく．

(1)　$r = 0$ のとき　$\{r^n\}$ は $0, 0, 0, 0, \ldots$　だから $\displaystyle\lim_{n\to\infty} r^n = 0$

(2)　$r = 1$ のとき　$\{r^n\}$ は $1, 1, 1, 1, \ldots$　だから $\displaystyle\lim_{n\to\infty} r^n = 1$

(3)　$r = -1$ のとき　$\{r^n\}$ は $-1, 1, -1, 1, \ldots$　だから，$\{r^n\}$ は振動する．

(4)　$r > 1$ のとき　$r = 1 + x$ とおくと $x > 0$

例題 1.9(2) で証明済み

$$r^n = (1+x)^n > 1 + nx \to +\infty \quad (n \to \infty) \qquad \therefore \quad \lim_{n\to\infty} r^n = +\infty$$

(5)　$r < -1$ のとき $r^n = (-1)^n |r|^n$ で，$|r| > 1$ より $\displaystyle\lim_{n\to\infty} |r|^n = +\infty$

r^n の絶対値は $+\infty$ に発散するが，符号は正負が交互に続くので $\{r^n\}$ は振動する．

(6)　$0 < |r| < 1$ のとき $\rho = \dfrac{1}{|r|}$ とおくと $\rho > 1$ で (4) より $\displaystyle\lim_{n\to\infty} \rho^n = +\infty$

$$\therefore \quad \lim_{n\to\infty} |r^n| = 0 \qquad \therefore \quad \lim_{n\to\infty} r^n = 0$$

まとめると

1.16　等比数列の極限

$r=1$ のとき　$\displaystyle\lim_{n\to\infty} r^n = 1$
$|r|<1$ のとき　$\displaystyle\lim_{n\to\infty} r^n = 0$
（以上）収束

$r>1$ のとき　$\displaystyle\lim_{n\to\infty} r^n = +\infty$
$r \leqq -1$ のとき　$\{r^n\}$ は振動
（以上）発散

例題 1.11　数列 $\left\{\dfrac{2+3^n}{2^n-3^n}\right\}$ の極限を調べよ．

解　$$\frac{2+3^n}{2^n-3^n} = \frac{\frac{2}{3^n}+1}{\left(\frac{2}{3}\right)^n - 1} \to \frac{0+1}{0-1} = -1 \quad (n \to \infty)$$

指数関数は分母の項のうちで底が最大のもので分母分子を割るとよい　■

Let's TRY

問 **1.23**　次の数列の極限を調べよ．

(1)　$\{1-2^n\}$　　(2)　$\{(-2)^{-n}\}$　　(3)　$\left\{\dfrac{1-3^n-4^n}{1-2^n+7^n}\right\}$　　(4)　$\left\{\dfrac{3^n-4^n}{3^n+4^n}\right\}$

指数・累乗・階乗♣ ∞ に発散する数列どうしの大小関係を調べよう．

例題 1.12 十分大きな自然数 n に対し n^2, 2^n, $n!$, n^n の大小関係を調べよ．

解 まず $a_n = \dfrac{n^2}{2^n}$ とおくと

$$\frac{a_{n+1}}{a_n} = \frac{2^n(n+1)^2}{2^{n+1}n^2} = \frac{1}{2}\left(1+\frac{1}{n}\right)^2$$

であり，$n \geqq 3$ に対し $\dfrac{a_{n+1}}{a_n} \leqq \dfrac{a_4}{a_3} = \dfrac{8}{9} < 1$ だから

$$0 < a_n = a_3\left(\frac{a_4}{a_3}\right)\left(\frac{a_5}{a_4}\right)\cdots\left(\frac{a_n}{a_{n-1}}\right) \leqq \frac{9}{8}\left(\frac{8}{9}\right)^{n-3} \to 0 \quad (n \to \infty)$$

等比数列ではさみうち！

次に $n \geqq 3$ に対し $\dfrac{1}{n} \leqq \dfrac{1}{3}$ ゆえ

$$0 < \frac{2^n}{n!} = \frac{2}{1}\frac{2}{2}\frac{2}{3}\frac{2}{4}\cdots\frac{2}{n} \leqq \frac{2^2}{2!}\left(\frac{2}{3}\right)^{n-2} \to 0 \quad (n \to \infty)$$

等比数列ではさみうち！

また $b_n = \dfrac{n!}{n^n}$ とおくと $n \geqq 2$ に対し $\dfrac{b_n}{b_{n+1}} = \left(1+\dfrac{1}{n}\right)^n > 2$ より $\dfrac{b_{n+1}}{b_n} < \dfrac{1}{2}$

→ 例題 1.9(2)

よって $\quad 0 < b_n = b_2\dfrac{b_3}{b_2}\dfrac{b_4}{b_3}\cdots\dfrac{b_n}{b_{n-1}} < \dfrac{b_2}{2^{n-2}} = \dfrac{1}{2^{n-1}} \to 0 \quad (n \to \infty)$

等比数列ではさみうち！

以上，十分大きな n に対し $n^2 < 2^n < n! < n^n$ であり，しかも次が成り立つ．

$$\lim_{n\to\infty}\frac{n^2}{2^n} = 0, \quad \lim_{n\to\infty}\frac{2^n}{n!} = 0, \quad \lim_{n\to\infty}\frac{n!}{n^n} = 0$$

■

■**注意** $a > 1$ ならば同様に，自然数 L に対し $n \to \infty$ のとき $\dfrac{n^L}{a^n} \to 0$

$$\therefore \quad \frac{(n\text{ の多項式})}{a^n} \to 0 \quad (n \to \infty)$$

Let's TRY

問 **1.24** 次の数列の極限を調べよ．

(1) $\left\{\dfrac{n^2 2^n}{3^n}\right\}$ (2) $\left\{\dfrac{10^n}{n!}\right\}$ (3) $\left\{\dfrac{n^3}{(n+1)!}\right\}$ (4) $\left\{\dfrac{(n+1)!}{n^{n-1}}\right\}$

自然対数の底　次の例で収束と発散のせめぎ合いを考えてみよう．

事実：● 自然数 N に対し，極限値の性質 **1.14** より

$$\lim_{n\to\infty}\left(1+\frac{1}{n}\right)^N = 1^N = 1$$

● 自然数 N に対し，等比数列の極限 **1.16** より

$$\lim_{n\to\infty}\left(1+\frac{1}{N}\right)^n = +\infty$$

⇩

疑問：$n\to\infty$ で数列 $\left\{\left(1+\dfrac{1}{n}\right)^n\right\}$ の極限はどうなるだろうか？

● 底《てい》の「収束力」が勝てば $\displaystyle\lim_{n\to\infty}\left(1+\frac{1}{n}\right)^n = 1$ であろう．

● 指数の「発散力」が勝てば $\displaystyle\lim_{n\to\infty}\left(1+\frac{1}{n}\right)^n = +\infty$ であろう．

● 両者が均衡すれば 1 より大きいある値に収束するであろう．

⇩

実験：$\left(1+\dfrac{1}{n}\right)^n$ の値を表計算ソフトで計算すると表の通り．

⇩

予想：$\left\{\left(1+\dfrac{1}{n}\right)^n\right\}$ は 2.7 と 2.8 の間のある値 $e = 2.71828\cdots$ に収束しそうである．もしこれが正しければ，底の「収束力」と指数の「発散力」との勝負は引き分け．

n	$\left(1+\dfrac{1}{n}\right)^n$
1	2
10	$2.59374\cdots$
10^2	$2.70481\cdots$
10^3	$2.71692\cdots$
10^6	$2.71828\cdots$
10^9	$2.71828\cdots$

⇩

結論：実は $\left(1+\dfrac{1}{n}\right)^n$ は 収束する．極限値

→ 次ページのコラム

$e=\displaystyle\lim_{n\to\infty}\left(1+\frac{1}{n}\right)^n$ を**自然対数《しぜんたいすう》の底《てい》**という．

円周率 π に次ぐ重要な定数！

1.17 ［定義］自然対数の底

$$e = \lim_{n\to\infty}\left(1+\frac{1}{n}\right)^n = 2.71828\cdots$$

Let's TRY

問 1.25　$e = \displaystyle\lim_{n\to\infty}\left(1-\frac{1}{n}\right)^{-n}$ を示せ．　**解く前に**　$n-1=m$ とおく．

▶ 上に有界な単調増加数列は収束する

実数全体の集合は次の3つの性質で定義づけられる：(1) 四則演算ができる（体《たい》の公理）；(2) 大小比較ができる（順序の公理）；(3) 極限について閉じている（連続性の公理）．有理数全体は (1), (2) を満たすが，収束有理数列の極限値は有理数とは限らないから (3) を満たさない．実数と有理数との本質的な違いである．
ここで少し言葉を準備しておこう．数列 $\{a_n\}$ について

- すべての自然数 n に対して $a_n \leqq a_{n+1}$ が成り立つならば $\{a_n\}$ は**単《たん》調《ちょう》増《ぞう》加《か》**数列といい，
- すべての自然数 n に対して $a_n \geqq a_{n+1}$ が成り立つならば $\{a_n\}$ は**単《たん》調《ちょう》減《げん》少《しょう》**数列という．

また一般に実数の部分集合 S について

- すべての $x \in S$ に対して $x \leqq a$ となる実数 a が存在するならば S は**上《うえ》に有界《ゆうかい》**であるといい，
- すべての $x \in S$ に対して $x \geqq a$ となる実数 a が存在するならば S は**下《した》に有界《ゆうかい》**であるという．

このとき次の命題は連続性の公理と同値である：

「上に有界な単調増加数列は収束する．また下に有界な単調減少数列は収束する．」

なかなか厳《いかめ》しい数学的表現であるが，そのイメージを簡単に述べると

「進行方向に壁があれば，壁に至るまでのどこかで立ち止まらざるを得ない」

という，実に当たり前のことを述べているに過ぎない．

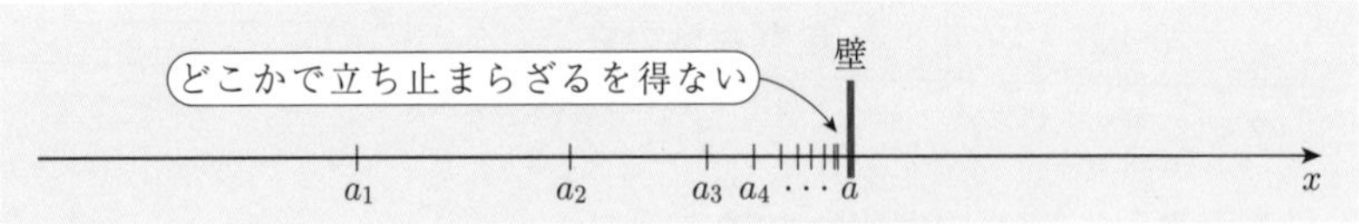

この応用として例えば，極限値 $e = \lim_{n\to\infty}\left(1+\dfrac{1}{n}\right)^n$ の存在が示せる．$a_n = \left(1+\dfrac{1}{n}\right)^n$ とおいて，すべての自然数 n に対し $a_n < a_{n+1}$ および $a_n < 3$ が成り立つことを示せばよい．証明は意欲的な読者に譲る．上述の通り，この極限値
→ 演習問題 B
e が自然対数の底（ネイピア数ともいう）である．

無限級数とその和　ある無限数列 $\{a_n\}$ について，その形式的な和

$$S=\sum_{n=1}^{\infty}a_n=a_1+a_2+a_3+\cdots$$

「形式的」というのは無限和をどう定めるのかまだ何も言っていないから．

を**無《む》限《げん》級《きゅう》数《すう》**という．和の意味を次のように定める．

- $S_n=\sum_{k=1}^{n}a_k$ を無限級数 $S=\sum_{n=1}^{\infty}a_n$ の**第《だい》 $\boldsymbol{n}$ 部《ぶ》分《ぶん》和《わ》**という．
- 部分和からなる数列 $\{S_n\}$ が $n\to\infty$ で収束するとき，無限級数 S は収束するという．その極限値 s を無限級数 $S=\sum_{n=1}^{\infty}a_n$ の和といい

$$S=\sum_{n=1}^{\infty}a_n=s$$

  と表す．すぐわかるように，

$$\lim_{n\to\infty}S_n=s\Longrightarrow\lim_{n\to\infty}a_n=\lim_{n\to\infty}(S_n-S_{n-1})=\lim_{n\to\infty}S_n-\lim_{n\to\infty}S_{n-1}$$
$$=s-s=0$$

- 数列 $\{S_n\}$ が $n\to\infty$ で発散するとき，無限級数 S は発散するという．また $\lim_{n\to\infty}S_n=+\infty$ のとき，無限級数 S は正の無限大に発散するといい，$\lim_{n\to\infty}S_n=-\infty$ のとき，無限級数 S は負の無限大に発散するという．それぞれ数列のときと同様に $S=+\infty,\ S=-\infty$ と表す．振動も同様に定める．

無限級数の和を数列の極限で定義したので数列の基本性質より次が成り立つ．

1.18　無限級数の和

定義　$S=\lim_{n\to\infty}S_n$

すなわち

$$\sum_{n=1}^{\infty}a_n=\lim_{n\to\infty}\sum_{k=1}^{n}a_k$$

定数倍　$\sum_{n=1}^{\infty}ka_n=k\sum_{n=1}^{\infty}a_n$

和　$\sum_{n=1}^{\infty}(a_n+b_n)=\sum_{n=1}^{\infty}a_n+\sum_{n=1}^{\infty}b_n$

無限級数 $\sum_{n=1}^{\infty}a_n$ が収束する $\Longrightarrow$ 数列 $\{a_n\}$ は 0 に収束する．

逆は必ずしも成り立たない．

例題 1.13　無限級数 $\displaystyle\sum_{n=1}^{\infty}\frac{1}{n(n+1)}$ の極限を調べ，収束するならば和を求めよ．

解　$\displaystyle\sum_{k=1}^{n}\frac{1}{k(k+1)}=\sum_{k=1}^{n}\left(\frac{1}{k}-\frac{1}{k+1}\right)=1-\frac{1}{n+1}\to 1\ (n\to\infty)$ より

（例題 1.7(1) 参照）　$\displaystyle\sum_{n=1}^{\infty}\frac{1}{n(n+1)}=1$ ■

Let's TRY

問 1.26　次の級数の極限を調べ，収束するならば和を求めよ．

(1) $\displaystyle\sum_{n=1}^{\infty}\frac{1}{n(n+2)}$　(2) $\displaystyle\sum_{n=1}^{\infty}\frac{1}{n(n+1)(n+2)}$　(3) $\displaystyle\sum_{n=1}^{\infty}\frac{1}{\sqrt{n}+\sqrt{n+1}}$

等比級数の極限　等比級数 $\displaystyle\sum_{n=1}^{\infty}r^{n-1}=1+r+r^2+\cdots$ の極限を調べてみよう．

$r=1$ のとき．　$\displaystyle\sum_{k=1}^{n}r^{k-1}=n\to+\infty\ (n\to\infty)$

$r>1$ のとき．　$\dfrac{1}{r-1}>0$ で $r^n\to+\infty\ (n\to\infty)$ だから

$$\sum_{k=1}^{n}r^{k-1}=\frac{\overset{\nearrow +\infty}{r^n}-1}{r-1}\to+\infty\quad(n\to\infty)$$

$|r|<1$ のとき．　$r^n\to 0\ (n\to\infty)$ だから

$$\sum_{k=1}^{n}r^{k-1}=\frac{1-\overset{\nearrow 0}{r^n}}{1-r}\to\frac{1}{1-r}\quad(n\to\infty)$$

$r\leqq -1$ のとき．　r^n は $n\to\infty$ で振動するから $n\to\infty$ のとき $\displaystyle\sum_{n=1}^{\infty}r^n$ は振動する．

1.19 等比級数の極限

初項がaのときは極限値もa倍になる

$|r|<1$ のとき $\displaystyle\sum_{n=1}^{\infty} r^{n-1}=\frac{1}{1-r}$ 収束

$r \geqq 1$ のとき $\displaystyle\sum_{n=1}^{\infty} r^{n-1}=+\infty$

$r \leqq -1$ のとき $\displaystyle\sum_{n=1}^{\infty} r^{n-1}$ は振動

（以上2つは）発散

例 1.18

(1) $\displaystyle\sum_{k=1}^{n} \frac{1}{2^k} = \frac{1}{2}\frac{1-\frac{1}{2^n}}{1-\frac{1}{2}} = 1 - \frac{1}{2^n} \to 1 \ (n \to \infty)$ より $\displaystyle\sum_{n=1}^{\infty} \frac{1}{2^n} = 1$

(2) $\displaystyle\sum_{k=1}^{n} 2^k = 2\frac{2^n-1}{2-1} = 2(2^n-1) \to +\infty \ (n \to \infty)$ より $\displaystyle\sum_{n=1}^{\infty} 2^n = +\infty$ ■

■注意　$\{2^n\}$ は発散するので $\sum_{n=1}^{\infty} 2^n$ も発散.

（$\because$「$\sum_{n=1}^{\infty} a_n$ が収束 $\Longrightarrow$ $\{a_n\}$ は 0 に収束」の対偶による.）

例題 1.14　次の等比級数の極限を調べよ.

(1) $\displaystyle\sum_{n=1}^{\infty} 3 \cdot 2^{-n}$　(2) $\displaystyle\sum_{n=1}^{\infty} \frac{3^n}{2^n}$

解 (1) $\displaystyle\sum_{n=1}^{\infty} 3 \cdot 2^{-n} = \sum_{n=1}^{\infty} 3 \cdot \left(\frac{1}{2}\right)^n = \frac{3}{2}\sum_{n=1}^{\infty}\left(\frac{1}{2}\right)^{n-1} = \frac{3}{2}\frac{1}{1-\frac{1}{2}} = 3$

(2) 公比 $\dfrac{3}{2} > 1$ より $\displaystyle\sum_{n=1}^{\infty}\left(\frac{3}{2}\right)^n = +\infty$ ■

Let's TRY

問 1.27　次の等比級数の極限を調べよ.

(1) $\displaystyle\sum_{n=1}^{\infty} 3 \cdot 2^n$　(2) $\displaystyle\sum_{n=1}^{\infty} 3 \cdot (-2)^{-n}$　(3) $\displaystyle 0.\dot{9} = \sum_{n=1}^{\infty} \frac{9}{10^n}$

第1章 演習問題A

1 2桁の自然数のうち，次を満たすものの和を求めよ．

(1) 3の倍数　(2) 4の倍数

(3) 3の倍数かつ4の倍数　(4) 3の倍数または4の倍数

2 数列 $\{a_n\}$ の初項から第 n 項までの和が $S_n = n(50-3n)$ のとき，次の問いに答えよ．

(1) $\{a_n\}$ は等差数列であることを示し，その一般項を求めよ．

(2) 21はこの数列の項であるか．

(3) $a_n = 5$ となるのは第何項か．

(4) a_n がはじめて負となるのは第何項か．

(5) S_n がはじめて負となるのは第何項か．

3 数列 $\{a_n\}$ の初項から第 n 項までの和を S_n とする．

(1) $S_n = 3^n - 1$ のとき $\{a_n\}$ は等比数列であることを示し，その一般項を求めよ．

(2) $\{a_n\}$ が等比数列で $S_3 = 21,\ S_6 = 189$ のとき $S_n = 6141$ となる n を求めよ．

4 数列 $\{a_n\}$ の階差数列を $\{b_n\}$ とする．

(1) $\{a_n\}$ が等比数列ならば $\{b_n\}$ もまた等比数列であることを示せ．

(2) $\{b_n\}$ が等比数列であっても $\{a_n\}$ は等比数列とは限らない．反例をあげよ．

5 次の和を n の式で表せ．またその $n \to \infty$ における極限を調べよ．

(1) $\dfrac{1\cdot n}{n} + \dfrac{2\cdot(n-1)}{n} + \dfrac{3\cdot(n-2)}{n} + \cdots + \dfrac{n\cdot 1}{n}$

(2) $\dfrac{1}{1\cdot3\cdot5} + \dfrac{1}{3\cdot5\cdot7} + \dfrac{1}{5\cdot7\cdot9} + \cdots + \dfrac{1}{(2n-1)(2n+1)(2n+3)}$

(3) $1 - \dfrac{2}{3} + \dfrac{3}{9} - \dfrac{4}{27} + \cdots + \dfrac{n}{(-3)^{n-1}}$

(4) $\dfrac{3}{1^2\cdot2^2} + \dfrac{5}{2^2\cdot3^2} + \dfrac{7}{3^2\cdot4^2} + \cdots + \dfrac{2n+1}{n^2(n+1)^2}$

6 次の無限級数が収束するような x の値の範囲を求め，またそのときの和を求めよ．

(1) $\displaystyle\sum_{n=1}^{\infty} x^{2n}$　(2) $\displaystyle\sum_{n=0}^{\infty} \frac{x^2}{(1+x^2)^n}$

第 1 章　演習問題 B

7　$a_1 = a_2 = 1$ および漸化式 $a_{n+2} = a_{n+1} + a_n$ $(n \geqq 1)$ により定まる数列 $\{a_n\}$ をフィボナッチ数列という．また，$\varphi = \dfrac{1+\sqrt{5}}{2}$ を黄金比という．次を示せ．

(1)　2 次方程式 $\lambda^2 = \lambda + 1$ の 2 解は φ および $1-\varphi$ である．

(2)　$\lambda_n = A\varphi^n + B(1-\varphi)^n$（$A, B$ は定数）とおくと，数列 $\{\lambda_n\}$ もまた数列 $\{a_n\}$ と同じ漸化式 $\lambda_{n+2} = \lambda_{n+1} + \lambda_n$ $(n \geqq 1)$ を満たす．

(3)　数列 $\{a_n\}$ の一般項は $a_n = \dfrac{1}{\sqrt{5}}\{\varphi^n - (1-\varphi)^n\}$ で与えられる．

(4)　すべての自然数 k に対し a_{4k} は 3 の倍数である．

8　一般項が $a_n = \left(1 + \dfrac{1}{n}\right)^n$ である数列 $\{a_n\}$ について次を示せ．

(1)　すべての自然数 n に対し $a_n < a_{n+1}$ が成り立つ．

(2)　すべての自然数 n に対し $a_n < 3$ が成り立つ．

9　質量 m のボールを高さ h から静かに落とし，固い床に自由落下させる．n 回目の床への衝突直前・直後のボールの速さをそれぞれ v_n, v'_n とし，反発係数（衝突前後の速さの比）を e $(0 < e < 1)$ とすると，$e = \dfrac{v'_n}{v_n}$ である．さらに，n 回目の衝突後にボールが到達する高さを h_n とすると，力学的エネルギー保存則により $\dfrac{1}{2}mv'^2_n = mgh_n = \dfrac{1}{2}mv^2_{n+1}$ が成り立つ．

(1)　$\displaystyle\lim_{n\to\infty} v_n = \lim_{n\to\infty} v'_n = 0$ および $\displaystyle\lim_{n\to\infty} h_n = 0$ を示せ．

(2)　ボールが動く道のりの総和を求めよ．

10　xy 平面上に 3 点 $O_1(0,0)$, $P_1(1,0)$, $Q_1(1,1)$ をとる．$\triangle O_1P_1Q_1$ は $\angle O_1P_1Q_1 = 90^\circ$ の直角二等辺三角形である．2 以上の自然数 n に対しては，$Q_{n-1} = O_n$ とし，P_{n-1} と Q_{n-1} の中点を P_n と定め，$\triangle O_nP_nQ_n$ が $\angle O_nP_nQ_n = 90^\circ$ の直角二等辺三角形でかつ $\triangle O_{n-1}P_{n-1}Q_{n-1}$ の外側になるように Q_n をとる（図を参照）．

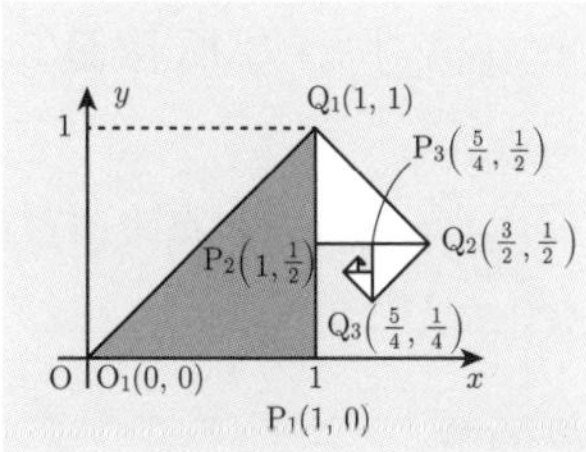

(1)　$\triangle O_nP_nQ_n$ の面積 S_n の総和 $\displaystyle\sum_{n=1}^{\infty} S_n$ を求めよ．

(2)　点 $Q_n(x_n, y_n)$ の座標の極限値 $\displaystyle\lim_{n\to\infty} x_n$ および $\displaystyle\lim_{n\to\infty} y_n$ を求めよ．

2 微分の基礎

ニュートンやライプニッツによって発見された微分積分法は，科学の基礎となる重要な数学的技法である．この章では微分法，特に関数の極限や導関数，曲線の接線，関数の極大・極小などについて学ぶ．

2.1 関数の極限

前節 1.4 で数列の極限について学んだ．ここでは関数の極限について学ぶ．

$x \to a$ のときの極限　関数 $f(x) = x^2 + 1$ について，x が 0 と異なる値をとりながら限りなく 0 に近づく場合を考えてみよう．このとき $f(x)$ の値は限りなく 1 に近づく．

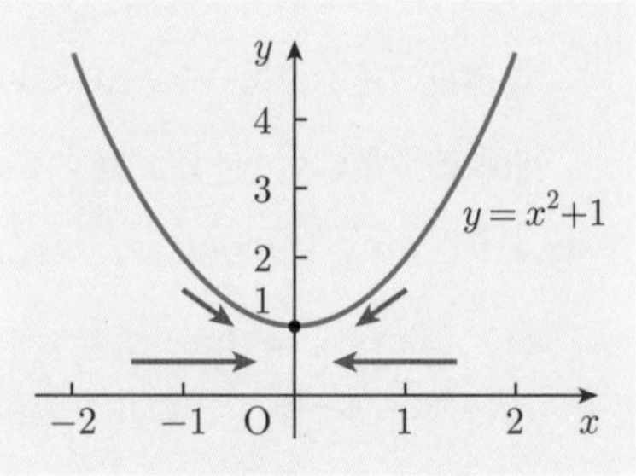

一般に，関数 $y = f(x)$ について，x が a と異なる値をとりながら，a に限りなく近づくとき，$f(x)$ の値が一定の値 α に限りなく近づくならば，$f(x)$ は α に**収束《しゅうそく》する**といい，$\lim_{x \to a} f(x) = \alpha$（または，$x \to a$ のとき $f(x) \to \alpha$）と表す．α を $f(x)$ の**極限値《きょくげんち》**（または**極限《きょくげん》**）という．

$x \to a$ のとき，極限値が存在しない場合は，$f(x)$ は**発散《はっさん》する**，または存在しないなどという．

例 2.1

(1)　$\lim_{x \to 0}(x^2 + 1) = 0^2 + 1 = 1$

(2)　$\lim_{x \to -1} 2x = 2 \cdot (-1) = -2$　■

数列の極限と同様に，次が成り立つ．

2.1 関数の極限の性質 [I]

$\lim_{x \to a} f(x) = \alpha$, $\lim_{x \to a} g(x) = \beta$ のとき

(1) **定数倍** $\lim_{x \to a} kf(x) = k\alpha$ （k は定数）

(2) **和・差** $\lim_{x \to a} \{f(x) \pm g(x)\} = \alpha \pm \beta$ （複号同順）

(3) **積** $\lim_{x \to a} f(x)g(x) = \alpha\beta$

(4) **商** $\lim_{x \to a} \dfrac{f(x)}{g(x)} = \dfrac{\alpha}{\beta}$ （$g(x) \neq 0$, $\beta \neq 0$）

多項式で表される関数や，分数関数，無理関数，三角関数，指数関数，対数関数などの極限について，$x = a$ が関数の定義域に属するときは，$\lim_{x \to a} f(x) = f(a)$ が成り立つ．つまり単に $f(x)$ に $x = a$ を代入することで求めることができる．

例題 2.1 次の極限を求めよ．

(1) $\lim_{x \to 1} (x^3 - x^2 + 1)$ (2) $\lim_{x \to -1} \sqrt{x + 2}$

(3) $\lim_{x \to 4} \log_3 (x^2 + 1)$

解 (1) $\lim_{x \to 1} (x^3 - x^2 + 1) = 1^3 - 1^2 + 1 = 1$

(2) $\lim_{x \to -1} \sqrt{x + 2} = \sqrt{-1 + 2} = 1$

(3) $\lim_{x \to 4} \log_3 (x^2 + 1) = \log_3 (4^2 + 1) = \log_3 (16 + 1) = \log_3 17$ ■

Let's TRY

問 2.1 次の極限を求めよ．

(1) $\lim_{x \to -1} (x^4 + x - 5)$ (2) $\lim_{x \to 3} \dfrac{2x - 1}{x + 1}$ (3) $\lim_{x \to 0} 2^{3x+1}$

(4) $\lim_{x \to 2} \log_2 x^2$ (5) $\lim_{x \to \frac{\pi}{2}} \sin x$ (6) $\lim_{x \to \pi} 3 \cos x$

関数 $f(x)$ が $x=a$ で定義されていないときの極限を考えてみよう.

例 2.2　関数 $f(x)=\dfrac{x^2-4}{x-2}$ は $x=2$ で定義されていない.

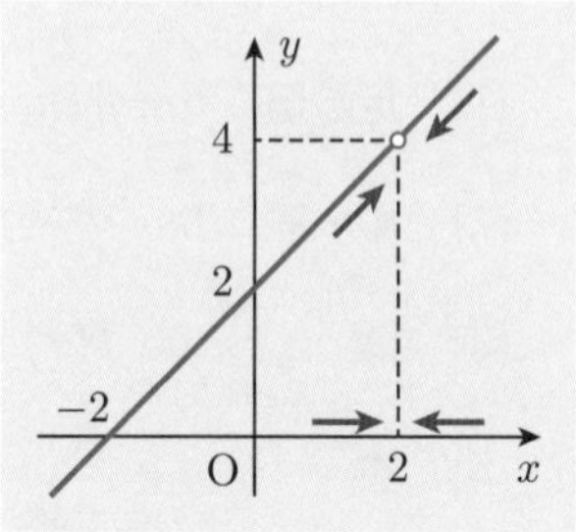

$x \neq 2$ のとき

$$f(x)=\frac{(x+2)(x-2)}{x-2}=x+2$$

となるので, $x\to 2$ のとき $f(x)$ の値は限りなく 4 に近づく. よって

$$\lim_{x\to 2}\frac{x^2-4}{x-2}=\lim_{x\to 2}\frac{(x+2)(x-2)}{x-2}=\lim_{x\to 2}(x+2)=4$$ ■

例題 2.2　次の極限を求めよ.

(1) $\displaystyle\lim_{x\to 1}\frac{\sqrt{x+1}-\sqrt{2}}{x-1}$　　(2) $\displaystyle\lim_{x\to 0}\frac{1}{x}\left(1-\frac{2}{x+2}\right)$

解　(1)

$$\lim_{x\to 1}\frac{\sqrt{x+1}-\sqrt{2}}{x-1}=\lim_{x\to 1}\frac{\sqrt{x+1}-\sqrt{2}}{x-1}\cdot\frac{\sqrt{x+1}+\sqrt{2}}{\sqrt{x+1}+\sqrt{2}}$$

←分子の有理化

$$=\lim_{x\to 1}\frac{(x+1)-2}{(x-1)(\sqrt{x+1}+\sqrt{2})}=\lim_{x\to 1}\frac{x-1}{(x-1)(\sqrt{x+1}+\sqrt{2})}$$

$$=\lim_{x\to 1}\frac{1}{\sqrt{x+1}+\sqrt{2}}=\frac{1}{\sqrt{2}+\sqrt{2}}=\frac{\sqrt{2}}{4}$$

(2)

$$\lim_{x\to 0}\frac{1}{x}\left(1-\frac{2}{x+2}\right)=\lim_{x\to 0}\frac{1}{x}\cdot\frac{x+2-2}{x+2}$$

↑通分する

$$=\lim_{x\to 0}\frac{1}{x}\cdot\frac{x}{x+2}=\lim_{x\to 0}\frac{1}{x+2}=\frac{1}{2}$$ ■

Let's TRY

問 2.2　次の極限を求めよ.

(1) $\displaystyle\lim_{x\to 2}\frac{x^2+3x-10}{x-2}$　　(2) $\displaystyle\lim_{x\to 2}\frac{x-2}{\sqrt{x+2}-2}$　　(3) $\displaystyle\lim_{x\to 0}\frac{1}{x}\left(1+\frac{1}{x-1}\right)$

関数 $f(x)$ において，x が a と異なる値をとりながら a に限りなく近づくとき，$f(x)$ の値が限りなく大きくなるならば，$x \to a$ のとき，$f(x)$ は**正《せい》の無限大《むげんだい》に発散《はっさん》する**といい，$\displaystyle\lim_{x \to a} f(x) = \infty$（または，$x \to a$ のとき $f(x) \to \infty$）と表す．

また，x が a と異なる値をとりながら a に限りなく近づくとき，$f(x)$ の値が負でその絶対値が限りなく大きくなるならば，$x \to a$ のとき，$f(x)$ は**負《ふ》の無限大《むげんだい》に発散《はっさん》する**といい，$\displaystyle\lim_{x \to a} f(x) = -\infty$（または，$x \to a$ のとき $f(x) \to -\infty$）と表す．

$\displaystyle\lim_{x \to a} f(x) = \infty$, $\displaystyle\lim_{x \to a} f(x) = -\infty$ のとき，$f(x)$ の極限はそれぞれ**正《せい》の無限大《むげんだい》**，**負《ふ》の無限大《むげんだい》**であるともいう．∞ や $-\infty$ を $f(x)$ の極限値とはいわない．

例 2.3

(1)　関数 $f(x) = \frac{1}{x^2}$ は $x \to 0$ のとき，正の無限大に発散する．

(2)　関数 $f(x) = 1 - \frac{1}{x^2}$ は $x \to 0$ のとき，負の無限大に発散する．

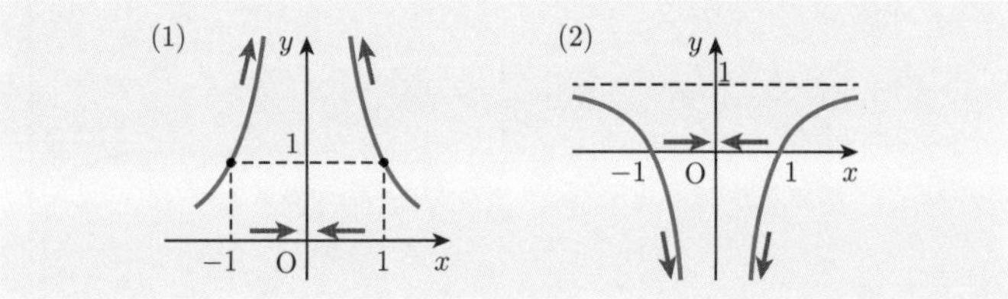

■

片側極限　関数 $f(x) = \begin{cases} 1 & (x \geqq 0 \text{ のとき}) \\ -1 & (x < 0 \text{ のとき}) \end{cases}$

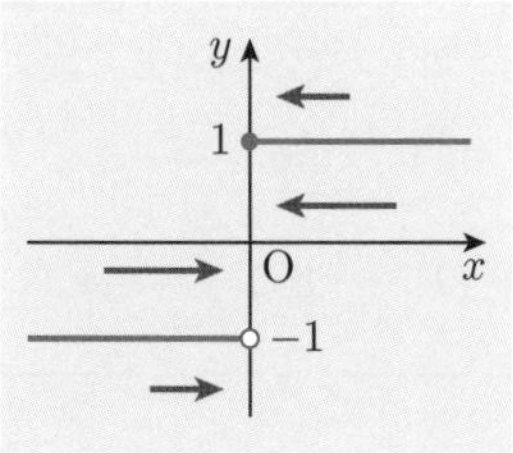

を考える．x が $x > 0$ の範囲で 0 に限りなく近づくとき，$f(x)$ は 1 に限りなく近づく．一方，x が $x < 0$ の範囲で 0 に限りなく近づくとき $f(x)$ は -1 に限りなく近づく．

一般に $f(x)$ において，x が $x > a$ の範囲で a に限りなく近づくとき，$f(x)$ の値が一定の値 α に限りなく近づくならば，α を x が a に近づくときの $f(x)$ の**右側《みぎがわ》極《きょく》限《げん》**といい，$\displaystyle\lim_{x \to a+0} f(x) = \alpha$（または，$x \to a+0$ のとき $f(x) \to \alpha$）と表す．

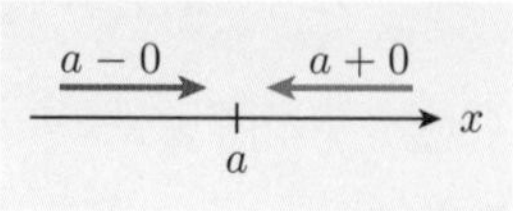

同様に x が $x<a$ の範囲で a に限りなく近づくとき，$f(x)$ の値が一定値 α に限りなく近づくならば，α を x が a に近づくときの $f(x)$ の **左《ひだり》側《がわ》極《きょく》限《げん》** といい

$$\lim_{x\to a-0} f(x)=\alpha$$ （または，$x\to a-0$ のとき $f(x)\to\alpha$）と表す．

右側極限と左側極限を合わせて **片《かた》側《がわ》極《きょく》限《げん》** ともいう．$f(x)$ が正の無限大に発散または負の無限大に発散するときも同様に $\lim\limits_{x\to a+0} f(x)=\infty$，$\lim\limits_{x\to a-0} f(x)=-\infty$ などと表す．

$x\to a+0$ や $x\to a-0$ を，$x\downarrow a$, $x\uparrow a$ とかくこともある．$a=0$ のときは，$x\to 0+0$ を $x\to +0$，$x\to 0-0$ を $x\to -0$ と表す．一般に，$\lim\limits_{x\to a} f(x)=\alpha$ とは，右側極限と左側極限が一致する，つまり $\lim\limits_{x\to a+0} f(x)=\lim\limits_{x\to a-0} f(x)=\alpha$ のときである．

例 2.4　$x\to +0$, $x\to -0$ のとき，

$$\lim_{x\to +0}\frac{1}{x}=\infty,\quad \lim_{x\to -0}\frac{1}{x}=-\infty$$

である．よって，$x\to 0$ のとき，$\dfrac{1}{x}$ の極限は存在しない．■

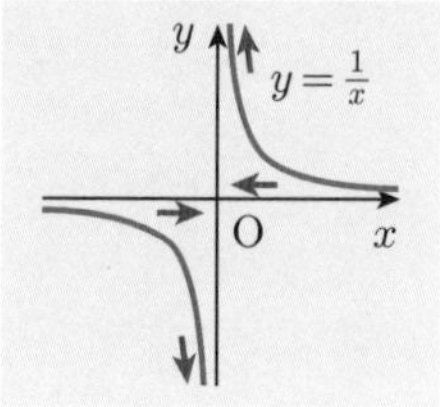

Let's TRY

問 2.3　次の極限を求めよ．

(1) $\displaystyle\lim_{x\to 2+0}\frac{3}{x-2}$　(2) $\displaystyle\lim_{x\to 2-0}\frac{3}{x-2}$　(3) $\displaystyle\lim_{x\to -1+0}\frac{-1}{x+1}$

(4) $\displaystyle\lim_{x\to -1-0}\frac{-1}{x+1}$　(5) $\displaystyle\lim_{x\to +0}\frac{x}{|x|}$　(6) $\displaystyle\lim_{x\to -0}\frac{x}{|x|}$

$x\to\infty$, $x\to -\infty$ のときの極限　変数 x が限りなく大きくなることを，$x\to\infty$ で表す．また，x が負でその絶対値が限りなく大きくなることを，$x\to -\infty$ で表す．

一般に，$x\to\infty$ のとき，$f(x)$ の値が一定の値 α に限りなく近づくならば，$f(x)$ は α に **収《しゅう》束《そく》する** といい，$\lim\limits_{x\to\infty} f(x)=\alpha$（または，$x\to\infty$ のとき

$f(x) \to \alpha$）と表す．α を $f(x)$ の**極《きょく》限《げん》値《ち》**（または**極《きょく》限《げん》**）という．$x \to \infty$ のとき，$f(x)$ の値が限りなく大きくなるならば，このことを $\lim_{x \to \infty} f(x) = \infty$ と表す．$f(x)$ が負の値をとりながら，その絶対値が限りなく大きくなるならば，このことを $\lim_{x \to \infty} f(x) = -\infty$ と表す．同様に，$x \to -\infty$ のときも定義され，$\lim_{x \to -\infty} f(x) = \alpha$, $\lim_{x \to -\infty} f(x) = \infty$ などと表す．

例 2.5

(1) $\lim_{x \to \infty} \frac{1}{x} = 0$　　(2) $\lim_{x \to \infty} 2^x = \infty$

(3) $\lim_{x \to \infty} \sin x$ は存在しない ■

2.2 関数の極限の性質 [II]

2.1 の性質は，$x \to a$ を $x \to \infty$, $x \to -\infty$ としても成り立つ．

例題 2.3

次の極限を求めよ．

(1) $\lim_{x \to \infty} (x^4 + 2x^3 - 5)$　　(2) $\lim_{x \to \infty} \dfrac{x+1}{x^2}$

(3) $\lim_{x \to -\infty} \dfrac{x^3 + x + 1}{-x^3 - 1}$　　(4) $\lim_{x \to \infty} (\sqrt{x} - \sqrt{x-1})$

解 (1) $(\text{与式}) = \lim_{x \to \infty} x^4 \left(1 + \dfrac{2}{x} - \dfrac{5}{x^4}\right) = \infty$

(2) $(\text{与式}) = \lim_{x \to \infty} \left(\dfrac{1}{x} + \dfrac{1}{x^2}\right) = 0 + 0 = 0$

(3) $(\text{与式}) = \lim_{x \to -\infty} \dfrac{1 + \frac{1}{x^2} + \frac{1}{x^3}}{-1 - \frac{1}{x^3}} = \dfrac{1 + 0 + 0}{-1 - 0} = -1$

↑ 分母分子を x^3 で割る！

(4) $(\text{与式}) = \lim_{x \to \infty} (\sqrt{x} - \sqrt{x-1}) \dfrac{\sqrt{x} + \sqrt{x-1}}{\sqrt{x} + \sqrt{x-1}}$　← 分子の有理化

$$= \lim_{x \to \infty} \frac{x - (x-1)}{\sqrt{x} + \sqrt{x-1}}$$

$$= \lim_{x \to \infty} \frac{1}{\sqrt{x} + \sqrt{x-1}} = 0$$

■

Let's TRY

問 **2.4**　次の極限を求めよ.

(1) $\displaystyle\lim_{x\to\infty}(-x^5-6x^2)$　　(2) $\displaystyle\lim_{x\to-\infty}(x^3+4x-7)$

(3) $\displaystyle\lim_{x\to-\infty}\frac{x^2+1}{x^2}$　　(4) $\displaystyle\lim_{x\to\infty}\frac{x^2+x+1}{x^3-1}$

(5) $\displaystyle\lim_{x\to\infty}(x-\sqrt{x^2+x})$　　(6) $\displaystyle\lim_{x\to\infty}\cos x$

指数関数・対数関数の極限　指数関数 $y=a^x$, 対数関数 $y=\log_a x$ のグラフを思い出して，指数関数・対数関数の極限をみてみよう.

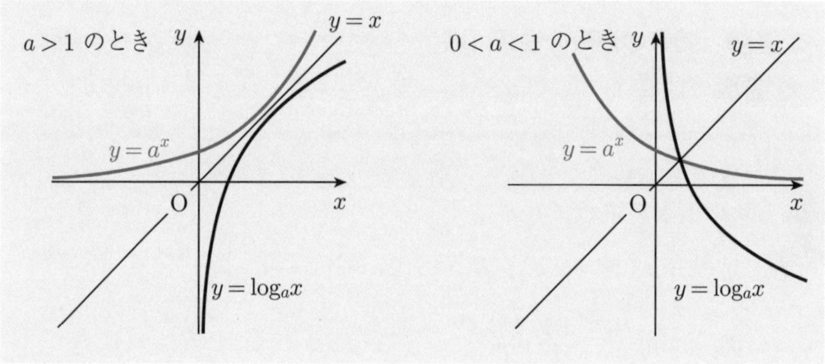

次が成り立つ.

2.3　指数関数・対数関数の極限

$y=a^x$, $y=\log_a x$ について

$$a>1 \Longrightarrow \lim_{x\to\infty}a^x=\infty,\qquad \lim_{x\to-\infty}a^x=0,$$

$$\lim_{x\to\infty}\log_a x=\infty,\qquad \lim_{x\to+0}\log_a x=-\infty$$

$$0<a<1 \Longrightarrow \lim_{x\to\infty}a^x=0,\qquad \lim_{x\to-\infty}a^x=\infty,$$

$$\lim_{x\to\infty}\log_a x=-\infty,\qquad \lim_{x\to+0}\log_a x=\infty$$

例題 2.4　次の極限を求めよ．

(1)　$\displaystyle\lim_{x\to\infty}(2^x-3^x)$　　(2)　$\displaystyle\lim_{x\to-\infty}\frac{3^x}{3^x+2^x}$

(3)　$\displaystyle\lim_{x\to\infty}(\log_2 x-\log_2(x-1))$

解　(1)　(与式) $\displaystyle=\lim_{x\to\infty}3^x\left\{\left(\frac{2}{3}\right)^x-1\right\}=-\infty$

(2)　(与式) $\displaystyle=\lim_{x\to-\infty}\frac{1}{1+\left(\frac{2}{3}\right)^x}=\lim_{u\to\infty}\frac{1}{1+\left(\frac{3}{2}\right)^u}=0$

↑ 分母分子を 3^x で割る！　　↑ $u=-x$ とおく

(3)　(与式) $\displaystyle=\lim_{x\to\infty}\log_2\frac{x}{x-1}=\lim_{x\to\infty}\log_2\frac{1}{1-\frac{1}{x}}=\log_2\frac{1}{1-0}=\log_2 1=0$

↑ 分母分子を x で割る！

■

Let's TRY

問 2.5　次の極限を求めよ．

(1)　$\displaystyle\lim_{x\to1+0}\log_{\frac{1}{2}}(x-1)$　　(2)　$\displaystyle\lim_{x\to\infty}\frac{5^x-4^x}{4^x+5^x}$　　(3)　$\displaystyle\lim_{x\to\infty}(\log_3(x+2)-\log_3 x)$

次の**はさみうちの原**《げん》**理**《り》（1.15 参照）は，証明などでよく用いられている．

2.4　はさみうちの原理

$\displaystyle\lim_{x\to a}f(x)=\alpha$ かつ $\displaystyle\lim_{x\to a}g(x)=\alpha$ とする．

x が a に近いとき，常に $f(x)\leqq h(x)\leqq g(x)$ が成り立つならば

$$\lim_{x\to a}h(x)=\alpha$$

x を超えない最大の整数を $[x]$ で表す．記号 [ ] を**ガウス記**《き》**号**《ごう》という．

例 2.6　$[2.3]=2,\ [-2.3]=-3,\ [5]=5$　■

次は後節 2.3 で用いる重要な公式である．$e=2.71828\cdots$ は無理数で，第 1 章で登場した数である．この e を**自然対数**《しぜんたいすう》**の底**《てい》（または**ネイピア数**《すう》）という．

2.5 自然対数の底

(1) $\displaystyle\lim_{x\to\pm\infty}\left(1+\frac{1}{x}\right)^x=e$　　(2) $\displaystyle\lim_{h\to 0}(1+h)^{\frac{1}{h}}=e$

証明 (1) $x\to\infty$ のとき，$1+\frac{1}{[x]+1}<1+\frac{1}{x}\leqq 1+\frac{1}{[x]}$ より

$\left(1+\frac{1}{[x]+1}\right)^{[x]}<\left(1+\frac{1}{x}\right)^x<\left(1+\frac{1}{[x]}\right)^{[x]+1}$ である．

$$\lim_{x\to\infty}\left(1+\frac{1}{[x]+1}\right)^{[x]}=\lim_{x\to\infty}\frac{\left(1+\frac{1}{[x]+1}\right)^{[x]+1}}{\left(1+\frac{1}{[x]+1}\right)}=e$$

$$\lim_{x\to\infty}\left(1+\frac{1}{[x]}\right)^{[x]+1}=\lim_{x\to\infty}\left(1+\frac{1}{[x]}\right)^{[x]}\left(1+\frac{1}{[x]}\right)=e\quad\therefore\ \lim_{x\to\infty}\left(1+\frac{1}{x}\right)^x=e$$

$x\to-\infty$ のとき，$t=-x$ とおくと，$t\to\infty$ であるから

$$\lim_{x\to-\infty}\left(1+\frac{1}{x}\right)^x=\lim_{t\to\infty}\left(1-\frac{1}{t}\right)^{-t}=\lim_{t\to\infty}\left(\frac{t-1}{t}\right)^{-t}=\lim_{t\to\infty}\left(\frac{t}{t-1}\right)^t$$

$$=\lim_{t\to\infty}\left(\frac{t-1+1}{t-1}\right)^t=\lim_{t\to\infty}\left(1+\frac{1}{t-1}\right)^{t-1}\left(1+\frac{1}{t-1}\right)^1=e\cdot(1+0)=e$$

(2) $h\to 0$ のとき，$h=\frac{1}{x}$ とおくと，$h\to+0$ のとき $x\to\infty$，
$h\to-0$ のとき $x\to-\infty$ であるから，(1) より

$\displaystyle\lim_{h\to+0}(1+h)^{\frac{1}{h}}=\lim_{x\to\infty}\left(1+\frac{1}{x}\right)^x=e$ および

$\displaystyle\lim_{h\to-0}(1+h)^{\frac{1}{h}}=\lim_{x\to-\infty}\left(1+\frac{1}{x}\right)^x=e$ を得る．■

■**注意**　自然対数の底 e は，ネイピアにより発見され，オイラーにより18世紀から用いられるようになった記号である．

三角関数の極限　ここでは，角 x は弧度法で表すとする．

例題 2.5　極限 $\displaystyle\lim_{x\to\infty}\frac{\sin x}{x}$ を求めよ．

解　$-1\leqq\sin x\leqq 1$ だから　（$-1\leqq\sin x\leqq 1$ の各辺を x で割ったもの）

$x>0$ のとき $-\frac{1}{x}\leqq\frac{\sin x}{x}\leqq\frac{1}{x}$ である．

このとき $x\to\infty$ とすると $\displaystyle\lim_{x\to\infty}\left(-\frac{1}{x}\right)=\lim_{x\to\infty}\frac{1}{x}=0$

である．したがって，**2.4** より $\displaystyle\lim_{x\to\infty}\frac{\sin x}{x}=0$　■

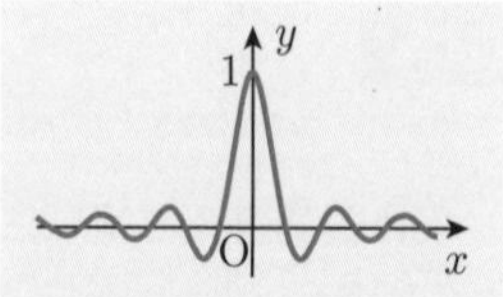

Let's TRY

問 **2.6**　次の極限を求めよ．

(1)　$\displaystyle\lim_{x\to\infty}\frac{\cos x}{x}$　　(2)　$\displaystyle\lim_{x\to 0} x\sin\frac{1}{x}$

次が成り立つ．

2.6　三角関数の極限

$$\lim_{x\to 0}\frac{\sin x}{x}=1$$

証明　x は 0 の近くのみをみればよいので，次の場合を考える．

(i)　$0<x<\frac{\pi}{2}$ のとき，図のように $\mathrm{OA}=\mathrm{OB}=1$, $\mathrm{OB}\perp\mathrm{BC}$ となるような点 O, A, B, C をとると

$$(\triangle\mathrm{OAB}\text{ の面積})=\frac{1}{2}\sin x$$

$$(\text{扇形 OAB の面積})=\frac{x}{2}$$

$$(\triangle\mathrm{OBC}\text{ の面積})=\frac{1}{2}\tan x$$

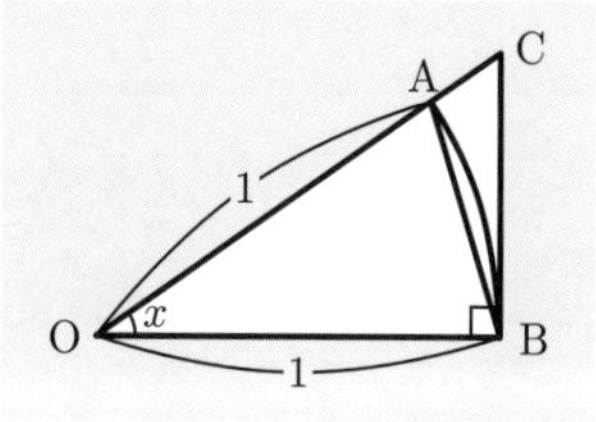

と表せる．$\frac{1}{2}\sin x<\frac{x}{2}<\frac{1}{2}\tan x$ であるから，$\sin x>0$ より，各辺に $\frac{2}{\sin x}$ を掛けると $1<\frac{x}{\sin x}<\frac{\tan x}{\sin x}=\frac{1}{\cos x}$ が成り立つ．

この式の逆数をとると，$\cos x<\frac{\sin x}{x}<1$ となる．

$\displaystyle\lim_{x\to+0}\cos x=1$ であるから，はさみうちの原理 2.4 より，$\displaystyle\lim_{x\to+0}\frac{\sin x}{x}=1$ を得る．

(ii)　$-\frac{\pi}{2}<x<0$ のとき，$t=-x$ とおくと，$x\to-0$ のとき $t\to+0$ であるから，(i) より

$$\lim_{x\to-0}\frac{\sin x}{x}=\lim_{t\to+0}\frac{\sin(-t)}{-t}$$

$$=\lim_{t\to+0}\frac{\sin t}{t}=1 \quad \leftarrow \text{公式 } \sin(-t)=-\sin t \text{ より}$$

を得る．■

例題 2.6 次の極限を求めよ.

(1) $\displaystyle\lim_{x\to 0}\frac{\sin 5x}{x}$ (2) $\displaystyle\lim_{x\to 0}\frac{1-\cos x}{x}$ (3) $\displaystyle\lim_{x\to 0}\frac{\sin 3x}{\sin 8x}$

解 (1)

$$(\text{与式}) = \lim_{x\to 0}\frac{\sin 5x}{x}\frac{5}{5} = \lim_{x\to 0}\frac{\sin 5x}{5x}5 = 1\cdot 5 = 5$$

(2)

$$(\text{与式}) = \lim_{x\to 0}\frac{1-\cos x}{x}\frac{1+\cos x}{1+\cos x}$$

$$= \lim_{x\to 0}\frac{1-\cos^2 x}{x(1+\cos x)} = \lim_{x\to 0}\frac{\sin^2 x}{x(1+\cos x)}$$

$$= \lim_{x\to 0}\frac{\sin x}{x}\frac{\sin x}{1+\cos x} = 1\frac{0}{1+1} = 0$$

(3)

$$(\text{与式}) = \lim_{x\to 0}\frac{\dfrac{\sin 3x}{x}\times\dfrac{3}{3}}{\dfrac{\sin 8x}{x}\times\dfrac{8}{8}}$$

$$= \lim_{x\to 0}\frac{\dfrac{\sin 3x}{3x}\times 3}{\dfrac{\sin 8x}{8x}\times 8}$$

← $x\to 0$ のとき $3x\to 0$, $8x\to 0$

$$= \frac{3}{8}$$

この結果は 2.3 節で用いる. ■

Let's TRY

問 2.7 次の極限を求めよ.

(1) $\displaystyle\lim_{x\to 0}\frac{\sin 3x}{x}$ (2) $\displaystyle\lim_{x\to 0}\frac{1-\cos x}{x^2}$

(3) $\displaystyle\lim_{x\to 0}\frac{\tan x}{x}$ (4) $\displaystyle\lim_{x\to 0}\frac{2x\sin x}{1-\cos x}$

2.2 微分係数と導関数

ここでは，関数の微分係数や導関数を定義し，微分の基本について学ぶ．

連続関数　多項式で表される関数や，分数関数，無理関数，三角関数，指数関数，対数関数などについては，$x=a$ が関数の定義域に属するときは，$\lim_{x \to a} f(x) = f(a)$ が成り立っていたが，これは一般に成り立つとは限らない．

一般に $\lim_{x \to a} f(x) = f(a)$ が成り立つとき，関数 $f(x)$ は $x=a$ で**連続**《れんぞく》であるという．このとき $y=f(x)$ のグラフは $x=a$ で途切れない．

$x=a$ で連続でないときは，$x=a$ で**不連続**《ふれんぞく》であるという．

■**注意**　$x=a$ が $f(x)$ の定義域の左端《ひだりはし》または右端《みぎはし》の場合は，片側極限を用いてそれぞれ

$$\lim_{x \to a+0} f(x) = f(a), \quad \lim_{x \to a-0} f(x) = f(a)$$

のとき，連続であるという．

例 2.7　$f(x)=\sqrt{x}$ の定義域は $x \geqq 0$ である．$f(0)=\sqrt{0}=0$，また $\lim_{x \to +0} \sqrt{x} = 0$ より，左端 $x=0$ において，$f(x)=\sqrt{x}$ は連続である．■

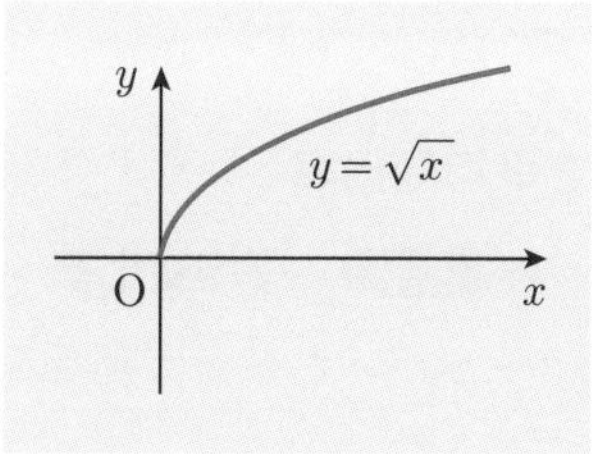

区間　実数 a, b $(a < b)$ に対し，$\{x \mid a \leqq x \leqq b\}$ を**閉区間**《へいくかん》といい，$[a, b]$ で表す．また $\{x \mid a < x < b\}$ を**開区間**《かいくかん》といい，(a, b) で表す．その他，$[a, b) = \{x \mid a \leqq x < b\}$, $(a, b] = \{x \mid a < x \leqq b\}$, $[a, \infty) = \{x \mid a \leqq x\}$, $(-\infty, b) = \{x \mid x < b\}$ などと表す．実数全体の集合を $(-\infty, \infty)$ で表す．

ある区間のすべての点で関数 $f(x)$ が連続であるとき，$f(x)$ は**その区間**《くかん》**で連続**《れんぞく》であるという．

例 2.8 関数 $f(x) = \sqrt{x}$ は区間 $[0, \infty)$ で連続である．

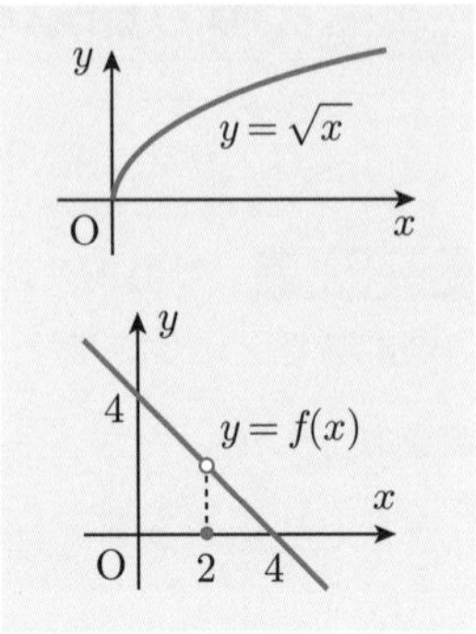

また関数 $f(x) = \begin{cases} -x + 4 & (x \neq 2) \\ 0 & (x = 2) \end{cases}$

は $x = 2$ で不連続だから，区間 $(0, 3)$ で連続でない．区間上に1点でも不連続点があると，その区間で連続ではない． ■

Let's TRY

問 **2.8** 次の関数が連続となる区間を答えよ．

(1) $y = 4x^2 - x + 1$　(2) $y = \sqrt{x - 2}$　(3) $y = \log_2(x + 1)$

(4) $y = \dfrac{1}{\sqrt{x - 3}}$　(5) $y = \tan x$ $(0 \leqq x \leqq \pi)$　(6) $y = \sqrt{4 - x^2}$

微分係数 放物線 $y = x^2$ において，x の値が1から2に変わるとき，x の変化量に対する y の値の変化量の割合 $\frac{y\text{の増加量}}{x\text{の増加量}}$ は $\frac{2^2 - 1^2}{2 - 1} = 3$ である．これを**平均《へいきん》変《へん》化《か》率《りつ》**という．

2.7 平均変化率

x が a から b に変わるときの関数 $f(x)$ の平均変化率は $\frac{f(b) - f(a)}{b - a}$

例 2.9 関数 $f(x) = x^4 + 1$ について，x が -1 から3まで変わるときの平均変化率は

$$\frac{f(3) - f(-1)}{3 - (-1)} = \frac{(3^4 + 1) - \{(-1)^4 + 1\}}{3 + 1} = \frac{80}{4} = 20$$ ■

Let's TRY

問 **2.9** 次の関数の平均変化率を，指定された区間について求めよ．

(1) $f(x) = x^2 + 5x$　$[1, 3]$　(2) $f(x) = x^3 - 2x$　$[-1, 2]$

一般に，関数 $y = f(x)$ において，x の値が a から $a+h$ に変化するとき，$h \to 0$ としたときの平均変化率の極限値

$$\lim_{h\to 0}\frac{f(a+h)-f(a)}{(a+h)-a} = \lim_{h\to 0}\frac{f(a+h)-f(a)}{h}$$

が存在するならば，その極限値を $f(x)$ の $x=a$ における**微分係数**《びぶんけいすう》といい，$f'(a)$ で表す．これを $\left.\frac{dy}{dx}\right|_{x=a}$ とかくこともある．また $x=a$ での微分係数が存在するとき，$f(x)$ は $x=a$ で**微分可能**《びぶんかのう》**である**という．

一般に，次が成り立つ．

2.8　微分可能と連続

関数 $f(x)$ が $x=a$ で微分可能ならば，$x=a$ で連続である．

逆は成り立つとは限らない．

例 2.10

$f(x) = |x|$ について，$\displaystyle\lim_{x\to 0}|x| = f(0)$ より $x=0$ で連続である．一方，

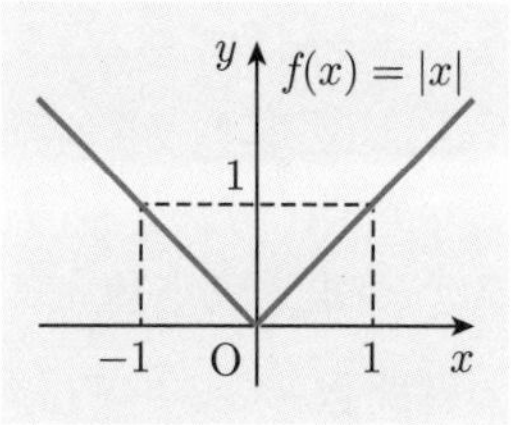

$$\lim_{h\to +0}\frac{f(0+h)-f(0)}{h} = \lim_{h\to +0}\frac{|h|}{h} = \lim_{h\to +0}\frac{h}{h} = 1$$

$$\lim_{h\to -0}\frac{f(0+h)-f(0)}{h} = \lim_{h\to -0}\frac{|h|}{h} = \lim_{h\to -0}\frac{-h}{h} = -1$$

より $\displaystyle\lim_{h\to 0}\frac{f(0+h)-f(0)}{h}$ は存在しない．よって，$f(x)=|x|$ は $x=0$ で微分可能でない．■

2.9　微分係数

関数 $y = f(x)$ において，$x=a$ での微分係数は

$$f'(a) = \lim_{h\to 0}\frac{f(a+h)-f(a)}{h} = \lim_{x\to a}\frac{f(x)-f(a)}{x-a}$$

例題 2.7　関数 $f(x) = x^2 + x$ について，微分係数 $f'(0)$ と $f'(a)$ を求めよ．

解

$$f'(0) = \lim_{h \to 0} \frac{f(0+h) - f(0)}{h} = \lim_{h \to 0} \frac{(h^2+h) - 0}{h} = \lim_{h \to 0}(h+1) = 1$$

$$f'(a) = \lim_{h \to 0} \frac{f(a+h) - f(a)}{h} = \lim_{h \to 0} \frac{\{(a+h)^2 + (a+h)\} - (a^2+a)}{h}$$

$$= \lim_{h \to 0}(h + 2a + 1) = 2a + 1$$

■

Let's TRY

問 2.10　関数 $f(x) = x^3 - 1$ について，微分係数 $f'(2)$, $f'(a)$ を求めよ．

導関数　関数 $f(x) = x^2$ の $x = a$ での微分係数は

$$f'(a) = \lim_{h \to 0} \frac{(a+h)^2 - a^2}{h} = \lim_{h \to 0} \frac{h^2 + 2ah}{h} = \lim_{h \to 0}(h + 2a) = 2a$$

より $f'(a) = 2a$ となる．この式は $f'(a)$ は a の値に対して，$2a$ という値を対応させる関数であるということを意味している．関数の独立変数は何でもよいので，a の代わりに x を用いて，$f'(x) = 2x$ とかいてもよい．

一般に，関数 $y = f(x)$ が，ある区間のすべての x について微分可能なとき，その区間の各値 a に対して，微分係数 $f'(a)$ の値を対応させる関数を，$f(x)$ の**導関数**《どうかんすう》といい，$f'(x)$ で表す．他に $\frac{dy}{dx}$, $\frac{d}{dx}f(x)$, y' などとかくこともある．

変数 x の関数 $y = f(x)$ の導関数 $f'(x)$ を求めることを，変数 x で関数 $y = f(x)$ を**微分**《びぶん》**する**という．$\frac{dy}{dx}$ などの記号は，x の値が Δx だけ変化するとき，対応する y の変化量を $\underset{f(x+\Delta x)-f(x)}{\underset{\|}{\Delta y}}$ とすると，$\displaystyle\lim_{\Delta x \to 0} \frac{\Delta y}{\Delta x} = f'(x)$ となることに対応している．

これを $\frac{\Delta y}{\Delta x} \fallingdotseq f'(x)$ と考えると $\Delta y \fallingdotseq f'(x)\Delta x$ である．つまり x の値が Δx だけ変化するとき，y はおよそ $f'(x)\Delta x$ だけ変化する．関連する内容は，4.1 節の近似式で取り扱う．

■**注意**　Δx は，Δ と x の積ではない．Δ は差や微小を表す記号で，数学でよく用いられる．対応する英語は，difference で，Δ はアルファベットの D に相当するギリシア文字である．

2.10 ［定義］導関数

関数 $y=f(x)$ の導関数は

$$f'(x)=\lim_{h\to 0}\frac{f(x+h)-f(x)}{h}=\lim_{\Delta x\to 0}\frac{f(x+\Delta x)-f(x)}{\Delta x}$$

例題 2.8　定義にしたがって，次の関数の導関数を求めよ．

(1)　$y=c$（c は定数）　　(2)　$y=x^2$

解　(1)　$y'=\frac{dy}{dx}=\lim_{h\to 0}\frac{c-c}{h}=0$

(2)　$y'=\frac{dy}{dx}=\lim_{h\to 0}\frac{(x+h)^2-x^2}{h}=\lim_{h\to 0}\frac{h^2+2xh}{h}=\lim_{h\to 0}(h+2x)=2x$　■

■**注意**　どの変数について微分しているか明らかなときは，単に y' と表すことが多い．どの変数について微分しているか明確にしたいときは，$\frac{dy}{dx}$ などを用いる．

Let's TRY

問 **2.11**　定義にしたがって，次の関数の導関数を求めよ．

(1)　$y=x$　　(2)　$y=x^2-x$　　(3)　$y=x^3+2$

値が一定の関数を**定数関数《ていすうかんすう》**という．例題 2.8(1) より，次が成り立つ．

2.11 定数関数の導関数

定数 c について $(c)'=0$

整式の微分　これまで定義にしたがって導関数を求めてきたが，一般に次が成り立つ．

2.12 微分公式［I］

自然数 n に対し，$(x^n)'=nx^{n-1}$ が成り立つ．

証明　二項定理による展開

$$(x+h)^n={}_n\mathrm{C}_0x^n+{}_n\mathrm{C}_1x^{n-1}h+{}_n\mathrm{C}_2x^{n-2}h^2+\cdots$$
$$+{}_n\mathrm{C}_kx^{n-k}h^k+\cdots+{}_n\mathrm{C}_nh^n$$

を用いて

$$
\begin{aligned}
(x^n)' &= \lim_{h\to 0}\frac{(x+h)^n - x^n}{h}\\
&= \lim_{h\to 0}\frac{\left(x^n + nx^{n-1}h + \frac{n(n-1)}{2}x^{n-2}h^2 + \cdots + h^n\right) - x^n}{h}\\
&= \lim_{h\to 0}\left(nx^{n-1} + \frac{n(n-1)}{2}x^{n-2}h + \cdots + h^{n-1}\right) = nx^{n-1}
\end{aligned}
$$
■

関数の極限の性質 2.1 により，導関数について次が成り立つ．

2.13　導関数の線形性

関数 $f(x)$ および $g(x)$ について

(1)　$\{cf(x)\}' = cf'(x)$　（c は定数）

(2)　$\{f(x) \pm g(x)\}' = f'(x) \pm g'(x)$　（複号同順）

Let's TRY

問 **2.12**　2.13 を示せ．

例題 2.9　次の関数を微分せよ．

(1)　$y = 2x^2 + 5x - 3$　　(2)　$y = \dfrac{x^4 - x^3}{2}$

解　(1)　$y' = 2(x^2)' + 5(x)' - (3)' = 2\cdot 2x + 5\cdot 1 - 0 = 4x + 5$

(2)　$y' = \dfrac{1}{2}(x^4 - x^3)' = \dfrac{1}{2}\{(x^4)' - (x^3)'\} = \dfrac{1}{2}(4x^3 - 3x^2) = 2x^3 - \dfrac{3}{2}x^2$　■

Let's TRY

問 **2.13**　次の関数を微分せよ．

(1)　$y = 8x + 3$　　(2)　$y = -3x^2 - x + 4$

(3)　$y = \dfrac{x^2 + x}{3}$　　(4)　$y = (2x^2 + 1)(x - 2)$

導関数は x に対して，そこでの微分係数 $f'(x)$ を与える関数である．また $x = a$ での微分係数 $f'(a)$ は，導関数 $f'(x)$ に $x = a$ を代入して求めることができる．

例 2.11 $f(x) = 2x^2 + 3x - 1$ を微分すると，$f'(x) = 4x + 3$ であるから，$x = 2$ における微分係数は，$f'(2) = 4 \cdot 2 + 3 = 11$ である． ■

Let's TRY

問 2.14 次の関数の微分係数を，指定された値について求めよ．

(1) $f(x) = 5x^2 + 5x - 1$ $[x = 3]$ (2) $f(x) = 2x^4 - 6x^2 + 1$ $[x = -2]$

速 度 x 軸上を動く点の時刻 t における位置が $x = x(t)$ と表されているとする（位置については，$x = f(t)$ と表すかわりに，このように関数名として座標と同じ記号を用いることが多い）．時刻 a から時刻 b までの x 方向の**平均速度**《へいきんそくど》は **変位**《へんい》/時間 $= \frac{x(b)-x(a)}{b-a}$ となり $x(t)$ の平均変化率と同じである．さらに $b = a + h$ として $h \to 0$ とすると，平均速度の極限は $x'(a) = \lim_{h \to 0} \frac{x(a+h)-x(a)}{h}$ となる．この「瞬間の速度」を時刻 $t = a$ における**速度**《そくど》という．導関数 $x'(t) = \frac{dx}{dt} = \lim_{h \to 0} \frac{x(t+h)-x(t)}{h}$ は時刻 t における速度を与える．また，速度の絶対値を**速**《はや》**さ**という．

2.14 速度

x 軸上を動く点の時刻 t における位置が $x = x(t)$ のとき

時刻 t における速度 $v(t)$ は $v(t) = \dfrac{dx}{dt}$

例 2.12 x 軸上を動く点の時刻 t における位置が $x(t) = 18t - 4.5t^2$ のとき，時刻 t における速度は $\frac{dx}{dt} = 18 - 9t$ となる．速度が 0 になるのは，$18 - 9t = 0 \iff t = 2$ のときで，そのときの位置は $x(2) = 36 - 18 = 18$ である． ■

Let's TRY

問 2.15 x 軸上を動く点の時刻 t における位置が $x(t) = 10 + 2t - t^2$ のとき，次の問いに答えよ．

(1) 時刻 t における速度を求めよ．

(2) 速度が 0 になる時刻と，そのときの位置を求めよ．

2.3 いろいろな微分公式

微分公式を組み合わせることで，複雑な関数の導関数も計算することができる．

積・商の微分公式　次は基本となる公式である．

2.15 微分公式 [II]

関数 $f(x)$, $g(x)$ が微分可能なとき，次が成り立つ．

(1)　**積の微分公式**　$\{f(x)g(x)\}'=f'(x)g(x)+f(x)g'(x)$

(2)　**商の微分公式**　$\left\{\dfrac{f(x)}{g(x)}\right\}'=\dfrac{f'(x)g(x)-f(x)g'(x)}{\{g(x)\}^2}$　($g(x)\neq 0$ のとき)

(3)　**商の微分公式**　$\left\{\dfrac{1}{g(x)}\right\}'=-\dfrac{g'(x)}{\{g(x)\}^2}$　($g(x)\neq 0$ のとき)

証明　まず，$f(x)$ と $g(x)$ は微分可能，したがって連続であることから

$$\lim_{h\to 0}\frac{f(x+h)-f(x)}{h}=f'(x),\quad \lim_{h\to 0}\frac{g(x+h)-g(x)}{h}=g'(x),$$

$$\lim_{h\to 0}g(x+h)=g(x)$$

が成り立つ．

(1) について：

$$\{f(x)g(x)\}'$$

$$=\lim_{h\to 0}\frac{f(x+h)g(x+h)-f(x)g(x)}{h}$$

$$=\lim_{h\to 0}\frac{f(x+h)g(x+h)-f(x)g(x+h)+f(x)g(x+h)-f(x)g(x)}{h}$$

$$=\lim_{h\to 0}\frac{\{f(x+h)-f(x)\}g(x+h)+f(x)\{g(x+h)-g(x)\}}{h}$$

$$=\lim_{h\to 0}\left\{\frac{f(x+h)-f(x)}{h}g(x+h)+f(x)\frac{g(x+h)-g(x)}{h}\right\}$$

$$\therefore\quad \{f(x)g(x)\}'=f'(x)g(x)+f(x)g'(x)$$

(2) について：

$$\left\{\frac{f(x)}{g(x)}\right\}'$$

$$=\lim_{h\to 0}\frac{\dfrac{f(x+h)}{g(x+h)}-\dfrac{f(x)}{g(x)}}{h}=\lim_{h\to 0}\frac{f(x+h)g(x)-f(x)g(x+h)}{hg(x)g(x+h)}$$

$$=\lim_{h\to 0}\frac{f(x+h)g(x)-f(x)g(x)+f(x)g(x)-f(x)g(x+h)}{hg(x)g(x+h)}$$

$$=\lim_{h\to 0}\frac{\{f(x+h)-f(x)\}g(x)-f(x)\{g(x+h)-g(x)\}}{hg(x)g(x+h)}$$

$$=\lim_{h\to 0}\frac{1}{g(x)g(x+h)}\left\{\frac{f(x+h)-f(x)}{h}g(x)-f(x)\frac{g(x+h)-g(x)}{h}\right\}$$

$$\therefore\quad \left\{\frac{f(x)}{g(x)}\right\}'=\frac{f'(x)g(x)-f(x)g'(x)}{\{g(x)\}^2}$$

(3) については，(2) において $f(x)=1$ の場合を考えると成り立つ．■

■注意　公式の覚え間違いに注意する：$\{f(x)g(x)\}' \times f'(x)g'(x)$, $\left\{\dfrac{f(x)}{g(x)}\right\}' \times \dfrac{f'(x)}{g'(x)}$

例題 2.10　次の関数を微分せよ．

(1)　$y=(x^2+1)(x^2+3x-2)$　　(2)　$y=\dfrac{x-2}{x+1}$

解　(1)　$y'=(x^2+1)'(x^2+3x-2)+(x^2+1)(x^2+3x-2)'$

$$=2x(x^2+3x-2)+(x^2+1)(2x+3)$$

$$=2x^3+6x^2-4x+2x^3+3x^2+2x+3$$

$$=4x^3+9x^2-2x+3$$

(2)　$$y'=\frac{(x-2)'(x+1)-(x-2)(x+1)'}{(x+1)^2}=\frac{1\cdot(x+1)-(x-2)\cdot 1}{(x+1)^2}$$

$$=\frac{x+1-(x-2)}{(x+1)^2}=\frac{3}{(x+1)^2}$$ ■

$$(\blacksquare\,\bullet)' = \blacksquare'\,\bullet + \blacksquare\,\bullet', \quad \left(\frac{\bullet}{\blacksquare}\right)' = \frac{\bullet'\,\blacksquare - \bullet\,\blacksquare'}{\blacksquare^2}$$

Let's TRY

問 **2.16**　次の関数を微分せよ．

(1)　$y = (x+1)(x^2-2)$　　(2)　$y = (x^2+1)(x^4+3)$

(3)　$y = (x^3+5)(2-x^2)$　　(4)　$y = \dfrac{x^2-1}{x+2}$

(5)　$y = \dfrac{1}{x^2+1}$　　(6)　$y = \dfrac{2x+5}{1-2x^3}$

商の微分公式 **2.15** (3) を用いると

$$(x^{-1})' = \left(\frac{1}{x}\right)' = -\frac{1}{x^2} = -x^{-2},$$

$$(x^{-2})' = \left(\frac{1}{x^2}\right)' = -\frac{2x}{x^4} = -\frac{2}{x^3} = -2x^{-3}, \quad \cdots$$

などと計算できる．一般に自然数 k に対して次のようになる．

$$(x^{-k})' = \left(\frac{1}{x^k}\right)' = -\frac{kx^{k-1}}{x^{2k}} = -\frac{k}{x^{k+1}} = -kx^{-k-1}$$

ここで $n = -k$ とおくと次が成り立つ．これは **2.12** の一般化となっている．

2.16　微分公式 [III]

整数 n に対し，$(x^n)' = nx^{n-1}$ が成り立つ．

例 2.13

$$\left(\frac{3}{x^2}\right)' = (3x^{-2})' = 3(x^{-2})' = 3\cdot(-2x^{-2-1}) = -6x^{-3} = -\frac{6}{x^3}$$

■

Let's TRY

問 **2.17**　次の関数を微分せよ．

(1)　$y = \dfrac{1}{x^3} - 2x$　　(2)　$y = 3x^2 - \dfrac{2}{x^4}$　　(3)　$y = \dfrac{1}{5x^5} + 2x - 3$

合成関数の微分　関数 $y=f(u)$, $u=g(x)$ に対して,

$$y=f(g(x))$$

を**合成関数**《ごうせいかんすう》という．$f(g(x))$ を $(f\circ g)(x)$ とかくこともある．

例 2.14　(1)　$y=f(u)=u^4$, $u=g(x)=3x+2$ の合成関数は $y=f(g(x))=(3x+2)^4$ である．

(2)　$y=\dfrac{1}{(x^2+1)^4}$ は，$f(u)=\dfrac{1}{u^4}$ と $g(x)=x^2+1$ の合成関数である．■

2.17　合成関数の微分法

関数 $y=f(u)$, $u=g(x)$ がともに微分可能なとき，合成関数 $y=f(g(x))$ も微分可能で次が成り立つ．

$$y'=f'(g(x))g'(x)\quad \text{つまり}\quad y'=\frac{dy}{dx}=\frac{dy}{du}\frac{du}{dx}$$

証明　$g'(x)\neq 0$ のときのみ示そう．$g'(x)=\lim_{h\to 0}\dfrac{g(x+h)-g(x)}{h}\neq 0$ より十分 0 に近い h に対して，$g(x+h)-g(x)\neq 0$ となることに注意する．

$$\begin{aligned} y' &= \lim_{h\to 0}\frac{f(g(x+h))-f(g(x))}{h} \\ &= \lim_{h\to 0}\frac{f(g(x+h))-f(g(x))}{g(x+h)-g(x)}\,\frac{g(x+h)-g(x)}{h} \end{aligned}$$

ここで $k=g(x+h)-g(x)$ とおくと，$g(x+h)=u+k$, $g(x)=u$ とかけるので

$$y'=\lim_{h\to 0}\frac{f(u+k)-f(u)}{k}\,\frac{g(x+h)-g(x)}{h}$$

が成り立つ．

また $g(x)$ は微分可能であるから連続であり，$h\to 0$ のとき，$k\to 0$ となる．したがって

$$\lim_{h\to 0}\frac{f(u+k)-f(u)}{k}=\lim_{k\to 0}\frac{f(u+k)-f(u)}{k}=f'(u)$$

より

$$y'=f'(u)g'(x)=f'(g(x))g'(x)$$ ■

x の値が微小量 Δx だけ変化するとき，u は $\Delta u \fallingdotseq g'(x)\Delta x$ だけ変化し，y は $\Delta y \fallingdotseq f'(u)\Delta u \fallingdotseq f'(g(x))g'(x)\Delta x$ だけ変化するので，変化量の割合は $\frac{\Delta y}{\Delta x} \fallingdotseq f'(g(x))g'(x)$ と考えるとイメージしやすい．

例題 2.11 次の関数を微分せよ．

(1) $y = (3x+2)^4$　　(2) $y = \dfrac{1}{(x^2+1)^4}$

解 (1) $u = 3x+2$ とおくと，$y = u^4$ となるので

$$\frac{dy}{dx} = \frac{dy}{du}\frac{du}{dx} = \frac{d}{du}(u^4)\frac{d}{dx}(3x+2) = 4u^3 \cdot 3 = 12(3x+2)^3$$

← 変数を戻すのを忘れないように！

(2) $u = x^2+1$ とおくと，$y = u^{-4}$ となるので

$$\frac{dy}{dx} = \frac{dy}{du}\frac{du}{dx} = \frac{d}{du}(u^{-4})\frac{d}{dx}(x^2+1)$$

$$= -4u^{-5} \cdot 2x = -\frac{8x}{u^5} = -\frac{8x}{(x^2+1)^5}$$

■

Let's TRY

問 2.18 次の関数を微分せよ．

(1) $y = (2x+1)^6$　　(2) $y = (x^2-2)^3$　　(3) $y = \dfrac{1}{(2x+5)^5}$

三角関数の微分 三角関数 $y = \sin x$, $y = \cos x$, $y = \tan x$ の導関数を求めてみよう．導関数の定義と加法定理より

$$(\sin x)' = \lim_{h\to 0}\frac{\sin(x+h) - \sin x}{h} = \lim_{h\to 0}\frac{\sin x\cos h + \cos x \sin h - \sin x}{h}$$

$$= \lim_{h\to 0}\frac{\cos x \sin h - \sin x(1-\cos h)}{h}$$

例題 2.6(2) より $\lim_{h\to 0}\frac{1-\cos h}{h} = 0$

$$= \lim_{h\to 0}\left(\cos x\frac{\sin h}{h} - \sin x\frac{1-\cos h}{h}\right) = \cos x \cdot 1 - \sin x \cdot 0$$

2.6 より $\lim_{h\to 0}\frac{\sin h}{h} = 1$

$$= \cos x$$

同様にして $(\cos x)' = -\sin x$ も示せる．

$y = \tan x$ の導関数は，商の微分公式 2.15 (2) を用いて

$$(\tan x)' = \left(\frac{\sin x}{\cos x}\right)' = \frac{(\sin x)'\cos x - \sin x(\cos x)'}{\cos^2 x} = \frac{\cos^2 x + \sin^2 x}{\cos^2 x} = \frac{1}{\cos^2 x}$$

2.18 三角関数の微分公式

$$(\sin x)' = \cos x, \quad (\cos x)' = -\sin x, \quad (\tan x)' = \frac{1}{\cos^2 x}$$

以後，合成関数の微分法 2.17 より

$$y' = f'(g(x))g'(x)$$

を用いてかき表す.

例題 2.12 次の関数を微分せよ.

(1) $y = \sin 2x$ (2) $y = \cos^2 x$

解 2.17 より

(1) $y' = (\cos 2x) \cdot (2x)' = 2\cos 2x$

(2) $y' = 2\cos x \cdot (\cos x)' = 2\cos x(-\sin x)$

$= -2\cos x \sin x = -\sin 2x$ ■

Let's TRY

問 2.19 次の関数を微分せよ.

(1) $y = \cos 4x$ (2) $y = \sin 3x \cos x$ (3) $y = \tan(5x - 1)$

(4) $y = \sin^2 x$ (5) $y = \cos(x^2)$ (6) $y = \tan^2 x$

対数関数の微分　e を底とする対数を**自然対数**《しぜんたいすう》という．自然対数の底は通常省略し，$\log_e x$ を $\log x$ とかく．ここでは対数関数 $y=\log x$ の導関数を求めてみよう．

$$(\log x)'=\lim_{h\to 0}\frac{\log(x+h)-\log x}{h}=\lim_{h\to 0}\frac{1}{h}\log\frac{x+h}{x}=\lim_{h\to 0}\log\left(1+\frac{h}{x}\right)^{\frac{1}{h}}$$

ここで $k=\frac{h}{x}$ とおくと，$h=kx$ となる．$h\to 0$ のとき，$k\to 0$ であるから

$$\lim_{h\to 0}\log\left(1+\frac{h}{x}\right)^{\frac{1}{h}}=\lim_{k\to 0}\log(1+k)^{\frac{1}{kx}}$$

2.5 より $\lim_{k\to 0}(1+k)^{\frac{1}{k}}=e$

$$=\lim_{k\to 0}\log\left\{(1+k)^{\frac{1}{k}}\right\}^{\frac{1}{x}}=\lim_{k\to 0}\frac{1}{x}\log(1+k)^{\frac{1}{k}}=\frac{1}{x}\log e=\frac{1}{x}$$

が成り立つ．また，底の変換公式より，底 e を a $(a>0,\ a\neq 1)$ へ変換すると

$$(\log_a x)'=\left(\frac{\log x}{\log a}\right)'=\frac{1}{\log a}(\log x)'=\frac{1}{x\log a}$$

を得る．さらに $\log|x|$ の導関数を求めよう．$x>0$ のとき，$y=\log|x|=\log x$ より $y'=\frac{1}{x}$ である．$x<0$ のとき，合成関数の微分法 2.17 より，

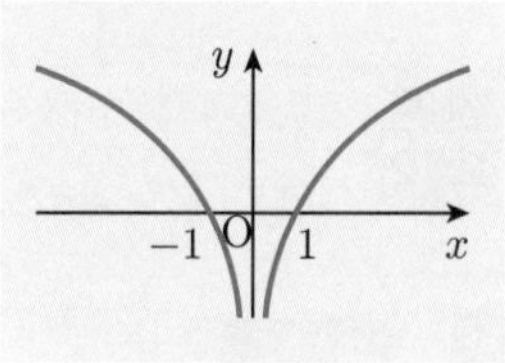

$$y'=\frac{1}{-x}\cdot(-x)'=\frac{1}{x}$$

以上より $(\log|x|)'=\frac{1}{x}$

$y=\log_a|x|$ の導関数も同様に導くことができる．また，2.17 より，一般に $(\log|f(x)|)'=\frac{f'(x)}{f(x)}$ が成り立つ．

2.19　対数関数の微分公式

$$(\log|x|)'=\frac{1}{x},\quad a>0,\ a\neq 1 \text{ のとき } (\log_a|x|)'=\frac{1}{x\log a}$$

$$(\log|f(x)|)'=\frac{f'(x)}{f(x)}$$

■**注意**　$\log x$ を，$\ln x$ とかくこともある．特に関数電卓などは，自然対数に ln，それ以外に log が用いられる．

例題 2.13　次の関数を微分せよ．

(1)　$y = \log 2x$　　(2)　$y = \log|2x+1|$

(3)　$y = \log_3 x^2$　　(4)　$y = (\log x)^2$

解　(1)　$(\log 2x)' = (\log 2 + \log x)' = 0 + \dfrac{1}{x} = \dfrac{1}{x}$

(2)　合成関数の微分法より $y' = \dfrac{1}{2x+1} \cdot (2x+1)' = \dfrac{2}{2x+1}$

(3)　$(\log_3 x^2)' = (\log_3 |x|^2)' = (2\log_3 |x|)' = \dfrac{2}{x \log 3}$

(4)　$\{(\log x)^2\}' = 2\log x \cdot (\log x)' = \dfrac{2\log x}{x}$　■

Let's TRY

問 2.20　次の関数を微分せよ．

(1)　$y = \log 5x$　　(2)　$y = \log \dfrac{1}{x}$　　(3)　$y = \log|4x-1|$

(4)　$y = \log_{\frac{1}{2}} 3x$　　(5)　$y = \log(x^2+1)$　　(6)　$y = \log\sqrt{3x-1}$

指数関数の微分　指数関数の微分公式を与えよう．

2.20　指数関数の微分公式

$(e^x)' = e^x$, $a > 0$, $a \neq 1$ のとき $(a^x)' = a^x \log a$

証明　指数関数 $y = e^x$ について，両辺の自然対数をとると $\log y = \log e^x = x$ となる．合成関数の微分法 **2.17** より，両辺を x で微分すると，$\dfrac{y'}{y} = 1$ であるから $y' = y = e^x$ を得る．

同様にして，$y = a^x$（$a > 0$, $a \neq 1$）について，両辺の自然対数をとると $\log y = \log a^x = x \log a$ となる． **2.17** より，両辺を x で微分すると，$\dfrac{y'}{y} = \log a$ であるから，$y' = y\log a = a^x \log a$ を得る．　■

公式 **2.20** の証明のように，両辺の対数をとって微分する方法を**対数《たいすう》微《び》分法《ぶんほう》**という．

例題 2.14 次の関数を微分せよ.

(1) $y = e^{2x+1}$

(2) $y = a^{3x}$ $(a > 0,\ a \neq 1)$

解 (1) $y' = e^{2x+1} \cdot (2x+1)' = 2e^{2x+1}$

(2) $y' = a^{3x} \log a \cdot (3x)' = 3a^{3x} \log a$ ■

Let's TRY

問 2.21 次の関数を微分せよ.

(1) $y = e^{5x+3}$ (2) $y = e^{x^2}$ (3) $y = 3^{2x}$

(4) $y = (e^x + e^{-x})^2$ (5) $y = e^{2x} \sin x$ (6) $y = e^{3x}(x^2 - 2)$

次に，実数 α に対して，

$$y = x^{\alpha} \quad (x > 0)$$

の導関数を求めてみよう.

$x = e^{\log x}$ より

$$y = x^{\alpha} = (e^{\log x})^{\alpha} = e^{\alpha \log x}$$

であるから合成関数の微分法 **2.17** を用いると，

$$y' = e^{\alpha \log x} \cdot (\alpha \log x)' = x^{\alpha} \cdot \frac{\alpha}{x} = \alpha x^{\alpha - 1}$$

2.21 微分公式 [IV]

実数 α に対して，

$$(x^{\alpha})' = \alpha x^{\alpha - 1} \quad (x > 0)$$

Let's TRY

問 2.22 次の関数を，対数微分法を用いて微分せよ.

(1) $y = x^x$ $(x > 0)$ (2) $y = \dfrac{(x-1)^2}{(x+1)^3}$ (3) $y = \sqrt[4]{\dfrac{(x-2)^3}{(x+1)^2}}$

逆三角関数とその導関数　逆関数を思い出そう．関数 $y=f(x)$ が与えられているとき，x の値を決めると y の値がただ1つ決まる．このとき，逆に，y の値に対して，x の値がただ1つ決まるなら，x は y の関数になる．これを $y=f(x)$ の **逆関数**《ぎゃくかんすう》という．記号で，

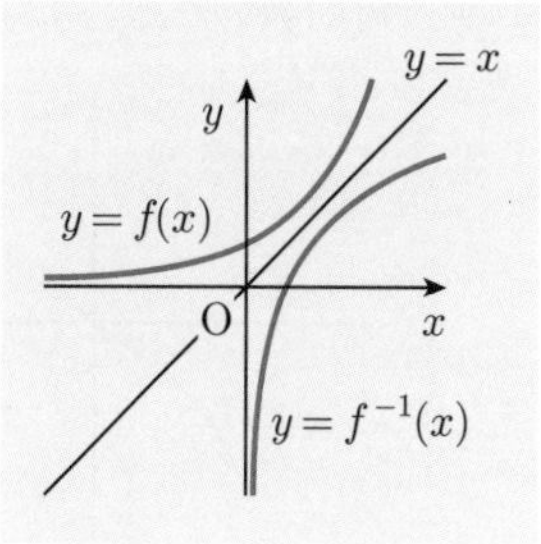

$$x=f^{-1}(y)$$

（エフ インバースと読む）と表し，x と y を入れ換えて

$$y=f^{-1}(x)$$

と表すのが通常である．関数 $y=f(x)$ のグラフとその逆関数のグラフは，直線 $y=x$ に関して対称である．

$$y=f(x) \iff x=f^{-1}(y) \xleftrightarrow[\text{入れ替え}]{x\text{ と }y} y=f^{-1}(x)$$

正弦関数 $f(x)=\sin x$ は周期 2π をもつ関数，つまり $f(x+2\pi)=f(x)$ となる．したがって，同じ値をとる x が無数に存在する．しかし定義域を区間 $\left[-\dfrac{\pi}{2}, \dfrac{\pi}{2}\right]$ に制限すると，$y=f(x)=\sin x$ は，単調増加（つまり $x_1<x_2$ ならば $f(x_1)<f(x_2)$）な連続関数となるので，値 y を決めると，x はただ1つに決まる．つまり逆関数が存在する．この逆関数を **逆正弦関数**《ぎゃくせいげんかんすう》といい，$y=\sin^{-1}x$（アークサイン x）とかく．同様に，**逆余弦関数**《ぎゃくよげんかんすう》を $y=\cos^{-1}x$（アークコサイン x），**逆正接関数**《ぎゃくせいせつかんすう》を $y=\tan^{-1}x$（アークタンジェント x）で表し，これらをまとめて **逆三角関数**《ぎゃくさんかくかんすう》という．定義域と値域はそれぞれ次のように定める．

	$y=\sin^{-1}x$	$y=\cos^{-1}x$	$y=\tan^{-1}x$
定義域	$-1 \leqq x \leqq 1$	$-1 \leqq x \leqq 1$	実数全体
値域	$-\dfrac{\pi}{2} \leqq y \leqq \dfrac{\pi}{2}$	$0 \leqq y \leqq \pi$	$-\dfrac{\pi}{2} < y < \dfrac{\pi}{2}$

※逆関数ともとの関数では定義域と値域が入れ替わっていることに注意！

逆三角関数のグラフは次のようになる．

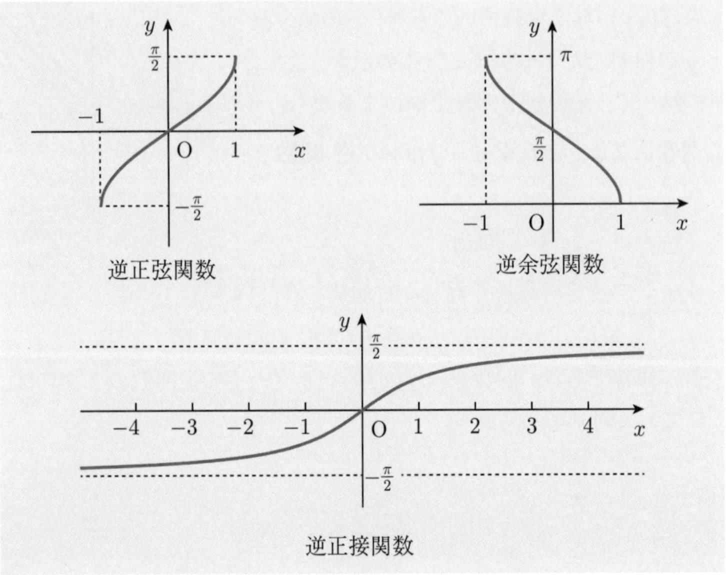

例 2.15

(1) $\sin^{-1}\dfrac{\sqrt{3}}{2}=\dfrac{\pi}{3}$　　(2) $\cos^{-1}\dfrac{\sqrt{2}}{2}=\dfrac{\pi}{4}$

(3) $\tan^{-1}\dfrac{\sqrt{3}}{3}=\dfrac{\pi}{6}$ ■

Let's TRY

問 2.23　次の逆三角関数の値を求めよ．

(1) $\sin^{-1}\dfrac{1}{2}$　　(2) $\cos^{-1}\left(-\dfrac{\sqrt{3}}{2}\right)$　　(3) $\tan^{-1}1$　　(4) $\sin^{-1}(-1)$

逆関数を利用して，$y=\sqrt{x}$ の導関数を求めよう．両辺を 2 乗すると $y^2=x$ である．**2.17** より，$y^2=x$ の両辺を x で微分すると，$2yy'=1$ を得る．したがって $y'=\dfrac{1}{2y}=\dfrac{1}{2\sqrt{x}}$ $(x>0)$ となる．一般に $y=f^{-1}(x)$ に対し，$f(y)=x$ の両辺を x で微分することにより次が成り立つ．

2.22　逆関数の微分法

逆関数 $y = f^{-1}(x)$ に対して

$$\frac{dy}{dx} = \frac{1}{\dfrac{dx}{dy}}$$

例 2.16　逆関数の微分法を用いて，$y = e^x$ の導関数を求めよう．

$y = e^x \iff x = \log y$ より，$\dfrac{dx}{dy} = \dfrac{1}{y}$ である．

したがって

$$\frac{dy}{dx} = \frac{1}{\dfrac{dx}{dy}} = \frac{1}{\dfrac{1}{y}} = y = e^x$$

となる．■

Let's TRY

問 **2.24**　逆関数の微分法を用いて，関数 $y = \sqrt[5]{x}$ の導関数を求めよ．

逆関数の微分法 **2.22** を用いて，逆三角関数の導関数を求めよう．

$-1 < x < 1$ のとき，$y = \sin^{-1} x \iff x = \sin y$ であるから，

$$\frac{dx}{dy} = \cos y$$

となる．ここで $-\dfrac{\pi}{2} < y < \dfrac{\pi}{2}$ より，$\cos y > 0$ であるから，逆関数の微分法より

$$\frac{dy}{dx} = \frac{1}{\dfrac{dx}{dy}} = \frac{1}{\cos y} = \frac{1}{\sqrt{1 - \sin^2 y}} = \frac{1}{\sqrt{1 - x^2}}$$

同様にして，

$$(\cos^{-1} x)' = \frac{-1}{\sqrt{1 - x^2}}, \quad (\tan^{-1} x)' = \frac{1}{1 + x^2}$$

を導ける．

例 2.17　合成関数の微分法 **2.17** より

$$(\sin^{-1} 3x)' = \frac{3}{\sqrt{1-9x^2}}, \quad \left(\cos^{-1}\frac{x}{2}\right)' = -\frac{1}{\sqrt{4-x^2}},$$

$$\{\tan^{-1}(x+1)\}' = \frac{1}{1+(x+1)^2} = \frac{1}{x^2+2x+2}$$ ■

Let's TRY

問 2.25　次の関数を微分せよ．

(1)　$y = \sin^{-1}\frac{x}{8}$　　(2)　$y = \cos^{-1} 2x$　　(3)　$y = \tan^{-1}\frac{x}{5}$

第2章で学んだ基本的な微分公式を表にまとめておこう．

関数 y	導関数 y'
x^α （α は実数）	$\alpha x^{\alpha-1}$
$\sin x$	$\cos x$
$\cos x$	$-\sin x$
$\tan x$	$\dfrac{1}{\cos^2 x}$
$\log\lvert x\rvert$	$\dfrac{1}{x}$
$\log_a \lvert x\rvert$ （$a>0,\ a\neq 1$）	$\dfrac{1}{x\log a}$
e^x	e^x
a^x （$a>0,\ a\neq 1$）	$a^x \log a$
$\sin^{-1} x$	$\dfrac{1}{\sqrt{1-x^2}}$
$\cos^{-1} x$	$-\dfrac{1}{\sqrt{1-x^2}}$
$\tan^{-1} x$	$\dfrac{1}{1+x^2}$

積の微分公式　$\{f(x)g(x)\}' = f'(x)g(x) + f(x)g'(x)$

商の微分公式　$\left\{\dfrac{f(x)}{g(x)}\right\}' = \dfrac{f'(x)g(x) - f(x)g'(x)}{\{g(x)\}^2}$　（$g(x) \neq 0$ のとき）

合成関数の微分法

関数 $y = f(u),\ u = g(x)$ の合成関数 $y = f(g(x))$ について

$$y' = \frac{dy}{dx} = \frac{dy}{du}\frac{du}{dx}$$

2.4 微分とグラフ・方程式

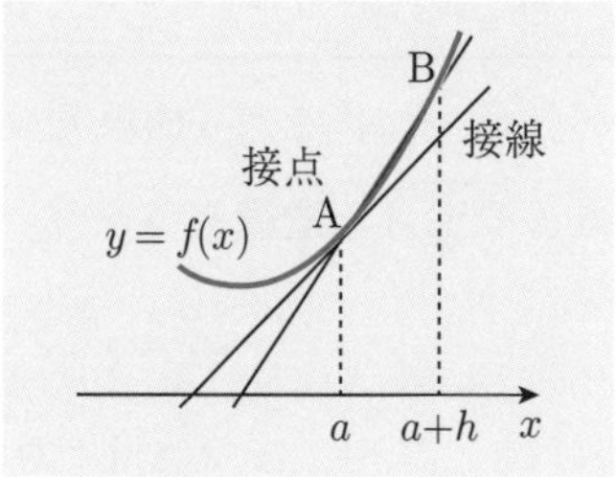

接線と法線　関数 $y = f(x)$ の微分係数 $f'(a)$ とは，x の値が a から $a+h$ に変化するときの平均変化率 $\frac{f(a+h)-f(a)}{(a+h)-a} = \frac{f(a+h)-f(a)}{h}$ の $h \to 0$ とするときの極限値であった．平均変化率は 2 点 $\mathrm{A}(a, f(a))$, $\mathrm{B}(a+h, f(a+h))$ を通る直線の傾きである．$h \to 0$ とするとき，この傾きが $f'(a)$ に限りなく近づくので，2 点 A, B を通る直線は点 A を通り傾きが $f'(a)$ の直線に限りなく近づく．この直線を曲線 $y = f(x)$ の点 A における**接線**《せっせん》といい，点 A を**接点**《せってん》という．

一般に点 (a, b) を通り，傾き m の直線の方程式が $y - b = m(x-a)$ であることより，$m = f'(a)$ だから次が成り立つ．

2.23　接線の方程式

曲線 $y = f(x)$ 上の点 $(a, f(a))$ における接線の方程式は

$$y - f(a) = f'(a)(x-a)$$

例題 2.15　曲線 $y = x^2$ 上の点 $(1, 1)$ における接線の方程式を求めよ．

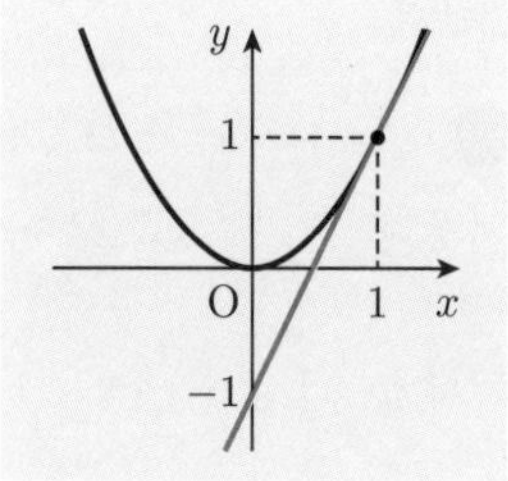

解　$f(x) = x^2$ とおくと $f'(x) = 2x$ より，接線の傾きは

$$f'(1) = 2 \cdot 1 = 2$$

また，点 $(1, 1)$ を通るので，$y - 1 = 2(x-1)$ より

$$y = 2x - 1$$

■

Let's TRY

問 2.26　次の接線の方程式を求めよ．

(1) $y=x^3$ 上の点 $(1,1)$ における接線．　(2) $y=x^2+3$ 上の点 $(0,3)$ における接線．

(3) $y=x^4-3x$ 上の点 $(-1,4)$ における接線．

Let's TRY

問 2.27 次の曲線 $y=f(x)$ の $x=a$ における接線の方程式を求めよ．

(1) $f(x)=\sin x,\ a=0$ (2) $f(x)=e^x,\ a=1$ (3) $f(x)=\log x,\ a=1$

点 $(a, f(a))$ を通り曲線 $y=f(x)$ の接線と垂直に交わる直線を，この曲線の点 A における**法線**《ほうせん》という．

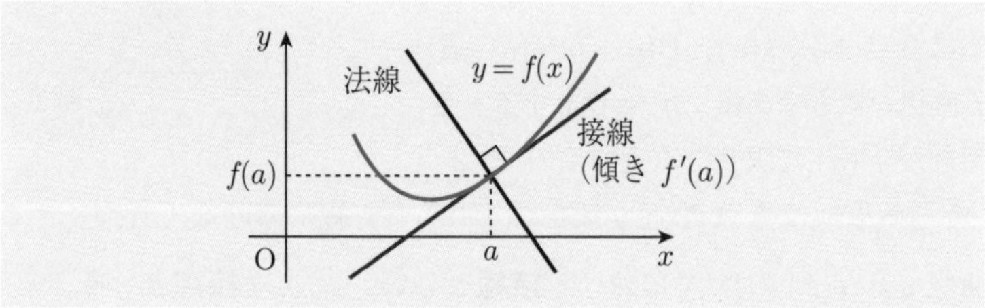

傾き m（$\neq 0$）の直線に垂直な直線の傾きは $-\frac{1}{m}$ なので，次が成り立つ．

2.24 法線の方程式

曲線 $y=f(x)$ の点 $(a, f(a))$ における法線の方程式は

$f'(a)\neq 0$ のとき $\quad y-f(a)=-\dfrac{1}{f'(a)}(x-a)$

$f'(a)=0$ のとき $\quad x=a$

例題 2.16 曲線 $y=x^2$ の点 $(1,1)$ における法線の方程式を求めよ．

解 $f(x)=x^2$ とおくと $f'(x)=2x$ より，法線の傾きは $-\dfrac{1}{f'(1)}=-\dfrac{1}{2}$ また点 $(1,1)$ を通るので，法線は $y-1=-\dfrac{1}{2}(x-1)$ より $y=-\dfrac{1}{2}x+\dfrac{3}{2}$ ■

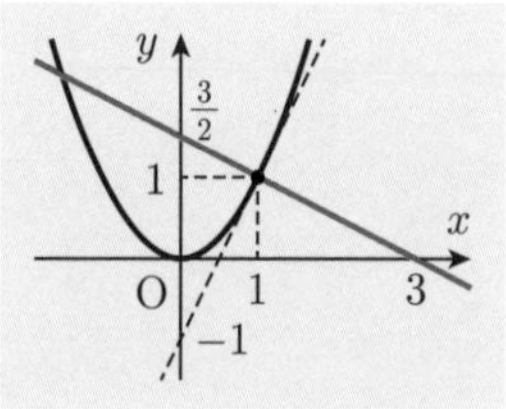

Let's TRY

問 2.28 次の曲線 $y=f(x)$ の $x=a$ における法線の方程式を求めよ．

(1) $f(x)=\sin x,\ a=0$ (2) $f(x)=e^x,\ a=1$ (3) $f(x)=\log x,\ a=1$

関数の増減と極値　関数 $y = f(x)$ について，ある区間で $x_1 < x_2$ ならば $f(x_1) < f(x_2)$（つまりグラフが右上がり）となるとき，$f(x)$ は **狭《きょう》義《ぎ》単《たん》調《ちょう》増《ぞう》加《か》** である，あるいは $f(x)$ は増加するという．逆に $x_1 < x_2$ ならば $f(x_1) > f(x_2)$（つまりグラフが右下がり）となるとき，$f(x)$ は **狭《きょう》義《ぎ》単《たん》調《ちょう》減《げん》少《しょう》** である，あるいは $f(x)$ は減少するという．

これに対し，$x_1 < x_2$ ならば $f(x_1) \leqq f(x_2)$ となるとき，$f(x)$ は（**広《こう》義《ぎ》**）**単《たん》調《ちょう》増《ぞう》加《か》**であるという．同様に，$x_1 < x_2$ ならば $f(x_1) \geqq f(x_2)$ となるとき，$f(x)$ は（**広《こう》義《ぎ》**）**単《たん》調《ちょう》減《げん》少《しょう》** であるという．

区間上で微分可能な関数に対し，微分係数と関数の増減については次が成り立つ．厳密な証明は第 4 章で行う．

2.25　関数の増減

(1)　ある区間で常に $f'(x) > 0$ ならば $f(x)$ は増加する．
(2)　ある区間で常に $f'(x) < 0$ ならば $f(x)$ は減少する．
(3)　ある区間で常に $f'(x) = 0$ ならば $f(x)$ は定数である．

例 2.18　関数 $y = -x^2 + 2x$ の増減を調べてみよう．

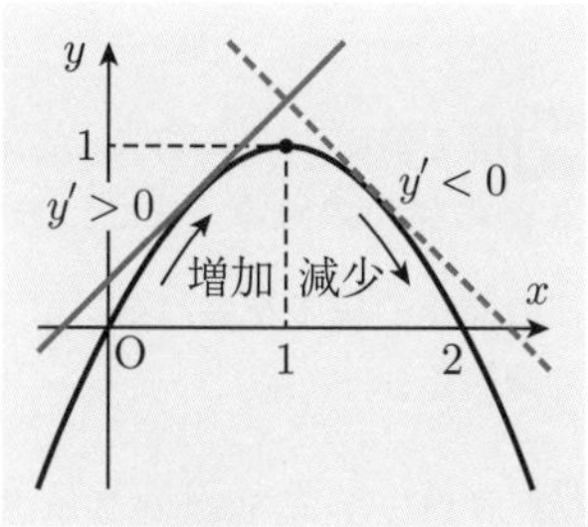

$$y' = -2x + 2 = -2(x - 1)$$

より $y' = 0$ となる値 $x = 1$ を境に

$x < 1$ では $y' > 0$ となるので y は増加，
$x > 1$ では $y' < 0$ となるので y は減少．

これを表にまとめると右のようになる．ここで ↗ は関数が増加していることを，↘ は減少していることを表す．この表を**増《ぞう》減《げん》表《ひょう》**という．増減表よりグラフの概形をかくことができる．■

x	…	1	…
y'	+	0	−
y	↗	1	↘

この例で $x = 1$ の前後で関数が増加から減少に転じている．一般に微分可能な関数 $f(x)$ が $x = a$ の前後で増加から減少に転じるとき，つまり $f'(x)$ が

プラスからマイナスに変わるとき，$x=a$ で $f(a)$ は**極大《きょくだい》**であるといい，$f(a)$ を**極大値《きょくだいち》**という．同様に $x=a$ の前後で減少から増加に転じるとき，つまり $f'(x)$ がマイナスからプラスに変わるとき，$x=a$ で $f(a)$ は**極小《きょくしょう》**であるといい，$f(a)$ を**極小値《きょくしょうち》**という．極大値と極小値を合わせて**極値《きょくち》**という．

したがって $f(x)=-x^2+2x$ は $x=1$ で極大値 $f(1)=1$ をとる．

極大とは $x=a$ の近くに限れば $f(x)$ が $x=a$ でのみ最大値をとることであり，極小とは $x=a$ の近くに限れば $f(x)$ が $x=a$ でのみ最小値をとることであるといってもよい．

2.26 極値をとるための必要条件

微分可能な関数 $f(x)$ が $x=a$ で極値 $f(a)$ をとる $\Longrightarrow f'(a)=0$

■注意 $f'(a)=0$ だから極値をとるとは限らない．例えば $f(x)=x^3$ については $f'(x)=3x^2$ なので $f'(0)=0$ だが，$x=0$ の前後で $f'(x)$ はともにプラスである．

例題 2.17 次の関数の増減・極値を調べてグラフをかけ．

(1) $y=x^3-3x$ (2) $y=\dfrac{1}{x^2-2x}=\dfrac{1}{x\,(x-2)}$

解く前に $y'=0$（y' が分数式のときは，(分母) $=0$ または (分子) $=0$）となる x の値を求める．また，分数関数については $\displaystyle\lim_{x\to\pm\infty} y$ および分母が0となる x の値の前後の極限を調べる．y' の符号は，対応する区間における適当な x の値を代入して調べる．

解 (1) $y'=3x^2-3=3(x+1)(x-1)=0 \Rightarrow x=-1, 1$

増減表を用いてグラフをかく．

x	$\overbrace{\cdots}^{x=-2\to y'>0}$	-1	$\overbrace{\cdots}^{x=0\to y'<0}$	1	$\overbrace{\cdots}^{x=2\to y'>0}$
y'	$+$	0	$-$	0	$+$
y	↗	2 極大	↘	-2 極小	↗

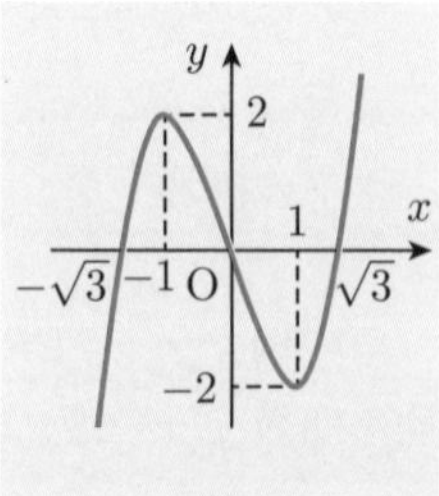

$x=-1$ のとき，極大値 $y=2$
$x=1$ のとき，極小値 $y=-2$

(2)
$$y' \underset{\uparrow \atop \left(\frac{1}{g}\right)' = \frac{-g'}{g^2}}{=} \frac{-(2x-2)}{(x^2-2x)^2} = \frac{-2(x-1)}{x^2(x-2)^2}$$

(分母) $=0$ または (分子) $=0$ となる x の値は小さい方から $x=0,1,2$

$$\lim_{x\to\pm\infty} y = \lim_{x\to\pm\infty} \frac{1}{x(x-2)} = 0,$$

$$\lim_{x\to+0} y = \lim_{x\to2-0} y = -\infty, \quad \lim_{x\to-0} y = \lim_{x\to2+0} y = \infty$$ ■

■注意　$x=0,2$ での極限については，$\lim_{x\to0}|y| = \lim_{x\to2}|y| \left(= \frac{1}{+0}\right) = \infty$ で，ε を十分小さな任意の正の実数とするとき，$x=\varepsilon, 2-\varepsilon$ ならば $y<0$，$x=-\varepsilon, 2+\varepsilon$ ならば $y>0$ であることに注意する．

x	$\overbrace{\cdots}^{x=-1\to y'>0}$	0	$\overbrace{\cdots}^{x=0.5\to y'>0}$	1	$\overbrace{\cdots}^{x=1.5\to y'<0}$	2	$\overbrace{\cdots}^{x=3\to y'<0}$
y'	$+$	／	$+$	0	$-$	／	$-$
y	↗	／	↗	-1 極大	↘	／	↘

$x=1$ のとき，極大値 $y=-1$（極小値なし）

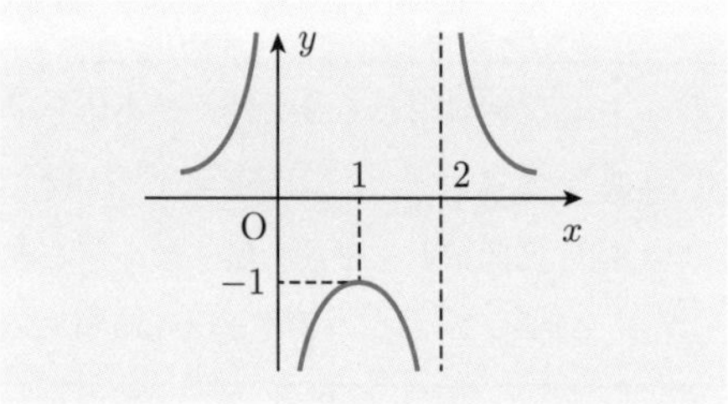

■注意　(分母) $=0$ となる x の値では関数は定義されない．

Let's TRY

問 2.29　次の関数の増減・極値を調べてグラフをかけ．

(1)　$y=x^3+3x^2+1$　　(2)　$y=x^4-2x^2$　　(3)　$y=3x^4-8x^3-6x^2+24x$

問 2.30　次の関数の増減・極値および極限値 $\lim_{x\to\pm\infty} y$ を調べてグラフをかけ．

(1)　$y=\dfrac{1}{1+e^x}$　　(2)　$y=\dfrac{1}{x^2+1}$　　(3)　$y=\dfrac{1}{x^2-1}$

最大値・最小値　与えられた定義域内で関数の増減を調べることにより，関数の最大値および最小値を求めてみよう．

例 2.19　関数 $y = 2x^3 + 3x^2 - 12x$ の区間 $-3 \leqq x \leqq 3$ における最大値・最小値を求めてみよう．

$y' = 6x^2 + 6x - 12 = 6(x+2)(x-1)$

より，$x = -2, 1$ のとき $y' = 0$

よって増減表は

x	-3	$\cdots$	-2	$\cdots$	1	$\cdots$	3
y'	／	$+$	0	$-$	0	$+$	／
y	9	↗	20	↘	-7	↗	45

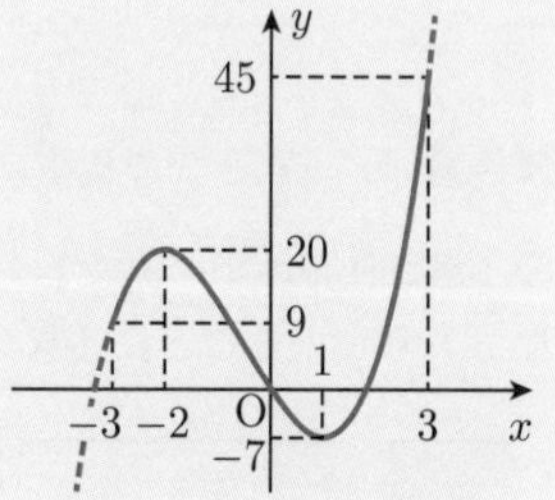

x 軸と y 軸の1目盛りの大きさは変えて表示している

増減表より，$x = 3$ のとき最大値 $y = 45$，$x = 1$ のとき最小値 $y = -7$　■

■**注意**　微分可能な関数 $f(x)$ の区間 $a \leqq x \leqq b$ における最大値や最小値は，極値または，端点 a か b での値になる．

Let's TRY

問 **2.31**　次の関数の（ ）内の区間における最大値・最小値を求めよ．

(1)　$y = x^3 - x$　$(-1 \leqq x \leqq 2)$　　(2)　$y = x^4 - 4x^2$　$(-\sqrt{3} \leqq x \leqq \sqrt{3})$

問 **2.32**　次の関数の（ ）内の区間における最大値・最小値を求めよ．

(1)　$y = x + \sqrt{1 - x^2}$　$(-1 \leqq x \leqq 1)$　　(2)　$y = \sin x(1 - \cos x)$　$(0 \leqq x \leqq \pi)$

例題 2.18　4辺の長さの合計が l の長方形で面積が最大となる図形は正方形であることを示せ．

証明　長方形の縦の長さを x とすると，横の長さは $\frac{l}{2} - x$ だから，長方形の面積を S とすると，

$$S = x\left(\frac{l}{2} - x\right) = -x^2 + \frac{l}{2}x \quad \left(0 < x < \frac{l}{2}\right)$$

$S' = -2x + \frac{l}{2}$ より，$x = \frac{l}{4}$ のとき $S' = 0$ であることに注意して増減表を作成する．増減表より $x = \frac{l}{4}$，すなわち正方形のとき面積は最大で

$$S = \frac{l^2}{16}$$

となる．

x	0	$\cdots$	$\frac{l}{4}$	$\cdots$	$\frac{l}{2}$
S'		$+$	0	$-$	
S	0	↗	$\frac{l^2}{16}$	↘	0

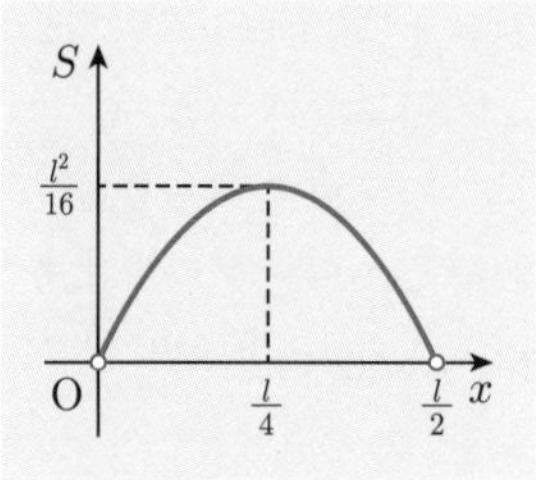

■

Let's TRY

問 2.33　底面の半径と高さの和が l の直円柱がある．この体積が最大となるときの半径と高さを l を用いて表せ．

応用（方程式・不等式）　グラフを利用して，方程式の異なる実数解の個数を調べてみよう．また，不等式も証明してみよう．

例 2.20　方程式 $x^3 - 3x = 3$ の異なる実数解の個数を調べてみよう．

$y = x^3 - 3x$ のグラフと $y = 3$ のグラフとの交点を調べればよい．例題 2.17 の $y = x^3 - 3x$ のグラフより $y = 3$ のグラフとの交点の個数は 1 個だから，方程式 $x^3 - 3x = 3$ の実数解の個数も 1 個である．■

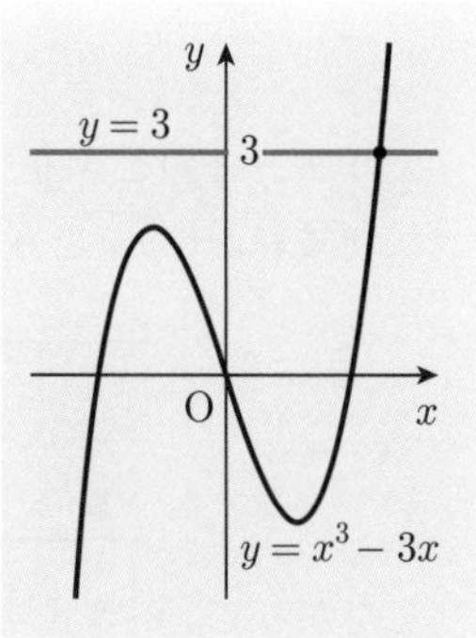

Let's TRY

問 2.34　次の方程式の異なる実数解の個数を求めよ．

(1)　$x^4 - 4x^3 + 4x^2 = 1$　　(2)　$x - \log x = 2$

例題 2.19　方程式 $x^3-3x=k$ の異なる実数解の個数を調べよ．ただし k は定数とする．

解　$y=x^3-3x$ のグラフと $y=k$ のグラフをかくと図のようになる．

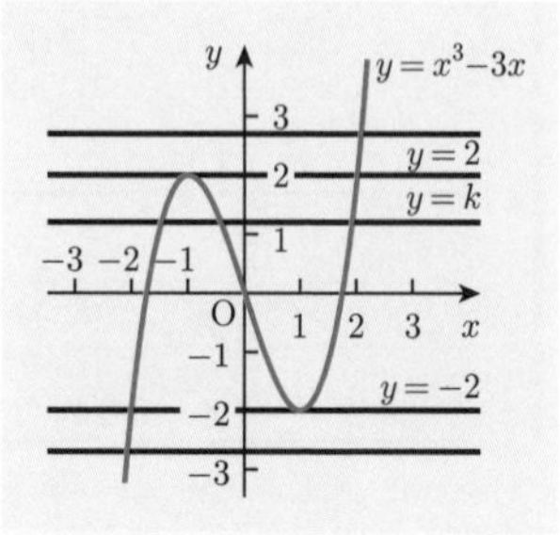

グラフの交点の x 座標が方程式 $x^3-3x=k$ の実数解だから，グラフより実数解の個数は

$-2<k<2$ のとき　3個

$k=\pm 2$ のとき　2個

$k>2$ または $k<-2$ のとき　1個　■

Let's TRY

問 2.35　次の方程式の異なる実数解の個数を調べよ．ただし k は定数とする．

(1)　$x^4-4x^3+4x^2=k$　　(2)　$2\sqrt{x}-x=k$

例 2.21　$x\geqq 0$ のとき，不等式 $x\geqq \log(x+1)$ を証明してみよう．

$y=x-\log(x+1)$ とおいて，$x\geqq 0$ のとき，$y\geqq 0$ を示せばよい．

$$y'=1-\frac{1}{x+1}=\frac{x}{x+1}$$

より $x>0$ のとき $y'>0$ であることに注意して増減表をかく．

増減表より，$x\geqq 0$ の範囲で最小値は $y=0$（$x=0$ のとき）だから，$y\geqq 0$

x	0	$\cdots$
y'	／	+
y	0	↗

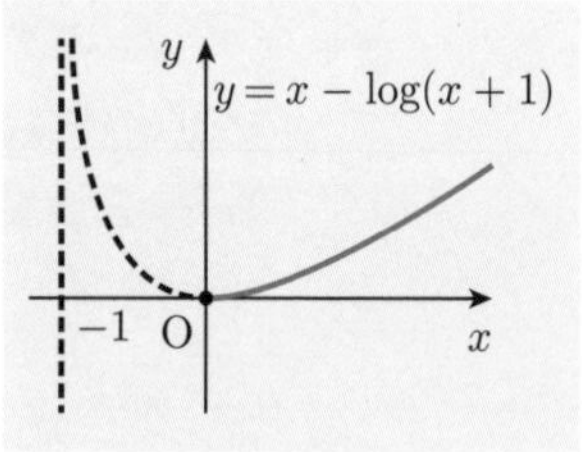

したがって，不等式 $x\geqq \log(x+1)$ が成り立つ．ただし等号は $x=0$ のとき成り立つ．　■

Let's TRY

問 2.36　$x\geqq 0$ の範囲で次の不等式を証明せよ．

(1)　$e^x\geqq 1+x$　　(2)　$e^x\geqq 1+x+\dfrac{1}{2}x^2$（(1) の結果を利用する）

中間値の定理と最大値・最小値の定理♣　連続関数については次の基本的な性質が成り立つことが知られている．

2.27　中間値《ちゅうかんち》の定理《ていり》

関数 $f(x)$ が閉区間 $[a, b]$ で連続で，$f(a) \neq f(b)$ ならば，$f(a)$ と $f(b)$ の間の任意の値 m に対して

$$f(c) = m$$

となる c ($a < c < b$) が（少なくとも 1 つ）存在する．

2.28　最大値《さいだいち》・最小値《さいしょうち》の定理《ていり》

関数 $f(x)$ が閉区間 $[a, b]$ で連続ならば $f(x)$ は $[a, b]$ で最大値と最小値をとる．

注意　例えば関数 $f(x) = x^2$ の開区間 $(-1, 1)$ における最小値は $f(0) = 0$ であるが，最大値は存在しない．このように上の定理は閉区間でないと成り立たない．

中間値の定理は，例えば単調増加関数が逆関数をもつことなどを示すのに用いられる．また次の形で用いられることも多い．

例 2.22　方程式 $e^x - 2 = 0$ は開区間 $(0, 1)$ に実数解をもつことを証明してみよう．

$f(x) = e^x - 2$ とおくと $f(x)$ は閉区間 $[0, 1]$ で連続で，

$$f(0) = -1 < 0, \quad f(1) = e - 2 > 0$$

だから，中間値の定理より

$$f(c) = e^c - 2 = 0$$

となる c $(0 < c < 1)$ が存在する．よって，方程式 $e^x - 2 = 0$ は開区間 $(0, 1)$ に実数解をもつ．■

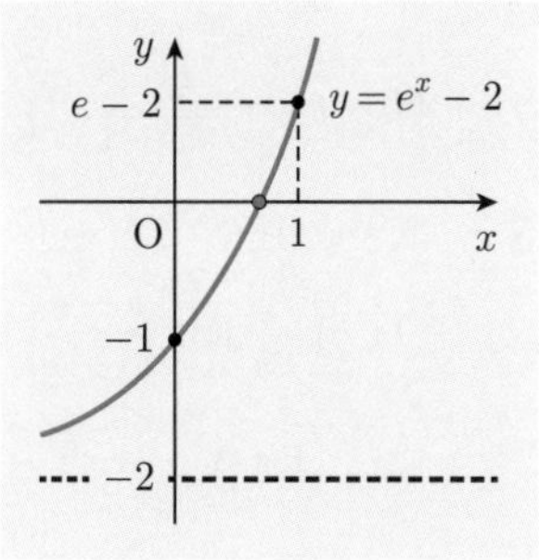

Let's TRY

問 2.37　次の方程式が（ ）内の区間に実数解をもつことを示せ．

(1)　$x^4 - 4x^3 + 4x^2 - 1 = 0$　$(2 < x < 3)$

(2)　$\cos \pi x + \log x = 0$　$(1 < x < e^2)$

第 2 章　演習問題 A

1　次の極限を求めよ．

(1) $\displaystyle\lim_{x\to 3}(x^3-3x+6)$　(2) $\displaystyle\lim_{x\to 0}\frac{3x^2-4x}{x}$　(3) $\displaystyle\lim_{x\to -1}\log(x^2+1)$

(4) $\displaystyle\lim_{x\to 2}xe^{x-2}$　(5) $\displaystyle\lim_{x\to 0}x\cos x$　(6) $\displaystyle\lim_{x\to \frac{\pi}{2}-0}\tan x$

(7) $\displaystyle\lim_{x\to -5+0}\frac{-1}{x+5}$　(8) $\displaystyle\lim_{x\to\infty}(\sqrt{x-1}-\sqrt{x})$

(9) $\displaystyle\lim_{x\to -\infty}(x^5+4x^3-8x)$　(10) $\displaystyle\lim_{x\to 0}\frac{\sin 7x}{x+\sin x}$

(11) $\displaystyle\lim_{x\to\infty}\frac{[x]}{x}$　（[　] はガウス記号）　(12) $\displaystyle\lim_{x\to\infty}\log\frac{2x-1}{x-2}$

2　次の関数を微分せよ．

(1) $y=\dfrac{x^2+3x-2}{x^3}$　(2) $y=\sqrt{3x+7}$　(3) $y=\sqrt{4-x^2}$

(4) $y=2x\log x$　(5) $y=e^{2x}\sin 5x$　(6) $y=\dfrac{x}{\log x}$

(7) $y=(x^2+x-1)^5$　(8) $y=\dfrac{x^2}{2}\tan 2x$　(9) $y=\sin^2 x\tan x$

(10) $y=\dfrac{1}{1-\sin x}$　(11) $y=\log|2x^3+1|$　(12) $y=\log\left|2x+\sqrt{4x^2-1}\right|$

(13) $y=\dfrac{e^{3x}+1}{e^{3x}-1}$　(14) $y=\dfrac{e^{x^2}}{x^2+3}$　(15) $y=x\sqrt{x^2-1}$

(16) $y=\dfrac{2x}{\sqrt{5x+1}}$　(17) $y=e^{\sin x}\sin x$　(18) $y=x^{\cos x}$　$(x>0)$

3　次が成り立つことを示せ．

(1) $\displaystyle\left(\frac{1}{2a}\log\left|\frac{x-a}{x+a}\right|\right)'=\frac{1}{x^2-a^2}$　$(a\neq 0)$

(2) $\displaystyle\left(\log\left|x+\sqrt{x^2+A}\right|\right)'=\frac{1}{\sqrt{x^2+A}}$　$(A\neq 0)$

(3) $\displaystyle\left\{\frac{1}{2}\left(x\sqrt{a^2-x^2}+a^2\sin^{-1}\frac{x}{a}\right)\right\}'=\sqrt{a^2-x^2}$　$(a>0)$

(4) $\displaystyle\left\{\frac{1}{2}\left(x\sqrt{x^2+A}+A\log\left|x+\sqrt{x^2+A}\right|\right)\right\}'=\sqrt{x^2+A}$　$(A\neq 0)$

4　曲線 $y=x^3-x^2$ の接線で，傾きが 1 のものをすべて求めよ．

5　区間 $0\leqq x\leqq 2\pi$ において，関数 $y=x-\sqrt{2}\sin x$ の最大値と最小値を求めよ．

第 2 章　演習問題 B

6　正接関数 $y = \tan x$ の導関数を定義にしたがって求めよ．

7　$\sin x$, $\cos x$, $\tan x$ の逆数 $y = \dfrac{1}{\sin x}$ $(= \operatorname{cosec} x)$（コセカント x），
$y = \dfrac{1}{\cos x}$ $(= \sec x)$（セカント x），$y = \dfrac{1}{\tan x}$ $(= \cot x)$（コタンジェント x）
の導関数を求めよ．

8　$\sinh x = \dfrac{e^x - e^{-x}}{2}$，　$\cosh x = \dfrac{e^x + e^{-x}}{2}$，　$\tanh x = \dfrac{\sinh x}{\cosh x} = \dfrac{e^x - e^{-x}}{e^x + e^{-x}}$

で定義される関数をまとめて**双《そう》曲《きょく》線《せん》関数《かんすう》**といい，それぞれハイパボリックサイン，ハイパボリックコサイン，ハイパボリックタンジェントという．次の問いに答えよ．

(1)　次が成り立つことを示せ．

$$(\sinh x)' = \cosh x, \quad (\cosh x)' = \sinh x, \quad (\tanh x)' = \frac{1}{\cosh^2 x},$$

$$\cosh^2 x - \sinh^2 x = 1,$$

$$\sinh(x + y) = \sinh x \cosh y + \cosh x \sinh y,$$

$$\cosh(x + y) = \cosh x \cosh y + \sinh x \sinh y$$

(2)　$y = \tanh x$ のグラフをかけ．

(3)　$\sinh x$，$\tanh x$ の逆関数 $\sinh^{-1} x$，$\tanh^{-1} x$ について，$(\sinh^{-1} x)'$，$(\tanh^{-1} x)'$ を求めよ．

9　1 辺の長さが 12 cm の正方形の 4 隅から正方形を切り取り，ふたのない箱を作るとき，この箱の容積の最大値を求めよ．

10　曲線 $y = x^2$ の接線で，点 $(0, -1)$ を通るものをすべて求めよ．

11　曲線 $y = \dfrac{1}{x}$ の接線と x 軸および y 軸で囲まれた三角形の面積は，接線によらず一定であることを示し，面積を求めよ．

12　抵抗 R_0，電圧 E が一定である図の電気回路において，電力 P は可変抵抗 R を用いて $P = \dfrac{E^2 R}{(R + R_0)^2}$ で表される．このとき P の最大値 $P_{\max}$ を，R_0 と E の式で表せ．

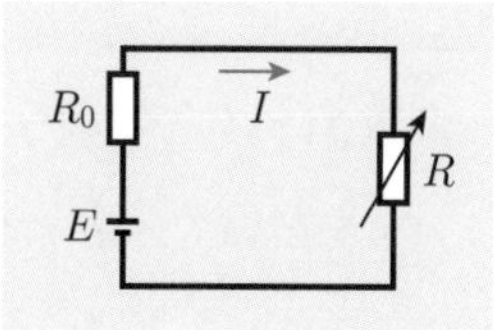

3 積分の基礎

この章では，微分法と同様に重要な積分法について，その定義と基本的な計算を学ぶ．また積分を用いて，面積や体積などを求めていく．

3.1 不定積分

この節では，微分の逆演算として積分を定義し，その計算方法を学んでいく．

不定積分 与えられた関数 $f(x)$ に対して，$F'(x) = f(x)$ となる関数 $F(x)$ が存在するとき，$F(x)$ を $f(x)$ の**原始関数**《げんしかんすう》という．このとき定数 C に対して，$\{F(x) + C\}' = f(x)$ であるから，$F(x) + C$ も $f(x)$ の原始関数である．このことを記号で $\displaystyle\int f(x)\,dx = F(x) + C$ と表し，これを $f(x)$ の**不定積分**《ふていせきぶん》という．$\displaystyle\int$ はインテグラルと読む．また，$f(x)$ を**被積分関数**《ひせきぶんかんすう》，定数 C を**積分定数**《せきぶんていすう》という．関数 $f(x)$ の原始関数は無数にあり，$F(x)$ はその 1 つである．

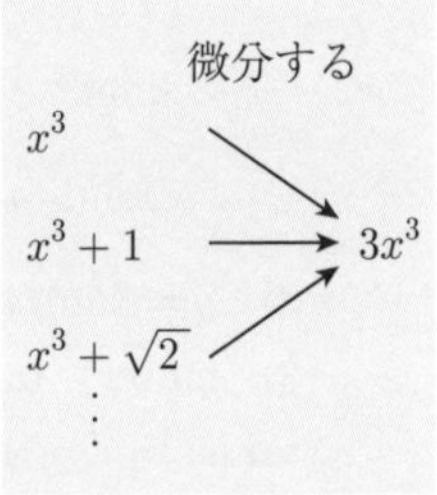

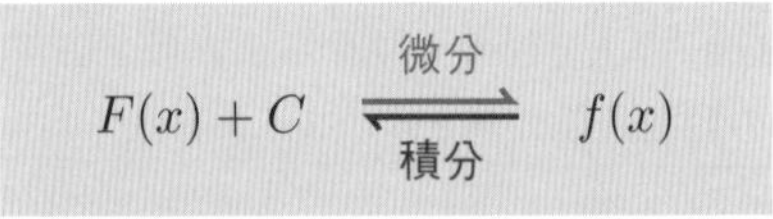

3.1 不定積分

関数 $f(x)$ の原始関数を $F(x)$ とする．

$$\int f(x)\,dx = F(x) + C \quad (C \text{ は積分定数})$$

関数 $f(x)$ の不定積分を求めることを，$f(x)$ を**積分**《せきぶん》**する**という．別の文字，例えば t を用いて，$\displaystyle\int f(t)\,dt = F(t) + C$ と表すこともできる．

例 3.1

$(x)'=1$ だから $\displaystyle\int 1\,dx = x + C$

$\displaystyle\left(\frac{1}{2}x^2\right)' = x$ だから $\displaystyle\int x\,dx = \frac{1}{2}x^2 + C$

$\displaystyle(2\sqrt{x})' = \left(2x^{\frac{1}{2}}\right)' = x^{-\frac{1}{2}} = \frac{1}{\sqrt{x}}$ だから $\displaystyle\int \frac{1}{\sqrt{x}}\,dx = 2\sqrt{x} + C$ ■

第 2 章の微分公式から，次の積分公式 (1)〜(14) が得られる．

3.2 不定積分の公式

C は積分定数とする．

(1) $\displaystyle\int x^{\alpha}\,dx = \frac{1}{\alpha+1}x^{\alpha+1} + C$ （α は実数，$\alpha \neq -1$）

(2) $\displaystyle\int \frac{1}{x}\,dx = \log|x| + C$ (3) $\displaystyle\int e^x\,dx = e^x + C$

(4) $\displaystyle\int a^x\,dx = \frac{a^x}{\log a} + C$ （$a > 0$, $a \neq 1$）

(5) $\displaystyle\int \sin x\,dx = -\cos x + C$ (6) $\displaystyle\int \cos x\,dx = \sin x + C$

(7) $\displaystyle\int \frac{1}{\cos^2 x}\,dx = \tan x + C$ (8) $\displaystyle\int \frac{1}{\sin^2 x}\,dx = -\frac{1}{\tan x} + C$

(9) $\displaystyle\int \frac{1}{\sqrt{a^2-x^2}}\,dx = \sin^{-1}\frac{x}{a} + C$ （$a > 0$）

(10) $\displaystyle\int \frac{-1}{\sqrt{a^2-x^2}}\,dx = \cos^{-1}\frac{x}{a} + C$ （$a > 0$）

(11) $\displaystyle\int \frac{1}{x^2+a^2}\,dx = \frac{1}{a}\tan^{-1}\frac{x}{a} + C$ （$a \neq 0$）

■**注意** 発展的な公式も，ここに載せておく（2 章演習問題 A を参照）．

(12) $\displaystyle\int \frac{1}{\sqrt{x^2+a}}\,dx = \log\left|x + \sqrt{x^2+a}\right| + C$ （$a \neq 0$）

(13) $\displaystyle\int \sqrt{a^2-x^2}\,dx = \frac{1}{2}\left(x\sqrt{a^2-x^2} + a^2\sin^{-1}\frac{x}{a}\right) + C$ （$a > 0$）

(14) $\displaystyle\int \sqrt{x^2+a}\,dx = \frac{1}{2}\left(x\sqrt{x^2+a} + a\log\left|x+\sqrt{x^2+a}\right|\right) + C$ （$a \neq 0$）

Let's TRY

問 3.1　**3.2** の (1)〜(11) が成り立つことを，右辺を微分して確かめよ．

■**注意**　$\displaystyle\int \frac{1}{f(x)}\,dx$ のように，被積分関数の分子が 1 のときは $\displaystyle\int \frac{dx}{f(x)}$，また，$\displaystyle\int 1\,dx =$ $\displaystyle\int dx$ とかくことが多い．

a, b が定数のとき，関数 $F'(x) = f(x)$, $G'(x) = g(x)$ とすると

$$\{aF(x) + bG(x)\}' = af(x) + bg(x)$$

であるから，次が成り立つ．

3.3　不定積分の線形性

a, b が定数のとき

$$\int \{af(x) + bg(x)\}\,dx = a\int f(x)\,dx + b\int g(x)\,dx$$

例 3.2　(1)　$\displaystyle\int (2x+3)\,dx = 2\int x\,dx + 3\int dx = x^2 + 3x + C$

(2)　$\displaystyle\int (x+1)(2x-3)\,dx = \int (2x^2 - x - 3)\,dx$

$$= 2\int x^2\,dx - \int x\,dx - 3\int 1\,dx$$

$$= \frac{2}{3}x^3 - \frac{1}{2}x^2 - 3x + C$$

(3)　$\displaystyle\int \frac{3x^5 - 2x^2 + 4\sqrt{x}}{x}\,dx$

$$= 3\int x^4\,dx - 2\int x\,dx + 4\int x^{-\frac{1}{2}}\,dx$$

$$= \frac{3}{5}x^5 - x^2 + 4\cdot 2x^{\frac{1}{2}} + C = \frac{3}{5}x^5 - x^2 + 8\sqrt{x} + C$$ ■

（$2x^{\frac{1}{2}}$：$\dfrac{1}{-\frac{1}{2}+1}x^{-\frac{1}{2}+1}$）

Let's TRY

問 3.2 次の不定積分を求めよ.

(1) $\displaystyle\int (5x-3)\,dx$ (2) $\displaystyle\int (3x-2)(x+4)\,dx$

(3) $\displaystyle\int x(x+2)(x-5)\,dx$ (4) $\displaystyle\int (x^4-4x^2+3\sqrt{x})\,dx$

(5) $\displaystyle\int \left(3-\frac{2}{x^2}\right) dx$ (6) $\displaystyle\int \left(2e^x-\frac{5}{x}\right) dx$

(7) $\displaystyle\int (2x^5-7^x)\,dx$ (8) $\displaystyle\int (\sin x-5\cos x)\,dx$

(9) $\displaystyle\int \left(\frac{1}{\cos^2 x}+\frac{2}{\sin^2 x}\right) dx$ (10) $\displaystyle\int \frac{1}{\sqrt{4-x^2}}\,dx$

(11) $\displaystyle\int \frac{-1}{\sqrt{9-x^2}}\,dx$ (12) $\displaystyle\int \frac{1}{x^2+16}\,dx$

関数 $y=(5x-2)^3$ の不定積分について考えてみよう.

$$\{(5x-2)^4\}' \underset{\text{2.17}}{=} 4(5x-2)^3(5x-2)' = 5\cdot 4(5x-2)^3$$

であるから

$$\int (5x-2)^3\,dx = \frac{1}{5}\frac{1}{4}(5x-2)^4+C = \frac{1}{20}(5x-2)^4+C$$

である. 一般に, 関数 $f(x)$ が与えられて, $F'(x)=f(x)$ のとき, a, b $(a\neq 0)$ を定数とすると, 合成関数の微分法 2.17 より

$$\{F(ax+b)\}' = F'(ax+b)\cdot(ax+b)' = af(ax+b)$$

であるから次が成り立つ.

3.4 積分公式

C は積分定数, a と b は定数で, $a\neq 0$ とする.

$F(x)$ を $f(x)$ の原始関数とするとき, 次が成り立つ.

$$\int f(ax+b)\,dx = \frac{1}{a}F(ax+b)+C$$

例題 3.1　次の不定積分を求めよ．

(1) $\displaystyle\int (2x+1)^4\,dx$　(2) $\displaystyle\int (5x+2)^{-\frac{1}{2}}\,dx$　(3) $\displaystyle\int \frac{1}{3x-5}\,dx$

(4) $\displaystyle\int e^{4x+2}\,dx$　(5) $\displaystyle\int 3^{2x-1}\,dx$　(6) $\displaystyle\int \sin(7x+4)\,dx$

解

(1) $$\int (2x+1)^4\,dx = \frac{1}{2(4+1)}(2x+1)^5 + C = \frac{1}{10}(2x+1)^5 + C$$

(2) $$\int (5x+2)^{-\frac{1}{2}}\,dx = \frac{1}{5(-\frac{1}{2}+1)}(5x+2)^{\frac{1}{2}} + C = \frac{2}{5}(5x+2)^{\frac{1}{2}} + C$$

(3) $$\int \frac{1}{3x-5}\,dx = \frac{1}{3}\log|3x-5| + C$$

(4) $$\int e^{4x+2}\,dx = \frac{1}{4}e^{4x+2} + C$$

(5) $$\int 3^{2x-1}\,dx = \frac{3^{2x-1}}{2\log 3} + C$$

(6) $$\int \sin(7x+4)\,dx = -\frac{1}{7}\cos(7x+4) + C$$ ■

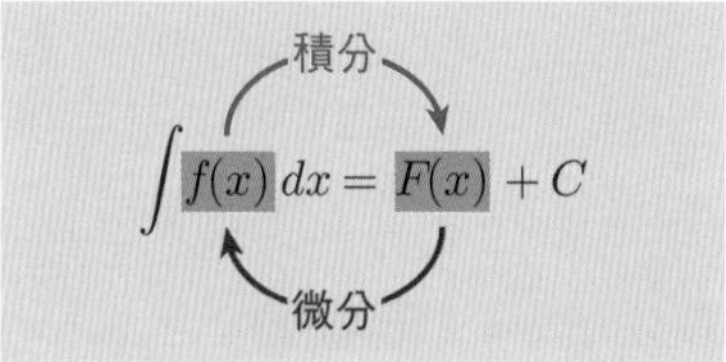

Let's TRY

問 3.3　次の不定積分を求めよ．

(1) $\displaystyle\int (3x+2)^5\,dx$　(2) $\displaystyle\int (4x-1)^{\frac{1}{2}}\,dx$　(3) $\displaystyle\int \frac{2}{4x+1}\,dx$

(4) $\displaystyle\int e^{2x-1}\,dx$　(5) $\displaystyle\int 4^{-5x+1}\,dx$　(6) $\displaystyle\int \cos(3x+2)\,dx$

■**注意**　計算ミス防止に，積分した結果を微分し，被積分関数に一致するか確かめよう．

三角関数の公式を用いて，不定積分を求めてみよう．ここでよく使う三角関数の公式をまとめておく．

(1) **基本公式** $\sin^2\theta+\cos^2\theta=1$, $\tan\theta=\frac{\sin\theta}{\cos\theta}$, $1+\tan^2\theta=\frac{1}{\cos^2\theta}$

(2) **2 倍角の公式** $\sin 2\theta=2\sin\theta\cos\theta$

$$\cos 2\theta=\cos^2\theta-\sin^2\theta=2\cos^2\theta-1=1-2\sin^2\theta$$

(3) **半角の公式** $\sin^2\theta=\frac{1-\cos 2\theta}{2}$, $\cos^2\theta=\frac{1+\cos 2\theta}{2}$

(4) **積→和の公式**

$$\begin{cases} \sin\alpha\cos\beta=\frac{1}{2}\{\sin(\alpha+\beta)+\sin(\alpha-\beta)\} \\ \cos\alpha\sin\beta=\frac{1}{2}\{\sin(\alpha+\beta)-\sin(\alpha-\beta)\} \\ \cos\alpha\cos\beta=\frac{1}{2}\{\cos(\alpha+\beta)+\cos(\alpha-\beta)\} \\ \sin\alpha\sin\beta=-\frac{1}{2}\{\cos(\alpha+\beta)-\cos(\alpha-\beta)\} \end{cases}$$

■**注意** 上記の (2)–(4) は，加法定理より導ける．

例題 3.2 次の不定積分を求めよ．

(1) $\displaystyle\int \tan^2 x\,dx$ (2) $\displaystyle\int \cos^2 x\,dx$

(3) $\displaystyle\int 2\sin x\cos x\,dx$ (4) $\displaystyle\int \sin 4x\cos 3x\,dx$

解 (1)

$$\int \tan^2 x\,dx=\int\left(\frac{1}{\cos^2 x}-1\right)dx \qquad \leftarrow 1+\tan^2 x=\frac{1}{\cos^2 x}\ \text{より}$$

$$=\tan x-x+C$$

(2)

$$\int \cos^2 x\,dx=\int \frac{1+\cos 2x}{2}\,dx \qquad \leftarrow \cos^2 x=\frac{1+\cos 2x}{2}\ \text{より}$$

$$=\frac{1}{2}\int(1+\cos 2x)\,dx$$

$$=\frac{1}{2}\left(x+\frac{1}{2}\sin 2x+C_1\right)=\frac{1}{2}x+\frac{1}{4}\sin 2x+C \qquad \left(\frac{C_1}{2}=C\ \text{とおく}\right)$$

(3)

$$\int 2\sin x\cos x\,dx=\int \sin 2x\,dx=-\frac{1}{2}\cos 2x+C \qquad (\sin 2x=2\sin x\cos x\ \text{より})$$

(4)

$$\int \sin 4x\cos 3x\,dx=\int \frac{1}{2}(\sin 7x+\sin x)\,dx=-\frac{1}{2}\left(\frac{1}{7}\cos 7x+\cos x\right)+C$$

$\left(\sin\alpha\cos\beta=\frac{1}{2}\{\sin(\alpha+\beta)+\sin(\alpha-\beta)\}\ \text{より}\right)$ ■

Let's TRY

問 **3.4**　次の不定積分を求めよ．

(1) $\displaystyle\int \sin^2 x\,dx$　(2) $\displaystyle\int \sin\frac{x}{2}\cos\frac{x}{2}\,dx$　(3) $\displaystyle\int \cos 5x \sin 2x\,dx$

(4) $\displaystyle\int \cos 3x \cos 6x\,dx$　(5) $\displaystyle\int \sin 4x \sin 2x\,dx$　(6) $\displaystyle\int \frac{1}{\tan^2 x}\,dx$

解く前に　(6) $\sin^2\theta + \cos^2\theta = 1$ の両辺を $\sin^2\theta$ で割ると，

$$1 + \frac{1}{\tan^2\theta} = \frac{1}{\sin^2\theta}$$

置換積分法　関数 $f(x)$ の原始関数の 1 つを $F(x)$ とする．x が微分可能な関数 $g(t)$ を用いて，$x = g(t)$ とかけるとき，合成関数の微分法 **2.17** より $\dfrac{d}{dt}F(g(t)) = f(g(t))g'(t)$ である．よって，次の**置換積分法**《ちかんせきぶんほう》が得られる．

3.5 置換積分法

$$\int f(x)\,dx = \int f(g(t))g'(t)\,dt = \int f(g(t))\frac{dx}{dt}\,dt \quad ただし\ x = g(t)$$

例 3.3　置換積分法を用いて，$\displaystyle\int \left(\frac{1}{2}x - 1\right)^5 dx$ を求めてみよう．

$\dfrac{1}{2}x - 1 = t$ とおくと，$x = 2t + 2$ であるから $\dfrac{dx}{dt} = 2$ となる．よって

$$\int \left(\frac{1}{2}x - 1\right)^5 dx = \int t^5 \frac{dx}{dt}\,dt = \int t^5 \cdot 2dt$$

$$= 2\frac{1}{6}t^6 + C = \frac{1}{3}\left(\frac{1}{2}x - 1\right)^6 + C$$

上の式から，$dx = \dfrac{dx}{dt}\,dt = 2\,dt$ と計算しても差し支えない．

つまり，形式的に $dx = g'(t)\,dt$ とかくことができる．■

例題 3.3 次の不定積分を求めよ．

(1) $\displaystyle\int x(x-5)^4\,dx$　　(2) $\displaystyle\int x\sqrt{x-1}\,dx$

(3) $\displaystyle\int \sin^3 x\cos x\,dx$　　(4) $\displaystyle\int \frac{\log x}{x}\,dx$

解 (1) $t=x-5$ とおくと $x=t+5$ である．$\frac{dt}{dx}=1$ より $dx=dt$ であるから

$$(\text{与式})=\int(t+5)t^4\,dt$$
$$=\int(t^5+5t^4)\,dt \quad \leftarrow t \text{ ですべて書き換えよう！}$$
$$=\frac{1}{6}t^6+t^5+C=\frac{1}{6}t^5(t+6)+C$$
$$=\frac{1}{6}(x-5)^5(x+1)+C \quad \leftarrow \text{最後は，忘れずに } x \text{ の式に戻そう．}$$

(2) $t=\sqrt{x-1}$ とおくと $t^2=x-1 \Leftrightarrow x=t^2+1$ より $dx=2t\,dt$

$$(\text{与式})=\int(t^2+1)\cdot t\cdot 2t\,dt$$
$$=2\int(t^4+t^2)\,dt=2\left(\frac{1}{5}t^5+\frac{1}{3}t^3\right)+C$$
$$=\frac{2}{15}t^3(3t^2+5)+C$$
$$=\frac{2}{15}(3x+2)(x-1)\sqrt{x-1}+C$$

(3) $t=\sin x$ とおくと $\frac{dt}{dx}=\cos x$ より $\cos x\,dx=dt$ であるから

$$(\text{与式})=\int t^3\,dt=\frac{1}{4}t^4+C=\frac{1}{4}\sin^4 x+C$$

(4) $t=\log x$ とおくと $\frac{dt}{dx}=\frac{1}{x}$ より $dt=\frac{1}{x}\,dx$ であるから

$$(\text{与式})=\int t\,dt=\frac{1}{2}t^2+C=\frac{(\log x)^2}{2}+C$$

■

Let's TRY

問 3.5　次の不定積分を求めよ．

(1) $\displaystyle\int x(x+2)^5\,dx$　(2) $\displaystyle\int \frac{x}{\sqrt{x^2-1}}\,dx$　(3) $\displaystyle\int 2xe^{x^2-2}\,dx$

(4) $\displaystyle\int \cos^4 x\sin x\,dx$　(5) $\displaystyle\int \frac{(\log x)^2}{x}\,dx$　(6) $\displaystyle\int \frac{\sin x}{\cos^2 x}\,dx$

第2章で登場した微分公式を思い出そう．次の積分公式もよく用いられる．

例題 3.4　$\displaystyle\int \frac{f'(x)}{f(x)}\,dx = \log|f(x)| + C$ を示せ．

証明　$f(x) = t$ とおくと，$f'(x)\dfrac{dx}{dt} = 1$ であるから，置換積分法より

$$(\text{左辺}) = \int \frac{f'(x)}{f(x)}\,dx = \int \frac{1}{t}\,dt = \log|t| + C$$
$$= \log|f(x)| + C = (\text{右辺})$$
■

例 3.4　例題 3.4 を用いると

$$\int \frac{2x}{x^2-1}\,dx = \int \frac{(x^2-1)'}{x^2-1}\,dx = \log|x^2-1| + C$$
■

Let's TRY

問 3.6　次の不定積分を求めよ．

(1) $\displaystyle\int \frac{6x^2}{x^3-5}\,dx$　(2) $\displaystyle\int \frac{\cos x}{\sin x}\,dx$　(3) $\displaystyle\int \frac{4e^{2x}}{e^{2x}+2}\,dx$

(4) $\displaystyle\int \tan x\,dx$　(5) $\displaystyle\int \frac{\sin x}{2+\cos x}\,dx$

部分積分法 第2章において，積の微分公式 **2.15** (1)

$$\{f(x)g(x)\}' = f'(x)g(x) + f(x)g'(x) \qquad \cdots ①$$

①の両辺を積分すると

$$f(x)g(x) = \int \{f'(x)g(x) + f(x)g'(x)\}\,dx = \int f'(x)g(x)\,dx + \int f(x)g'(x)\,dx$$

よって，次の**部分積分法**《ぶぶんせきぶんほう》が得られる．

3.6 部分積分法

(1) $\displaystyle\int f'(x)g(x)\,dx = f(x)g(x) - \int f(x)g'(x)\,dx$

(2) $\displaystyle\int f(x)g'(x)\,dx = f(x)g(x) - \int f'(x)g(x)\,dx$

例題 3.5 次の不定積分を求めよ．

(1) $\displaystyle\int xe^{2x}\,dx$ (2) $\displaystyle\int \log x\,dx$ (3) $\displaystyle\int x\cos x\,dx$

解 (1) 部分積分法により

$$(与式) = \int \underset{f}{\underline{x}}\ \underset{g'}{\underline{e^{2x}}}\,dx = \int x\left(\frac{1}{2}e^{2x}\right)'dx$$

$$= \underset{fg}{\underline{\frac{1}{2}xe^{2x}}} - \int \underset{f'g}{\underline{(x)'\frac{1}{2}e^{2x}}}\,dx = \frac{1}{2}xe^{2x} - \frac{1}{2}\int e^{2x}\,dx$$

$$= \frac{1}{2}xe^{2x} - \frac{1}{4}e^{2x} + C$$

(2) 部分積分法により

$$(与式) = \int \underset{f'}{\underline{1}} \cdot \underset{g}{\underline{\log x}}\,dx = \int (x)'\log x\,dx$$

$$= \underset{fg}{\underline{x\log x}} - \int \underset{fg'}{\underline{x\,(\log x)'}}\,dx = x\log x - \int x\frac{1}{x}\,dx$$

$$= x\log x - x + C$$

(3)　部分積分法により

$$
\begin{aligned}
(\text{与式}) &= \int \underset{f}{\underline{x}}\ \underset{g'}{\underline{\cos x}}\,dx = \int x\,(\sin x)'\,dx \\
&= \underset{fg}{\underline{x\sin x}} - \int \underset{f'g}{\underline{(x)'\sin x}}\,dx = x\sin x - \int \sin x\,dx + C \\
&= x\sin x + \cos x + C
\end{aligned}
$$

■

Let's TRY

問 3.7　次の不定積分を求めよ．

(1)　$\displaystyle\int xe^x\,dx$　　(2)　$\displaystyle\int x\log x\,dx$

(3)　$\displaystyle\int x\sin 2x\,dx$　　(4)　$\displaystyle\int (x+1)\cos 3x\,dx$

分数関数の積分　例えば $\dfrac{x-3}{(x+1)(x-1)} = \dfrac{2}{x+1} - \dfrac{1}{x-1}$ とより単純な分数式の和に分けることができる．このように分解することを**部分分数分解**《ぶぶんぶんすうぶんかい》という．ここでは部分分数分解を用いた分数関数の積分を考えてみよう．分母の形により次のように表せる．

A, B, C は定数とする．

(1)　分母が1次式の積（a, b, c は異なる）

$$\frac{px+q}{(x-a)(x-b)} = \frac{A}{x-a} + \frac{B}{x-b}$$

$$\frac{px^2+qx+r}{(x-a)(x-b)(x-c)} = \frac{A}{x-a} + \frac{B}{x-b} + \frac{C}{x-c}$$

(2)　分母が1次式と2次式（判別式 $=0$）の積

$$\frac{px^2+qx+r}{(x-a)^2(x-b)} = \frac{A}{(x-a)^2} + \frac{B}{x-a} + \frac{C}{x-b}$$

(3)　分母が1次式と2次式（判別式が負）の積

$$\frac{px^2+qx+r}{(x-a)(x^2+bx+c)} = \frac{A}{x-a} + \frac{Bx+C}{x^2+bx+c}$$

次の例題 3.6(1), (2) において，部分分数分解することにより，分数関数の積分を求めてみよう．

また例題 3.6(3) のように，(分子の次数) ≧ (分母の次数) となっているときは，割り算を行い，分数式を $(\text{商の式}) + \dfrac{(\text{余り})}{(\text{割る式})}$ と変形してから積分しよう．

例題 3.6　次の不定積分を求めよ．

(1) $\displaystyle\int \frac{x-5}{(x+1)(x-2)}\,dx$　　(2) $\displaystyle\int \frac{-x^2+1}{x(x^2+1)}\,dx$

(3) $\displaystyle\int \frac{3x^4-2x^3+2}{x^2+1}\,dx$

解　(1)　被積分関数を部分分数分解する．

$\frac{x-5}{(x+1)(x-2)} = \frac{a}{x+1} + \frac{b}{x-2}$ とおくと，$a=2,\ b=-1$ であるから

$$(\text{与式}) = \int \left(\frac{2}{x+1} - \frac{1}{x-2} \right) dx$$

$$= 2\log|x+1| - \log|x-2| + C = \log\frac{(x+1)^2}{|x-2|} + C$$

(2)　被積分関数を部分分数分解する．

$\frac{-x^2+1}{x(x^2+1)} = \frac{a}{x} + \frac{bx+c}{x^2+1}$ とおくと，$a=1,\ b=-2,\ c=0$ であるから

$$(\text{与式}) = \int \left(\frac{1}{x} - \frac{2x}{x^2+1} \right) dx$$

$$= \log|x| - \log(x^2+1) + C = \log\frac{|x|}{x^2+1} + C$$

(3)

$$(\text{与式}) = \int \left(3x^2 - 2x - 3 + \frac{2x+5}{x^2+1} \right) dx$$

$$= \int \left(3x^2 - 2x - 3 + \frac{2x}{x^2+1} + \frac{5}{x^2+1} \right) dx$$

$$= x^3 - x^2 - 3x + \log(x^2+1) + 5\tan^{-1}x + C$$

$$\begin{array}{r|lllll}
 & 3x^2 & -2x & -3 & & \\ \hline
x^2+1 & 3x^4 & -2x^3 & & & +2 \\
 & 3x^4 & & +3x^2 & & \\ \hline
 & & 2x^3 & 3x^2 & & \\
 & & -2x^3 & & -2x & \\ \hline
 & & & -3x^2 & +2x & +2 \\
 & & & -3x^2 & & -3 \\ \hline
 & & & & 2x & +5
\end{array}$$

■

Let's TRY

問 **3.8**　次の不定積分を求めよ．

(1) $\displaystyle\int \frac{-2x+11}{(x-3)(x+2)}\,dx$　(2) $\displaystyle\int \frac{3x+3}{x^3-1}\,dx$　(3) $\displaystyle\int \frac{2x^3-4x+1}{x^2-1}\,dx$

問 **3.9**　次を示せ．

$$\int \frac{1}{x^2-a^2}\,dx = \frac{1}{2a}\log\left|\frac{x-a}{x+a}\right| + C \quad (a \neq 0)$$

次に三角関数を分母に含む分数関数の積分を考えよう．この場合，次の **3.7** を使うとよい．

3.7　三角関数の積分

$t = \tan\dfrac{x}{2}$ とおくと

$$dx = \frac{2}{1+t^2}\,dt,\quad \sin x = \frac{2t}{1+t^2},\quad \cos x = \frac{1-t^2}{1+t^2},\quad \tan x = \frac{2t}{1-t^2}$$

証明　$t = \tan\dfrac{x}{2}$ より，$\dfrac{dt}{dx} = \dfrac{1}{2\cos^2\frac{x}{2}}$ であるから

$$dx = 2\cos^2\frac{x}{2}\,dt \quad \cdots ①$$

また三角関数の基本公式 $1+\tan^2\dfrac{x}{2} = \dfrac{1}{\cos^2\frac{x}{2}}$ より

$$\cos^2\frac{x}{2} = \frac{1}{1+\tan^2\frac{x}{2}} = \frac{1}{1+t^2} \quad \cdots ②$$

①に②を代入して，$dx = \dfrac{2}{1+t^2}\,dt$ を得る．さらに，2倍角の公式より

$$\sin x = 2\sin\frac{x}{2}\cos\frac{x}{2} = 2\tan\frac{x}{2}\cos^2\frac{x}{2} = 2t\frac{1}{1+t^2} = \frac{2t}{1+t^2}$$

$$\cos x = 2\cos^2\frac{x}{2} - 1 = \frac{2}{1+t^2} - 1 = \frac{1-t^2}{1+t^2}$$

$$\tan x = \frac{\sin x}{\cos x} = \frac{2t}{1-t^2}$$

を得る．■

例題 3.7 次の不定積分を求めよ．

$$\int \frac{1}{\sin x}\,dx$$

解 $t = \tan\dfrac{x}{2}$ とおくと

$$dx = \frac{2}{1+t^2}\,dt$$

$$\sin x = \frac{2t}{1+t^2}$$

であるから

$$\begin{aligned}\int \frac{1}{\sin x}\,dx &= \int \frac{1}{\dfrac{2t}{1+t^2}}\frac{2}{1+t^2}\,dt \\ &= \int \frac{1}{t}\,dt \\ &= \log|t| + C \\ &= \log\left|\tan\frac{x}{2}\right| + C\end{aligned}$$

■

■**注意** この問題は，分母分子に $\sin x$ を掛けて

$$\int \frac{\sin x}{\sin^2 x}\,dx = \int \frac{\sin x}{1-\cos^2 x}\,dx$$

と変形し，$t = \cos x$ とおいて置換積分法を用いて求めることもできる．

Let's TRY

問 3.10 次の不定積分を求めよ．

(1) $\displaystyle\int \frac{1}{1+\sin x}\,dx$ (2) $\displaystyle\int \frac{1}{\cos x}\,dx$ (3) $\displaystyle\int \frac{1}{2+\cos x}\,dx$

問 3.11 $t = \sin x$ とおいて，次の不定積分を求めよ．

(1) $\displaystyle\int \cos^3 x\,dx$ (2) $\displaystyle\int \frac{\cos x(\sin x + 2)}{\sin^2 x}\,dx$

3.2 定　積　分

この節では，原始関数をもつ関数に対して定積分を定義し，その計算方法を学ぶ．また定積分と面積の関係についても述べる．

定積分の定義　$F(x)$ を $f(x)$ の原始関数（の一つ）とするとき

$$\int_a^b f(x)\,dx = F(b) - F(a)$$

を区間 $[a, b]$ における $f(x)$ の**定積分**《ていせきぶん》という．また次のようにかく．

$$\Big[F(x)\Big]_a^b = F(b) - F(a)$$

■**注意**　$f(x)$ の原始関数は無数にあるが，原始関数の取り方によらず定積分の値は一意に定まる．例えば $f(x) = 2x$ の原始関数として x^2 を用いても $x^2 + C$（C は定数）を用いても $\displaystyle\int_0^1 2x\,dx = \Big[x^2\Big]_0^1 = \Big[x^2 + C\Big]_0^1 = 1$ となり，同じ値となる．

例 3.5　$\displaystyle\int_0^1 x^5\,dx = \left[\frac{x^6}{6}\right]_0^1 = \frac{1}{6} - \frac{0}{6} = \frac{1}{6},\quad \int_0^1 e^x\,dx = \Big[e^x\Big]_0^1 = e^1 - e^0 = e - 1$ ■

Let's TRY

問 **3.12**　次の定積分の値を求めよ．

(1) $\displaystyle\int_1^2 x^3\,dx$　(2) $\displaystyle\int_1^2 \frac{1}{x}\,dx$　(3) $\displaystyle\int_0^{\frac{\pi}{2}} \sin x\,dx$　(4) $\displaystyle\int_0^{\frac{\pi}{4}} \frac{1}{\cos^2 x}\,dx$

(5) $\displaystyle\int_0^{\frac{\pi}{4}} \tan^2 x\,dx$　(6) $\displaystyle\int_0^1 \frac{1}{x^2+1}\,dx$　(7) $\displaystyle\int_0^{\frac{1}{2}} \frac{1}{\sqrt{1-x^2}}\,dx$　(8) $\displaystyle\int_0^4 \frac{1}{\sqrt{x^2+9}}\,dx$

3.8 定積分の性質

次が成り立つ．ただし a, b, c は定数とする．

(1) $\displaystyle\int_a^b f(x)\,dx = -\int_b^a f(x)\,dx$

(2) $\displaystyle\int_a^c f(x)\,dx + \int_c^b f(x)\,dx = \int_a^b f(x)\,dx$　(3) $\displaystyle\int_a^a f(x)\,dx = 0$

(4) $\displaystyle\int_a^b \{af(x) + bg(x)\}\,dx = a\int_a^b f(x)\,dx + b\int_a^b g(x)\,dx$（線形性）

証明 (1), (2) のみ示す．$F(x)$ を $f(x)$ の原始関数とする．

(1) $\int_a^b f(x)\,dx = F(b) - F(a) = -\{F(a) - F(b)\} = -\int_b^a f(x)\,dx$

(2) $\int_a^c f(x)\,dx + \int_c^b f(x)\,dx = \{F(c) - F(a)\} + \{F(b) - F(c)\}$

$$= F(b) - F(a) = \int_a^b f(x)\,dx$$ ■

Let's TRY

問 **3.13** 定積分の性質 **3.8** (3)〜(5) を証明せよ．

定積分と面積 $f(x) \geqq 0$ である連続関数 $f(x)$ に対し，x 座標が a から x $(> a)$ までの間で，x 軸と $y = f(x)$ のグラフで囲まれた図形の面積を $S(x)$ とかく．実は，定積分 $\displaystyle\int_a^x f(x)\,dx$ はこの（符号付）面積 $S(x)$ に等しいことを示す．

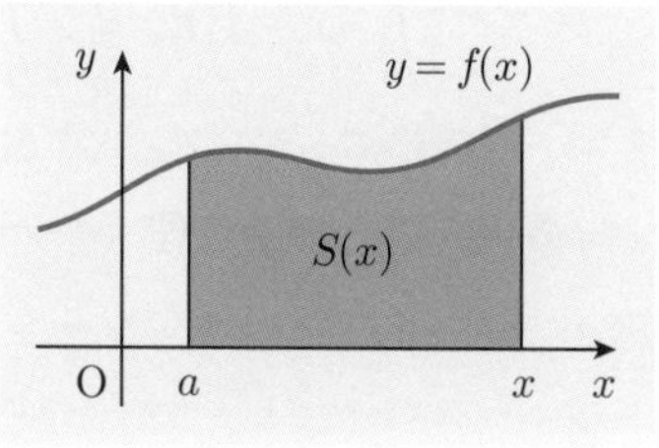

後の補助定理 **3.10** で示すように $S'(x) = f(x)$ が成り立つ．したがって $S(x)$ は $f(x)$ の原始関数であるから $\int_a^b f(x)\,dx = S(b) - S(a)$．ここで $S(x)$ の定義より $S(a) = 0$ なので，$\int_a^b f(x)\,dx = S(b)$ が成り立つ．つまり $f(x) \geqq 0$ のとき，区間 $[a, b]$ における定積分は，$x = a$ から $x = b$ までの間で x 軸と $y = f(x)$ のグラフで囲まれた図形の面積と一致する．また $f(x) < 0$ のときは，区間 $[a, b]$ で x 軸と $y = f(x)$ のグラフで囲まれた図形の面積を S とすると，

$$S = \int_a^b \{-f(x)\}\,dx = -\int_a^b f(x)\,dx \text{ である（}-f(x) \geqq 0 \text{ に注意）}$$

3.9 面積と定積分

関数 $f(x)$ が連続ならば，区間 $[a, b]$ で x 軸と $y = f(x)$ のグラフで囲まれた図形の面積を S とすると，次が成り立つ．

(1) $f(x) \geqq 0$ のとき $\displaystyle\int_a^b f(x)\,dx = S$

(2) $f(x) < 0$ のとき $\displaystyle\int_a^b f(x)\,dx = -S$

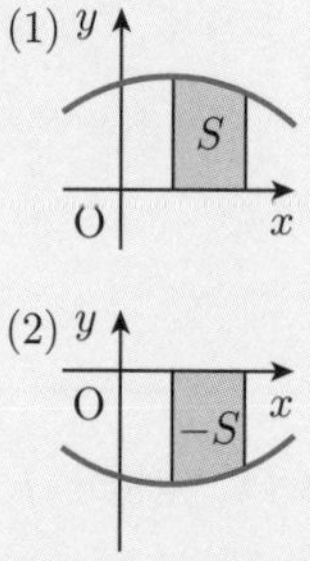

例 3.6　(1)　$\displaystyle\int_0^1 (x-1)\,dx = \left[\frac{x^2}{1} - x\right]_0^1 = -\frac{1}{2}$

(2)　$\displaystyle\int_0^2 (x-1)\,dx = \left[\frac{x^2}{2} - x\right]_0^2 = 0$

(3)　$\displaystyle\int_0^2 |x-1|\,dx = \int_0^1 \{-(x-1)\}\,dx + \int_1^2 (x-1)\,dx$

$$= \left[-\frac{x^2}{2} + x\right]_0^1 + \left[\frac{x^2}{2} - x\right]_1^2 = \frac{1}{2} + \frac{1}{2} = 1$$

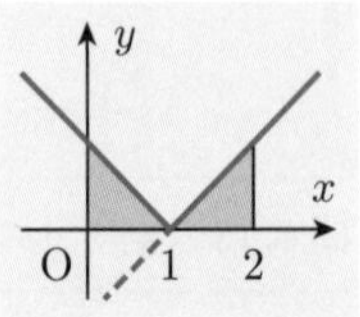

別解　(3)　グラフより，求める面積は左側の三角形の面積の2倍だから，**3.9** を用いると，

$$\int_0^2 |x-1|\,dx = 2\int_0^1 (-x+1)\,dx = 2\left[-\frac{x^2}{2} + x\right]_0^1 = 1$$ ■

3.10　補助定理

関数 $f(x)$ が連続ならば $S'(x) = f(x)$

証明　$h > 0$ のとき $f(x)$ の区間 $[x, x+h]$ での最大値を M，最小値を m とおく．すなわち $f(x_1) = m \leqq f(x) \leqq M = f(x_2)$ $(x_1, x_2 \in [x, x+h])$ とする．$hm \leqq S(x+h) - S(x) \leqq hM$ より

$$f(x_1) = m \leqq \tfrac{S(x+h)-S(x)}{h} \leqq M = f(x_2)$$

ここで $h \to +0$ とすると $x_1, x_2 \to x$ だから，$f(x)$ の連続性より

$$f(x) = \lim_{h\to+0} f(x_1) \leqq \lim_{h\to+0} \tfrac{S(x+h)-S(x)}{h} \leqq \lim_{h\to+0} f(x_2) = f(x)$$

よって，$\displaystyle\lim_{h\to+0} \tfrac{S(x+h)-S(x)}{h} = f(x)$ が示された．

$\displaystyle\lim_{h\to-0} \tfrac{S(x+h)-S(x)}{h} = f(x)$ も同様に示せる．よって，

$$S'(x) = \lim_{h\to\pm0} \tfrac{S(x+h)-S(x)}{h} = f(x)$$ ■

Let's TRY

問 3.14　定積分 $\displaystyle\int_0^{2\pi} |\cos x|\,dx$ の値を求めよ．

次の定理が成り立つ．

3.11 微分積分学《びぶんせきぶんがく》の基本定理《きほんていり》

$$\frac{d}{dx}\int_a^x f(t)\,dt = f(x)$$

■**注意** 積分区間が変数 x による場合は，混乱を避けるために $\frac{d}{dx}\int_a^x f(x)\,dx$ とは表示しないで，積分される関数は t など別の文字を使う．

証明 $F(x)$ を $f(x)$ の原始関数（の一つ）とすると $\frac{d}{dx}F(x) = f(x)$ だから

$$\frac{d}{dx}\int_a^x f(t)\,dt = \frac{d}{dx}\Big[F(t)\Big]_a^x = \frac{d}{dx}\{F(x) - F(a)\} = f(x)$$ ■

例 3.7 (1) $\displaystyle \frac{d}{dx}\int_0^x \cos t\,dt = \cos x$

(2) 変数 t で積分するときには，x を定数とみなせるので，

$$\frac{d}{dx}\int_0^x x\cos t\,dt = \frac{d}{dx}\left(x\int_0^x \cos t\,dt\right) = (x)'\int_0^x \cos t\,dt + x\left(\int_0^x \cos t\,dt\right)'$$

$$= 1\cdot\int_0^x \cos t\,dt + x\cdot\cos x = \underbrace{\Big[\sin t\Big]_0^x}_{\sin x - \sin 0} + x\cdot\cos x = \sin x + x\cos x$$ ■

Let's TRY

問 3.15 次の関数を x について微分せよ．

(1) $\displaystyle f(x) = \int_1^{x+1}(x+1-t)\log t\,dt \quad (x \geqq 0)$

(2) $\displaystyle f(x) = \int_0^{x^2}(x^2-t)e^t\,dt$

問 3.16 区間 $[a,\,b]$ で $f(x) \geqq g(x)$ ならば，$\displaystyle\int_a^b f(x)\,dx \geqq \int_a^b g(x)\,dx$ となることを次の手順で証明せよ．ただし $f(x)$, $g(x)$ はともに原始関数をもつとする．

(1) 区間 $[a,\,b]$ で $f(x) \geqq 0$ ならば，$a \leqq t \leqq b$ のとき $\displaystyle\frac{d}{dt}\int_a^t f(x)\,dx \geqq 0$

(2) 区間 $[a,\,b]$ で $f(x) \geqq g(x)$ ならば，$\displaystyle\int_a^b f(x)\,dx \geqq \int_a^b g(x)\,dx$

置換積分法 前節公式 **3.5** と同様に，定積分について次の定理が成り立つ．

3.12 置換積分法《ちかんせきぶんほう》

関数 $g(t)$ は微分可能であるとする．$x = g(t)$ とおくとき $a = g(\alpha)$, $b = g(\beta)$ ならば次が成り立つ．

$$\int_a^b f(x)\,dx = \int_\alpha^\beta f(g(t))g'(t)\,dt$$

証明 $f(x)$ の原始関数の一つを $F(x)$ とすると，$F(g(t))$ は $f(g(t))g'(t)$ の原始関数なので

$$\int_a^b f(x)\,dx = F(b) - F(a) = F(g(\alpha)) - F(g(\beta)) = \int_\alpha^\beta f(g(t))g'(t)\,dt \quad \blacksquare$$

前節で述べたように，「形式的」には dx は dt を用いて次のように表せた．

(1) $x = g(t)$ とおくと $dx = g'(t)\,dt$

(2) $t = \varphi(x)$ とおくと $dt = \varphi'(x)\,dx$

（ただし，φ が単調増加または単調減少で，$x = \varphi^{-1}(t)$ が一意に定まる必要がある．）

さらに，定積分の場合は置き換えに応じて積分範囲も書き直して計算する．

x	$a \to b$
t	$\alpha \to \beta$

例題 3.8 次の定積分の値を求めよ．

(1) $\displaystyle\int_1^2 \frac{\log x}{x}\,dx$ (2) $\displaystyle\int_0^3 \frac{3x+2}{2\sqrt{x+1}}\,dx$ (3) $\displaystyle\int_0^1 \sqrt{4-x^2}\,dx$

解く前に (1) $\int_a^b g(x)g'(x)\,dx$ や $\int_a^b f(g(x))g'(x)\,dx$ の場合 $t = g(x)$ とおく．

(2) $\sqrt{(1\text{ 次式})}$ を含む場合は $t = \sqrt{(1\text{ 次式})}$ とおく．

(3) $\sqrt{a^2 - x^2}$ を含む場合は $x = a\sin t$ とおく．

解 (1) $t = \log x$ とおくと $dt = \dfrac{1}{x}\,dx$，積分範囲は

x	$1 \to \ \ 2$
t	$0 \to \log 2$

だから

$$\int_1^2 \frac{\log x}{x}\,dx = \int_1^2 \underbrace{\log x}_{t}\,\underbrace{\frac{1}{x}dx}_{dt} = \int_0^{\log 2} t\,dt = \left[\frac{t^2}{2}\right]_0^{\log 2} = \frac{(\log 2)^2}{2}$$

(2) $t=\sqrt{x+1}$ とおくと $t^2=x+1$ より $x=t^2-1$

よって $dx=2t\,dt$. 積分範囲は

x	$0\to 3$
t	$1\to 2$

だから

$$\int_0^3 \frac{3x+2}{2\sqrt{x+1}}\,dx=\int_1^2 \frac{3(t^2-1)+2}{2t}\,2tdt$$

$$=\int_1^2 (3t^2-1)\,dt=\Big[t^3-t\Big]_1^2=6$$

(3) $x=2\sin t$ とおくと $dx=2\cos t\,dt$,

積分範囲は

x	$0\to 1$
t	$0\to \frac{\pi}{6}$

$\leftarrow \dfrac{x}{2}=\sin t$ は $0\to\dfrac{1}{2}$ だから

また $\sqrt{4-x^2}=\sqrt{4-(2\sin t)^2}=\sqrt{4(1-\sin^2 t)}=2\sqrt{\cos^2 t}=2|\cos t|$

ここで $0\leqq t\leqq \frac{\pi}{6}$ のとき $\cos t\geqq 0$ より $\sqrt{4-x^2}=2|\cos t|=2\cos t$ だから

$$\int_0^1 \sqrt{4-x^2}\,dx=\int_0^{\frac{\pi}{6}} 2\cos t\,2\cos t\,dt=4\int_0^{\frac{\pi}{6}}\cos^2 t\,dt=4\int_0^{\frac{\pi}{6}}\frac{1+\cos 2t}{2}\,dt$$

$\uparrow\ \cos^2 t=\dfrac{1}{2}(1+\cos 2t)$

$$=2\int_0^{\frac{\pi}{6}}(1+\cos 2t)\,dt=2\left[t+\frac{1}{2}\sin 2t\right]_0^{\frac{\pi}{6}}=\frac{\pi}{3}+\frac{\sqrt{3}}{2}$$ ■

Let's TRY

問 3.17 次の定積分の値を求めよ.

(1) $\displaystyle\int_0^{\frac{\pi}{2}}\sin^3 x\cos x\,dx$ (2) $\displaystyle\int_0^1\frac{x+1}{\sqrt{5x+4}}\,dx$ (3) $\displaystyle\int_0^1\frac{x}{x^2+1}\,dx$ (4) $\displaystyle\int_0^1 xe^{x^2}\,dx$

例題 3.9

次を証明せよ.

(1) $f(x)$ が偶関数のとき $\int_{-a}^{a} f(x)\,dx=2\int_0^a f(x)\,dx$

(2) $f(x)$ が奇関数のとき $\int_{-a}^{a} f(x)\,dx=0$

解く前に 偶関数・奇関数の定義を思い出しておこう.

- $f(x)$ が偶関数 $\iff f(-x)=f(x)$ $\iff$ グラフは原点対称
- $f(x)$ が奇関数 $\iff f(-x)=-f(x)$ $\iff$ グラフは y 軸対称

証明

$$\int_{-a}^{0} f(x)\,dx \underset{x=-t}{=} \int_{a}^{0} f(-t)(-dt) = \int_{0}^{a} f(-t)\,dt = \begin{cases} \int_0^a f(t)\,dt & (f\text{：偶関数}) \\ -\int_0^a f(t)\,dt & (f\text{：奇関数}) \end{cases}$$

(1) $$\int_{-a}^{a} f(x)\,dx \underset{f\ \text{偶関数}}{=} \underbrace{\int_{-a}^{0} f(x)\,dx}_{\int_0^a f(x)\,dx} + \int_0^a f(x)\,dx = 2\int_0^a f(x)\,dx$$

(2) $$\int_{-a}^{a} f(x)\,dx \underset{f\ \text{奇関数}}{=} \underbrace{\int_{-a}^{0} f(x)\,dx}_{-\int_0^a f(x)\,dx} + \int_0^a f(x)\,dx = 0$$

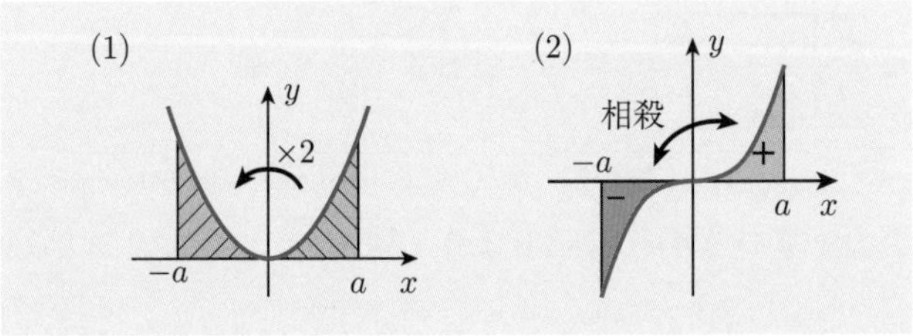

■

例 3.8

(1) $$\int_{-1}^{1} (\underbrace{x^2}_{\text{偶}} + \underbrace{x}_{\text{奇}} + \underbrace{1}_{\text{偶}})\,dx = \int_{-1}^{1} x^2\,dx + \int_{-1}^{1} x\,dx + \int_{-1}^{1} 1\,dx$$

$$= 2\int_0^1 x^2\,dx + 0 + 2\int_0^1 1\,dx = \frac{8}{3}$$

(2) $$\int_{-\pi}^{\pi} \underbrace{\overbrace{x^4}^{\text{偶}}\ \overbrace{\sin x}^{\text{奇}}}_{\text{奇}}\,dx = 0$$

■

(偶関数)×(奇関数)＝(奇関数),
(偶関数)×(偶関数)
(奇関数)×(奇関数)
}＝(偶関数)

Let's TRY

問 3.18　次の定積分の値を求めよ．

(1) $\displaystyle\int_{-1}^{1} (5x^4 - 4x^3 + 3x^2 - 2x + 1)\,dx$　　(2) $\displaystyle\int_{-\frac{\pi}{2}}^{\frac{\pi}{2}} (x^3 + 1)\cos x\,dx$

(3) $\displaystyle\int_{-\pi}^{\pi} \frac{\sin x}{2 + \cos x}\,dx$

部分積分法 不定積分の部分積分により次がわかる（前節公式 **3.6** 参照）.

3.13 部分積分法《ぶぶんせきぶんほう》

$$\int_a^b f'(x)g(x)\,dx = \Big[f(x)g(x)\Big]_a^b - \int_a^b f(x)g'(x)\,dx$$

上の公式を（繰り返し）適用できる.（一方を微分，他方を積分したものを下にかいて，次の例題のように，微分した方から斜めに交代和をとって計算すると効率的である.）

例題 3.10 次の定積分の値を求めよ. (1) $\displaystyle\int_0^{\frac{\pi}{4}} x^2 \sin 2x\,dx$ (2) $\displaystyle\int_0^1 \tan^{-1} x\,dx$

解 (1) $$\int_0^{\frac{\pi}{4}} \boxed{x^2} \cdot \sin 2x \, dx = \underbrace{\left[\left(-\frac{1}{2}x^2\cos 2x\right)-\left(\frac{-2x}{4}\sin 2x\right)+\left(\frac{1}{4}\cos 2x\right)\right]_0^{\frac{\pi}{4}}}_{(0+\frac{\pi}{8}+0)-(0+0+\frac{1}{4})}$$

$$-\underbrace{\int_0^{\frac{\pi}{4}} 0\cdot\frac{1}{8}\cos 2x\,dx}_{0} = \frac{\pi}{8}-\frac{1}{4}$$

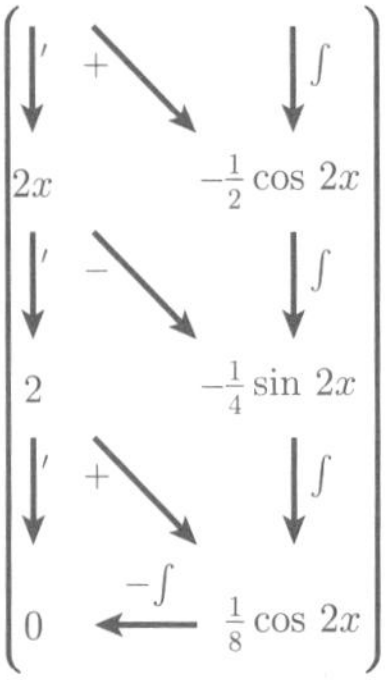

注意：微分した方 からスタートし，斜めに積をとる

符号は，＋ と － を交互に付ける

最後は，水平方向の積を積分する

一般に，多項式は微分（sin, cos, e（指数関数）は積分）

(2) $$\int_0^1 1 \cdot \boxed{\tan^{-1} x}\, dx = \underbrace{\Big[x\tan^{-1}x\Big]_0^1}_{\tan^{-1}1-0=\frac{\pi}{4}} - \int_0^1 \frac{x}{x^2+1}\,dx$$

$$=\frac{\pi}{4}-\frac{1}{2}\underbrace{\Big[\log(1+x^2)\Big]_0^1}_{\log 2-\log 1=\log 2-0} = \frac{\pi}{4}-\frac{1}{2}\log 2$$

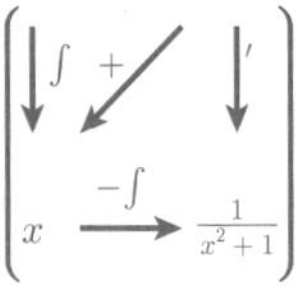

注意：一般に，$\log, \tan^{-1}, \sin^{-1}, \cos^{-1}$ は微分 ■

Let's TRY

問 **3.19** 次の定積分の値を求めよ.

(1) $\displaystyle\int_0^{\frac{\pi}{2}} x\sin x\,dx$ (2) $\displaystyle\int_0^1 x^2e^x\,dx$ (3) $\displaystyle\int_0^{\frac{1}{2}} \cos^{-1} x\,dx$ (4) $\displaystyle\int_1^2 x^2\log x\,dx$

部分積分と三角関数の積分♣　n を 0 以上の整数とするとき，次が成り立つ.

(1)　$I_n = \int_0^{\frac{\pi}{2}} \sin^n x\,dx$ とおくと，$I_0 = \dfrac{\pi}{2},\ I_1 = 1,\ \ldots,\ I_n = \dfrac{n-1}{n} I_{n-2}$

(2)　$I_n = \int_0^{\frac{\pi}{2}} \sin^n x\,dx = \begin{cases} \frac{n-1}{n}\frac{n-3}{n-2}\cdots\frac{1}{2}\cdot\frac{\pi}{2} & (n\ \text{が偶数},\ \cdots\frac{1}{2}\cdot\frac{\pi}{2}\ \text{で終る}) \\ \frac{n-1}{n}\frac{n-3}{n-2}\cdots\frac{2}{3}\cdot 1 & (n\ \text{が奇数},\ \cdots\frac{2}{3}\cdot 1\ \text{で終る}) \end{cases}$

(3)　$\int_0^{\frac{\pi}{2}} \cos^n x\,dx = \int_0^{\frac{\pi}{2}} \sin^n x\,dx = I_n$

証明　(1)　$I_0 = \int_0^{\frac{\pi}{2}} \sin^0 x\,dx = \int_0^{\frac{\pi}{2}} 1\,dx = \Big[x\Big]_0^{\frac{\pi}{2}} = \dfrac{\pi}{2},\ I_1 = \int_0^{\frac{\pi}{2}} \sin x\,dx = \Big[-\cos x\Big]_0^{\frac{\pi}{2}} = 1$

$$I_n = \int_0^{\frac{\pi}{2}} \sin^{n-1} x \sin x\,dx = \int_0^{\frac{\pi}{2}} \sin^{n-1} x(-\cos x)'\,dx$$

$$= \Big[-\sin^{n-1} x\cos x\Big]_0^{\frac{\pi}{2}} - \int_0^{\frac{\pi}{2}} (\sin^{n-1} x)'(-\cos x)\,dx$$

$$= (n-1)\int_0^{\frac{\pi}{2}} \sin^{n-2} x\cos^2 x\,dx = (n-1)\int_0^{\frac{\pi}{2}} \sin^{n-2} x(1-\sin^2 x)\,dx$$

$$= (n-1)\int_0^{\frac{\pi}{2}} \sin^{n-2} x\,dx - (n-1)\int_0^{\frac{\pi}{2}} \sin^n x\,dx = (n-1)I_{n-2} - (n-1)I_n$$

$\therefore\ \ I_n + (n-1)I_n = nI_n = (n-1)I_{n-2}$　したがって　$I_n = \frac{n-1}{n} I_{n-2}$

(2)　(1) の漸化式より

$$I_n = \frac{n-1}{n} I_{n-2} = \frac{n-1}{n}\frac{n-3}{n-2} I_{n-4} = \cdots = \begin{cases} \frac{n-1}{n}\frac{n-3}{n-2}\cdots\frac{1}{2} I_0 & (n\ \text{が偶数}) \\ \frac{n-1}{n}\frac{n-3}{n-2}\cdots\frac{2}{3} I_1 & (n\ \text{が奇数}) \end{cases}$$

(1) より $I_0 = \frac{\pi}{2},\ I_1 = 1$ であるから結果が示された.

(3)　$\cos x = \sin\left(\frac{\pi}{2} - x\right)$ より，$t = \frac{\pi}{2} - x$ とおいて計算すると

(左辺) $= \int_0^{\frac{\pi}{2}} \sin^n\left(\dfrac{\pi}{2} - x\right) dx = \int_{\frac{\pi}{2}}^0 \sin^n t(-dt) = \int_0^{\frac{\pi}{2}} \sin^n t\,dt = \int_0^{\frac{\pi}{2}} \sin^n x\,dx$ ■

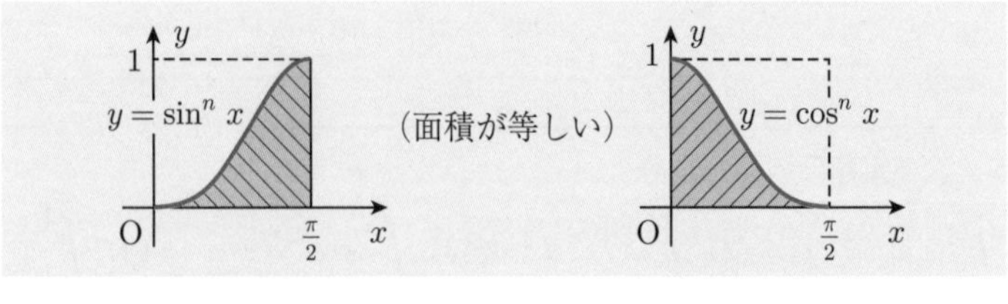

例題 3.11　次の定積分の値を部分積分法を用いて求めよ．ただし，a, b は実数とする．

(1)　$\displaystyle\int_a^b (x-a)(x-b)\,dx$　　(2)　$\displaystyle\int_0^{\frac{\pi}{2}} e^{3x}\sin 2x\ dx$

解　(1)　$\displaystyle\int_a^b (x-a)\times(x-b)\ dx = \underbrace{\left[\frac{1}{2}(x-a)^2(x-b)\right]_a^b}_{0-0} - \frac{1}{2}\underbrace{\int_a^b (x-a)^2\,dx}_{\frac{1}{3}\left[(x-a)^3\right]_a^b=\frac{1}{3}(b-a)^3}$

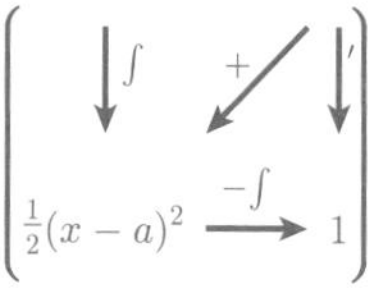

$\displaystyle = \frac{-(b-a)^3}{6}$

(2)　$\displaystyle I = \int_0^{\frac{\pi}{2}} e^{3x}\sin 2x\,dx$ とおく．

$\displaystyle I = \int_0^{\frac{\pi}{2}} (e^{3x}) \times (\sin 2x)\ dx = \frac{1}{9}\underbrace{\left[e^{3x}\{3\sin 2x - 2\cos 2x\}\right]_0^{\frac{\pi}{2}}}_{2e^{\frac{3\pi}{2}}-\{-2\}}$

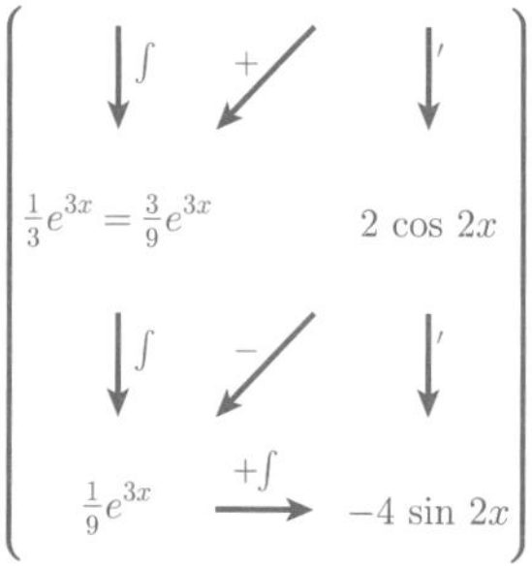

$\displaystyle + \underbrace{\int_0^{\frac{\pi}{2}} \frac{-4}{9}e^{3x}\sin 2x\,dx}_{\frac{-4}{9}I}$

$\displaystyle = \frac{2}{9}\left(e^{\frac{3\pi}{2}}+1\right) \underbrace{-\frac{4}{9}I}_{\text{左辺に移項する}}$

よって　$\displaystyle I + \frac{4}{9}I = \frac{13}{9}I = \frac{2}{9}\left(e^{\frac{3\pi}{2}}+1\right)$　　$\therefore$　$\displaystyle I = \frac{2}{13}\left(e^{\frac{3\pi}{2}}+1\right)$　■

Let's TRY

問 3.20　次の定積分の値を求めよ．

(1)　$\int_1^2 (x-1)^2(x-2)\,dx$（**ヒント**：部分積分，$(x-1)^2$ を積分，$(x-2)$ は微分）

(2)　$\int_0^{\frac{\pi}{2}} e^{2x}\cos 3x\,dx$（**ヒント**：$I = \int_0^{\frac{\pi}{2}} e^{2x}\cos 3x\,dx$ とおいて 2 回部分積分する）

問 3.21　次の定積分の値を求めよ．

(1)　$\displaystyle\int_0^{\frac{\pi}{2}} \sin^7 x\,dx$　(2)　$\displaystyle\int_0^{\frac{\pi}{2}} \cos^6 x\,dx$　(3)　$\displaystyle\int_0^{\pi} \sin^7 x\,dx$　(4)　$\displaystyle\int_0^{\frac{3\pi}{2}} \cos^5 x\,dx$

区分求積法　面積を，第 1 章でも出てきた区分求積法を用いて求めてみよう．

閉区間 $[a, b]$ を n 等分し

$$a = x_0 < x_1 < \cdots < x_n = b \quad \left(x_i = a + \frac{(b-a)i}{n} \right)$$

とする．$f(x) \geqq 0$ のとき $S_n = \displaystyle\sum_{i=1}^{n} f(x_i)(x_i - x_{i-1})$ は図のような細長い長方形の面積の和となる．一般に $f(x)$ が連続ならば，n を限りなく大きくするとき S_n は一定の値に近づく，すなわち極限値 $\displaystyle\lim_{n \to \infty} S_n$ が存在することが知られている．S_n は区間 $[a, b]$ で x 軸と $y = f(x)$ のグラフで囲まれた図形の面積を近似しているので，その極限値は図形の面積 S に一致するであろう．よって次のことがわかる．

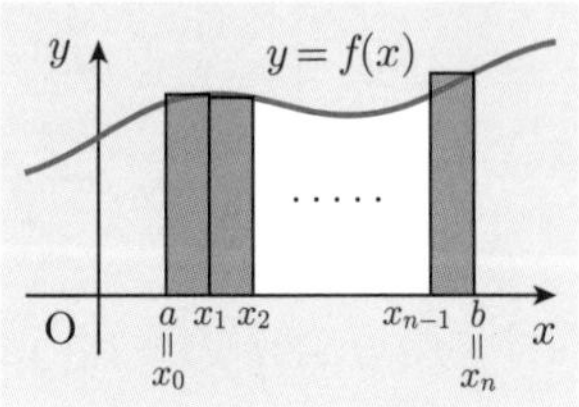

3.14 区《く》分《ぶん》 求《きゅう》 積《せき》法《ほう》

関数 $f(x)$ が連続で $f(x) \geqq 0$ ならば，区間 $[a, b]$ で x 軸と $y = f(x)$ のグラフで囲まれた図形の面積を S とすると，次が成り立つ．

$$\lim_{n \to \infty} S_n = S = \int_a^b f(x)\,dx$$

■**注意**　ここで S_n は，条件 $f(x) \geqq 0$ がなくても $f(x)$ が連続であれば定まる．この場合でも $\displaystyle\lim_{n \to \infty} S_n = \int_a^b f(x)\,dx$ が成り立つことが知られている．

例 3.9　区分求積法を用いて $\int_0^1 x^2\,dx$ の値を計算してみよう．$x_i = \frac{i}{n}$ なので

$$\int_0^1 x^2\,dx = \lim_{n \to \infty} \sum_{i=1}^{n} \left(\frac{i}{n} \right)^2 \frac{1}{n} = \lim_{n \to \infty} \frac{1}{n^3} \sum_{i=1}^{n} i^2$$

$$= \lim_{n \to \infty} \frac{1}{n^3} \frac{n(n+1)(2n+1)}{6} = \lim_{n \to \infty} \frac{1}{6} \left(1 + \frac{1}{n} \right) \left(2 + \frac{1}{n} \right) = \frac{1}{3} \quad ■$$

Let's TRY

問 **3.22**　区分求積法を用いて $\displaystyle\int_0^2 x\,dx$ の値を求めよ．

リーマン和と定積分♣ 区分求積法のところで「面積に一致するであろう」というあいまいな説明をしたが，これはそもそも面積というものを定義していないことから起こることである．ここではリーマン積分を用いてより厳密に面積を定義しよう．

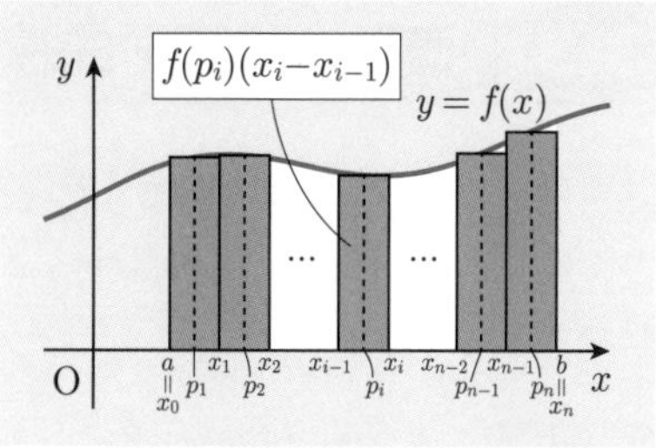

区間 $[a,b]$ 上の関数 $f(x)$ に対し，$[a,b]$ の分割 $\Delta=\{a=x_0<x_1<x_2<\cdots<x_n=b\}$ が与えられたとき，点 p_i $(i=1,\ldots,n)$ を $x_{i-1}\leqq p_i\leqq x_i$ となるように選び $f(x)$ の**リーマン和《わ》**を

$$S_\Delta=\sum_{i=1}^{n}f(p_i)(x_i-x_{i-1})$$

と定義する．$|\Delta|$ で分割 Δ の最大幅 $|\Delta|=\max_{i=1,\ldots,n}(x_i-x_{i-1})$ を表す．$|\Delta|\to 0$ とするとき，すなわち分割を限りなく細かくしてゆくとき，分割の仕方および代表点 p_i の取り方によらず S_Δ が一定の値 α に近づくならば，$f(x)$ は $[a,b]$ で**リーマン積分可能《せきぶんかのう》**であるといい（本来は $\int_a^b f(x)\,dx$ とかくが，ここでは記号を区別するために）a を固定して，$RS(b)=\lim_{|\Delta|\to 0}S_\Delta=\alpha$ とかき，**リーマン積分《せきぶん》**と呼ぶ．

$f(x)\geqq 0$ のとき，区間 $[a,b]$ において x 軸と $y=f(x)$ のグラフで囲まれた図形の面積 S をリーマン積分によって $S=RS(b)$ と定義する．

リーマン積分可能はこれまで用いてきた面積と同様の性質（2 つの区間上の積分は，それぞれの区間上の積分の和になるなど）をもち，**3.9** および **3.10** の議論はそのまま成り立つ．よって $\frac{d}{dx}RS(x)=f(x)$ および $RS(b)=\int_a^b f(x)\,dx$ となることが示せる（これを**微分積分学《びぶんせきぶんがく》の基本定理《きほんていり》**という）．$RS(x)=\int_a^x f(x)dx$ なので，**3.11** を微分積分学の基本定理ということもある．

関数 $f(x)$ に対し，ある正の実数 C が存在して区間 $[a,b]$ で $|f(x)|\leqq C$ が成り立つとき，$f(x)$ は $[a,b]$ で有界であるという．一般に次が成り立つことが知られている．

3.15 リーマン積分可能性

関数 $f(x)$ が区間 $[a,b]$ で有限個の点を除いて連続かつ有界ならば，リーマン積分 $RS(b)$，すなわち $\displaystyle\int_a^b f(x)\,dx$ は存在する．

3.3 面積・体積・曲線の長さ

定積分により，曲線で囲まれた図形の面積や回転体の体積，さらには曲線の長さ，回転面の面積などを計算することができる．この節では関数といえば，連続であるとする．

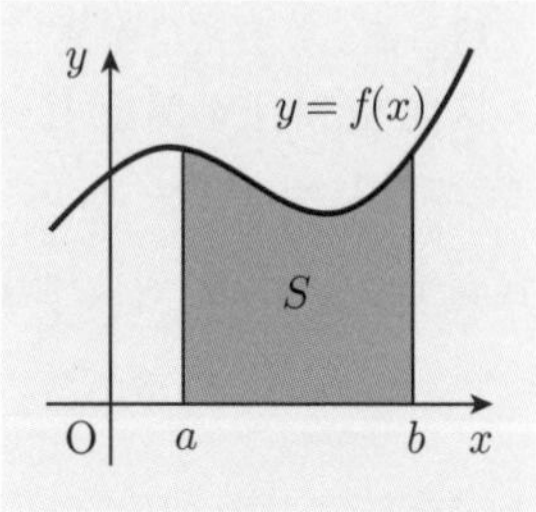

面　積　第 3 章 3.2 節で考察したように，区間 $[a, b]$ で $f(x) \geqq 0$ である関数 $y = f(x)$ を考え，曲線 $y = f(x)$ と x 軸および 2 直線 $x = a$, $x = b$ で囲まれた図形の面積を S とすると，S は次式で与えられる．

3.16 面積と定積分 [I]

$$S = \int_a^b f(x)\,dx$$

例 3.10　曲線 $y = x^2$ と x 軸および 2 直線 $x = 1$, $x = 2$ で囲まれた図形の面積を S とすると

$$S = \int_1^2 x^2\,dx = \left[\frac{x^3}{3}\right]_1^2$$

$$= \frac{8}{3} - \frac{1}{3} = \frac{7}{3}$$

■

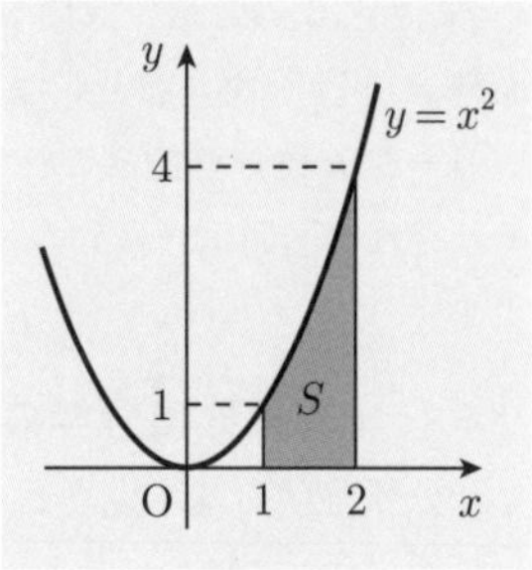

Let's TRY

問 **3.23**　次の曲線と直線で囲まれた図形の面積を求めよ．

(1)　$y = e^{3x}$, x 軸, $x = 0$, $x = 2$　　(2)　$y = \dfrac{1}{x}$, x 軸, $x = 1$, $x = 3$

(3)　$y = \sin x$ $(0 \leqq x \leqq \pi)$, x 軸　　(4)　$y = \sqrt{x + 3}$, x 軸, y 軸

2曲線で囲まれた図形の面積　区間 $[a,b]$ で

$$f(x) \geqq g(x)$$

が成り立つとき，2 曲線 $y = f(x)$, $y = g(x)$ および 2 直線 $x = a$, $x = b$ で囲まれた図形の面積 S を求めよう．

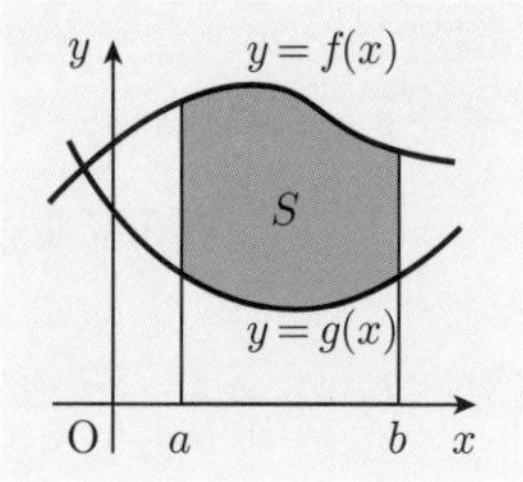

$f(x) \geqq g(x) \geqq 0$ のとき，図からわかるように

$$S = \int_a^b f(x)\,dx - \int_a^b g(x)\,dx$$
$$= \int_a^b \{f(x) - g(x)\}\,dx$$

が成り立つ．

次に $f(x)$ や $g(x)$ が負になる部分があるとする．このとき 2 つの曲線を y 軸方向に k だけ平行移動させて区間 $[a,b]$ で

$$f(x) + k \geqq g(x) + k \geqq 0$$

となるようにできる．すると求める面積 S は 2 曲線 $y = f(x) + k$, $y = g(x) + k$ および 2 直線 $x = a$, $x = b$ で囲まれた図形の面積に等しい．よって

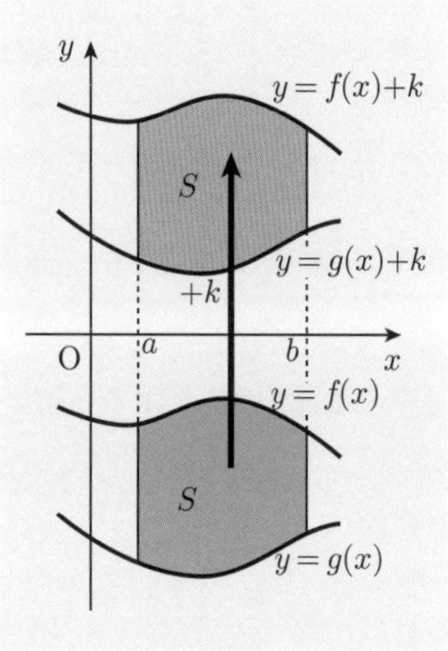

$$S = \int_a^b \Big\{\big(f(x) + k\big) - \big(g(x) + k\big)\Big\}\,dx$$
$$= \int_a^b \{f(x) - g(x)\}\,dx$$

が成り立つ．以上をまとめると

3.17　2曲線の間の面積

区間 $[a,b]$ で $f(x) \geqq g(x)$ とする．2 曲線 $y = f(x)$ と $y = g(x)$ および 2 直線 $x = a$, $x = b$ で囲まれた図形の面積を S とすると

$$S = \int_a^b \{f(x) - g(x)\}\,dx$$

例題 3.12 次の曲線と直線で囲まれた図形の面積を求めよ．

(1)　放物線 $y = 4 - x^2$ と直線 $y = x + 2$

(2)　直角双曲線 $y = \dfrac{4}{x}$ と直線 $x + y = 5$

解 (1)　$y = 4 - x^2$ と $y = x + 2$ より，y を消去すると

$$x^2 + x - 2 = 0 \quad \text{より} \quad x = -2, 1$$

よって，図より，求める面積を S とすると

$$S = \int_{-2}^{1} \{(4 - x^2) - (x + 2)\}\, dx$$

$$= \int_{-2}^{1} (-x^2 - x + 2)\, dx$$

$$= \left[-\frac{x^3}{3} - \frac{x^2}{2} + 2x \right]_{-2}^{1} = \frac{9}{2}$$

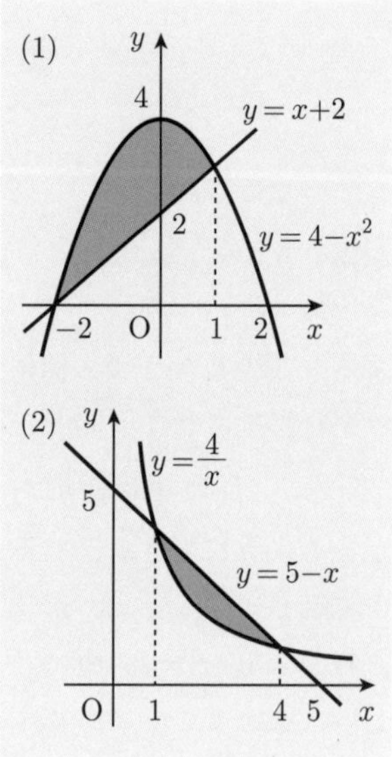

(2)　$y = \dfrac{4}{x}$ と $x + y = 5$ から，y を消去すると

$$x + \frac{4}{x} = 5 \quad \text{より} \quad x^2 - 5x + 4 = 0$$

よって $x = 1, 4$

求める面積を S とすると図より

$$S = \int_{1}^{4} \left\{ (5 - x) - \frac{4}{x} \right\} dx$$

$$= \left[5x - \frac{x^2}{2} - 4 \log |x| \right]_{1}^{4}$$

$$= 5(4 - 1) - \frac{16 - 1}{2} - 4(\log 4 - \log 1) = \frac{15}{2} - 8 \log 2$$ ■

Let's TRY

問 3.24 次の曲線または直線で囲まれた図形の面積を求めよ．

(1)　$y = x^2,\ y = x + 2$　　(2)　$y = \sqrt{x + 4},\ y = x + 2,\ x$ 軸

(3)　$y = -x^3 + 3x,\ y = x$　　(4)　$y = \dfrac{1}{x^2 + 3},\ y = \dfrac{1}{4}$

(5)　$y = \sin x\ \ (0 \leqq x \leqq \pi),\ y = \cos x,\ x = 0,\ x = \pi$

y の関数 $g(y)$ が区間 $c \leqq y \leqq d$ で $g(y) \geqq 0$ であるとき，方程式 $x = g(y)$ で与えられる曲線と y 軸および 2 直線 $y = c,\ y = d$ で囲まれた図形の面積 S は次で与えられる．

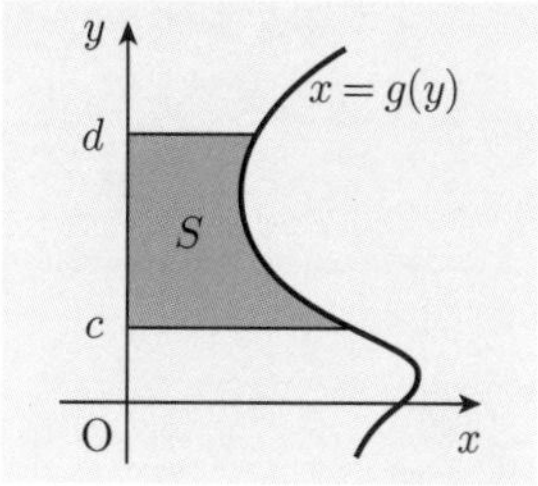

3.18 面積と定積分 [II]

$$S = \int_c^d g(y)\,dy$$

Let's TRY

問 3.25　次の曲線と直線で囲まれた図形の面積を求めよ．

(1)　$x = y^3$, y 軸, $y = 2$　　(2)　$x = y^2 - 4y + 3$, y 軸

(3)　$y = \log x$, y 軸, $y = -1$, $y = 1$　　(4)　$x = y^2 - 2y$, $y = x$

体　積　図 (a) のような x 軸に垂直な 2 つの平面 $x = a,\ x = b$ で囲まれた立体を考える．この立体を x 軸に垂直な平面 $x = t$ $(a \leqq t \leqq b)$ で切った切り口の面積が t の連続関数 $S(t)$ で与えられているとする．区間 $[a, b]$ の分割を

$$\Delta = \{a = x_0 < x_1 < x_2 < \cdots < x_n = b\}$$

とし，この分割の各小区間から点 $p_i \in [x_{i-1}, x_i]$ を選んでリーマン和

$$V_\Delta = \sum_{i=1}^{n} S(p_i)\Delta x_i = \sum_{i=1}^{n} S(p_i)(x_i - x_{i-1})$$

を考える．ここで $\Delta V_i = S(p_i)\Delta x_i$ は底面積 $S(p_i)$ で高さ $\Delta x_i = x_i - x_{i-1}$ の柱の体積であり，V_Δ はこのような柱の体積 ΔV_i の和であると考えられる．（図 (b) 参照）そこで分割を細かくしてゆく（$|\Delta| \to 0$）とき，$S(t)$ が連続なので，第 3 章 3.2 節 **3.15** より，このリーマン和 V_Δ は定積分

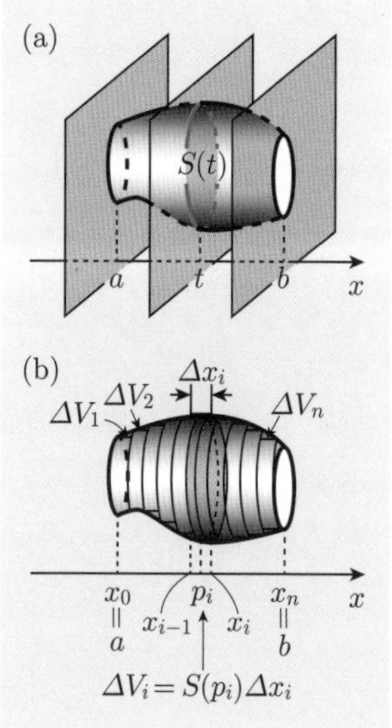

$$\int_a^b S(x)\,dx$$

に近づいていく．この定積分の値を図 (a) の立体の体積とみなすことができる．

3.19 立体の体積

2平面 $x=a$, $x=b$ で囲まれた，断面積が $S(x)$ である立体の体積を V とすると

$$V=\int_a^b S(x)\,dx$$

例題 3.13 次の立体の体積 V を求めよ．

(1) 中心O，半径 a の円を底面とする円柱がある．点Oを通り，底面と 45° の角をなす平面で切ったとき，切り口の平面と底面で囲まれた部分

(2) 底面積 S，高さ h の錐体

解 (1) 図のように円の直径方向に x 軸をとる．求める立体と x 軸に垂直な平面で切った切り口の面積を $S(x)$ とすると

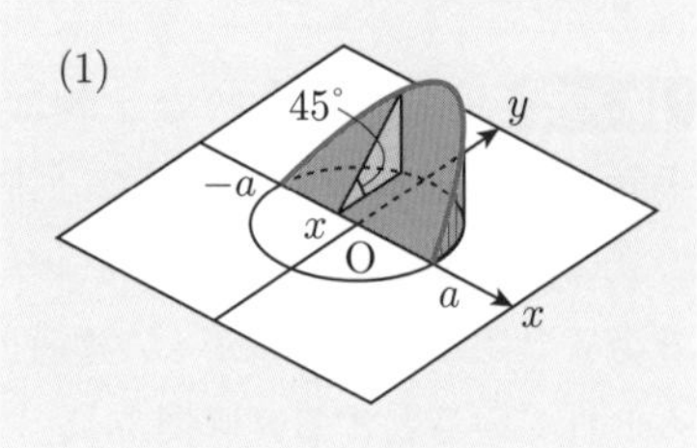

$$S(x)=\frac{1}{2}\left(\sqrt{a^2-x^2}\right)^2=\frac{1}{2}(a^2-x^2)$$

よって求める体積は

$$V=\int_{-a}^{a}\frac{1}{2}(a^2-x^2)\,dx=\int_0^a(a^2-x^2)\,dx=\left[a^2x-\frac{x^3}{3}\right]_0^a=\frac{2}{3}a^3$$

(2) 図のように錐体の頂点Oから底面に垂線を下ろし，この垂線を x 軸とする．x 軸の原点を点Oにとる．この錐体と x 軸に垂直な平面で切った切り口の面積を $S(x)$ とするとこの切り口の図形は錐体の底面の図形と相似であるから

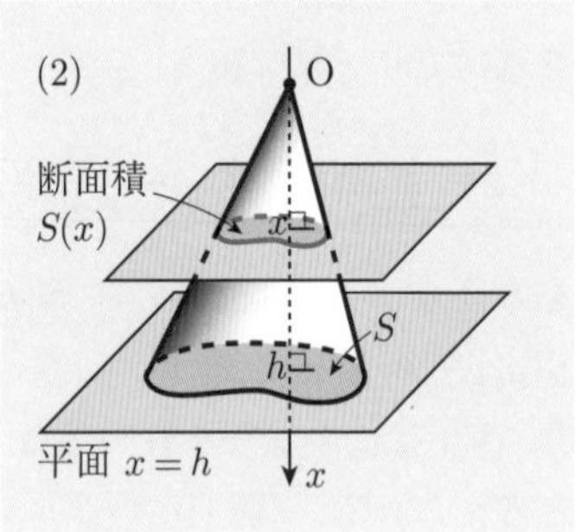

$$S(x):S=x^2:h^2$$

よって $S(x)=\dfrac{S}{h^2}x^2$ となるので，求める体積 V は

$$V=\int_0^h\frac{S}{h^2}x^2\,dx=\left[\frac{S}{3h^2}x^3\right]_0^h=\frac{1}{3}Sh$$

■

Let's TRY

問 3.26　xy 平面上の 2 点 $\mathrm{P}(x, 0)$, $\mathrm{Q}(x, e^x)$ について線分 PQ を一辺とする正方形を x 軸に垂直な平面上に作る．x を 0 から 1 まで動かすとき，この正方形が通過してできる立体の体積を求めよ．

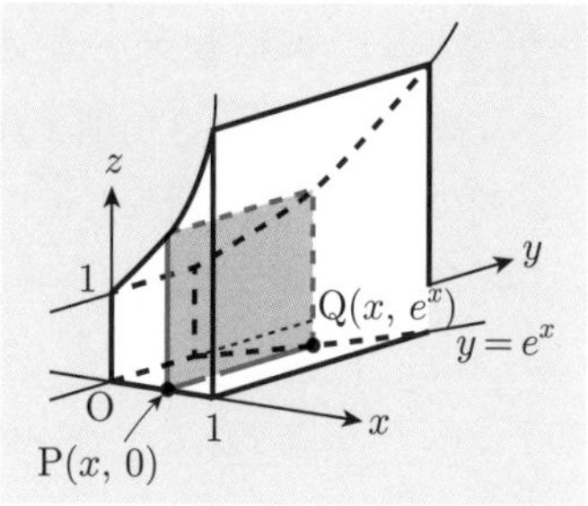

回転体の体積　$f(x)$ を連続な関数とする．$a < b$ のとき，曲線 $y = f(x)$ と x 軸および 2 直線 $x = a$, $x = b$ で囲まれた図形を x 軸のまわりに 1 回転してできる**回転体**《かいてんたい》の体積を V とする．

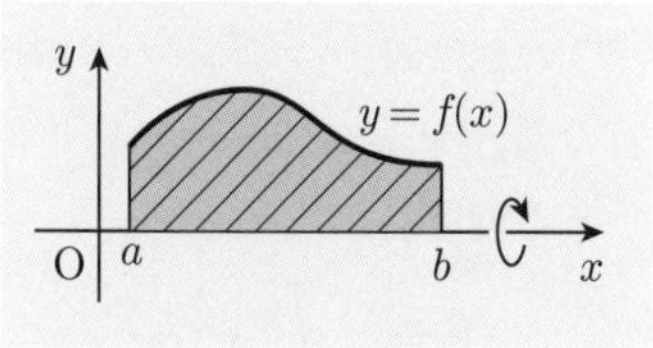

このとき，図のように，x 軸に垂直な平面による切り口は半径

$$|y| = |f(x)|$$

の円になり，その面積 $S(x)$ は

$$S(x) = \pi y^2 = \pi\{f(x)\}^2$$

となるから，体積 V は次のようになる．

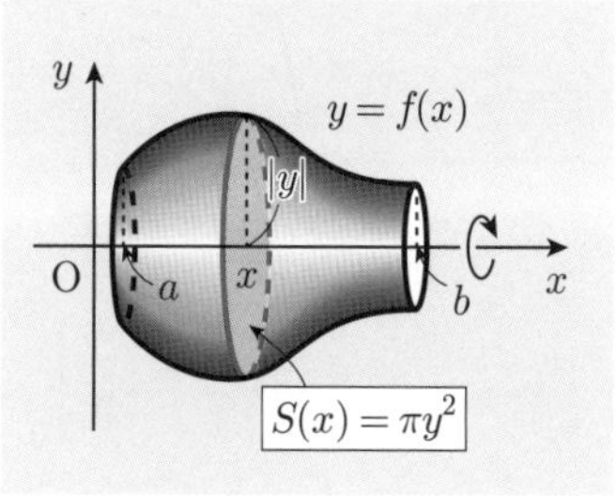

3.20　x 軸のまわりの回転体の体積

$$V = \pi \int_a^b y^2\,dx = \pi \int_a^b \{f(x)\}^2\,dx$$

例 3.11　(1)　曲線 $y = \dfrac{1}{x}$ と x 軸および 2 直線 $x = 1$, $x = 3$ で囲まれた図形を x 軸のまわりに 1 回転してできる回転体の体積 V は

$$V = \pi \int_1^3 \left(\frac{1}{x}\right)^2 dx = \pi \left[-\frac{1}{x}\right]_1^3$$

$$= \frac{2}{3}\pi$$

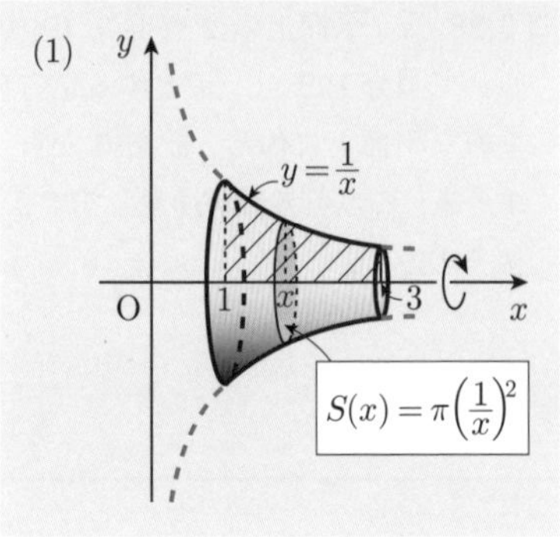

(2)　半径 r の球の体積を V とする．この球は円 $x^2+y^2 = r^2$ の内部の $y \geqq 0$ の部分を x 軸のまわりに 1 回転してできる回転体であるから

$$V = \pi \int_{-r}^{r} y^2\, dx$$

$$= \pi \int_{-r}^{r} (r^2 - x^2)\, dx$$

$$= 2\pi \int_0^r (r^2 - x^2)\, dx$$

$$= 2\pi \left[r^2 x - \frac{x^3}{3}\right]_0^r$$

$$= \frac{4}{3}\pi r^3$$

■

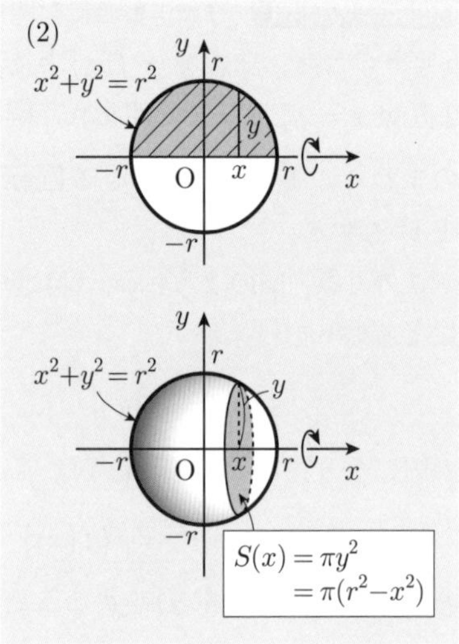

Let's TRY

問 3.27　次の曲線または直線で囲まれた図形を x 軸のまわりに 1 回転してできる回転体の体積を求めよ．

(1)　$y = e^x$, x 軸, $x = 0$, $x = 1$　　(2)　$y = 1 - x^2$, x 軸

(3)　$y = \sin x$　$(0 \leqq x \leqq \pi)$, x 軸　　(4)　$y = \sqrt{x+2}$, x 軸, y 軸

(5)　$y = \dfrac{1}{x+1}$, $x = 0$, $x = 2$, x 軸　　(6)　$(x-3)^2 + y^2 = 4$

例題 3.14　次の直線や曲線で囲まれた図形 D を x 軸のまわりに 1 回転させてできる回転体の体積 V を求めよ．

(1)　放物線 $y = x^2 - 1$ $(-1 \leqq x \leqq 1)$ と直線 $y = x + 1$ と直線 $x = 1$

(2)　円 $x^2 + (y - b)^2 = a^2$　ただし，$b > a > 0$ とする．←回転体はドーナツ形

解く前に　回転する部分が回転軸の両側にあるときは，一方に折り返して考える．

解　(1)　x 軸の下部にある D の部分を x 軸で折り返すと右図のようになる．求める体積 V は

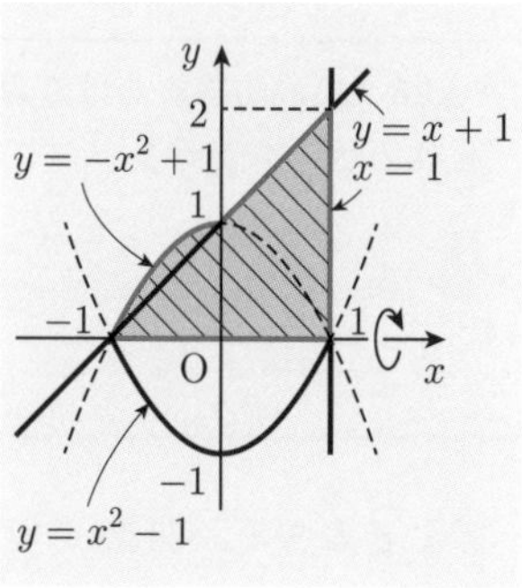

$$V = \pi \int_{-1}^{0} (-x^2 + 1)^2\, dx + \pi \int_{0}^{1} (x + 1)^2\, dx$$

$$= \pi \int_{-1}^{0} (x^4 - 2x^2 + 1)\, dx + \pi \int_{0}^{1} (x + 1)^2\, dx$$

$$= \pi \left[\frac{x^5}{5} - \frac{2x^3}{3} + x \right]_{-1}^{0} + \pi \left[\frac{(x + 1)^3}{3} \right]_{0}^{1}$$

$$= \frac{8}{15}\pi + \frac{7}{3}\pi = \frac{43}{15}\pi$$

(2)　円の方程式を y について解くと

$$y = b \pm \sqrt{a^2 - x^2}$$

よって右図より，求める体積 V は

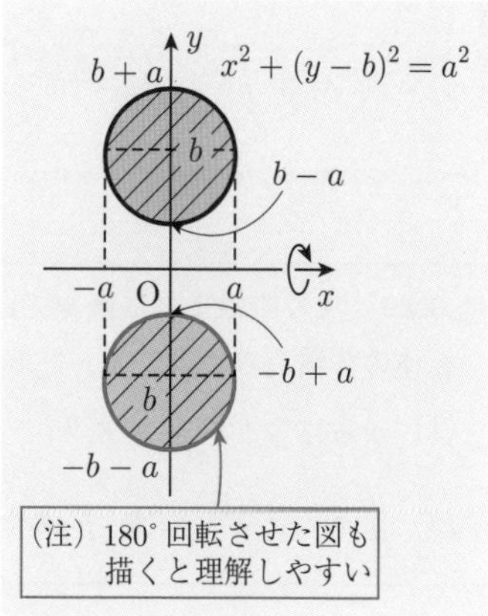

$V =$

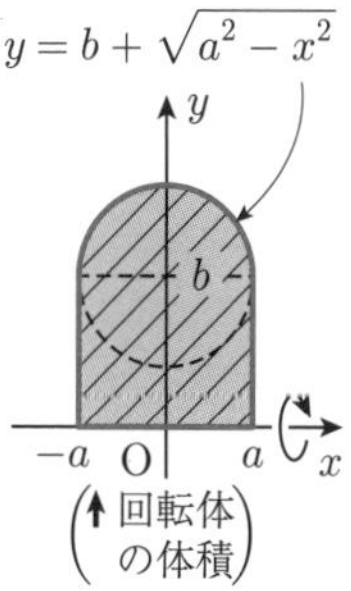

$-$

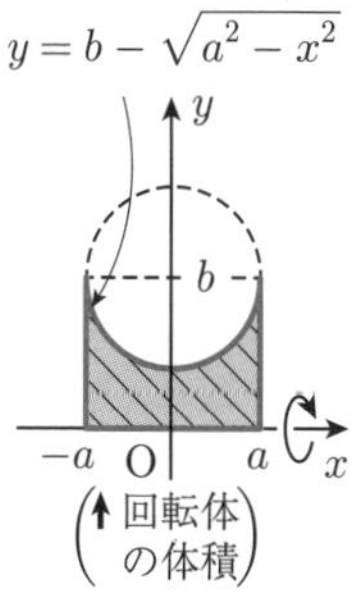

$$= \pi \int_{-a}^{a} \left(b + \sqrt{a^2 - x^2}\right)^2 dx - \pi \int_{-a}^{a} \left(b - \sqrt{a^2 - x^2}\right)^2 dx$$

$$= \pi \int_{-a}^{a} \left\{ (b + \sqrt{a^2 - x^2})^2 - (b - \sqrt{a^2 - x^2})^2 \right\} dx$$ ←積分範囲が同じなので1つにまとめた.

$$= \pi \int_{-a}^{a} 4b\sqrt{a^2 - x^2}\, dx$$ ←2乗を展開して計算した.

$$= 4b\pi \int_{-a}^{a} \sqrt{a^2 - x^2}\, dx = 4b\pi \times \frac{\pi}{2} a^2 = 2\pi^2 a^2 b$$ ■

↑原点中心，半径 a の半円の面積

Let's TRY

問 **3.28**　次の曲線または直線で囲まれた図形を x 軸のまわりに1回転してできる回転体の体積を求めよ.

(1)　$y = e^x$, y 軸, $y = e$　　(2)　$y = \dfrac{4}{x}$, $x + y = 5$

(3)　$y = \tan x \ \left(0 \leqq x < \dfrac{\pi}{2}\right)$, $y = \dfrac{4}{\pi}x$　　(4)　$\dfrac{x^2}{4} + (y-5)^2 = 1$

$c < d$ とする．曲線 $x = g(y)$ と y 軸および2直線 $y = c$, $y = d$ で囲まれた図形を y 軸のまわりに1回転してできる回転体の体積 V は次で与えられる.

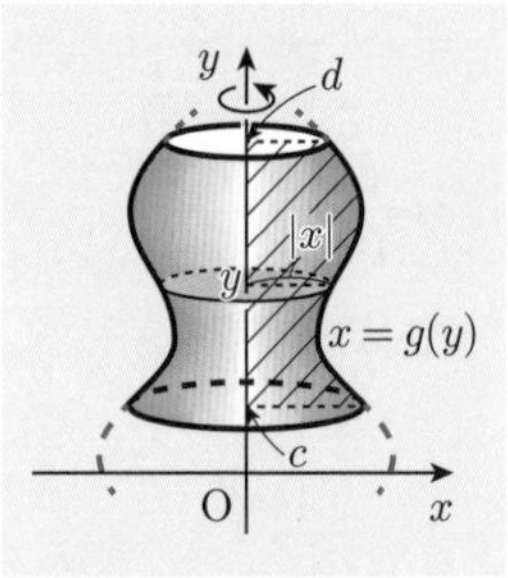

3.21　y 軸のまわりの回転体の体積

$$V = \pi \int_c^d x^2\, dy = \pi \int_c^d \{g(y)\}^2\, dy$$

Let's TRY

問 **3.29**　次の曲線または直線で囲まれた図形を y 軸のまわりに1回転してできる回転体の体積を求めよ.

(1)　$y = x^2$, $y = 1$, $y = 4$　　(2)　$x = y^2$, $x + y = 2$

(3)　$y = \sqrt{x+1}$, x 軸, y 軸　　(4)　$\dfrac{x^2}{4} + \dfrac{y^2}{9} = 1$

曲線の長さ　区間 $[a,b]$ で連続な関数 $y=f(x)$ が表す曲線 C について，その長さを考える．区間 $[a,b]$ の分割を

$$\Delta=\{a=x_0<x_1<x_2<\cdots<x_n=b\}$$

とし，曲線 C の上に $n+1$ 個の点 $\mathrm{P}_i(x_i, f(x_i))$ $(i=0,1,2,\ldots,n)$ をとる．これらの点を結んでできる折れ線の長さを L_Δ とする．すなわち，

$$\Delta x_i=x_i-x_{i-1},\quad \Delta y_i=f(x_i)-f(x_{i-1})$$

とおくと，

$$\mathrm{P}_{i-1}\mathrm{P}_i=\sqrt{(x_i-x_{i-1})^2+\bigl(f(x_i)-f(x_{i-1})\bigr)^2}=\sqrt{(\Delta x_i)^2+(\Delta y_i)^2}$$

であるから

$$L_\Delta=\mathrm{P}_0\mathrm{P}_1+\mathrm{P}_1\mathrm{P}_2+\mathrm{P}_2\mathrm{P}_3+\cdots+\mathrm{P}_{n-1}\mathrm{P}_n$$

$$=\sum_{i=1}^{n}\mathrm{P}_{i-1}\mathrm{P}_i=\sum_{i=1}^{n}\sqrt{(\Delta x_i)^2+(\Delta y_i)^2}\quad\cdots①$$

である．分割 Δ を細かくしていったときの折れ線の長さの和 L_Δ の極限値

$$\lim_{|\Delta|\to 0} L_\Delta$$

が存在するとき，これをこの曲線 C の長さ L と定める．

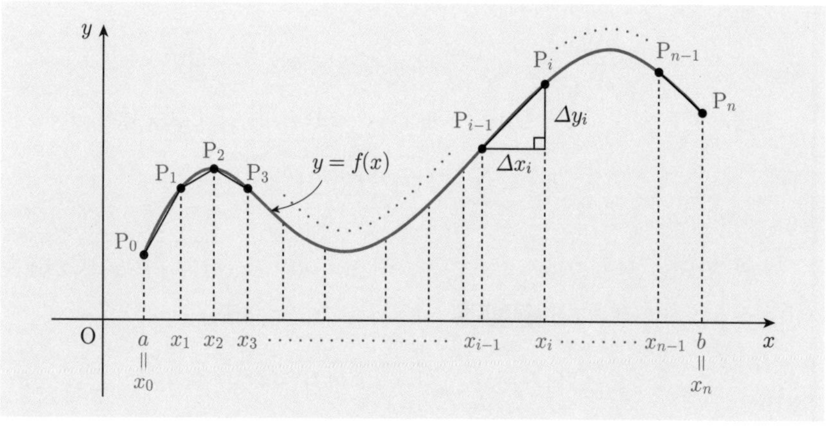

3.22 曲線の長さ

$f(x)$ が区間 $[a,b]$ で微分可能で，その導関数 $f'(x)$ が区間 $[a,b]$ で連続とする．このとき曲線 $y=f(x)$ $(a \leqq x \leqq b)$ の長さ L が確定し

$$L=\int_a^b \sqrt{1+\{f'(x)\}^2}\,dx$$

と表される．

証明 前のページの①より

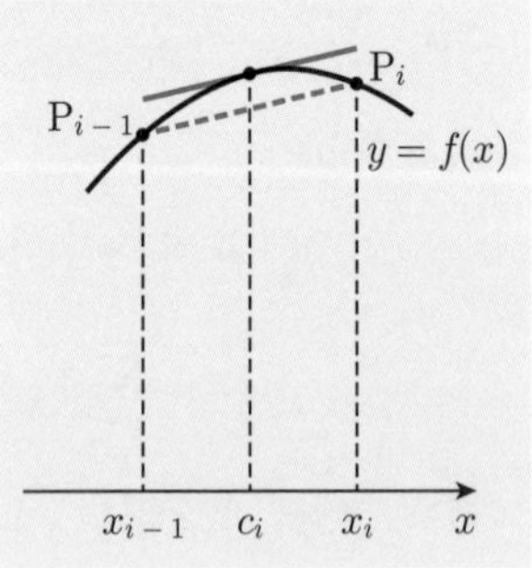

$$L_\Delta=\sum_{i=1}^{n}\sqrt{1+\left(\frac{\Delta y_i}{\Delta x_i}\right)^2}\Delta x_i$$

となる．ここで

$$\frac{\Delta y_i}{\Delta x_i}=\frac{f(x_i)-f(x_{i-1})}{x_i-x_{i-1}} \quad \cdots②$$

は直線 $\mathrm{P}_{i-1}\mathrm{P}_i$ の傾きを表している．$f(x)$ は $[a,b]$ で微分可能であるから，右図からわかるように，区間 (x_{i-1},x_i) における曲線上の点で接線の傾きがこの傾き②と等しくなるような点が存在する．

すなわち，各小区間 $[x_{i-1},x_i]$ において，

$$\frac{\Delta y_i}{\Delta x_i}=f'(c_i) \quad (x_{i-1}<c_i<x_i) \quad \cdots③$$

を満たす c_i が少なくとも 1 つ存在する．これを用いると L_Δ はリーマン和

$$L_\Delta=\sum_{i=1}^{n}\sqrt{1+\{f'(c_i)\}^2}\Delta x_i$$

で表される．分割を細かくしていく $(|\Delta|\to 0)$ と $\sqrt{1+\{f'(x)\}^2}$ が連続だから，第 3 章 3.2 節 **3.15** より，L_Δ の値は定積分

$$L=\int_a^b \sqrt{1+\{f'(x)\}^2}\,dx$$

に近づいていく． ■

■**注意** ③を満たすような c_i が存在することを示す定理を平均値の定理といい，第 4 章 4.1 節で詳しく学ぶ．

例題 3.15　曲線 $y = \dfrac{e^x + e^{-x}}{2}$ $(-a \leqq x \leqq a)$ の長さ L を求めよ．

解

$$\sqrt{1+(y')^2} = \sqrt{1+\left(\frac{e^x - e^{-x}}{2}\right)^2}$$

$$= \sqrt{1+\frac{e^{2x} - 2 + e^{-2x}}{4}}$$

（注）$e^x \cdot e^{-x} = 1$

$$= \sqrt{\left(\frac{e^x + e^{-x}}{2}\right)^2} = \frac{e^x + e^{-x}}{2}$$

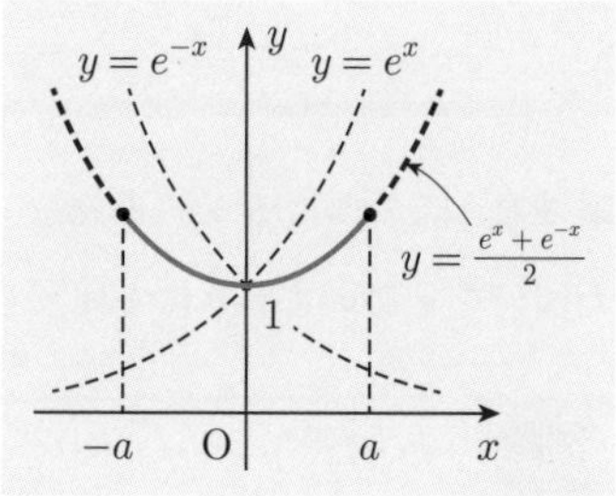

となる．この曲線は y 軸に関して対称だから

$$L = 2\int_0^a \frac{e^x + e^{-x}}{2}\,dx = \Big[e^x - e^{-x}\Big]_0^a = e^a - e^{-a}$$ ■

Let's TRY

問 3.30　次の曲線の長さを求めよ．

(1)　$y = 2x^{\frac{3}{2}}$　$(0 \leqq x \leqq 1)$　　(2)　$y = \dfrac{x^3}{6} + \dfrac{1}{2x}$　$(1 \leqq x \leqq 2)$

回転面の面積♣　区間 $[a, b]$ で定義された曲線 $y = f(x)$ を x 軸のまわりに 1 回転してできる曲面（**回転面**《かいてんめん》という）の面積 S を考える．$y = f(x)$ は区間 $[a, b]$ で微分可能で，その導関数 $f'(x)$ はこの区間で連続とする．p.111 の図のように区間 $[a, b]$ の分割 Δ に対して曲線を折れ線で近似し，その折れ線を x 軸のまわりに 1 回転させてできる曲面の面積 S_Δ はおおよそ

$$S_\Delta \fallingdotseq \sum_{i=1}^{n} 2\pi|f(x_i)|\sqrt{(\Delta x_i)^2 + (\Delta y_i)^2}$$

↑ 幅 $\sqrt{(\Delta x_i)^2 + (\Delta y_i)^2}$，長さ $2\pi|f(x_i)|$ の長方形の面積の和

$$= \sum_{i=1}^{n} 2\pi|f(x_i)|\sqrt{1+\left(\frac{\Delta y_i}{\Delta x_i}\right)^2}\,\Delta x_i$$

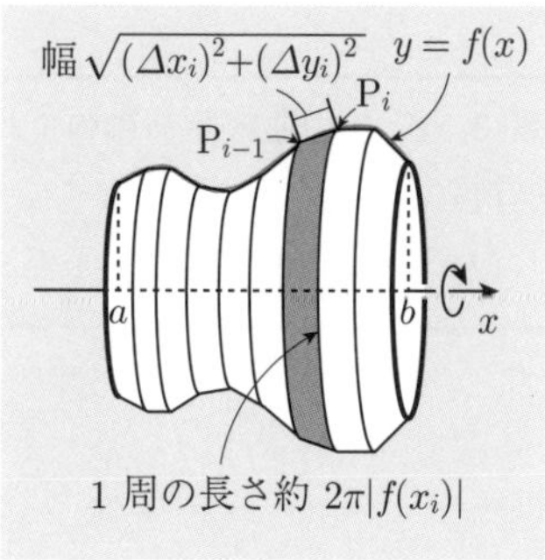

となり，分割を細かくすると，S_Δ は回転面の面積 S に近づくと考えられる．よって，回転面の面積 S は次の式で与えられる．

3.23　x 軸のまわりの回転面の面積

$$S = 2\pi \int_a^b |y|\sqrt{1+(y')^2}\,dx = 2\pi \int_a^b |f(x)|\sqrt{1+\{f'(x)\}^2}\,dx$$

■**注意**　この面積 S を，曲線 $y=f(x)$ と x 軸および 2 直線 $x=a$, $x=b$ で囲まれた図形を x 軸のまわりに 1 回転してできる回転体の**側面積**《そくめんせき》ということもある．

例題 3.16　放物線 $y=\sqrt{x}$ $(0 \leqq x \leqq 2)$ を x 軸のまわりに 1 回転してできる回転面の面積 S を求めよ．

解　$y' = \dfrac{1}{2\sqrt{x}}$ であるから $(y')^2 = \dfrac{1}{4x}$. よって

$$\begin{aligned} S &= 2\pi \int_0^2 \sqrt{x}\sqrt{1+\frac{1}{4x}}\,dx \\ &= \pi \int_0^2 \sqrt{4x+1}\,dx \\ &= \pi \left[\frac{1}{6}(4x+1)^{\frac{3}{2}}\right]_0^2 \\ &= \frac{13}{3}\pi \end{aligned}$$

■

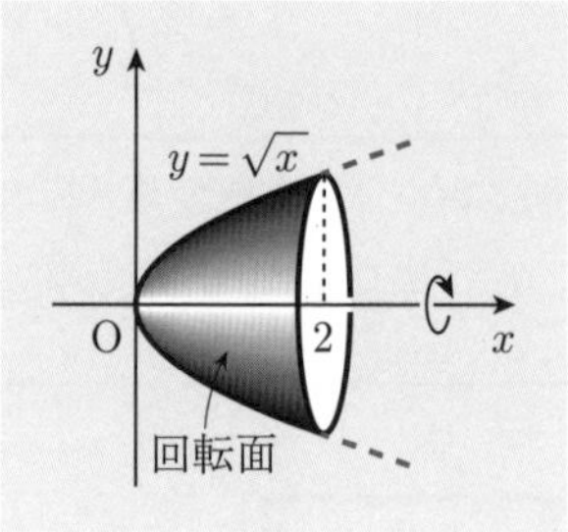

Let's TRY

問 3.31　次の曲線を x 軸のまわりに 1 回転してできる回転面の面積を求めよ．

(1)　$y=x$　$(0 \leqq x \leqq 1)$

(2)　$y=\sqrt{9-x^2}$　$(-1 \leqq x \leqq 2)$

第 3 章　演習問題 A

1　次の不定積分を求めよ．

(1) $\displaystyle\int \frac{\log x}{x^2}\,dx$　(2) $\displaystyle\int \log 3x\,dx$　(3) $\displaystyle\int \frac{x}{\sqrt{x+3}}\,dx$

(4) $\displaystyle\int x \cdot 2^x\,dx$　(5) $\displaystyle\int \frac{2x+3}{(2x-1)^2}\,dx$　(6) $\displaystyle\int x\sqrt{x+1}\,dx$

(7) $\displaystyle\int \sin^4 x\,dx$　(8) $\displaystyle\int \frac{\sin(\log x)}{x}\,dx$　(9) $\displaystyle\int \frac{1}{e^x+e^{-x}}\,dx$

(10) $\displaystyle\int \frac{1-\sin x}{1+\sin x}\,dx$　(11) $\displaystyle\int 2x\log(x^2+3)\,dx$

2　次の条件を満たす関数 $f(x)$ を求めよ．

(1) $f'(x)=2x+3,\ f(1)=5$

(2) $f'(x)=-2x^2-4x+1,\ f(3)=-10$

3　次の定積分の値を求めよ．

(1) $\displaystyle\int_0^2 x\sqrt{2x^2+1}\,dx$　(2) $\displaystyle\int_0^{\frac{\pi}{2}} \frac{\cos x}{\sin x+1}\,dx$　(3) $\displaystyle\int_1^e \frac{(\log x)^2+1}{x}\,dx$

(4) $\displaystyle\int_0^2 (x-1)^2 e^{x+1}\,dx$　(5) $\displaystyle\int_0^{\pi} x^2\cos 3x\,dx$　(6) $\displaystyle\int_1^e (\log x)^2\,dx$

(7) $\displaystyle\int_0^1 \sqrt{x^2+1}\,dx$　(8) $\displaystyle\int_0^1 \sqrt{4-x^2}\,dx$　(9) $\displaystyle\int_1^2 \frac{1}{x^2-2x+2}\,dx$

4　次の曲線または直線で囲まれた部分の面積を求めよ．

(1) $4x+y=5,\ xy=1$　(2) $x=y^2-1,\ x=y+5$

5　次の曲線または直線で囲まれた図形を x 軸のまわりに 1 回転してできる回転体の体積を求めよ．

(1) $y=x,\ y=\sqrt{x}$　(2) $\dfrac{x^2}{a^2}+\dfrac{y^2}{b^2}=1$　$(a>0,\ b>0)$

(3) $y=\sqrt{3-x}$, x 軸, y 軸　(4) $y=x(x-2)^2$, x 軸

6　次の曲線の長さを求めよ．

(1) $y=\sqrt{4-x^2}$　$(0 \leqq x \leqq 2)$

(2) $y=\dfrac{x^2}{4}-\dfrac{1}{2}\log x$　$(1 \leqq x \leqq 3)$

第3章　演習問題B

7　次の不定積分を求めよ．

(1) $\displaystyle\int \sin^{-1} x\,dx$　(2) $\displaystyle\int \tan^{-1} x\,dx$

(3) $\displaystyle\int \frac{1}{x^3+1}\,dx$　(4) $\displaystyle\int \sqrt{\frac{x-1}{x+1}}\,dx$　$(x>1)$

8　次の定積分の値を求めよ．ただし n, m は異なる自然数とする．

(1) $\displaystyle\int_{-\pi}^{\pi} \sin nx \cos mx\,dx$　(2) $\displaystyle\int_0^{\pi} \sqrt{1-\cos x}\,dx$　(3) $\displaystyle\int_0^{\pi} (1+\cos x)^4\,dx$

9　$I = \displaystyle\int_1^a x^{p-1}(\log x)^n\,dx$ のとき，次の問いに答えよ．

ただし，a, p は実数で $a>1$, $n=0,1,2,\ldots$ とする．

(1) $t=\log x$ とおくと，$I=\displaystyle\int_0^{\log a} e^{pt}t^n\,dt$ が成り立つことを示せ．

(2) (1) を利用して，次が成り立つことを示せ $(n \geqq 1)$．

$$I = \begin{cases} a^p \displaystyle\sum_{i=0}^{n-1} \frac{(-1)^i(\log a)^{n-i}n!}{p^{i+1}(n-i)!} + \frac{(-1)^n n!(a^p-1)}{p^{n+1}} & (p \neq 0) \\ \dfrac{(\log a)^{n+1}}{n+1} & (p=0) \end{cases}$$

10　次の曲線または直線で囲まれた部分の面積を求めよ．

(1) $\sqrt{x}+\sqrt{y}=\sqrt{a}$（$a$ は正の定数），x 軸，y 軸

(2) $2x^2-2xy+y^2=4$

11　次の曲線と直線で囲まれた図形を D とする．D の面積を S，D を x 軸および y 軸のまわりに1回転してできる回転体の体積をそれぞれ V_x, V_y とする．このとき，S, V_x, V_y を求めよ．

(1) $y=x^2$, $y=-x+2$

(2) $y=\log x$, x 軸, $x=e$

12　次の曲線を x 軸のまわりに1回転してできる回転体の側面積を求めよ．

(1) $y=\dfrac{x^3}{3}$　$(1 \leqq x \leqq \sqrt{2})$

(2) $y=\sqrt{x^2+2}$　$(0 \leqq x \leqq \sqrt{3})$

4 微分・積分の応用

この章では，第 1 章から第 3 章までで学んだ極限・微分・積分の応用を扱う．微分の応用では，グラフの凹凸，テイラー展開などを扱うことになる．また，積分の応用では，媒介変数表示された曲線により定まる図形の面積や曲線の長さを扱い，最後に応用上重要な微分方程式について学んでいく．

4.1 微分の応用

高次導関数　第 2 章では微分することで関数の増減や極値を調べられることを学んだ．本節では 2 度微分することで関数のグラフの凹凸を調べ，n 回微分することで関数を n 次式で近似でき，さらには級数展開できることを学ぶ．

関数 $f'(x)$ が微分可能であるとき，$f'(x)$ の導関数を関数 $y = f(x)$ の**第《だい》 2 次導関数《じどうかんすう》**といい，次のように表す（2 の付く位置に注意）．

$$y'',\ f''(x),\ \frac{d^2y}{dx^2},\ \frac{d^2}{dx^2}f(x) \quad \leftarrow \frac{d^2y}{dx^2} = \frac{d}{dx}\left(\frac{dy}{dx}\right)$$

例 4.1　$y = -2x^3 + 5x^2 - 4x - 5$ について

$$y' = -6x^2 + 10x - 4, \quad y'' = (-6x^2 + 10x - 4)' = -12x + 10$$ ■

Let's TRY

問 **4.1**　次の関数の第 2 次導関数を求めよ．

(1) $y = x^4$　(2) $y = \dfrac{1}{16}x^4 - \dfrac{3}{2}x^3 + 1$　(3) $y = (3x + 5)^4$

(4) $y = (x^3 + 1)^2$　(5) $y = e^x \sin x$　(6) $y = \dfrac{\log(x + 1)}{x + 1}$

一般に自然数 n に対し，関数 $y = f(x)$ が n 回微分できるとき，関数 $y = f(x)$ は **n 回微分可能《かいびぶんかのう》**であるといい，$y = f(x)$ を n 回微分して得られる関数を $y = f(x)$ の**第《だい》 n 次導関数《じどうかんすう》**という．第 n 次導関数は次の記号で表す．

$$y^{(n)},\ f^{(n)}(x),\ \frac{d^n y}{dx^n},\ \frac{d^n}{dx^n}f(x) \quad \leftarrow \frac{d^n y}{dx^n} = \frac{d}{dx}\left(\frac{d^{n-1}y}{dx^{n-1}}\right)$$

$n \geqq 2$ のとき第 n 次導関数をまとめて**高《こう》次《じ》導《どう》関《かん》数《すう》**という．なお $y^{(1)}, y^{(2)}, y^{(3)}$ はそれぞれ y', y'', y''' と表すことが多い．また $y^{(0)} = y$ と定める．

0 回微分 = 微分しない = もとの関数

例題 4.1　次の関数の第 n 次導関数を求めよ．

(1)　$y = x^4$　　(2)　$y = e^{-x}$　　(3)　$y = \sin x$

解　(1)　$y' = 4x^3,\ y'' = 12x^2,\ y''' = 24x,\ y^{(4)} = 24$, $n \geqq 5$ のとき $y^{(n)} = 0$

(2)　$y' = -e^{-x},\ y'' = e^{-x},\ y''' = -e^{-x},\ y^{(4)} = e^{-x}$

一般に任意の n に対して $y^{(n)} = (-1)^n e^{-x}$

(3)　$y' = \cos x,\ y'' = -\sin x,\ y''' = -\cos x,\ y^{(4)} = \sin x$．一般に

$$y^{(n)} = \begin{cases} \cos x & (n = 1, 5, 9, \ldots) \\ -\sin x & (n = 2, 6, 10, \ldots) \\ -\cos x & (n = 3, 7, 11, \ldots) \\ \sin x & (n = 4, 8, 12, \ldots) \end{cases}$$

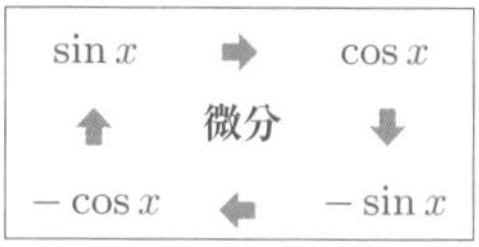

$$= \sin\left(x + \frac{n\pi}{2}\right) \quad (n \geqq 1)$$

■

Let's TRY

問 4.2　次の関数の第 n 次導関数を求めよ．ただし m は自然数とする．

(1)　$y = x^3 - 3x + 1$　　(2)　$y = e^{3x}$　　(3)　$y = \cos x$

(4)　$y = x^m$　　(5)　$y = \dfrac{1}{1-x}$　　(6)　$y = \log(1+x)$

関数 $f(x), g(x)$ が n 回微分可能であるとき，積 $f(x)g(x)$ の高次導関数を求めよう．$f(x), g(x)$ をそれぞれ f, g で表すと次のように計算できる．

$$(fg)' = f'g + fg'$$

$$(fg)'' = (f'g + fg')' = (f''g + f'g') + (f'g' + fg'') = f''g + 2f'g' + fg''$$

$$(fg)''' = (f''g + 2f'g' + fg'')' = f'''g + 3f''g' + 3f'g'' + fg'''$$

$$\cdots\cdots\cdots\cdots$$

ここで $(fg)^{(0)} = fg$ に注意して係数に注目すると二項定理と同様にパスカルの三角形が現れる．

$(fg)^{(0)}$ の係数	1	${}_0\mathrm{C}_0$
$(fg)'$	1　1	${}_1\mathrm{C}_0$　${}_1\mathrm{C}_1$
$(fg)''$	1　2　1	${}_2\mathrm{C}_0$　${}_2\mathrm{C}_1$　${}_2\mathrm{C}_2$
$(fg)'''$	1　3　3　1	${}_3\mathrm{C}_0$　${}_3\mathrm{C}_1$　${}_3\mathrm{C}_2$　${}_3\mathrm{C}_3$
$(fg)^{(4)}$	1　4　6　4　1	${}_4\mathrm{C}_0$　${}_4\mathrm{C}_1$　${}_4\mathrm{C}_2$　${}_4\mathrm{C}_3$　${}_4\mathrm{C}_4$
……	……	……

4.1　[定理] ライプニッツの公式《こうしき》

関数 $f(x)$ と $g(x)$ が n 回微分可能であるとき

$$\{f(x)g(x)\}^{(n)} = \sum_{k=0}^{n} {}_n\mathrm{C}_k f^{(n-k)}(x) g^{(k)}(x)$$

例題 4.2　関数 $y = x^2 e^x$ の第 n 次導関数を求めよ．

解　$(e^x)^{(n)} = e^x$ であり，$(x^2)' = 2x$, $(x^2)'' = 2$, $(x^2)^{(k)} = 0 \quad (k \geqq 3)$ より，

(*)

ライプニッツの公式 4.1 から

$$y^{(n)} = (x^2 e^x)^{(n)} = \sum_{k=0}^{n} {}_n\mathrm{C}_k (e^x)^{(n-k)} (x^2)^{(k)}$$

$f(x) = e^x$, $g(x) = x^2$ をライプニッツの公式に代入

$$= {}_n\mathrm{C}_0 (e^x)^{(n)} (x^2)^{(0)} + {}_n\mathrm{C}_1 (e^x)^{(n-1)} (x^2)^{(1)} + {}_n\mathrm{C}_2 (e^x)^{(n-2)} (x^2)^{(2)}$$

$$+ {}_n\mathrm{C}_3 (e^x)^{(n-3)} (x^2)^{(3)} + \cdots + {}_n\mathrm{C}_n (e^x)^{(0)} (x^2)^{(n)}$$

(*) より，ここの項はすべて 0

$$= e^x \cdot x^2 + n e^x \cdot 2x + \frac{n(n-1)}{2} e^x \cdot 2 = e^x \left\{x^2 + 2nx + n(n-1)\right\}$$

$$\therefore \quad y^{(n)} = e^x \{x^2 + 2nx + n(n-1)\}$$

■

Let's TRY

問 4.3　次の関数の第 n 次導関数を求めよ．

(1)　$y = xe^x$　　(2)　$y = \dfrac{x}{1-x}$　　(3)　$y = x^3 e^x$

加速度　直線上を運動する点 P について，時刻 t における位置 $x = x(t)$ の速度 $v = v(t) = x'(t) = \frac{dx}{dt}$ の変化率

$$\frac{dv}{dt} = x''(t) = \frac{d^2x}{dt^2}$$

を点 P の**加速度**《かそくど》という．

例 4.2　(1)　（第 2 章例 2.12 参照）直線上を動く点の時刻 t における位置が $x(t) = 18t - 4.5t^2$ で表されるとき，時刻 t での加速度は

$$x''(t) = (18t - 4.5t^2)'' = -9$$

(2)　速度が一定のとき，$x'(t) = v_0$（v_0 は定数）だから $x''(t) = 0$

(3)　速度が一定の割合 a_0（a_0 は定数）で増加（減少）するとき

$$x'(t) = a_0 t$$

より $x''(t) = a_0$ だから加速度は一定である．例えば物体が真空中を落下するとき加速度は一定で，この場合の比例定数を**重**《じゅう》**力**《りょく》**加速度**《かそくど》とよぶ．■

Let's TRY

問 4.4　数直線上を動く点 P の時刻 t における位置を $x(t)$ で表すとき，以下の各問いに答えよ．

(1)　$x(t) = \sin(2t + \theta)$（$0 \leqq \theta < 2\pi$）と与えられるとき，$x(0) = 1$ の条件下で t 秒後の点 P の加速度を求めよ．

(2)　$x''(t) = -2$ と与えられるとき，$x'(0) = 4$ となるように t 秒後の点 P の速度を求めよ．

(3)　$x''(t) = -2$ と与えられるとき，$x'(0) = 4, x(0) = 3$ となるように t 秒後の点 P の位置を求めよ．

ロルの定理・平均値の定理　ロルの定理と平均値の定理は，関数の増減の性質，ロピタルの定理，テイラーの定理などの証明に使われる重要な定理である．

4.2　[定理] ロルの定理《ていり》

関数 $y = f(x)$ が，閉区間 $[a, b]$ で連続で，開区間 (a, b) で微分可能であるとする．このとき $f(a) = f(b)$ ならば次を満たす値 c が存在する．

$$f'(c) = 0 \quad (a < c < b)$$

4.3　[定理] 平均値《へいきんち》の定理《ていり》

関数 $y = f(x)$ が，閉区間 $[a, b]$ で連続で，開区間 (a, b) で微分可能であるとき，次を満たす値 c が存在する．

$$\frac{f(b) - f(a)}{b - a} = f'(c) \quad (a < c < b)$$

ロルの定理と平均値の定理は，x が a から b まで変化するときの関数 $f(x)$ の平均変化率と同じ傾きをもつ接線が引ける点 $(c, f(c))$ が存在することを示している．ただしその具体的な値を求めることはしていないことに注意しよう．

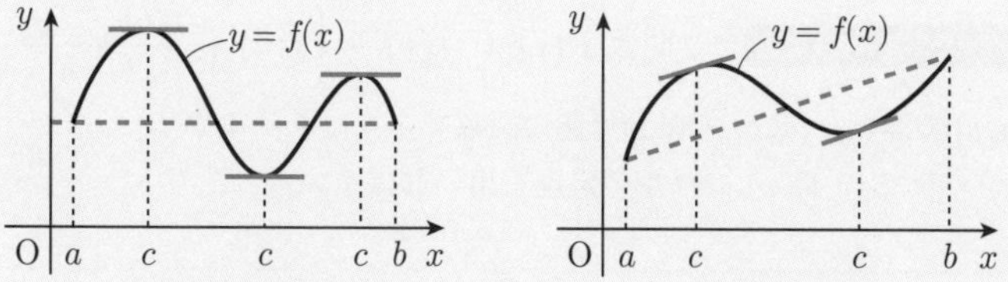

ロルの定理　　平均値の定理

例 4.3　関数 $y = x^2$ は，閉区間 $[-1, 2]$ で連続，開区間 $(-1, 2)$ で微分可能である．

このとき $\dfrac{f(2) - f(-1)}{2 - (-1)} = f'(c)$ を満たす c は

$$\frac{4 - 1}{3} = 2c \qquad \therefore \quad c = \frac{1}{2}$$

である．なお $-1 < \dfrac{1}{2} < 2$ に注意．■

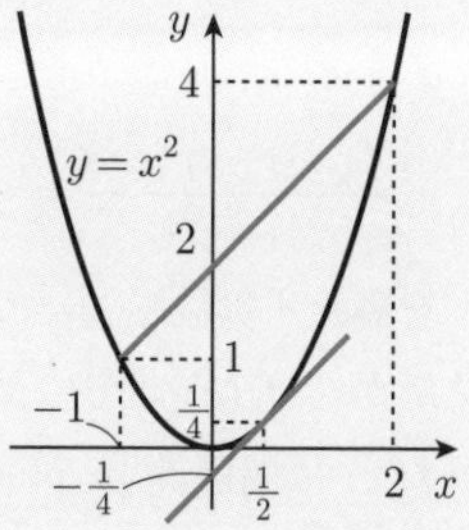

Let's TRY

問 4.5　例 4.3 について，閉区間 $[a, b]$ $(a < b)$ の場合の c を a, b を用いて表せ．

ロルの定理の証明♣　$f(x)$ が定数関数ならば開区間 (a, b) で常に $f'(x) = 0$ より定理が成立する．以下 $f(x)$ は定数関数でないとする．$f(x)$ は閉区間 $[a, b]$ で連続なので最大値と最小値をとり（2.28），定数関数でないから少なくとも一方は $f(a) = f(b)$ と異なる値をとる．$x = c$ $(a < c < b)$ で最大値 $f(c)$ をとるとする．

任意の x（$a \leqq x \leqq b$）に対して $f(x) \leqq f(c)$ だから

$$x < c \text{ のとき } \frac{f(x)-f(c)}{x-c} \geqq 0 \text{ より } \lim_{x \to c-0} \frac{f(x)-f(c)}{x-c} \geqq 0 \quad \cdots ①$$

$$x > c \text{ のとき } \frac{f(x)-f(c)}{x-c} \leqq 0 \text{ より } \lim_{x \to c+0} \frac{f(x)-f(c)}{x-c} \leqq 0 \quad \cdots ②$$

ここで $f(x)$ が $x = c$ で微分可能であることより

$$\lim_{x \to c-0} \frac{f(x)-f(c)}{x-c} = \lim_{x \to c+0} \frac{f(x)-f(c)}{x-c} = \lim_{x \to c} \frac{f(x)-f(c)}{x-c} = f'(c)$$

ここで①より $f'(c) \geqq 0$ かつ②より $f'(c) \leqq 0$ だから $f'(c) = 0$．$x = c$ で最小値をとる場合も同様である． ■

平均値の定理の証明の概要♣ 関数 $F(x) = f(x) - \left\{ f(a) + \dfrac{f(b)-f(a)}{b-a}(x-a) \right\}$ は $[a, b]$ で連続，(a, b) で微分可能な関数であり，さらに $F(a) = 0$, $F(b) = 0$ が成り立つ．この $F(x)$ にロルの定理を用いればよい． ■

例 4.4 関数 $y = f(x)$ は閉区間 $[a, b]$ で連続，開区間 (a, b) で微分可能であるとする．このとき，開区間 (a, b) で常に $f'(x) > 0$ ならば $f(x)$ は閉区間 $[a, b]$ で単調に増加する（**2 章 2.25 の証明**）．実際，平均値の定理より，$a \leqq x_1 < x_2 \leqq b$ を満たす x_1, x_2 に対して

$$\frac{f(x_2)-f(x_1)}{x_2-x_1} = f'(c) \quad \text{すなわち} \quad f(x_2)-f(x_1) = f'(c)(x_2-x_1)$$

を満たす実数 c（$x_1 < c < x_2$）が存在する．仮定より開区間 (a, b) で $f'(x) > 0$ だから $f'(c) > 0$．よって，$x_2 - x_1 > 0$ より $f(x_2) > f(x_1)$．したがって，$f(x)$ は閉区間 $[a, b]$ で単調に増加する． ■

Let's TRY

問 4.6 関数 $f(x)$, $g(x)$ が閉区間 $[a, b]$ で連続，開区間 (a, b) で微分可能とする．このとき次を示せ（**3 章 3.1 の証明**）．

(1) (a, b) で常に $f'(x) = 0$ ならば，$f(x)$ は $[a, b]$ で定数．

(2) (a, b) で常に $f'(x) = g'(x)$ ならば，$[a, b]$ で $f(x) = g(x) + C$（C は定数）．

問 4.7 関数 $f(x) = \sin^{-1} x + \cos^{-1} x$（$-1 \leqq x \leqq 1$）について

(1) $f(0)$ を求めよ． (2) $f'(x)$ を求めよ．

(3) 閉区間 $[-1, 1]$ で等式 $\sin^{-1} x + \cos^{-1} x = \dfrac{\pi}{2}$ が成り立つことを示せ．

4.4 [定理] コーシーの平均値《へいきんち》の定理《ていり》

関数 $f(x), g(x)$ が，閉区間 $[a, b]$ で連続で，開区間 (a, b) で微分可能であり，開区間 (a, b) で $g'(x) \neq 0$ ならば，次を満たす値 c が存在する．

$$\frac{f(b)-f(a)}{g(b)-g(a)} = \frac{f'(c)}{g'(c)} \quad (a < c < b)$$

証明♣ $g(a) = g(b)$ であるとする．このとき関数 $g(x)$ にロルの定理を適用すると $g'(c) = 0$ $(a < c < b)$ を満たす c が存在する．これは $g'(x) \neq 0$ $(a < x < b)$ の仮定に反する．よって $g(a) \neq g(b)$.

関数 $G(x) = g(x)\{f(b) - f(a)\} - f(x)\{g(b) - g(a)\}$ は $[a, b]$ で連続，(a, b) で微分可能，$G(a) = G(b)$ である．この $G(x)$ にロルの定理を用いればよい． ■

ロピタルの定理 $\lim_{x \to a} f(x) = 0$, $\lim_{x \to a} g(x) = 0$ のとき，極限 $\lim_{x \to a} \frac{f(x)}{g(x)}$ を形式的に $\frac{0}{0}$ とかく．同様に形式的に $\pm\frac{\infty}{\infty}$, $\infty - \infty$, $1^{\pm\infty}$, $\pm\infty^0$, $0 \times (\pm\infty)$ などとなる場合をまとめて**不定形《ふていけい》の極限《きょくげん》**という．この不定形の極限を計算するために便利な計算方法が，次のロピタルの定理である．

4.5 [定理] ロピタルの定理《ていり》

関数 $f(x)$, $g(x)$ は $x = a$ を含むある開区間において，$x = a$ 以外で微分可能かつ $g'(x) \neq 0$ とする．このとき $f(a) = g(a) = 0$ で $\lim_{x \to a} \frac{f'(x)}{g'(x)}$ が存在するならば

$$\lim_{x \to a} \frac{f(x)}{g(x)} = \lim_{x \to a} \frac{f'(x)}{g'(x)} \qquad \text{分子と分母をそれぞれ } x \text{ で微分}$$

証明 コーシーの平均値の定理より次が成り立つ．

$$\frac{f(x)}{g(x)} = \frac{f(x)-0}{g(x)-0} = \frac{f(x)-f(a)}{g(x)-g(a)} = \frac{f'(c)}{g'(c)} \quad (c \text{ は } a \text{ と } x \text{ の間のある値})$$

ここで $x \to a$ のとき $c \to a$ だから

$$\lim_{x \to a} \frac{f(x)}{g(x)} = \lim_{c \to a} \frac{f'(c)}{g'(c)} = \lim_{x \to a} \frac{f'(x)}{g'(x)}$$ ■

■**注意** ロピタルの定理は $\dfrac{\infty}{\infty}$ 型の不定形の場合や，$\displaystyle\lim_{x\to\pm\infty}$，$\displaystyle\lim_{x\to a\pm 0}$ の場合にも成立する（証明は省略する）．

例題 4.3 次の極限値を求めよ．

(1) $\displaystyle\lim_{x\to 2}\frac{2x^2-7x+6}{x^2-x-2}$ (2) $\displaystyle\lim_{x\to\infty} x^2e^{-x}$ (3) $\displaystyle\lim_{x\to+0} x\log x$

解 (1) $\dfrac{0}{0}$ 形の不定形だから $\displaystyle\lim_{x\to 2}\frac{2x^2-7x+6}{x^2-x-2}\underset{4.5}{=}\lim_{x\to 2}\frac{4x-7}{2x-1}=\frac{1}{3}$

(2) $\displaystyle\lim_{x\to\infty} x^2e^{-x}=\lim_{x\to\infty}\frac{x^2}{e^x}\underset{4.5}{=}\lim_{x\to\infty}\frac{2x}{e^x}\underset{4.5}{=}\lim_{x\to\infty}\frac{2}{e^x}=0$

↑ $\dfrac{\infty}{\infty}$ 型に変形　　↑ これも $\dfrac{\infty}{\infty}$ 型

(3) $\displaystyle\lim_{x\to+0} x\log x=\lim_{x\to+0}\frac{\log x}{\frac{1}{x}}\underset{4.5}{=}\lim_{x\to+0}\frac{\frac{1}{x}}{-\frac{1}{x^2}}=\lim_{x\to+0}(-x)=0$ ■

↑ $0\times(-\infty)$ 型を $-\dfrac{\infty}{\infty}$ 型に変形

Let's TRY

問 4.8 次の極限値の計算について誤りを指摘し，正しい極限値を求めよ．

$$\lim_{x\to -1}\frac{3x^2+2x-1}{x^2+5x+4}\underset{?}{=}\lim_{x\to -1}\frac{6x+2}{2x+5}\underset{?}{=}\lim_{x\to -1}\frac{6}{2}=3$$

問 4.9 次の極限値を求めよ．

(1) $\displaystyle\lim_{x\to 1}\frac{x^2+2x-3}{x^2-3x+2}$ (2) $\displaystyle\lim_{x\to 0}\frac{1-\cos 2x}{x^2}$ (3) $\displaystyle\lim_{x\to\infty}\frac{\log x}{x}$

曲線の凹凸と変曲点 関数 $f(x)$ がある開区間 (a,b) で2回微分可能であるとき，$f''(x)$ は $f'(x)$ の変化の様子を表す．方程式 $f''(x)=0$ を解いてその前後の符号を調べ，より正確にグラフの概形を求めていく．

- $f''(x)=\{f'(x)\}'>0$ ならば $f'(x)$ は単調増加（$\Leftrightarrow$ 接線の傾きは増加）で，グラフの概形は次図左のようになる．このとき曲線 $y=f(x)$ はこの区間で**下《した》に凸《とつ》**であるという．
- $f''(x)=\{f'(x)\}'<0$ ならば $f'(x)$ は単調減少（$\Leftrightarrow$ 接線の傾きは減少）で，グラフの概形は次図右のようになる．このとき曲線 $y=f(x)$ はこの区間で**上《うえ》に凸《とつ》**であるという．

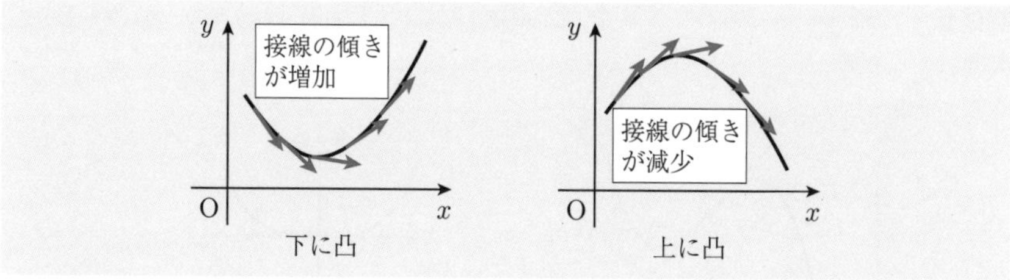

4.6　関数の凹凸

関数 $f(x)$ が閉区間 $I = [a, b]$ で連続，開区間 (a, b) で 2 回微分可能なとき

- $f''(x) > 0$ ならば，曲線 $y = f(x)$ は I で下に凸である．
- $f''(x) < 0$ ならば，曲線 $y = f(x)$ は I で上に凸である．

曲線 $y = f(x)$ 上の点 $(a, f(a))$ を境に，曲線の凹凸が変わるとき（$f''(a) = 0$ かつ $x = a$ を境に $f''(x)$ の符号が変わる），この点を**変曲点《へんきょくてん》**という．

例題 4.4　関数 $y = x^3 - 3x$ の増減，極値，グラフの凹凸と変曲点を調べ，グラフの概形をかけ．

解　$y' = 3x^2 - 3$，$y'' = 6x$ より，$y' = 0$ を解くと $y' = 3(x^2 - 1) = 0$ から $x = \pm 1$，$y'' = 0$ を解くと $y'' = 6x = 0$ より $x = 0$．これより y の増減，グラフの凹凸は次のようになる．

x	$\cdots$	-1	$\cdots$	0	$\cdots$	1	$\cdots$
y'	$+$	0	$-$	$-$	$-$	0	$+$
y''	$-$	$-$	$-$	0	$+$	$+$	$+$
y	↗	2 極大	↘	0 変曲点	↘	-2 極小	↗

↗ は上に凸で増加，↘ は上に凸で減少，
↘ は下に凸で減少，↗ は下に凸で増加を表す．

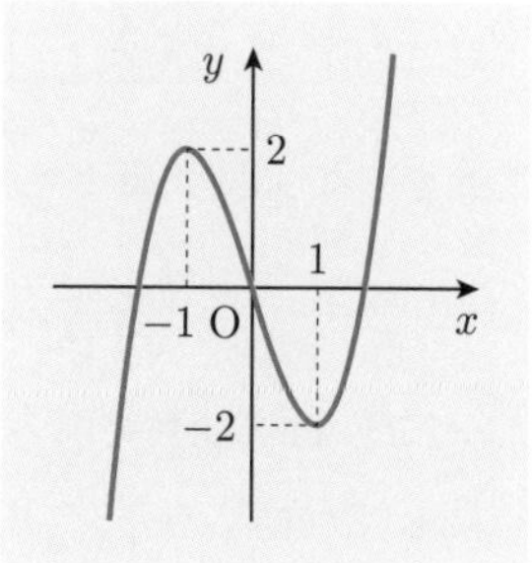

したがって，極大値 2（$x = -1$），極小値 -2（$x = 1$）をとり，変曲点は (0,0) となる．これよりグラフの概形は右上図のようになる．■

■注意 $f''(a)=0$ であっても変曲点とは限らない（下図右 $f(x)=x^4$ の例を参照のこと）.

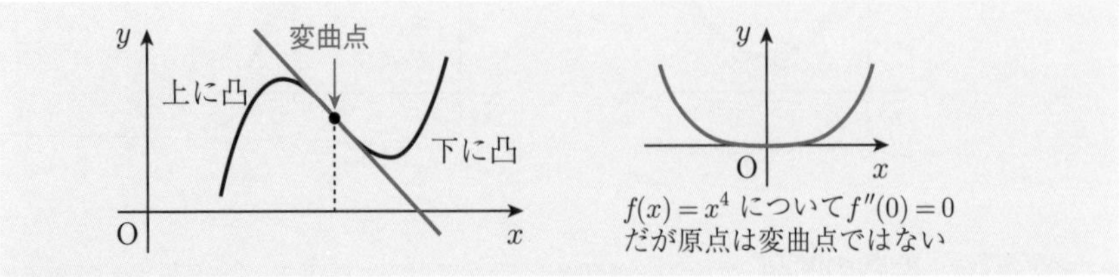

例題 4.5 関数 $y=e^{-x^2}$ の増減，極値，グラフの凹凸と変曲点を調べ，グラフの概形をかけ.

解 $y'=-2xe^{-x^2}$

$$y''=-2\left\{1\cdot e^{-x^2}+x(-2xe^{-x^2})\right\}=-2(1-2x^2)e^{-x^2}$$

$y'=0$ を解くと $x=0$. $\leftarrow e^{-x^2}>0$ に注意

同様に $y''=0$ を解くと $x=\pm\frac{1}{\sqrt{2}}$. したがって y の増減，グラフの凹凸は次のようになる.

x	$\cdots$	$-\frac{1}{\sqrt{2}}$	$\cdots$	0	$\cdots$	$\frac{1}{\sqrt{2}}$	$\cdots$
y'	$+$	$+$	$+$	0	$-$	$-$	$-$
y''	$+$	0	$-$	$-$	$-$	0	$+$
y	↗	$\frac{1}{\sqrt{e}}$ 変曲点	↗	1 極大	↘	$\frac{1}{\sqrt{e}}$ 変曲点	↘

したがって，極大値 1（$x=0$）をとり，極小値はとらない．また変曲点は

$$\left(\pm\frac{1}{\sqrt{2}},\frac{1}{\sqrt{e}}\right)$$

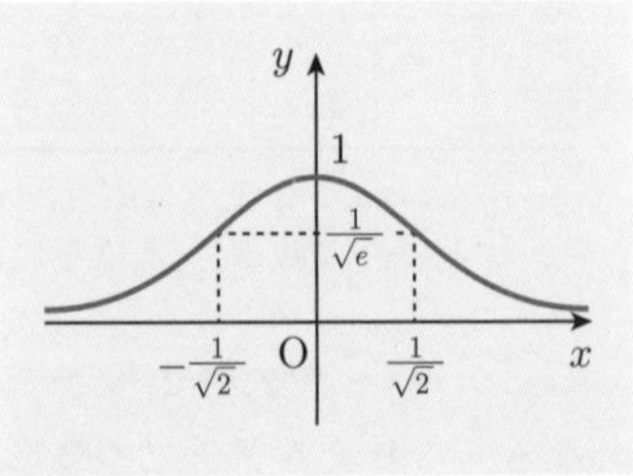

$y=e^{-x^2}$ は偶関数であるのでグラフは y 軸に関して対称であり，$\displaystyle\lim_{x\to\pm\infty}e^{-x^2}=0$ より x 軸を漸近線としてもつ．これよりグラフの概形は右図のようになる. ■

Let's TRY

問 4.10　次の関数の増減，極値，グラフの凹凸と変曲点を調べ，グラフの概形をかけ．

(1)　$y = x^3 - 3x^2 - 1$　　(2)　$y = \dfrac{x^4}{12} - \dfrac{x^3}{3} + 1$

(3)　$y = x + \sin x \quad (0 \leqq x \leqq 2\pi)$　　(4)　$y = \dfrac{1}{x^2+1}$

媒介変数表示された曲線　図のように時間の経過とともにいろいろな位置に動く座標平面上の点を考える．点の座標を (x, y) とすると，x と y は時刻 t を変数とする関数 $f(t)$ と $g(t)$ によって $(x, y) = (f(t), g(t))$ とかける．一般に，座標平面上の曲線が 1 つの変数 t によって

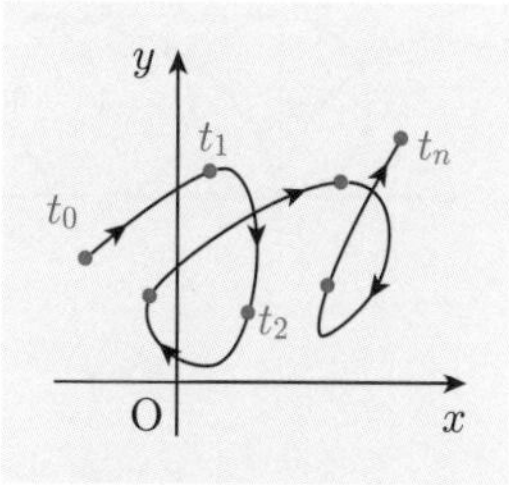

$$x = f(t), \quad y = g(t)$$

と表されるとき，この曲線の**媒介変数《ばいかいへんすう》表《ひょう》示《じ》**といい，変数 t を**媒介変数《ばいかいへんすう》**という．

例 4.5　(1)　媒介変数表示 $x = t + 1$, $y = t^2 - 1$ の曲線を考える．$t = -2, -1, 0, 1, 2$ のときの x, y を求めると表のようになり，これらの点を滑らかに結ぶと図のような曲線が得られる．

t	$\cdots$	-2	-1	0	1	2	$\cdots$
x	$\cdots$	-1	0	1	2	3	$\cdots$
y	$\cdots$	3	0	-1	0	3	$\cdots$

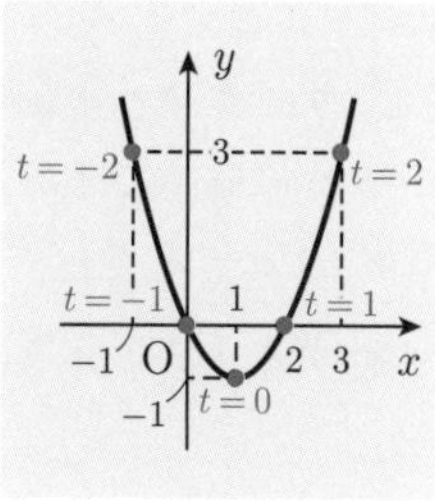

媒介変数 t を消去することで通常の曲線の方程式が求められる．$x = t + 1$ を t について解くと $t = x - 1$．これを $y = t^2 - 1$ に代入して $y = (x-1)^2 - 1$ だから，この曲線は放物線である．

(2)　θ を媒介変数とする媒介変数表示 $x = r\cos\theta$, $y = r\sin\theta$ で表される曲線は

$$x^2 + y^2 = r^2\cos^2\theta + r^2\sin^2\theta = r^2$$

より原点を中心とする半径 r の円（角の媒介変数として θ もよく用いられる）．■

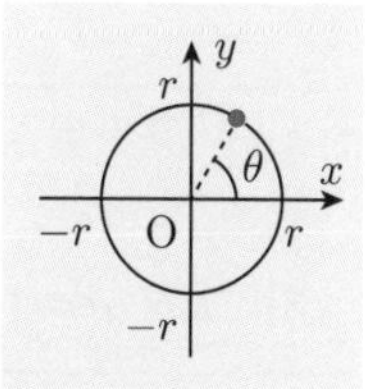

例 4.6 a を正の定数とする．媒介変数表示

$$x = a(t - \sin t), \quad y = a(1 - \cos t)$$

で表される曲線は図のようになる．これを**サイクロイド**という．

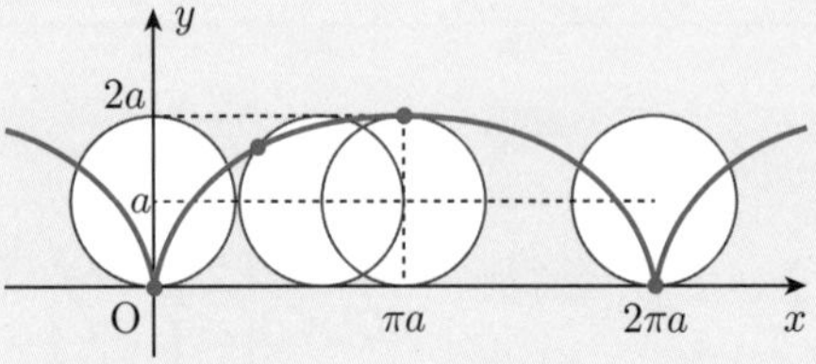

半径 a の円が直線上を滑ることなく回転するとき，円周上の定点のえがく軌跡がサイクロイド

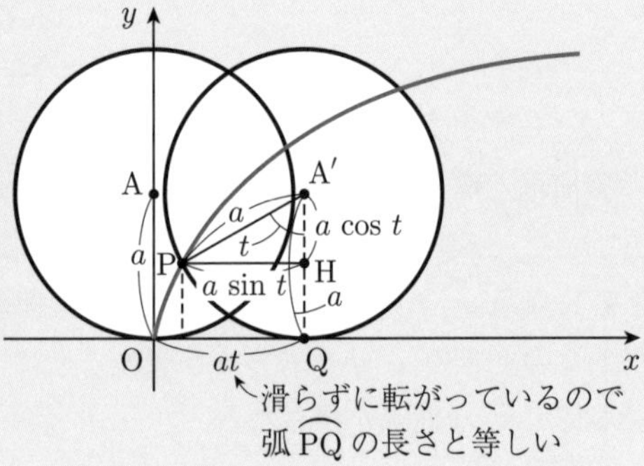

サイクロイド曲線の媒介変数表示が，上記の式で与えられることは以下のように確認できる．上図のように，中心 A が y 軸上にあったものが中心角が t $(0 < t < \frac{\pi}{2})$ だけ回転して A′ に移動したとする．点 O は点 $\mathrm{P}(x, y)$ に移動する．このとき，$\mathrm{OQ} = \overset{\frown}{\mathrm{PQ}} = at$ だから

$$x = \mathrm{OQ} - \mathrm{PH} = at - a\sin t = a(t - \sin t)$$

$$y = \mathrm{A'Q} - \mathrm{A'H} = a - a\cos t = a(1 - \cos t)$$ ■

Let's TRY

問 4.11 次の媒介変数表示で表される曲線の概形をかけ．

(1) $x = 2 + t,\ y = 1 - 3t$　　(2) $x = 2(t - 1),\ y = 4t^2$

(3) $x = 3\cos t,\ y = 2\sin t$　　(4) $x = \cos^3 t,\ y = \sin^3 t$

媒介変数表示 $x = f(t), y = g(t)$ について，関数 $x = f(t)$ の逆関数が存在するとき，f の逆関数を h とすると $t = h(x)$．これを $y = g(t)$ に代入すると，$y = g(t) = g(h(x))$．よって $y = g(h(x))$ を x で微分すると

$$\frac{dy}{dx} \underset{\text{2.17}}{=} \frac{dy}{dt}\frac{dt}{dx} \underset{\text{2.22}}{=} \frac{dy}{dt}\frac{1}{\frac{dx}{dt}} = g'(t)\frac{1}{f'(t)} = \frac{g'(t)}{f'(t)}$$

微分記号 ′ は t による微分

4.7　媒介変数表示された関数の微分

$x = f(t), y = g(t)$ について，$\displaystyle \frac{dy}{dx} = \frac{\frac{dy}{dt}}{\frac{dx}{dt}} = \frac{g'(t)}{f'(t)}$

例題 4.6　x, y が t を媒介変数として次のように与えられるとき，$\dfrac{dy}{dx}$ を t の式で表せ．ただし r, ω は正の定数とする．

(1)　$x = t,\ y = t^2$　　(2)　$x = r\cos\omega t,\ y = r\sin\omega t$

解　(1)　$\dfrac{dy}{dx} = \dfrac{(t^2)'}{(t)'} = \dfrac{2t}{1} = 2t$

参考：$y = t^2 = x^2$ より $\dfrac{dy}{dx} = 2x = 2t$

(2)　$\dfrac{dy}{dx} = \dfrac{(r\sin\omega t)'}{(r\cos\omega t)'} = \dfrac{r\omega\cos\omega t}{-r\omega\sin\omega t} = -\dfrac{\cos\omega t}{\sin\omega t} = -\dfrac{1}{\frac{\sin\omega t}{\cos\omega t}} = -\dfrac{1}{\tan\omega t}$ ■

Let's TRY

問 4.12　x, y が t を媒介変数として次のように与えられるとき，$\dfrac{dy}{dx}$ を t の式で表せ．

(1)　$x = 2 + t,\ y = 1 - 3t$　　(2)　$x = 2(t - 1),\ y = 4t^2$

(3)　$x = 1 - 4t^3,\ y = t^2 - 3$　　(4)　$x = 3\cos t,\ y = 2\sin t$

問 4.13　次の曲線について，(　) 内の t に対応する曲線上の点における接線の方程式を求めよ．

(1)　$x = t + 1,\ y = t^2$　$(t = 2)$　　(2)　$x = t^3,\ y = t^2$　$(t = 2)$

(3)　$x = 3\cos t,\ y = 3\sin t$　$\left(t = \dfrac{\pi}{4}\right)$　　(4)　$x = \cos t,\ y = \tan t$　$\left(t = \dfrac{\pi}{3}\right)$

近似式 関数 $f(x)$ が $x=a$ で微分可能なとき，微分係数 $f'(a)$ の定義式

$$f'(a)=\lim_{x\to a}\frac{f(x)-f(a)}{x-a}$$

は，x が a に十分近いときに次の近似式が成り立つことを示している．

$$f'(a)\fallingdotseq\frac{f(x)-f(a)}{x-a} \quad \text{すなわち} \quad f(x)\fallingdotseq f(a)+f'(a)(x-a)$$

4.8 1次《じ》近《きん》似《じ》式《しき》

関数 $f(x)$ が $x=a$ で微分可能であるとき，

$$f(a)+f'(a)(x-a)$$

を $f(x)$ の $x=a$ における **1次近似式**という．

例 4.7 $\sqrt{1.05}$ の近似値を，関数 $f(x)=\sqrt{x}$ の $x=1$ における1次近似式を用いて求めてみよう．$f'(x)=\frac{1}{2\sqrt{x}}$ より $f'(1)=\frac{1}{2}$．これより

$f(x)\fallingdotseq f(1)+f'(1)(x-1)=1+\frac{1}{2}(x-1)$

$1.05\fallingdotseq 1$ ↓

$$\therefore\quad \sqrt{1.05}\fallingdotseq 1+\frac{1}{2}(1.05-1)=1.025$$ ← 真の値は 1.02469507⋯ ■

Let's TRY

問 4.14 次の関数について，( ) 内に指定した x の値における1次近似式を求めよ．

(1) $f(x)=(1+x)^{\frac{1}{2}}$ $(x=0)$　(2) $f(x)=\sin x$ $\left(x=\dfrac{\pi}{6}\right)$

(3) $f(x)=\log x$ $(x=1)$　(4) $f(x)=\dfrac{1}{2-x}$ $(x=1)$

関数 $f(x)$ が $x=a$ の付近で2回微分可能なとき

$$f(x)\fallingdotseq f(a)+f'(a)(x-a)+\frac{f''(a)}{2}(x-a)^2 \qquad \cdots ①$$

と，$(x-a)$ の2次式で近似できる．実際

$$\lim_{x\to a}\frac{f(x)-\{f(a)+f'(a)(x-a)\}}{(x-a)^2}\underset{4.5}{=}\lim_{x\to a}\frac{f'(x)-f'(a)}{2(x-a)}=\frac{f''(a)}{2}$$

より $\dfrac{f(x)-\{f(a)+f'(a)(x-a)\}}{(x-a)^2}\fallingdotseq\dfrac{f''(a)}{2}$ となり，整頓すると①になる．

4.9　2 次近似式《じきんじしき》

関数 $f(x)$ が $x=a$ で 2 回微分可能であるとき，

$$f(a)+f'(a)(x-a)+\frac{f''(a)}{2}(x-a)^2$$

を $f(x)$ の $x=a$ における **2 次近似式**という．

例 4.8　例 4.7 の $\sqrt{1.05}$ の近似値を，関数 $f(x)=\sqrt{x}$ の $x=1$ における 2 次近似式を用いて求めよう．$f''(x)=-\frac{1}{4x\sqrt{x}}$ より $f''(1)=-\frac{1}{4}$ だから

$$f(1)+f'(1)(x-1)+\frac{f''(1)}{2}(x-1)^2=1+\frac{1}{2}(x-1)-\frac{1}{8}(x-1)^2$$

$$\therefore\quad \sqrt{1.05}\fallingdotseq 1+\frac{1}{2}(1.05-1)-\frac{1}{8}(1.05-1)^2=1.0246875$$

←例 4.7 の値よりも真の値に近づいた

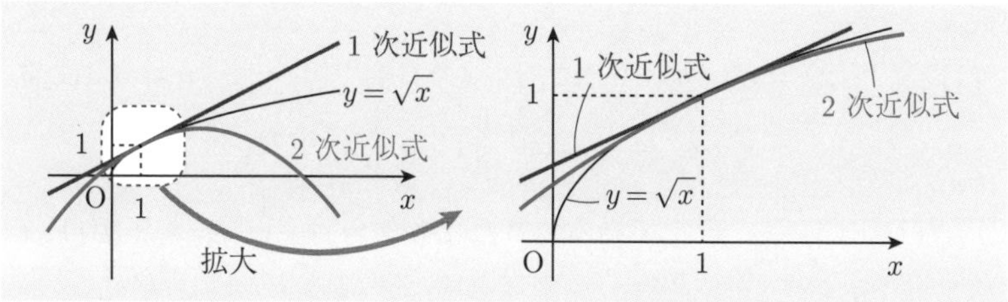

■

Let's TRY

問 4.15　問題 4.14 の各問いについて，それぞれ 2 次近似式を求めよ．

問 4.16　$f(x)=\sqrt[3]{x}$ に関して，以下の問いに答えよ．

(1)　$f(x)$ の $x=8$ における 1 次近似式より，$\sqrt[3]{8.24}$ の近似値を求めよ．

(2)　$f(x)$ の $x=8$ における 2 次近似式より，$\sqrt[3]{8.24}$ の近似値を求めよ．

問 4.17　$f(x)=e^x$ に関して，以下の問いに答えよ．

(1)　$f(x)$ の $x=0$ における 2 次近似式を用いて，$e^{0.5}$ の近似値を求めよ．

(2)　(1) の結果を用いて e の近似値を求めよ．

同様に関数 $f(x)$ を以下の $n-1$ 次式で近似できる．

$$f(a)+f'(a)(x-a)+\frac{f''(a)}{2!}(x-a)^2+\cdots+\frac{f^{(n-1)}(a)}{(n-1)!}(x-a)^{n-1}$$

このとき，$f(x)$ との誤差（次の定理の R_n）について次が成り立つ．

4.10 テイラーの定理《ていり》

関数 $f(x)$ が $x=a$ の付近で n 回微分可能で，$n-1$ 次までの導関数が連続とする．このとき

$$f(x)=f(a)+f'(a)(x-a)+\frac{f''(a)}{2!}(x-a)^2+\cdots+\frac{f^{(n-1)}(a)}{(n-1)!}(x-a)^{n-1}+R_n$$

とすると，$R_n=\dfrac{f^{(n)}(c)}{n!}(x-a)^n$ を満たす値 c が a と x の間にある．この R_n を n 次の**剰余項**《じょうよこう》という．

例題 4.7 次の関数 $f(x)$ について，（ ）の x の値において $n=4$ のときのテイラーの定理を適用せよ．ただし剰余項は R_4 とかくだけでよい．

(1) $f(x)=e^x \quad (x=0)$ (2) $f(x)=\dfrac{1}{2-x} \quad (x=1)$

解 (1) $f^{(n)}(x)=e^x \ (n=0,1,2,3)$ より，$f^{(n)}(0)=1 \ (n=0,1,2,3)$．

$$\therefore \quad e^x=1+x+\frac{1}{2!}x^2+\frac{1}{3!}x^3+R_4$$

(2) $f(1)=\dfrac{1}{2-1}=1$ である．また $f'(x)=\dfrac{1}{(2-x)^2}$ より $f'(1)=1$，$f''(x)=\dfrac{2}{(2-x)^3}$ より $f''(1)=2$，$f'''(x)=\dfrac{3!}{(2-x)^4}$ より $f'''(1)=3!$．

$$\begin{aligned}\therefore \quad \frac{1}{2-x}&=1+(x-1)+\frac{2}{2!}(x-1)^2+\frac{3!}{3!}(x-1)^3+R_4\\&=1+(x-1)+(x-1)^2+(x-1)^3+R_4\end{aligned}$$

■

Let's TRY

問 4.18 次の関数 $f(x)$ について，（ ）の x の値において $n=4$ のときのテイラーの定理を適用せよ．ただし剰余項は R_4 とかくだけでよい．

(1) $f(x)=\cos x \quad (x=0)$ (2) $f(x)=\dfrac{1}{1-x} \quad (x=0)$

問 4.19 次の関数 $f(x)$ について，（ ）の x の値において $n=4$ のときのテイラーの定理を適用せよ．ただし剰余項は R_4 とかくだけでよい．

(1) $x^3-2x+1 \quad (x=-1)$ (2) $\dfrac{1}{1-2x} \quad (x=1)$

(3) $\cos x \quad \left(x=\dfrac{\pi}{2}\right)$ (4) $\log x \quad (x=1)$

べき級数とテイラー展開　無限数列 $\{a_n\}$ と変数 x から作られる無限級数

$$a_0 + a_1 x + a_2 x^2 + \cdots + a_n x^n + \cdots = \sum_{n=0}^{\infty} a_n x^n \quad \cdots (*)$$

を x の**べき級数《きゅうすう》**という．べき級数の収束・発散は次の 3 つの場合だけが起こる．(i) $x = 0$ のみ収束，(ii) すべての実数 x で収束，(iii) ある正の実数 r が存在し，$|x| < r$ で収束し，$|x| > r$ で発散する．(iii) のときの r をこのべき級数の**収束半径《しゅうそくはんけい》**という．(i), (ii) の場合，収束半径はそれぞれ 0, ∞ とする．

例題 4.8　次のべき級数が収束するように x の範囲を定め，和を求めよ．

$$1 - x + x^2 - x^3 + \cdots + (-1)^n x^n + \cdots$$

解　公比 $-x$ の等比級数だから，$|-x| < 1$，すなわち $|x| < 1$ のときに限り収束して和は

$$1 - x + x^2 - x^3 + \cdots + (-1)^n x^n + \cdots = \frac{1}{1+x} \quad (|x| < 1)$$

■

Let's TRY

問 **4.20**　次のべき級数が収束するように x の範囲を定め，和を求めよ．

(1) $1 + \frac{1}{3}x + \frac{1}{9}x^2 + \frac{1}{27}x^3 + \cdots$　　(2) $1 - 4x^2 + 16x^4 - 64x^6 + \cdots$

べき級数 $(*)$ が収束するとき，その和は x の関数となる．逆に，関数 $f(x)$ が与えられたとき $f(x)$ は a を含む区間で何回でも微分可能であるとする．このとき，テイラーの定理から $\lim_{n \to \infty} R_n = 0$ が成り立つならば

$$f(a) + f'(a)(x-a) + \frac{f''(a)}{2}(x-a)^2 + \cdots + \frac{f^{(n)}(a)}{n!}(x-a)^n + \cdots$$

は収束して，和は $f(x)$ になる．この $x-a$ に関するべき級数を $x = a$ における**テイラー級数《きゅうすう》**といい，$f(x)$ をテイラー級数で表すことを $f(x)$ を**テイラー展開《てんかい》**するという．また，$x = 0$ におけるテイラー級数を**マクローリン級数《きゅうすう》**といい，$f(x)$ をマクローリン級数で表すことを**マクローリン展開《てんかい》**するという．

4.11 テイラー展開《てんかい》・マクローリン展開《てんかい》

関数 $f(x)$ が何回でも微分可能で，$R_n \to 0$ $(n \to \infty)$ のとき，等式

$$f(x) = f(a) + f'(a)(x-a) + \frac{f''(a)}{2!}(x-a)^2 + \cdots + \frac{f^{(n)}(a)}{n!}(x-a)^n + \cdots$$

が成り立つ．このとき右辺の級数を $f(x)$ の $x = a$ におけるテイラー級数という．特に $a = 0$ のとき

$$f(x) = f(0) + f'(0)x + \frac{f''(0)}{2!}x^2 + \frac{f^{(3)}(0)}{3!}x^3 + \cdots + \frac{f^{(n)}(0)}{n!}x^n + \cdots$$

となる．このとき右辺の級数を $f(x)$ のマクローリン級数という．

例題 4.9　$f(x) = \sin x$ をマクローリン展開せよ．ただし，任意の実数 x に対して $\displaystyle\lim_{n\to\infty} R_n = 0$ である事実は使ってよい．

解　$f(x) = \sin x$ とおくと $f'(x) = \cos x$, $f''(x) = -\sin x$, $f'''(x) = -\cos x$, $f^{(4)}(x) = \sin x, \ldots$ より

以下，$0, 1, 0, -1$ の繰り返し

$$f(0) = 0, \quad f'(0) = 1, \quad f''(0) = 0, \quad f'''(0) = -1, \quad f^{(4)}(0) = 0, \ldots$$

$$\therefore \quad \sin x = \cancel{0} + 1\cdot x + \cancel{\frac{0}{2!}x^2} + \frac{-1}{3!}x^3 + \cancel{\frac{0}{4!}x^4} + \frac{1}{5!}x^5 + \cancel{\frac{0}{6!}x^6} + \frac{-1}{7!}x^7 + \cdots$$

4.11

$$= x - \frac{1}{3!}x^3 + \frac{1}{5!}x^5 - \frac{1}{7!}x^7 + \cdots = \sum_{n=0}^{\infty} \frac{(-1)^n}{(2n+1)!}x^{2n+1}$$

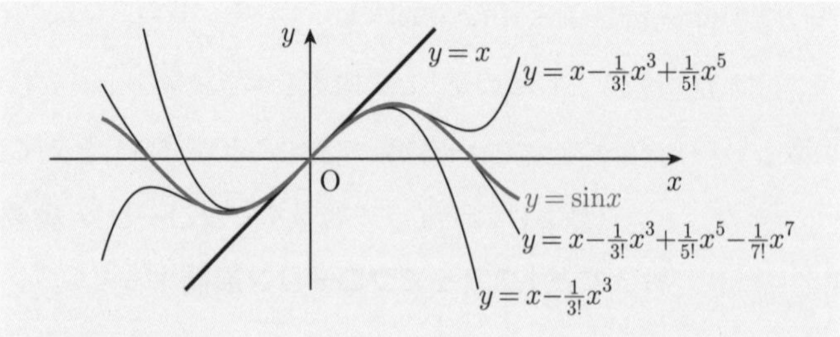

■

Let's TRY

問 4.21　次の関数のマクローリン展開を求めよ．ただし，任意の実数 x に対して $\lim_{n\to\infty} R_n = 0$ である事実は使ってよい．

(1)　$f(x) = e^x$　　(2)　$f(x) = \cos x$

4.12　代表的な関数のマクローリン展開

$$e^x = 1 + x + \frac{1}{2!}x^2 + \frac{1}{3!}x^3 + \cdots + \frac{1}{n!}x^n + \cdots$$

$$\sin x = x - \frac{1}{3!}x^3 + \frac{1}{5!}x^5 - \frac{1}{7!}x^7 + \cdots + \frac{(-1)^n}{(2n+1)!}x^{2n+1} + \cdots$$

$$\cos x = 1 - \frac{1}{2!}x^2 + \frac{1}{4!}x^4 - \frac{1}{6!}x^6 + \cdots + \frac{(-1)^n}{(2n)!}x^{2n} + \cdots$$

$$\frac{1}{1-x} = 1 + x + x^2 + x^3 + \cdots + x^n + \cdots \qquad (-1 < x < 1)$$

$$\frac{1}{1+x} = 1 - x + x^2 - x^3 + \cdots + (-1)^n x^n + \cdots \qquad (-1 < x < 1)$$

$$\log(1+x) = x - \frac{1}{2}x^2 + \frac{1}{3}x^3 - \frac{1}{4}x^4 + \cdots + \frac{(-1)^{n-1}}{n}x^n + \cdots \qquad (-1 < x < 1)$$

■注意　例題 4.8 より，

$$1 - x + x^2 - x^3 + \cdots + (-1)^n x^n + \cdots = \frac{1}{1+x} \quad (|x| < 1)$$

となる．さらに両辺を 0 から x まで項別積分した結果が $\log(1+x)$ のマクローリン展開となっている．一般にべき級数展開

$$f(x) = a_0 + a_1 x + a_2 x^2 + \cdots + a_n x^n + \cdots \quad (|x| < r)$$

が与えられたとき，各項を項別に微分した級数（以下の (1) の右辺）と，各項を項別に 0 から x まで積分した級数（以下の (2) の右辺）は同じ範囲 $|x| < r$ で収束し，次の (1), (2) が成り立つ．

(1)　$f'(x) = a_1 + 2a_2 x + \cdots + n a_n x^{n-1} + \cdots$

(2)　$\displaystyle\int_0^x f(t)\,dt = a_0 x + \frac{1}{2}a_1 x^2 + \frac{1}{3}a_2 x^3 + \cdots + \frac{1}{n+1}a_n x^{n+1} + \cdots$

既知のマクローリン展開より，項別微分や項別積分することで新たなマクローリン展開を求めることができる．

例 4.9　関数 e^{-3x} のマクローリン展開を，**4.12** を利用して求めてみよう．
$t = -3x$ とおくと

$$e^{-3x} = e^t = 1 + t + \frac{1}{2!}t^2 + \cdots + \frac{1}{n!}t^2 + \cdots$$

$$= 1 + (-3x) + \frac{1}{2!}(-3x)^2 + \cdots + \frac{1}{n!}(-3x)^n + \cdots \quad \leftarrow t = -3x$$

$$= 1 - 3x + \frac{3^2}{2!}x^2 - \cdots + \frac{(-3)^n}{n!}x^n + \cdots$$ ■

Let's TRY

問 4.22　**4.12** を利用して次の関数のマクローリン展開を求めよ．

(1)　$\sqrt{e^x}$　　(2)　$\dfrac{1}{2+x}$　$(-2 < x < 2)$　　(3)　$\cos^2 x$

例題 4.10　関数 $f(x) = \dfrac{1}{2+x}$ の $x = -1$ におけるテイラー展開を求めよ．

解　$f(x) = (2+x)^{-1}$ だから

$$f'(x) = -(2+x)^{-2}, \quad f''(x) = (-1)^2 2!(2+x)^{-3},$$

$$f'''(x) = (-1)^3 3!(2+x)^{-4}, \quad \ldots, \quad f^{(n)}(x) = (-1)^n n!(2+x)^{-(n+1)}$$

より，$f^{(n)}(-1) = (-1)^n n!$

$$\therefore \quad \frac{1}{2+x} = 1 - (x+1) + \frac{(-1)^2 2!}{2!}(x+1)^2 + \cdots + \frac{(-1)^n n!}{n!}(x+1)^n + \cdots$$

$$= 1 - (x+1) + (x-1)^2 - \cdots + (-1)^n (x+1)^n + \cdots$$

別解　この場合も **4.12** を利用して簡単に求めることができる．

$$\frac{1}{2+x} = \frac{1}{1+(x+1)} = \frac{1}{1+t} \quad (t = x + 1 \text{ とおく } (-1 < t < 1))$$

$$= 1 - t + t^2 + \cdots + (-1)^n t^n + \cdots \quad \leftarrow \frac{1}{1+t} \text{ のマクローリン展開}$$

$$= 1 - (x+1) + (x+1)^2 - \cdots + (-1)^n (x+1)^n + \cdots$$ ■

Let's TRY

問 4.23　次の関数の（　）内の x の値におけるテイラー展開を **4.12** の結果を用いて求めよ．

(1)　$f(x) = \dfrac{1}{2-x}$　$(x=1)$　　(2)　$f(x) = \cos x$　$\left(x = \dfrac{\pi}{2}\right)$

(3)　$f(x) = \log x$　$(x=1)$　　(4)　$f(x) = e^{x-1}$　$(x=1)$

オイラーの公式　指数関数 e^x のマクローリン展開については，任意の実数 x に対して

$$e^x = \sum_{n=0}^{\infty} \frac{x^n}{n!} = 1 + x + \frac{x^2}{2!} + \frac{x^3}{3!} + \cdots + \frac{x^n}{n!} + \cdots$$

が成り立つ．ここで試しに $x = i\theta$（i は虚数単位，θ は実数）としてみると

$$e^{i\theta} = \sum_{n=0}^{\infty} \frac{(i\theta)^n}{n!} = 1 + i\theta + \frac{(i\theta)^2}{2!} + \frac{(i\theta)^3}{3!} + \cdots + \frac{(i\theta)^n}{n!} + \cdots \quad ①$$

$$= 1 + i\theta - \frac{\theta^2}{2!} - \frac{i\theta^3}{3!} + \frac{\theta^4}{4!} + \cdots \qquad \boxed{i^2 = -1, i^3 = -i, i^4 = 1, i^5 = i, \ldots}$$

$$= \left(1 - \frac{\theta^2}{2!} + \frac{\theta^4}{4!} - \frac{\theta^6}{6!} + \cdots\right) + i\left(\theta - \frac{\theta^3}{3!} + \frac{\theta^5}{5!} - \frac{\theta^7}{7!} + \cdots\right)$$

$$= \cos\theta + i\ \sin\theta \qquad \leftarrow \cos\theta, \sin\theta \text{ のマクローリン展開}$$

となって，①の右辺は収束する．よって $e^{i\theta}$ を①で定義することができる．

4.13　オイラーの公式《こうしき》

任意の実数 θ について $e^{i\theta} = \cos\theta + i\ \sin\theta$

Let's TRY

問 4.24　実数 x に対して，以下の等式を証明せよ．

(1)　$e^{-ix} = \cos x - i \sin x$

(2)　$\cos x = \dfrac{e^{ix} + e^{-ix}}{2}$, $\sin x = \dfrac{e^{ix} - e^{-ix}}{2i}$

問 4.25　実数 x, y と自然数 n について，以下の等式を証明せよ．

(1)　$e^{ix}e^{iy} = e^{i(x+y)}$

(2)　$(\cos x + i \sin x)^n = \cos nx + i \sin nx$（**ド・モアブルの定理《ていり》**）

4.2 積分の応用

本節ではまず，定積分の応用として媒介変数表示された曲線が描く図形の面積，曲線の長さ等の計算法を学ぶ．さらに区分求積法やこれに関連した話題にも触れ，数値積分まで学ぶ．

媒介変数表示の曲線 媒介変数表示

$$x = f(t), \quad y = g(t) \quad (\alpha \leqq t \leqq \beta)$$

で曲線 C が与えられ，閉区間 $[\alpha, \beta]$ で $g(t)$, $f'(t)$ が連続，かつ開区間 (α, β) で $f'(t)$ が定符号とする．このとき $x = f(t)$ は単調に増加または減少するので逆関数 $t = f^{-1}(x)$ をもつ（2.3 節）．よって $y = g(f^{-1}(x))$ は x の関数となる．$a = f(\alpha)$, $b = f(\beta)$ とおき，$f'(t) > 0$ と仮定すると x は単調に増加するので $a < b$ となる．これより，曲線 C と x 軸，2 直線 $x = a$, $x = b$ とで囲まれた図形の面積 S は

$$S = \int_a^b |y|\,dx \underset{3.12}{=} \int_\alpha^\beta |g(t)| f'(t)\,dt = \int_\alpha^\beta |g(t) f'(t)|\,dt$$

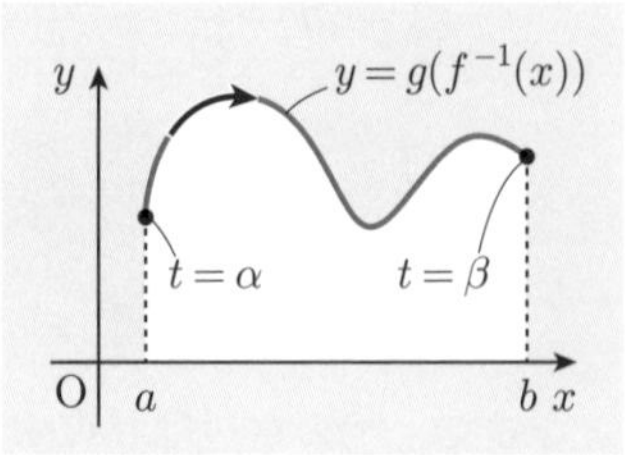

$f'(t) < 0$ の場合も x が単調に減少することに注意すれば同様に議論でき，次が成り立つ．

4.14 ［定理］媒介変数表示の曲線が描く図形の面積（第 3 章 3.16 参照）

曲線 $C: x = f(t)$, $y = g(t)$ $(\alpha \leqq t \leqq \beta)$ と 2 直線 $x = a$ $(= f(\alpha))$, $x = b$ $(= f(\beta))$ および x 軸で囲まれた図形の面積 S は

$$S = \int_\alpha^\beta |g(t) f'(t)|\,dt$$

ただし開区間 (α, β) で $f(t)$ は単調，すなわち $f'(t)$ は定符号とする．

例 4.10　$x = a\cos t,\ y = a\sin t$（$0 \leqq t \leqq \pi,\ a > 0$）と x 軸で囲まれた図形は中心が原点 O，半径 a の上半円の周と内部である．このとき上半円の面積 S を公式から求めてみよう．$x' = -a\sin t < 0$（$0 < t < \pi$）であるので上の定理 **4.14** より

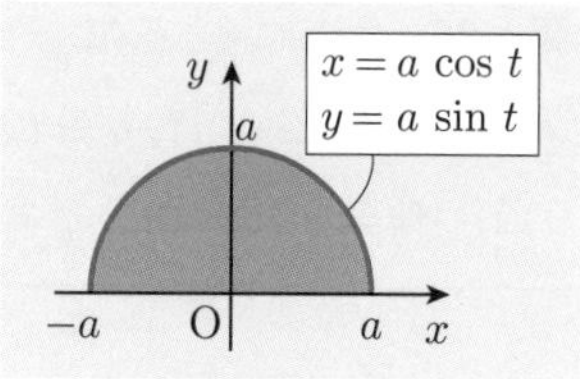

$$S = \int_0^{\pi} \left| y\frac{dx}{dt} \right| dt = \int_0^{\pi} |a\sin t(-a\sin t)|\,dt = a^2 \int_0^{\pi} \sin^2 t\,dt$$

$$= \frac{a^2}{2}\int_0^{\pi} (1 - \cos 2t)\,dt \quad \leftarrow \sin^2 t = \frac{1-\cos 2t}{2}\ \text{（半角の公式）}$$

$$= \frac{a^2}{2}\left[t - \frac{1}{2}\sin 2t\right]_0^{\pi} = \frac{\pi}{2}a^2$$

■

第 4 章 4.1 節の例 4.6 で扱ったサイクロイドについて考えてみよう．

例題 4.11　$a > 0$ とする．このときサイクロイド

$$x = a(t - \sin t), y = a(1 - \cos t) \quad (0 \leqq t \leqq 2\pi)$$

と x 軸で囲まれた図形の面積 S を求めよ．

解　$x' = \dfrac{dx}{dt} = a(1 - \cos t) > 0$（$0 < t < 2\pi$）なので上の定理 **4.14** より

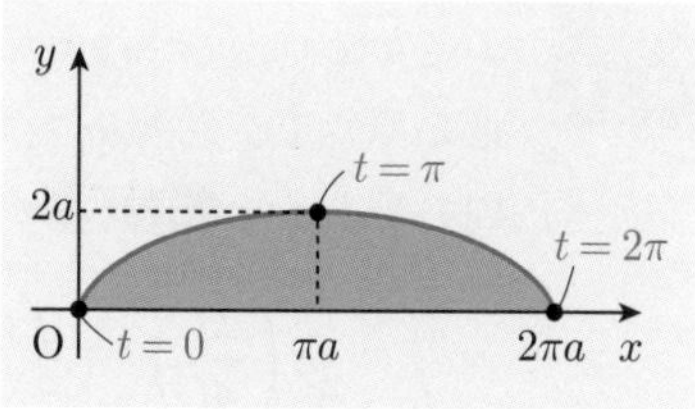

$$S = \int_0^{2\pi} |a(1 - \cos t)a(1 - \cos t)|\,dt$$

$$= a^2 \int_0^{2\pi} (1 - \cos t)^2\,dt$$

$$= a^2 \int_0^{2\pi} (1 - 2\cos t + \cos^2 t)\,dt$$

$$= a^2 \int_0^{2\pi} \left(1 - 2\cos t + \frac{1 + \cos 2t}{2}\right) dt \quad \leftarrow \cos^2 t = \frac{1+\cos 2t}{2}\ \text{（半角の公式）}$$

$$= a^2 \left[\frac{3}{2}t - 2\sin t + \frac{1}{4}\sin 2t\right]_0^{2\pi} = 3\pi a^2$$

■

Let's TRY

問 4.26 次の曲線と直線で囲まれた図形の面積を求めよ．

(1) 曲線 $x = \dfrac{1}{4}t^2,\ y = t$ $(0 \leqq t \leqq 2)$，直線 $x = 1$ と x 軸

(2) 曲線 $x = a\cos t,\ y = b\sin t$ $(a,\ b > 0,\ 0 \leqq t \leqq \pi)$ ← 上半楕円，x 軸

曲線 C が媒介変数表示 $x = f(t),\ y = g(t)$ $(\alpha \leqq t \leqq \beta)$ で表され，$f'(t)$，$g'(t)$ は閉区間 $[\alpha, \beta]$ で連続とする．このとき曲線 C の長さ ℓ を求めよう．

$$\ell \underset{3.22}{=} \int_a^b \sqrt{1 + \left(\frac{dy}{dx}\right)^2}\,dx$$

$$= \int_\alpha^\beta \sqrt{1 + \left(\frac{g'(t)}{f'(t)}\right)^2}\,f'(t)\,dt$$

$\dfrac{dy}{dx} = \dfrac{g'(t)}{f'(t)}$, $dx = f'(t)dt$

x	$a \to b$
t	$\alpha \to \beta$

$$= \int_\alpha^\beta \sqrt{\{f'(t)\}^2 + \{g'(t)\}^2}\,dt$$

4.15 [定理] 媒介変数表示の曲線の長さ （第3章 3.22 参照）

曲線 $C : x = f(t),\ y = g(t)$ $(\alpha \leqq t \leqq \beta)$ の長さ ℓ は

$$\ell = \int_\alpha^\beta \sqrt{\{f'(t)\}^2 + \{g'(t)\}^2}\,dt = \int_\alpha^\beta \sqrt{\left(\frac{dx}{dt}\right)^2 + \left(\frac{dy}{dt}\right)^2}\,dt$$

例 4.11 $x = a\cos t,\ y = a\sin t$ $(0 \leqq t \leqq 2\pi)$ は中心が原点 O，半径 $a > 0$ の円である．このとき円周の長さ ℓ を 4.15 から求めてみよう．

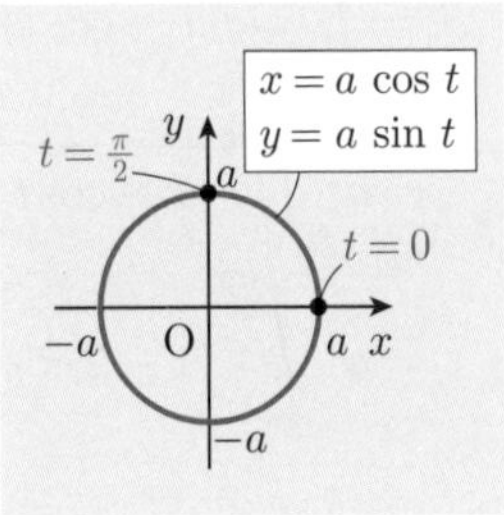

$$\ell = \int_0^{2\pi} \sqrt{\left(\frac{dx}{dt}\right)^2 + \left(\frac{dy}{dt}\right)^2}\,dt$$

$$= \int_0^{2\pi} \sqrt{(-a\sin t)^2 + (a\cos t)^2}\,dt$$

$$= a\int_0^{2\pi} dt = 2\pi a$$

■

例題 4.12　$a > 0$ とする．このとき次の媒介変数表示の曲線の長さ ℓ を求めよ．この曲線を**アステロイド**という．

$$x = a\cos^3 t, \quad y = a\sin^3 t \quad (0 \leqq t \leqq 2\pi)$$

← t を消去すると $x^{\frac{2}{3}} + y^{\frac{2}{3}} = a^{\frac{2}{3}}$

解　まず $x' = -3a\sin t\cos^2 t,\ y' = 3a\sin^2 t\cos t$ であることから

$$\begin{aligned}(x')^2 + (y')^2 &= (-3a\sin t\cos^2 t)^2 + (3a\sin^2 t\cos t)^2 \\ &= 9a^2\sin^2 t\cos^2 t(\sin^2 t + \cos^2 t) \\ &= (3a\sin t\cos t)^2\end{aligned}$$

ここで図よりアステロイドは x 軸，y 軸に関して対称であるので $0 \leqq t \leqq \dfrac{\pi}{2}$ の曲線の長さを計算し 4 倍すればよい．

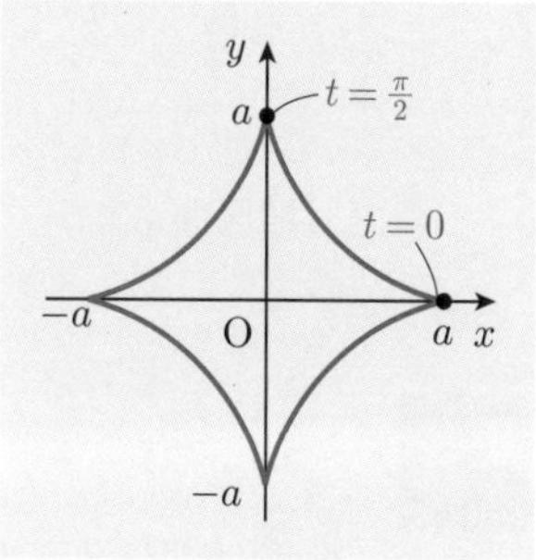

$$\begin{aligned}\ell &= 4\int_0^{\frac{\pi}{2}} \sqrt{(x')^2 + (y')^2}\,dt \\ &= 4\int_0^{\frac{\pi}{2}} \sqrt{(3a\sin t\cos t)^2}\,dt \\ &= 12a\int_0^{\frac{\pi}{2}} |\sin t\cos t|\,dt\end{aligned}$$

← $\sqrt{A^2} = |A|$

$$= 12a\int_0^{\frac{\pi}{2}} \sin t\cos t\,dt$$

↑ $0 \leqq t \leqq \dfrac{\pi}{2}$ より $0 \leqq \sin t \leqq 1,\ 0 \leqq \cos t \leqq 1$

$$= 6a\int_0^{\frac{\pi}{2}} \sin 2t\,dt$$

← $\sin 2t = 2\sin t\cos t$（2 倍角の公式）

$$= 6a\left[-\frac{1}{2}\cos 2t\right]_0^{\frac{\pi}{2}} = 6a$$

■

Let's TRY

問 4.27　次の曲線の長さを求めよ．

(1)　$x = a(t - \sin t),\ y = a(1 - \cos t)$　$(a > 0,\ 0 \leqq t \leqq 2\pi)$ ← サイクロイド

(2)　$x = e^{at}\cos bt,\ y = e^{at}\sin bt$　$(a > 0,\ b > 0,\ 0 \leqq t \leqq 2\pi)$ ← 図は解答

曲線 C が媒介変数表示 $x = f(t)$, $y = g(t)$ $(\alpha \leqq t \leqq \beta)$ で表され，$g(t)$, $f'(t)$ は閉区間 $[\alpha, \beta]$ で連続，開区間 (α, β) において $f'(t)$ の符号が一定とする．このときこれまでと同様な置換積分法により回転体の体積 V と回転面の面積 S に対して次が成立する．V は第3章 3.20 参照，S は第3章 3.23 参照．

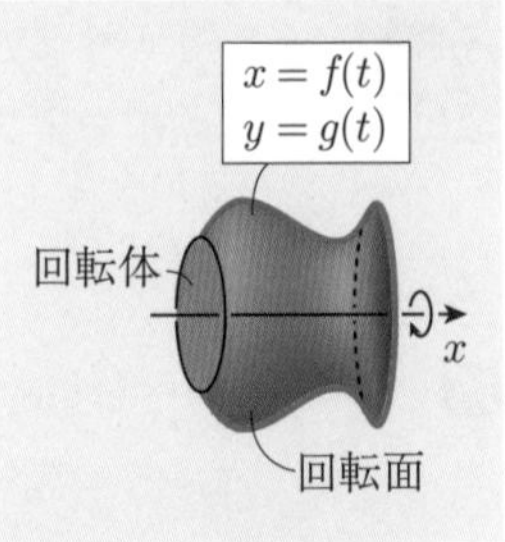

4.16 [定理] 媒介変数表示の曲線の回転体の体積と回転面の面積

曲線 $C : x = f(t), y = g(t)$ $(\alpha \leqq t \leqq \beta)$ を x 軸のまわりに1回転してできる回転体の体積 V と回転面の面積 S は

$$V = \pi \int_{\alpha}^{\beta} y^2 \left| \frac{dx}{dt} \right| dt, \quad S = 2\pi \int_{\alpha}^{\beta} |y| \sqrt{\{f'(t)\}^2 + \{g'(t)\}^2}\, dt$$

$\left| \dfrac{dx}{dt} \right| = |f'(t)|$

ただし開区間 (α, β) で $f(t)$ は単調，すなわち $f'(t)$ は定符号とする．

例 4.12　半径 a の球の体積 V と表面積 S は円の一部分

$$x = a\cos t, y = a\sin t \quad \left(0 \leqq t \leqq \frac{\pi}{2}\right)$$

を x 軸のまわりに1回転した回転体の体積と回転面の面積をそれぞれ2倍すればよい．$x' = -a\sin t < 0$ $\left(0 < t < \dfrac{\pi}{2}\right)$ より

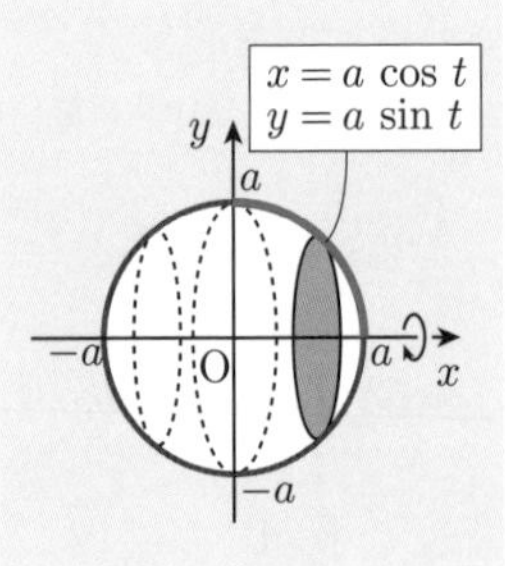

$$V = 2\pi \int_0^{\frac{\pi}{2}} a^2 \sin^2 t |-a\sin t|\, dt$$

$$= 2\pi a^3 \int_0^{\frac{\pi}{2}} \sin^3 t\, dt = 2\pi a^3 \cdot \frac{2}{3} = \frac{4}{3}\pi a^3$$

$$S = 2 \cdot 2\pi \int_0^{\frac{\pi}{2}} |a\sin t| \sqrt{(-a\sin t)^2 + (a\cos t)^2}\, dt$$

$$= 4\pi a \int_0^{\frac{\pi}{2}} \sqrt{a^2(\sin^2 t + \cos^2 t)}\, \sin t\, dt = 4\pi a^2 \int_0^{\frac{\pi}{2}} \sin t\, dt = 4\pi a^2$$ ■

例題 4.13 $a > b > 0$ とする．このとき次の上半楕円を x 軸のまわりに 1 回転した回転体の体積 V と回転面の面積 S を求めよ．

$x = a\cos t,\ y = b\sin t\ \ (0 \leqq t \leqq \pi)$ ← t を消去すると 上半楕円 $\frac{x^2}{a^2} + \frac{y^2}{b^2} = 1\ (y \geqq 0)$

解 まず $x' = -a\sin t < 0\ \left(0 < t < \dfrac{\pi}{2}\right)$ であり，また楕円は y 軸に関して対称であることから $0 \leqq t \leqq \dfrac{\pi}{2}$ の範囲で x 軸のまわりに 1 回転した回転体の体積と回転面の面積を計算して 2 倍すればよい．

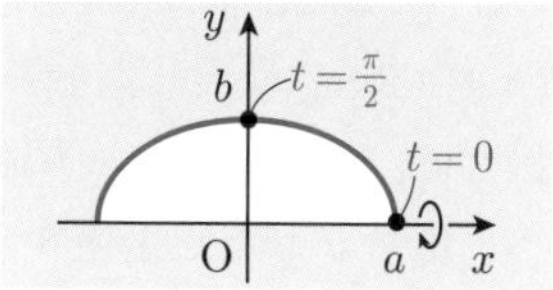

$$V = 2\pi \int_0^{\frac{\pi}{2}} b^2 \sin^2 t\, |-a\sin t|\, dt$$

$$= 2\pi ab^2 \int_0^{\frac{\pi}{2}} \sin^3 t\, dt = 2\pi ab^2 \cdot \frac{2}{3} = \frac{4}{3}\pi ab^2$$

$$S = 2 \cdot 2\pi \int_0^{\frac{\pi}{2}} |b\sin t| \sqrt{(-a\sin t)^2 + (b\cos t)^2}\, dt$$

$$= 4\pi ab \int_0^{\frac{\pi}{2}} \sqrt{1 - \frac{a^2 - b^2}{a^2}\cos^2 t}\, \sin t\, dt$$ ←

$$(-a\sin t)^2 + (b\cos t)^2$$
$$= a^2(1 - \cos^2 t) + b^2\cos^2 t$$
$$= a^2 - (a^2 - b^2)\cos^2 t$$
$$= a^2\left(1 - \frac{a^2 - b^2}{a^2}\cos^2 t\right)$$

ここで $x = \dfrac{\sqrt{a^2 - b^2}}{a}\cos t$ とおくと $dx = -\dfrac{\sqrt{a^2 - b^2}}{a}\sin t\, dt$ であり表のようになる．

t	$0 \to \frac{\pi}{2}$
x	$\frac{\sqrt{a^2-b^2}}{a} \to 0$

$$S = \frac{4\pi a^2 b}{\sqrt{a^2 - b^2}} \int_0^{\frac{\sqrt{a^2-b^2}}{a}} \sqrt{1 - x^2}\, dx$$

$$\int \sqrt{a^2 - x^2}\, dx \quad (a > 0)$$
$$= \frac{1}{2}\left(x\sqrt{a^2 - x^2} + a^2 \sin^{-1}\frac{x}{a}\right) + C$$

$$= \frac{4\pi a^2 b}{\sqrt{a^2 - b^2}} \left[\frac{1}{2}\left(x\sqrt{1 - x^2} + \sin^{-1} x\right)\right]_0^{\frac{\sqrt{a^2-b^2}}{a}}$$

$$= 2\pi b^2 + \frac{2\pi a^2 b}{\sqrt{a^2 - b^2}} \sin^{-1}\frac{\sqrt{a^2 - b^2}}{a}$$ ■

Let's TRY

問 4.28 $a > 0$ とする．次のサイクロイドを x 軸のまわりに 1 回転してできる回転体の体積 V と回転面の面積 S を求めよ．$x = a(t - \sin t),\ y = a(1 - \cos t)\ \ (0 \leqq t \leqq 2\pi)$

極座標表示の曲線　これまでは直交する 2 つの座標軸を定め，平面上の点の位置を表してきた．このときの**座標**《ざひょう》 (x, y) を**直交座標**《ちょっこうざひょう》という．図の点 $\mathrm{P}(x, y)$ の平面上の位置の別の表し方を考えてみよう．点 P の位置は原点 O から P までの距離 r と x 軸と線分 OP とのなす角 θ との組 (r, θ) によって定まる．この (r, θ) を点 P の**極座標**《きょくざひょう》といい，r を**動径**《どうけい》，θ を**偏角**《へんかく》という．ここで，極座標では，n が整数のとき (r, θ) と $(r, \theta + 2n\pi)$ は同じ点を表し，点 P の極座標は 1 通りには定まらない．しかし，例えば，$0 \leqq \theta < 2\pi$ と制限すると点 P の極座標はただ 1 通りに定まる．このように偏角 θ はただ 1 通りには定まらないが，通常はその 1 つを取ればよい．またO は $r = 0$ であるが，角 θ は定まらないため，任意の θ に対し，$(0, \theta)$ は原点 O に対応する点とする．

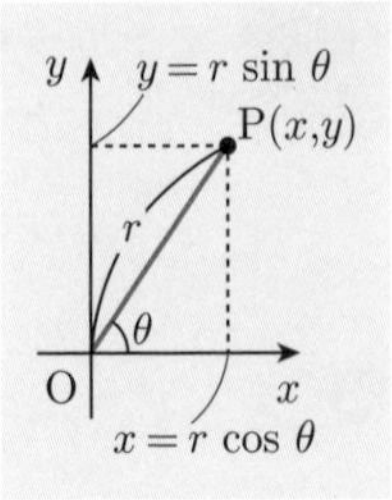

例 4.13　直交座標 $(1, 1)$ を極座標にすると $\left(\sqrt{2}, \dfrac{\pi}{4}\right)$，極座標 $\left(2, \dfrac{5}{6}\pi\right)$ を直交座標にすると $(-\sqrt{3}, 1)$ である．■

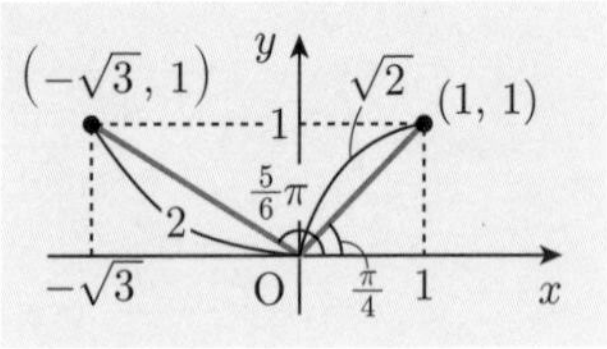

4.17 直交座標と極座標の関係

直交座標 (x, y) から極座標 (r, θ) への変換は次のように定まる．

$$r = \sqrt{x^2 + y^2},\ \cos\theta = \frac{x}{\sqrt{x^2 + y^2}},\ \sin\theta = \frac{y}{\sqrt{x^2 + y^2}}\ \text{を満たす角}\ \theta$$

逆に (r, θ) から (x, y) への変換は $x = r\cos\theta,\ y = r\sin\theta$ と表される．

Let's TRY

問 4.29　次の直交座標を極座標に変換せよ．

(1)　$(0, 1)$　　(2)　$(-1, \sqrt{3})$　　(3)　$(-2, -2)$　　(4)　$(2\sqrt{3}, -2)$

問 4.30　次の極座標を直交座標に変換せよ．

(1)　$\left(3, \dfrac{\pi}{4}\right)$　　(2)　$\left(2, \dfrac{7}{6}\pi\right)$　　(3)　$\left(3, \dfrac{3}{2}\pi\right)$　　(4)　$\left(2, -\dfrac{\pi}{3}\right)$

例 4.14　$r = 2$ を満たす点全体は中心が原点 O，半径 2 の円である．

また $\theta = \dfrac{\pi}{6}$ は x 軸とのなす角が $\dfrac{\pi}{6}$ の半直線である．■

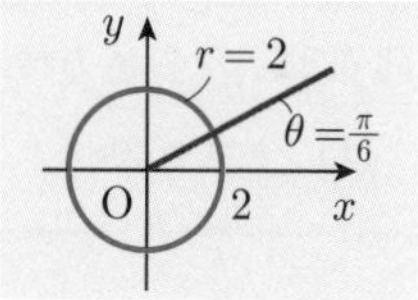

一般に，$r = f(\theta)$（$f(\theta) \geqq 0$）を満たす点 (r, θ) 全体は xy 平面上で曲線を描く．この曲線を $r = f(\theta)$ の**グラフ**といい，$r = f(\theta)$ を **極方程式**《きょくほうていしき》という．

例 4.15　$y = 8\sin x$（$0 \leqq x \leqq \pi$）のグラフは $x = \dfrac{\pi}{2}$ で対称なので，$r = 8\sin\theta$ のグラフは y 軸に関して対称である．

表より，$r = 8\sin\theta$ のグラフは図のようになる．

θ	0	$\dfrac{\pi}{6}$	$\dfrac{\pi}{4}$	$\dfrac{\pi}{3}$	$\dfrac{\pi}{2}$
r	0	4	$4\sqrt{2}$	$4\sqrt{3}$	8

■

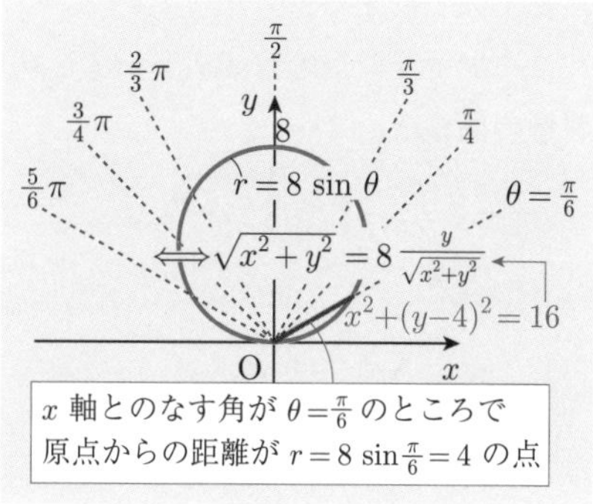

例題 4.14　$a > 0$ とする．$r = a(1 + \cos\theta)$　（$0 \leqq \theta \leqq 2\pi$）のグラフの概形をかけ．このグラフを**カージオイド**（**心臓形**《しんぞうけい》）という．

解　$y = \cos x$（$-\pi \leqq x \leqq \pi$）のグラフは y 軸に関して対称である．θ と $-\theta$ に対する r の値が同じため，カージオイドは x 軸に関して対称である．

表より，カージオイドは図のようになる．

θ	0	$\dfrac{\pi}{4}$	$\dfrac{\pi}{2}$	$\dfrac{3}{4}\pi$	π
r	$2a$	$1.71a$	a	$0.29a$	0

■

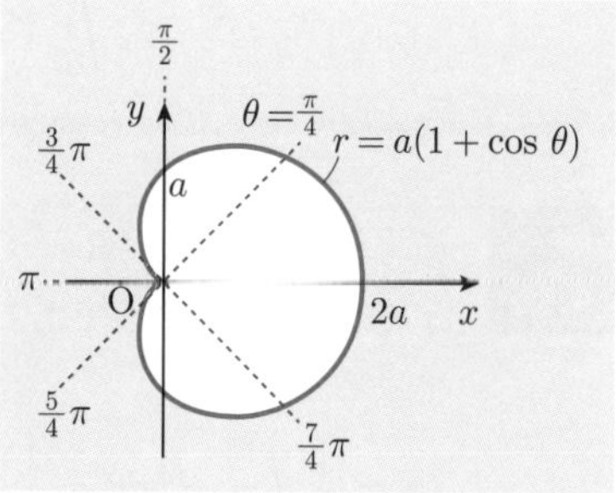

Let's TRY

問 4.31 次の極方程式で表されるグラフをかけ．

(1) $r = 6\cos\theta \quad \left(-\dfrac{\pi}{2} \leqq \theta \leqq \dfrac{\pi}{2}\right)$ (2) $r = \theta \quad (0 \leqq \theta \leqq 4\pi)$

極方程式 $r = f(\theta)$ $(\alpha \leqq \theta \leqq \beta)$ で表される曲線と 2 つの半直線 $\theta = \alpha, \theta = \beta$ $(0 \leqq \beta - \alpha \leqq 2\pi)$ で囲まれた図形の面積 S を求めよう．

角 $\beta - \alpha$ を n 等分して，分点を

$$\alpha = \theta_0 < \theta_1 < \cdots < \theta_n = \beta \quad (0 \leqq \beta - \alpha \leqq 2\pi)$$

と表すことにする．

ここで $r_k = f(\theta_k)$, $\varDelta\theta_k = \theta_k - \theta_{k-1}$ とおくと中心角が $\varDelta\theta_k$，半径が r_k の扇形の面積 S_k は

$$S_k = \frac{1}{2} r_k^2 \varDelta\theta_k$$

このとき

$$S \fallingdotseq \sum_{k=1}^{n} \frac{1}{2} r_k^2 \varDelta\theta_k$$

$$\to \frac{1}{2}\int_{\alpha}^{\beta} r^2\, d\theta \quad (n \to \infty)$$

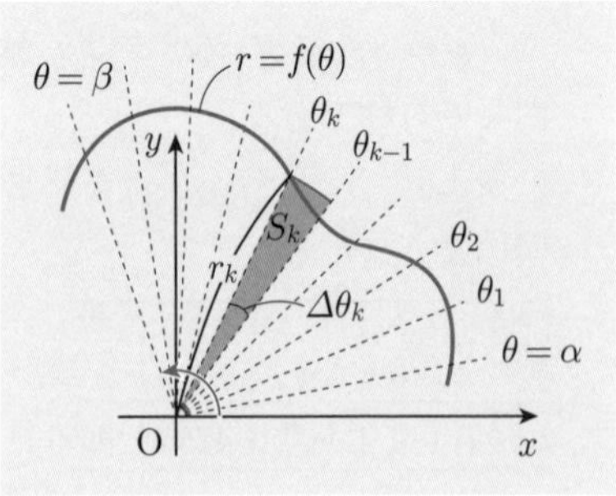

となり，次の公式が得られる．

4.18 [定理] 極方程式が描く図形の面積

極方程式 $r = f(\theta)$ $(\alpha \leqq \theta \leqq \beta)$ で表される曲線と 2 つの半直線 $\theta = \alpha$, $\theta = \beta$ で囲まれた xy 平面上に描かれる図形の面積 S は

$$S = \frac{1}{2}\int_{\alpha}^{\beta} r^2\, d\theta = \frac{1}{2}\int_{\alpha}^{\beta} \{f(\theta)\}^2\, d\theta$$

例 4.16 極方程式 $r = R$ $(R > O)$ を満たす点全体は中心が O，半径 R の円である．円の面積 S を **4.18** で求めてみると

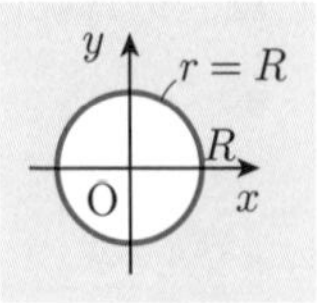

$$S = \frac{1}{2}\int_{0}^{2\pi} R^2\, d\theta = \frac{1}{2}\Big[R^2\theta\Big]_{0}^{2\pi} = \pi R^2$$

■

例題 4.15　$a > 0$ とする．このときカージオイド

$$r = a(1 + \cos\theta) \quad (0 \leqq \theta \leqq 2\pi)$$

で囲まれた図形の面積 S を求めよ．

解　カージオイドは x 軸に関して対称なので $\theta = 0,\ \theta = \pi$ と曲線で囲まれた図形の面積を計算して 2 倍すればよい．よって求める面積 S は

$$\begin{aligned} S &= 2 \cdot \frac{1}{2}\int_0^{\pi} a^2(1 + \cos\theta)^2\,d\theta \\ &= a^2\int_0^{\pi}(1 + \cos\theta)^2\,d\theta \\ &= a^2\int_0^{\pi}(1 + 2\cos\theta + \cos^2\theta)\,d\theta \\ &= a^2\int_0^{\pi}\left(1 + 2\cos\theta + \frac{1 + \cos 2\theta}{2}\right)d\theta \qquad \leftarrow \cos^2\theta = \frac{1 + \cos 2\theta}{2} \\ &= a^2\int_0^{\pi}\left(\frac{3}{2} + 2\cos\theta + \frac{1}{2}\cos 2\theta\right)d\theta \\ &= a^2\left[\frac{3}{2}\theta + 2\sin\theta + \frac{1}{4}\sin 2\theta\right]_0^{\pi} = \frac{3}{2}\pi a^2 \end{aligned}$$

■

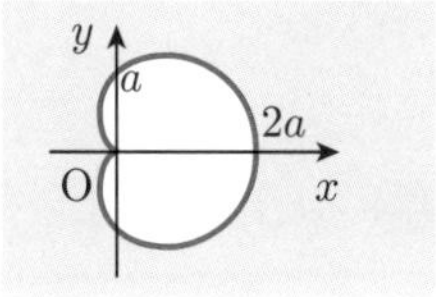

Let's TRY

問 4.32　次の曲線で囲まれた図形の面積を求めよ．

(1)　$r = 8\sin\theta \quad (0 \leqq \theta \leqq \pi)$　　(2)　$r = 6\cos\theta \quad \left(-\dfrac{\pi}{2} \leqq \theta \leqq \dfrac{\pi}{2}\right)$

極方程式 $r = f(\theta)$（$\alpha \leqq \theta \leqq \beta$）で表される曲線の長さ ℓ を求めよう．$x = r\cos\theta,\ y = r\sin\theta$ であるので

$$\begin{cases} x = r\cos\theta = f(\theta)\cos\theta \\ y = r\sin\theta = f(\theta)\sin\theta \end{cases} \quad \text{より} \quad \begin{cases} \dfrac{dx}{d\theta} = f'(\theta)\cos\theta - f(\theta)\sin\theta \\ \dfrac{dy}{d\theta} = f'(\theta)\sin\theta + f(\theta)\cos\theta \end{cases}$$

この結果を媒介変数表示の曲線の長さを求める公式 **4.15** に適用すれば ℓ は次のように計算できる．

$$\ell = \int_\alpha^\beta \sqrt{(x')^2 + (y')^2}\, d\theta$$

$$= \int_\alpha^\beta \sqrt{\{f'(\theta)\cos\theta - f(\theta)\sin\theta\}^2 + \{f'(\theta)\sin\theta + f(\theta)\cos\theta\}^2}\, d\theta$$

$$= \int_\alpha^\beta \sqrt{\{f(\theta)\}^2 + \{f'(\theta)\}^2}\, d\theta = \int_\alpha^\beta \sqrt{(r)^2 + (r')^2}\, d\theta$$

4.19　[定理] 極方程式が描く曲線の長さ

極方程式 $r = f(\theta)$ $(\alpha \leqq \theta \leqq \beta)$ で表される曲線の長さ ℓ は

$$\ell = \int_\alpha^\beta \sqrt{(r)^2 + (r')^2}\, d\theta = \int_\alpha^\beta \sqrt{\{f(\theta)\}^2 + \{f'(\theta)\}^2}\, d\theta$$

例題 4.16　$a > 0$ とする．このとき $r = a\theta$ $(0 \leqq \theta \leqq 4\pi)$ で与えられる曲線の長さ ℓ を求めよ．この曲線のグラフを**アルキメデスの螺《ら》旋《せん》**という．

解　$(a\theta)' = a$ より求める曲線の長さ ℓ は

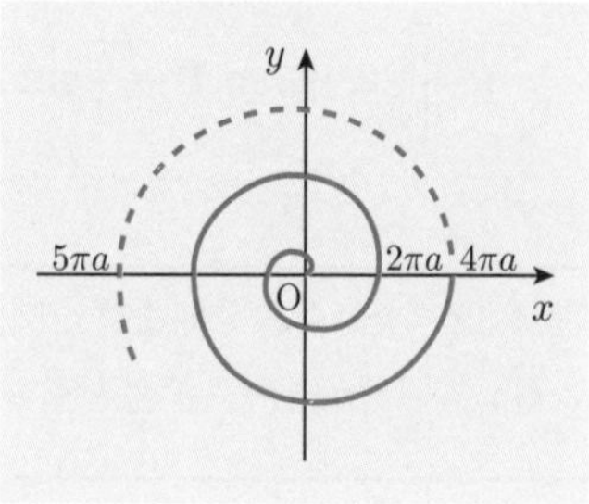

$$\ell = \int_0^{4\pi} \sqrt{a^2\theta^2 + a^2}\, d\theta$$

$$= a\int_0^{4\pi} \sqrt{\theta^2 + 1}\, d\theta$$

$$= \frac{a}{2}\left[\theta\sqrt{\theta^2+1} + \log\left|\theta + \sqrt{\theta^2+1}\right|\right]_0^{4\pi}$$

$$\int \sqrt{x^2 + A}\, dx = \frac{1}{2}\left(x\sqrt{x^2+A} + A\log\left|x + \sqrt{x^2+A}\right|\right) + C$$

$$= \frac{a}{2}\left\{4\pi\sqrt{16\pi^2+1} + \log\left(4\pi + \sqrt{16\pi^2+1}\right)\right\}$$ ■

Let's TRY

問 4.33　次の極方程式が表す曲線の長さを求めよ．ただし $a > 0$ とする．

(1)　$r = 8\sin\theta$　　$(0 \leqq \theta \leqq \pi)$

(2)　$r = a(1 + \cos\theta)$　$(0 \leqq \theta \leqq 2\pi)$

広義積分　第3章では関数 $f(x)$ が閉区間 $[a,b]$ で連続なとき，$\displaystyle\int_a^b f(x)\,dx$ を定めた．ここでは次の2つの場合について定積分の定義を拡張する．

(I)　積分区間の端点で被積分関数が定義されていない．

(II)　積分区間が無限の幅（= 有限な区間でない）である．

(I)　積分区間の端点で被積分関数が定義されていない場合　$f(x)$ が $(a,b]$ で連続で $x=a$ で定義されていないとき

$$\int_a^b f(x)\,dx = \lim_{\varepsilon\to+0}\int_{a+\varepsilon}^b f(x)\,dx \qquad \cdots①$$

と定め，同様に $f(x)$ が $[a,b)$ で連続で $x=b$ で定義されていないとき

$$\int_a^b f(x)\,dx = \lim_{\varepsilon\to+0}\int_a^{b-\varepsilon} f(x)\,dx \qquad \cdots②$$

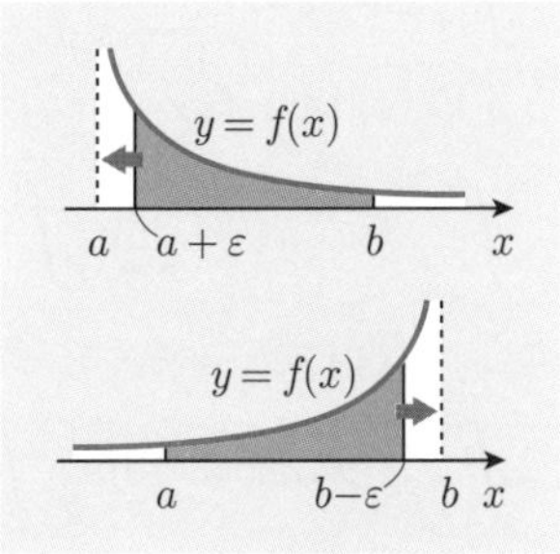

と定める．ここで①あるいは②の右辺の極限値が存在するとき，**広義《こうぎ》積分《せきぶん》可能《かのう》**といい，このように定義された定積分を**広義《こうぎ》積分《せきぶん》**という．①あるいは②の極限値が存在しないときこの積分は**発散《はっさん》する**という．

例題 4.17　次の広義積分の収束・発散を調べ，収束するときはその値を求めよ．

(1)　$\displaystyle\int_1^2 \frac{dx}{\sqrt{x-1}}$　　(2)　$\displaystyle\int_1^2 \frac{dx}{(x-2)^2}$

解　(1) $\displaystyle\int_1^2 \frac{dx}{\sqrt{x-1}} = \lim_{\varepsilon\to+0}\int_{1+\varepsilon}^2 \frac{dx}{\sqrt{x-1}}$　　$\displaystyle\leftarrow \frac{1}{\sqrt{x-1}}$ は $x=1$ で定義不可能

$$= \lim_{\varepsilon\to+0}\Big[2\sqrt{x-1}\Big]_{1+\varepsilon}^2 = \lim_{\varepsilon\to+0}(2-2\sqrt{\varepsilon}) = 2$$

(2) $\displaystyle\int_1^2 \frac{dx}{(x-2)^2} = \lim_{\varepsilon\to+0}\int_1^{2-\varepsilon} \frac{dx}{(x-2)^2}$　　$\displaystyle\leftarrow \frac{1}{(x-2)^2}$ は $x=2$ で定義不可能

$$= \lim_{\varepsilon\to+0}\left[-\frac{1}{x-2}\right]_1^{2-\varepsilon} = \lim_{\varepsilon\to+0}\left(\frac{1}{\varepsilon}-1\right) = \infty$$

∴　発散する　■

Let's TRY

問 **4.34**　次の広義積分の収束・発散を調べ，収束するときはその値を求めよ．

(1) $\displaystyle\int_1^3 \frac{2x}{\sqrt[3]{(x^2-1)^2}}\,dx$　　(2) $\displaystyle\int_{-3}^3 \frac{dx}{\sqrt{9-x^2}}$　　(3) $\displaystyle\int_0^1 x\log x\,dx$

(II)　積分区間が無限の幅である場合　$f(x)$ が $[a,\infty)$ で連続であるとき

$$\int_a^\infty f(x)\,dx = \lim_{u\to\infty}\int_a^u f(x)\,dx \qquad \cdots①$$

と定め，同様に $f(x)$ が $(-\infty, b]$ で連続であるとき

$$\int_{-\infty}^b f(x)\,dx = \lim_{u\to\infty}\int_{-u}^b f(x)\,dx \qquad \cdots②$$

とし，$f(x)$ が $(-\infty,\infty)$ で連続であるとき

$$\int_{-\infty}^\infty f(x)\,dx = \lim_{u,v\to\infty}\int_{-u}^v f(x)\,dx \qquad \cdots③$$

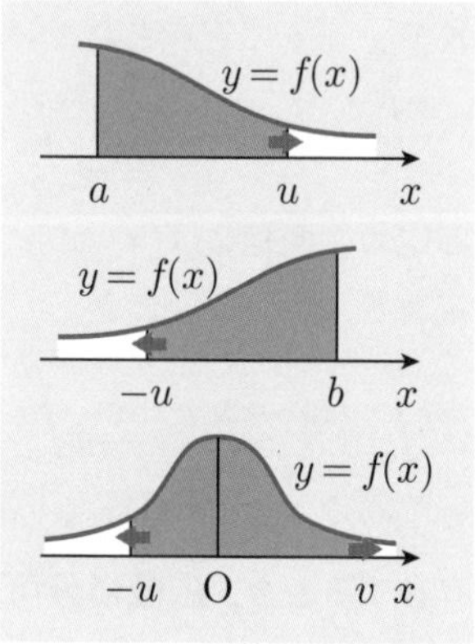

と定める．ここで①, ②あるいは③の右辺の極限値が存在するとき，**広《こう》義《ぎ》積分《せきぶん》可能《かのう》**といい，このように定義された定積分を**広《こう》義《ぎ》積分《せきぶん》**という．①, ②あるいは③の極限値が存在しないときこの積分は**発散《はっさん》する**という．

■**注意**　$\displaystyle\int_{-\infty}^\infty f(x)\,dx = \lim_{u\to\infty}\int_{-u}^u f(x)\,dx$ とするのは間違いである．なぜなら，$f(x)$ を奇関数とするとこの式の右辺は 0 であるが，③は不定形となり発散するかもしれない．

例えば次の広義積分 $\displaystyle\int_{-\infty}^\infty \frac{x}{1+x^2}\,dx$ を考えてみる．

$$\int_{-\infty}^\infty \frac{x}{1+x^2}\,dx = \lim_{u,v\to\infty}\int_{-u}^v \frac{x}{1+x^2}\,dx = \lim_{u,v\to\infty}\left[\frac{1}{2}\log(1+x^2)\right]_{-u}^v$$

$$= \frac{1}{2}\lim_{u,v\to\infty}\log\frac{1+v^2}{1+u^2} \quad (=\infty-\infty) \qquad \cdots(*)$$

ここで十分大きな u, v に対して $\log\dfrac{1+v^2}{1+u^2}$ はすべての実数値をとり得るので極限値は存在しない．

例題 4.18 次の広義積分の収束・発散を調べ，収束するときはその値を求めよ．

(1) $\displaystyle\int_3^\infty \frac{dx}{(x-2)^2}$ (2) $\displaystyle\int_2^\infty \frac{dx}{\sqrt{x-1}}$

解 (1) $$\int_3^\infty \frac{dx}{(x-2)^2} = \lim_{u\to\infty}\int_3^u \frac{dx}{(x-2)^2}$$

$$= \lim_{u\to\infty}\left[-\frac{1}{x-2}\right]_3^u = \lim_{u\to\infty}\left(-\frac{1}{u-2}+1\right) = 1$$

(2) $$\int_2^\infty \frac{dx}{\sqrt{x-1}} = \lim_{u\to\infty}\int_2^u \frac{dx}{\sqrt{x-1}}$$

$$= \lim_{u\to\infty}\left[2\sqrt{x-1}\right]_2^u = \lim_{u\to\infty}\left(2\sqrt{u-1}-2\right) = \infty \quad \therefore \text{ 発散する}$$ ■

Let's TRY

問 4.35 次の広義積分の収束・発散を調べ，収束するときはその値を求めよ．

(1) $\displaystyle\int_2^\infty \frac{dx}{\sqrt[3]{(x-1)^2}}$ (2) $\displaystyle\int_{-\infty}^\infty \frac{dx}{9+x^2}$ (3) $\displaystyle\int_0^\infty xe^{-x}\,dx$

変化率と積分 数直線上を運動する点 P の時刻 t における座標を $x=x(t)$，その速度と加速度をそれぞれ $v(t)$, $\alpha(t)$ とする．このとき

$$v(t) = x'(t)\ \left(=\frac{dx}{dt}\right), \quad \alpha(t) = v'(t) = x''(t)\ \left(=\frac{d^2x}{dt^2}\right)$$

よって

$$\int_a^t v(s)\,ds = x(t)-x(a), \quad \int_a^t \alpha(s)\,ds = v(t)-v(a)$$

となり，点 P の加速度 $\alpha(t)$ から速度 $v(t)$ が，速度 $v(t)$ から位置 $x(t)$ がそれぞれ求められる．

4.20 数直線上の点の位置

数直線上を運動している点 P の時刻 t における位置を $x(t)$，その速度を $v(t)$，加速度を $\alpha(t)$ とおくとき

$$x(t) = x(a) + \int_a^t v(s)\,ds, \quad v(t) = v(a) + \int_a^t \alpha(s)\,ds$$

■**注意**　特に，時刻 $t=a$ から $t=b$ までに点 P が動いた変位を s，道のりを ℓ とするとき

$$s=\int_a^b v(t)\,dt,\quad \ell=\int_a^b |v(t)|\,dt$$

例題 4.19　数直線上を運動する点 P の時刻 t における加速度が $\alpha(t)=2$ で表されるとき，次の問いに答えよ．

(1)　時刻 t における速度 $v(t)$ を求めよ．ただし $v(0)=-4$ とする．

(2)　時刻 t における位置 $x(t)$ を求めよ．ただし $x(0)=3$ とする．

(3)　$t=0$ から $t=5$ までに点 P が動いた変位 s を求めよ．

(4)　$t=0$ から $t=5$ までに点 P が通過した道のり ℓ を求めよ．

解　(1)　$v(t)=-4+\displaystyle\int_0^t 2\,ds=2t-4$

(2)　$x(t)=3+\displaystyle\int_0^t (2s-4)\,ds=3+\Big[s^2-4s\Big]_0^t=t^2-4t+3$

(3)　$s=\displaystyle\int_0^5 (2t-4)\,dt=\Big[t^2-4t\Big]_0^5=5$

(4)　$2t-4<0 \iff t<2$，$2t-4\geqq 0 \iff t\geqq 2$ であるので

$$\begin{aligned}\ell&=\int_0^5 |2t-4|\,dt\\&=\int_0^2 (4-2t)\,dt+\int_2^5 (2t-4)\,dt\\&=\Big[4t-t^2\Big]_0^2+\Big[t^2-4t\Big]_2^5\\&=13\end{aligned}$$

■

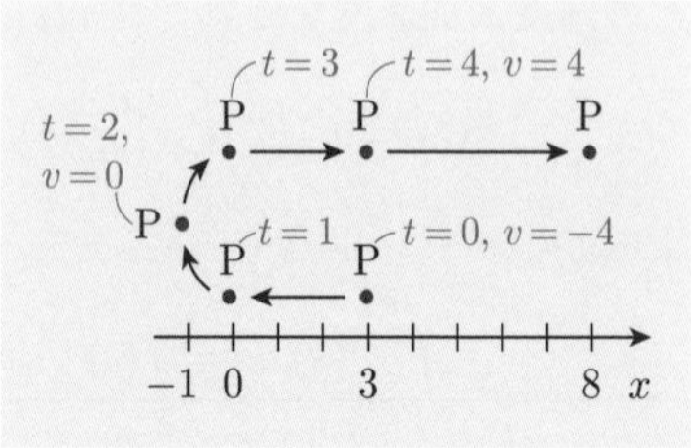

Let's TRY

問 4.36　数直線上を運動する点 P の時刻 t における加速度が $\alpha(t)=-\cos t$ で表されるとき，次の問いに答えよ．

(1)　時刻 t における速度 $v(t)$ を求めよ．ただし $v(0)=1$ とする．

(2)　時刻 t における位置 $x(t)$ を求めよ．ただし $x(0)=0$ とする．

(3)　$t=0$ から $t=2\pi$ までに点 P が動いた変位を求めよ．

(4)　$t=0$ から $t=2\pi$ までに点 P が通過した道のりを求めよ．

区分求積法と数値積分　$y = f(x)$ は閉区間 $[a, b]$ で連続であるとする．このとき，閉区間 $[a, b]$ を n 等分して分点と分割幅を

$$a = x_0 < x_1 < \cdots < x_n = b$$

$$\Delta x = \frac{b-a}{n} \quad \cdots ①$$

とおくとき

$$\int_a^b f(x)\,dx = \lim_{n\to\infty} \sum_{k=1}^{n} f(x_k)\Delta x$$

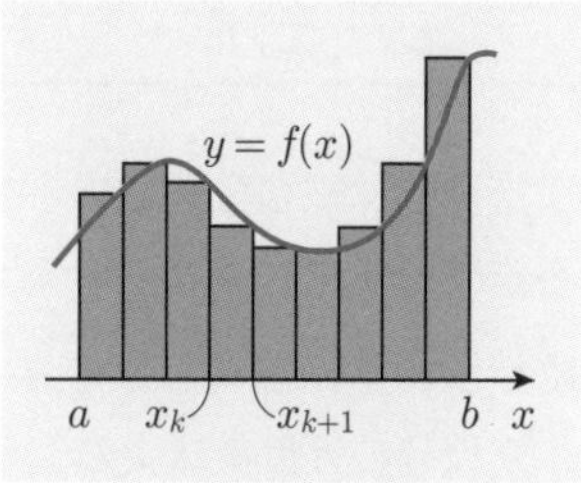

であった．このように定積分を和の極限として求めることを**区《く》分《ぶん》求《きゅう》積《せき》法《ほう》**といった（第 3 章 3.14）．特に次の公式が成り立つ．

4.21　[定理] 区分求積法

$$\int_0^1 f(x)\,dx = \lim_{n\to\infty} \frac{1}{n} \sum_{k=1}^{n} f\left(\frac{k}{n}\right)$$

$$= \lim_{n\to\infty} \frac{1}{n} \left\{ f\left(\frac{1}{n}\right) + \cdots + f\left(\frac{n}{n}\right) \right\}$$

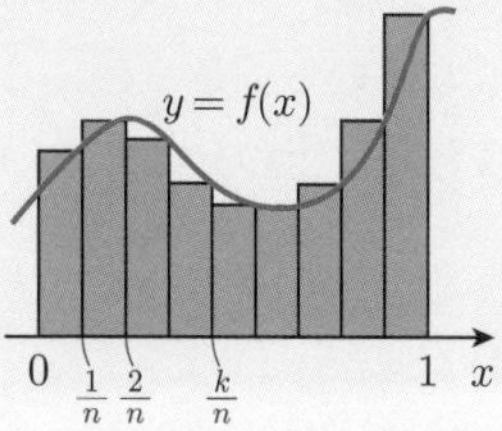

例題 4.20　極限値 $\displaystyle\lim_{n\to\infty} \sum_{k=1}^{n} \sqrt{\frac{n+k}{n^3}}$ を求めよ．

解　まず

$$\lim_{n\to\infty} \sum_{k=1}^{n} \sqrt{\frac{n+k}{n^3}} = \lim_{n\to\infty} \frac{1}{n} \sum_{k=1}^{n} \sqrt{\frac{n+k}{n}} = \lim_{n\to\infty} \frac{1}{n} \sum_{k=1}^{n} \sqrt{1 + \frac{k}{n}}$$

となることから，$f(x) = \sqrt{1+x}$ の閉区間 $[0, 1]$ 上での積分と一致する．

$$(\text{与式}) = \int_0^1 \sqrt{1+x}\,dx = \left[\frac{2}{3}(1+x)\sqrt{1+x}\right]_0^1 = \frac{2}{3}(2\sqrt{2}-1)$$ ■

Let's TRY

問 **4.37**　次の極限値を求めよ．

(1) $\displaystyle\lim_{n\to\infty}\sum_{k=1}^{n}\frac{k}{n^2+k^2}$　　(2) $\displaystyle\lim_{n\to\infty}\sum_{k=1}^{n}\frac{n}{n^2+k^2}$

定積分は被積分関数の不定積分を求めることでその値を計算できる．しかし，不定積分を常に求められるわけではない．このようなとき，定積分の値を区分求積法の考え方にしたがって数値的に求める方法を**数《すう》値《ち》積分《せきぶん》**という．

定積分の近似値は次のように計算できる．区分求積法の公式より，閉区間 $[a, b]$ 上で連続な関数 $f(x)$ に対し，①の分割に対して，n が十分大きければ

$$\int_a^b f(x)\,dx \fallingdotseq \sum_{k=1}^{n} f(x_k)\Delta x, \quad \Delta x = \frac{b-a}{n}$$

が成り立つ．これは n 個の細長い符号付きの長方形の面積の和で定積分の値を近似している．さらに，これを符号付きの台形の面積にすると近似の精度を高められる．①の分割において $y_k = f(x_k)$（$k = 0, 1, \ldots, n$）とし

$$S_k = \frac{1}{2}(y_{k-1} + y_k)\Delta x$$

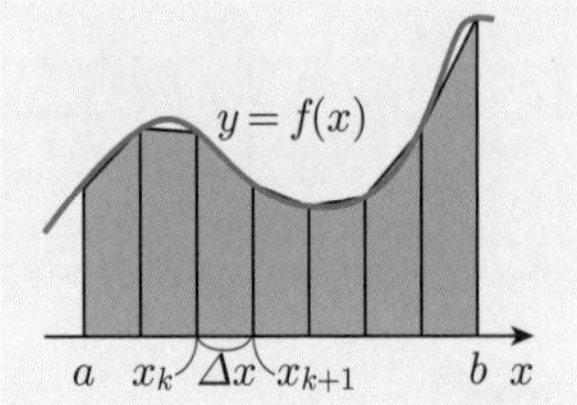

とおくと

$$\int_a^b f(x)\,dx \fallingdotseq \sum_{k=1}^{n} S_k$$

$$= \frac{1}{2}\{(y_0 + y_1) + (y_1 + y_2) + \cdots + (y_{n-1} + y_n)\}\Delta x$$

$$= \frac{1}{2}\left(y_0 + 2\sum_{k=1}^{n-1} y_k + y_n\right)\Delta x$$

4.22　**[定理]　台形公式《だいけいこうしき》**

$y = f(x)$ は閉区間 $[a, b]$ で連続とし，閉区間 $[a, b]$ を n 等分して分点と分割幅を $a = x_0 < x_1 < \cdots < x_n = b$, $\Delta x = \dfrac{b-a}{n}$ とおくとき

$$\int_a^b f(x)\,dx \fallingdotseq \frac{1}{2}\left(f(x_0) + 2\sum_{k=1}^{n-1} f(x_k) + f(x_n)\right)\Delta x$$

例題 4.21　$\displaystyle\int_0^2 \sqrt{4-x^2}\,dx$ を台形公式（10 等分）で求めよ．

解　$f(x)=\sqrt{4-x^2}$ とおくと閉区間 $[0,2]$ の 10 等分なので $\Delta x=0.2$ である．

$$\begin{aligned}\int_0^2 \sqrt{4-x^2}\,dx &\fallingdotseq \frac{1}{2}\Big\{f(0)+2\Big(f(0.2)+f(0.4)+f(0.6)+f(0.8)\\ &\qquad +f(1)+f(1.2)+f(1.4)\\ &\qquad +f(1.6)+f(1.8)\Big)+f(2)\Big\}\times 0.2\end{aligned}$$

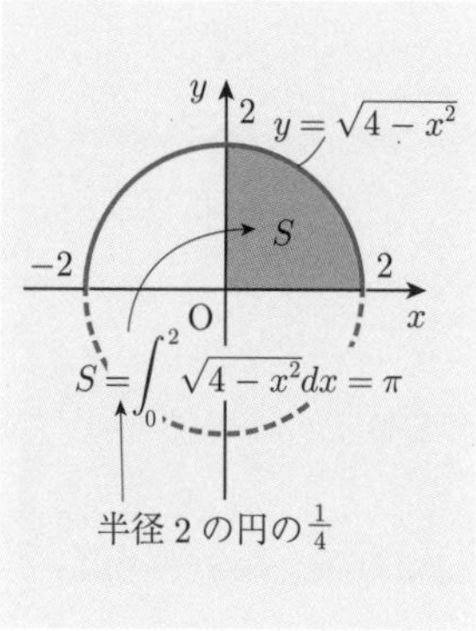

$$\begin{aligned}\text{与式} &\fallingdotseq \frac{1}{2}\{2+2(1.9900+1.9596+1.9079+1.8330\\ &\qquad +1.7321+1.6000+1.4283\\ &\qquad +1.2000+0.8718)\}\times 0.2\\ &\fallingdotseq 3.1045\end{aligned}$$

$\leftarrow$ 小数第 5 位を四捨五入

$$\therefore\quad \int_0^2 \sqrt{4-x^2}\,dx \fallingdotseq 3.1045$$

$\leftarrow$ 真の値は $\pi=3.14159265358979\cdots$ ■

Let's TRY

問 **4.38**　$\displaystyle\int_0^1 x^2\,dx$ を台形公式（10 等分）で求めよ．

▶ ディリクレ積分

$\displaystyle\int_0^\infty \frac{\sin x}{x}\,dx$ を**ディリクレ積分《せきぶん》**といい，広義積分可能である．実際，フーリエ解析や複素積分等の知識を利用するとディリクレ積分の値は $\dfrac{\pi}{2}$ となることが知られている．これに対して，$[0,100]$ 上で 2000 等分し，台形公式を適用して 表計算ソフト等で計算すると $\displaystyle\int_0^{100} \frac{\sin x}{x}\,dx \fallingdotseq 1.56193$ となり，理論値 $\dfrac{\pi}{2}\fallingdotseq 1.570796327$ との誤差は 0.008866327 と 0.01 未満となる．このことからも数値積分の有効性が伺えるであろう．

積分と不等式 $f(x)$, $g(x)$ は閉区間 $[a,b]$ で連続で，$f(x) \geqq g(x)$ であるとする．このとき $\int_a^b (f(x)-g(x))\,dx$ は閉区間 $[a,b]$ 上で $y=f(x)$, $y=g(x)$ のグラフと直線 $x=a$, $x=b$ により囲まれる図形の面積を表すので

$$\int_a^b (f(x)-g(x))\,dx \geqq 0$$

である．よって，次が成り立つ．

4.23 積分の大小関係

$f(x) \geqq g(x)$ であるとき

$$\int_a^b f(x)\,dx \geqq \int_a^b g(x)\,dx$$

特に，等号成立は $f(x)=g(x)$ が閉区間 $[a,b]$ のすべての x について成り立つときに限る．

例題 4.22 $0 \leqq x \leqq 1$ のとき，$1 \leqq 1+x^2 \leqq 1+x$ である事実を用いて次の不等式を示せ．

$$\log 2 < \int_0^1 \frac{dx}{1+x^2} < 1$$

解 $0 \leqq x \leqq 1$ のとき，$1 \leqq 1+x^2 \leqq 1+x$ であるので

$$\frac{1}{1+x} \leqq \frac{1}{1+x^2} \leqq 1$$

となる．閉区間 $[0,1]$ 上で積分すると

$$\int_0^1 \frac{dx}{1+x} < \int_0^1 \frac{dx}{1+x^2} < \int_0^1 dx$$ ← 積分が示す図形の面積は大小関係がある

となり $\int_0^1 \frac{dx}{1+x} = \Big[\log|1+x|\Big]_0^1 = \log 2$, $\int_0^1 dx = 1$ であることから

$$\log 2 < \int_0^1 \frac{dx}{1+x^2} < 1$$

■

Let's TRY

問 4.39　次を示せ．

(1)　$x \geqq 2$ のとき，$x^2 \geqq x^2 - x + 2 \geqq 2x$　　(2)　$\dfrac{3}{8} < \displaystyle\int_2^8 \frac{dx}{x^2 - x + 2} < \log 2$

例題 4.23　次を示せ．

(1)　$1 + \dfrac{1}{2} + \dfrac{1}{3} + \cdots + \dfrac{1}{n} > \log(n+1)$　　(2)　$\displaystyle\sum_{n=1}^{\infty} \frac{1}{n}$ は発散する．

証明　(1)　$k = 1, 2, \ldots, n$ に対し，$k \leqq x \leqq k+1$ のとき $\dfrac{1}{k} \geqq \dfrac{1}{x}$ なので

$$\int_k^{k+1} \frac{dx}{k} \geqq \int_k^{k+1} \frac{dx}{x}$$

$$\therefore \quad \frac{1}{k} > \int_k^{k+1} \frac{dx}{x}$$

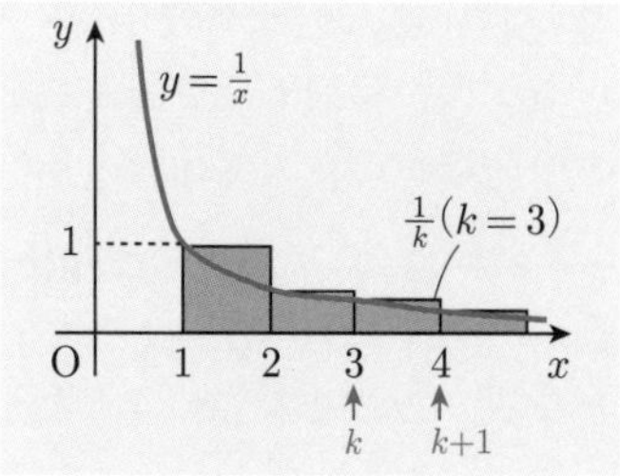

これより

$$1 + \frac{1}{2} + \frac{1}{3} + \cdots + \frac{1}{n} \quad \left(= \sum_{k=1}^{n} \frac{1}{k}\right)$$

$$> \sum_{k=1}^{n} \int_k^{k+1} \frac{dx}{x} = \int_1^{n+1} \frac{dx}{x}$$

$$= \Big[\log|x|\Big]_1^{n+1} = \log(n+1)$$

(2)　(1) の結果と $\displaystyle\lim_{n \to \infty} \log(n+1) = \infty$ より

$$\sum_{n=1}^{\infty} \frac{1}{n} = \lim_{n \to \infty} \sum_{k=1}^{n} \frac{1}{k} > \int_1^{\infty} \frac{dx}{x} = \infty \qquad \therefore \quad \text{発散する}$$

■

Let's TRY

問 4.40　次を示せ．

(1)　$1 + \dfrac{1}{\sqrt{2}} + \dfrac{1}{\sqrt{3}} + \cdots + \dfrac{1}{\sqrt{n}} + \cdots$ は発散する．

(2)　$1 + \dfrac{1}{2^2} + \dfrac{1}{3^2} + \cdots + \dfrac{1}{n^2} + \cdots$ は収束する．

(3)　$1 + \dfrac{1}{2\sqrt{2}} + \dfrac{1}{3\sqrt{3}} + \cdots + \dfrac{1}{n\sqrt{n}} + \cdots$ は収束する．

4.3 微分方程式入門

複雑・多様化した現代社会においてある種の未来予測は必要不可欠となってきている．例えば天気予報などがそうであり，そのような予測は微分方程式というものを解いた結果である．本節では現代社会の基盤に深く寄与している微分方程式の初歩を学ぶことを目的とする．

微分方程式の定義 地球上の生態系において，ある種の個体数が著しく減少したならば，その種は近い将来絶滅する危険性があると考えられる．このことは複雑な数式を駆使しなくとも誰もが想像できることであろう．ここでは種の個体数の未来予測について数学的に考察してみる．

ある種の時刻 t での個体数を $y(t)$ とおく．この個体数の単位時間 Δt あたりの増加量が現在の個体数に比例して増加するとすれば

$$\frac{y(t+\Delta t)-y(t)}{\Delta t}=ky(t)$$

となる．このとき $\Delta t \to 0$ とすると次式が得られる．

$$y'(t)=ky(t) \qquad \cdots ①$$

ここで k は個体数の増加率を表す定数である．このとき，①を満たす関数 $y(t)$ を求めてみよう．$y=y(t)$ とおき，$y \neq 0$ として①の両辺を y で割ると次式が得られる．

$$\frac{y'}{y}=k \qquad \cdots ②$$

$y'=\dfrac{dy}{dt}$ より②は $\dfrac{1}{y}\dfrac{dy}{dt}=k$ とかけ，両辺を t で積分すると

$$\int \frac{1}{y}\frac{dy}{dt}\,dt=\int k\,dt \qquad \cdots ③$$

となり，置換積分法 **3.5** から

$$\int \frac{1}{y}dy=\int k\,dt \quad \leftarrow \int f(y)\,dy=\int f(y(x))\frac{dy}{dx}\,dx$$

これを計算すれば

$M=e^n \iff n=\log M$

$$\log|y|=kt+C \iff y=\pm e^{kt+C}$$

ただし C は積分定数である．$A = \pm e^C$ とおくと時刻 t での個体数 $y(t)$ は

$$y(t) = Ae^{kt}$$

ここで $y(t)$ は個体数を表しているので $A > 0$ としてよい．この結果，マルサスの方程式を満たす生物の個体数は，次のように推移するものと考えられる．

(1)　$k > 0$ であれば $\displaystyle\lim_{t\to\infty} y(t) = \infty$ より，未来においてその種は繁栄

(2)　$k < 0$ であれば $\displaystyle\lim_{t\to\infty} y(t) = 0$ より，未来においてその種は絶滅

①で提示した方程式のように導関数を含む方程式を**微分方程式**《びぶんほうていしき》という．一般に独立変数 x および未知関数 y とその導関数からなる方程式を **常微分方程式**《じょうびぶんほうていしき》といい，微分方程式に含まれる導関数の最高次数をその微分方程式の**階数**《かいすう》という．また微分方程式を満たす関数を**解**《かい》といい，微分方程式の解で階数個の任意定数を含むものを**一般解**《いっぱんかい》という．一般解の任意定数に特別な値を代入したものを**特殊解**《とくしゅかい》という．

例題 4.24

1 階微分方程式 $y' = y - 1$ について，次の問いに答えよ．

(1)　$y = 1 + Ce^x$（C は任意定数）が一般解であることを示せ．

(2)　$x = 0$ のとき，$y = 0$ を満たす特殊解を求めよ．

解　(1)

$$y' = Ce^x, \quad y - 1 = Ce^x$$

より $y' = y - 1$ を満たす．これより $y = 1 + Ce^x$ は解であり，任意定数を 1 つ含むので一般解である．

(2)　$y = 1 + Ce^x$ に $x = 0, y = 0$ を代入し

$$0 = 1 + C \qquad \therefore \quad C = -1$$

これより特殊解は

$$y = 1 - e^x$$

■

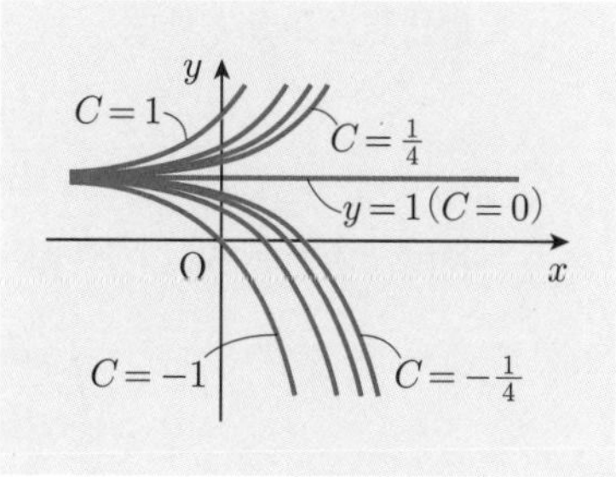

Let's TRY

問 4.41　$y = y(x)$ に関する2階微分方程式 $y'' + y = x$ について，次の問いに答えよ．

(1)　$y = C_1 \cos x + C_2 \sin x + x$（$C_1$, C_2 は任意定数）が一般解であることを示せ．

(2)　$y(0) = 0$, $y'(0) = 2$ を満たす特殊解を求めよ．

変数分離形微分方程式　1階微分方程式において

$$\frac{dy}{dx} = ky \quad (k \text{ は定数}), \quad \frac{dy}{dx} = 2xy, \quad \frac{dy}{dx} = 2x$$

のように，右辺が x の関数 $f(x)$ と y の関数 $g(y)$ の積となっている微分方程式を**変数《へんすう》分《ぶん》離《り》形《けい》微《び》分《ぶん》方《ほう》程《てい》式《しき》**といい，一般には次の形で与えられる．

$$\frac{dy}{dx} = f(x)g(y) \quad \leftarrow \frac{dy}{dx} = (x \text{ だけの関数})(y \text{ だけの関数}) \quad \cdots ①$$

①の両辺を $g(y)$ で割ると

$$\frac{1}{g(y)}\frac{dy}{dx} = f(x)$$

となり，両辺を x で積分すると置換積分法 **3.5** から

$$\int \frac{1}{g(y)}\frac{dy}{dx}\,dx = \int f(x)\,dx \quad \Longleftrightarrow \quad \int \frac{dy}{g(y)} = \int f(x)\,dx$$

となる．これを計算すれば，一般解が求められる．

4.24　変数分離形微分方程式

変数分離形微分方程式

$$\frac{dy}{dx} = f(x)g(y)$$

の一般解は次のようにして求められる．

$$\int \frac{dy}{g(y)} = \int f(x)\,dx$$

例 4.17　$y = y(x)$ に関する次の簡単な変数分離形微分方程式を解いてみよう．

$$y' = ky \quad (k \neq 0 \text{ は定数}) \quad \cdots ①$$

まず，$y = 0$ のときは，①を満たしているので $y \neq 0$ とする．このとき，両辺 y で割ると $\dfrac{1}{y}\dfrac{dy}{dx} = k$ となり，両辺 x で積分すると

$$\int \frac{1}{y}\frac{dy}{dx}\,dx = k\int dx \quad \Longleftrightarrow \quad \int \frac{dy}{y} = k\int dx$$

これより，$\log|y| = kx + C' \Longleftrightarrow y = \pm e^{kx+C'}$ となり，$C = \pm e^{C'}$ とおくと $y = Ce^{kx}$ が得られ，$y = 0$ も含んだ形である．よって，一般解は

$$y = Ce^{kx} \quad (C \text{ は任意定数})$$

■

例題 4.25　変数分離形微分方程式 $y' = 2xy$ の一般解を求めよ．

解　与式を $\dfrac{dy}{dx} = 2xy$ とし，両辺を y で割れば $\dfrac{1}{y}\dfrac{dy}{dx} = 2x$

このとき両辺を x で積分すると

$$\int \frac{1}{y}\frac{dy}{dx}\,dx = \int 2x\,dx \quad \Longleftrightarrow \quad \int \frac{dy}{y} = \int 2x\,dx$$

より

$$\log|y| = x^2 + C' \quad \Longleftrightarrow \quad |y| = e^{x^2+C'} \quad \Longleftrightarrow \quad y = Ce^{x^2} \quad (C = \pm e^{C'})$$

↑ 積分定数は（任意定数なので）右辺のみつければよい．

したがって $y = Ce^{x^2}$（C は任意定数）．　■

Let's TRY

問 **4.42**　次の問いに答えよ．

(1)　$y' = xe^x$ の一般解を求めよ．

(2)　$y' = \dfrac{x}{\sqrt{x^2+1}}(y-1)$ の一般解を求めよ．

(3)　$y' = y\sin x$ の解で $x = \dfrac{\pi}{2}$ のとき，$y = 2$ であるものを求めよ．

1階線形微分方程式　変数分離形微分方程式とは別に，求積法で解ける簡単な微分方程式に**1階線形《かいせんけい》微《び》分《ぶん》方程式《ほうていしき》**がある．これは一般に次の形で与えられる微分方程式のことをいう．

$$\frac{dy}{dx} + P(x)y = Q(x) \quad \cdots ①$$

$Q(x) = 0$ の場合を**斉次《せいじ》**といい，$Q(x) \neq 0$ の場合を**非斉次《ひせいじ》**という．斉次の場合①は，変数分離形微分方程式である．

例題 4.26　1階線形微分方程式 $y' - 2xy = 4x$ の一般解を求めよ．

解　まず，$y' - 2xy = 0$ の斉次1階線形微分方程式の一般解を求める．この一般解は例題 4.25 から $y = Ce^{x^2}$（C は任意定数）となる．

次に，$y' - 2xy = 4x$ の一般解の形を $y = ue^{x^2}$（$u = u(x)$）の形と予想して，与えられた微分方程式が成り立つように，x の関数 $u = u(x)$ を定める．

$$\begin{aligned} y' - 2xy &= (u'e^{x^2} + 2xue^{x^2}) - 2x \cdot ue^{x^2} \\ &= u'e^{x^2} = 4x \quad \leftarrow \text{両辺 } e^{x^2} \text{ で割る} \end{aligned}$$

$u' = 4xe^{-x^2}$ より

$$\begin{aligned} u &= \int 4xe^{-x^2}\,dx = -2\int e^t\,dt \quad \leftarrow t = -x^2 \text{ で置換} \\ &= -2e^t + C = -2e^{-x^2} + C \quad (C \text{ は任意定数}) \quad \cdots (*) \end{aligned}$$

$y = ue^{x^2}$ に $(*)$ を代入して $y = ue^{x^2} = (-2e^{-x^2} + C)e^{x^2} = -2 + Ce^{x^2}$

$$\therefore \quad y = -2 + Ce^{x^2} \quad (C \text{ は任意定数})$$ ■

■**注意**　例題 4.26 のように任意定数 C を任意関数 u に置き換えて微分方程式を満たすように u を決定する方法を**定数変《ていすうへん》化《か》法《ほう》**という．

Let's TRY

問 4.43　次の1階線形微分方程式の一般解を求めよ．

(1)　$y' + \dfrac{y}{x} = 3x + 2$　　(2)　$y' + y = x + 1$　　(3)　$y' + y\cos x = 3x^2 e^{-\sin x}$

■**注意**　例題 4.26 は次のようにして解くこともできる．両辺に $e^{\int(-2x)\,dx} = e^{-x^2}$ を掛けると

$$e^{-x^2}y' - 2xe^{-x^2}y = 4xe^{-x^2} \iff \left(e^{-x^2}y\right)' = 4xe^{-x^2}$$

これより

$$e^{-x^2}y = \int 4xe^{-x^2}\,dx = -2e^{-x^2} + C \quad \text{となり} \quad y = -2 + Ce^{x^2}$$

4.25　1 階線形微分方程式

1 階線形微分方程式 $\dfrac{dy}{dx} + P(x)y = Q(x)$ は両辺に $e^{\int P(x)\,dx}$ を掛けると次のように必ず変形できる．

$$\left(e^{\int P(x)\,dx}y\right)' = Q(x)e^{\int P(x)\,dx}$$

これより，1 階線形微分方程式の一般解は

$$y = e^{-\int P(x)\,dx}\left(\int Q(x)e^{\int P(x)\,dx}\,dx + C\right)$$

Let's TRY

問 4.44　次の 1 階線形微分方程式の（　）内の条件を満たす解を求めよ．

(1)　$y' + 2y = 4x$　（$x = 0$ のとき $y = 1$）

(2)　$xy' + y = 9x^2 \log x$　（$x = 1$ のとき $y = 0$）

2 階線形微分方程式　次の形の微分方程式を **2 階線形《かいせんけい》微分方程式《びぶんほうていしき》**という．

$$\frac{d^2y}{dx^2} + P(x)\frac{dy}{dx} + Q(x)y = R(x) \quad \cdots ①$$

$R(x) = 0$ の場合を**斉次《せいじ》**といい，$R(x) \neq 0$ の場合を**非斉次《ひせいじ》**という．また，① において $P(x) = a$, $Q(x) = b$ と定数のとき，すなわち

$$\frac{d^2y}{dx^2} + a\frac{dy}{dx} + by = R(x) \quad \cdots ②$$

で与えられる微分方程式を**定数係数《ていすうけいすう》 2 階線形《かいせんけい》微分方程式《びぶんほうていしき》**という．

②において $R(x)=0$ とした定数係数斉次2階線形微分方程式

$$\frac{d^2y}{dx^2}+a\frac{dy}{dx}+by=0 \quad \cdots ③$$

の一般解を求めよう．③に対し，次の λ に関する2次方程式を**特性方程式**《とくせいほうていしき》という．

$$\lambda^2+a\lambda+b=0 \quad \cdots ④$$

(1)　④の2次方程式が異なる2つの実数解 α, β をもつとする．このとき，解と係数の関係から④は $\lambda^2-(\alpha+\beta)\lambda+\alpha\beta=0$ と変形できる．これより，③は以下のように変形できる．

$$y''-(\alpha+\beta)y'+\alpha\beta y=0 \quad \Longleftrightarrow \quad (y'-\alpha y)'=\beta(y'-\alpha y)$$

ここで，$z=y'-\alpha y$ とおくと上式は $z'=\beta z$ となる．これは変数分離形なので簡単に解けて，$z=Ce^{\beta x}$ と求められる．$z=y'-\alpha y$ より，$y'-\alpha y=Ce^{\beta x}$ を解けばよい．これは，1階線形微分方程式なので両辺に $e^{-\alpha x}$ を乗じると

$$\left(e^{-\alpha x}y\right)'=Ce^{(\beta-\alpha)x}$$

となり，両辺 x で積分すれば

$$e^{-\alpha x}y=\frac{C}{\beta-\alpha}e^{(\beta-\alpha)x}+C_1$$

$C_2=\dfrac{C}{\beta-\alpha}$ とおき，両辺に $e^{\alpha x}$ を乗じれば

$$y=C_1e^{\alpha x}+C_2e^{\beta x} \quad (C_1, C_2 \text{ は任意定数})$$

(2)　④の2次方程式が2重解 α をもつとする．このとき，解と係数の関係から④は $\lambda^2-2\alpha\lambda+\alpha^2=0$ と変形できる．これより，③は以下のように変形できる．

$$y''-2\alpha y'+\alpha^2y=0 \quad \Longleftrightarrow \quad (y'-\alpha y)'=\alpha(y'-\alpha y)$$

ここで，$z=y'-\alpha y$ とおくと上式は $z'=\alpha z$ となり，$z=Ce^{\alpha x}$ と求められる．$z=y'-\alpha y$ より，$y'-\alpha y=Ce^{\alpha x}$ を解けばよい．両辺に $e^{-\alpha x}$ を乗じると

$$\left(e^{-\alpha x}y\right)'=C$$

となり，両辺 x で積分すれば

$$e^{-\alpha x}y=Cx+C_1$$

$C_2=C$ とおき，両辺に $e^{\alpha x}$ を乗じれば

$$y=C_1e^{\alpha x}+C_2xe^{\alpha x} \quad (C_1, C_2 \text{ は任意定数})$$

(3)　④の2次方程式が2つの異なる虚数解 $p \pm qi$ をもつとする．このとき，解と係数の関係から④は $\lambda^2 - 2p\lambda + p^2 + q^2 = 0$ と変形できる．これより，③は以下のように変形できる．

$$y'' - 2py' + (p^2 + q^2)y = 0$$

ここで，$y = ze^{px}$ とおき，上式に代入して整理すると $z'' + q^2 z = 0$ が得られる．さらに，$z = u\cos qx$ とおき，上式に代入して整理すると

$$u''\cos qx = 2qu'\sin qx$$

となり，$\dfrac{u''}{u'} = 2q\dfrac{\sin qx}{\cos qx}$ となる．このとき，両辺を x で積分すると

$$\int \frac{u''}{u'}\,dx = 2q\int \frac{\sin qx}{\cos qx}\,dx$$

より，

$$\log|u'| = -2\log|\cos qx| + C = \log\sec^2 qx + C$$

$|u'| = e^{\log\sec^2 qx + C}$ より，$D = \pm e^C$ とおくと $u' = D\sec^2 qx$ となり，

$$u = D\int \sec^2 qx\,dx = \frac{D}{q}\tan qx + C_1$$

$C_2 = \dfrac{D}{q}$ とおくと $u = C_2\tan qx + C_1$ となり，$z = u\cos qx$ に代入して

$$z = C_1\cos qx + C_2\sin qx$$

さらに，$y = ze^{px}$ であることより，

$$y = e^{px}(C_1\cos qx + C_2\sin qx) \quad (C_1,\ C_2 \text{ は任意定数})$$

4.26　定数係数斉次2階線形微分方程式の一般解の公式

定数係数斉次2階線形微分方程式

$$y'' + ay' + by = 0$$

の一般解は，特性方程式 $\lambda^2 + a\lambda + b = 0$ の解に対応して，次の形で与えられる．ただし，C_1, C_2 は任意定数である．

(1)　異なる2つの実数解 α, β をもつとき，$y = C_1e^{\alpha x} + C_2e^{\beta x}$

(2)　2重解 α をもつとき，$y = C_1e^{\alpha x} + C_2xe^{\alpha x}$

(3)　虚数解 $p \pm qi$ をもつとき，$y = e^{px}(C_1\cos qx + C_2\sin qx)$

例題 4.27　次の 2 階線形微分方程式の一般解と（　）内の初期条件を満たす特殊解を求めよ．

(1)　$y'' - 6y' + 5y = 0$　($x = 0$ のとき $y = 0,\ y' = 4$)

(2)　$y'' - 4y' + 4y = 0$　($x = 0$ のとき $y = 0,\ y' = 1$)

(3)　$y'' + 2y' + 10y = 0$　($x = 0$ のとき $y = 0,\ y' = 3$)

解　(1)　特性方程式は $\lambda^2 - 6\lambda + 5 = 0$ を解くと $\lambda = 1, 5$．これより，一般解は

$$y = C_1 e^{x} + C_2 e^{5x} \quad (C_1,\ C_2 \text{ は任意定数})$$

$y' = C_1 e^{x} + 5C_2 e^{5x}$ と初期条件より

$$C_1 + C_2 = 0 \quad \cdots ①$$

$$C_1 + 5C_2 = 4 \quad \cdots ②$$

① − ② より $C_2 = 1$．① より $C_1 = -1$．

$$\therefore \quad y = -e^{x} + e^{5x}$$

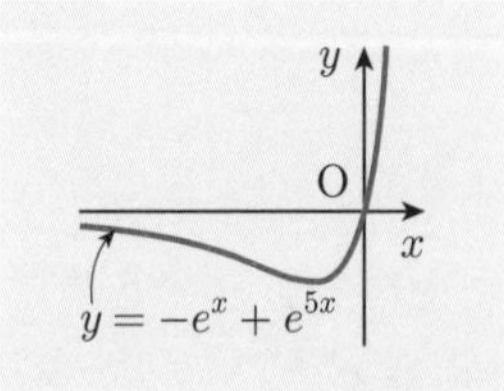

(2)　特性方程式は $\lambda^2 - 4\lambda + 4 = 0$ を解くと $\lambda = 2$．これより，一般解は

$$y = C_1 e^{2x} + C_2 x e^{2x} \quad (C_1,\ C_2 \text{ は任意定数})$$

$y' = (2C_1 + C_2)e^{2x} + 2C_2 x e^{2x}$ と初期条件より

$$C_1 = 0 \quad \cdots ①$$

$$2C_1 + C_2 = 1 \quad \cdots ②$$

これより，$C_1 = 0,\ C_2 = 1$．　$\therefore \quad y = xe^{2x}$

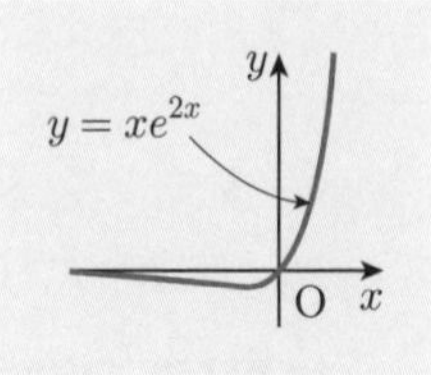

(3)　特性方程式は $\lambda^2 + 2\lambda + 10 = 0$ を解くと $\lambda = -1 \pm 3i$．これより，一般解は

$$y = e^{-x}(C_1 \cos 3x + C_2 \sin 3x) \quad (C_1,\ C_2 \text{ は任意定数})$$

$y(0) = 0$ より $C_1 = 0$．これより，

$$y = C_2 e^{-x} \sin 3x$$

また，$y' = C_2 e^{-x}(-\sin 3x + 3\cos 3x)$ と $y'(0) = 3$ より $C_2 = 1$．

$$\therefore \quad y = e^{-x} \sin 3x$$

■

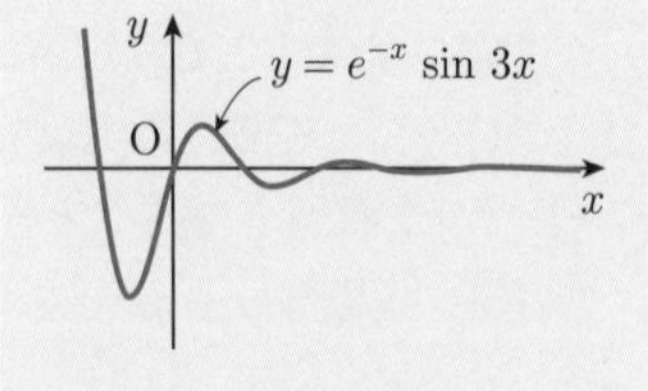

Let's TRY

問 4.45　次の 2 階線形微分方程式の一般解を求めよ．

(1)　$y'' + 7y' + 12y = 0$　　(2)　$y'' - 8y' + 16y = 0$

(3)　$y'' + 4y' + 8y = 0$　　(4)　$y'' + 5y = 0$

問 4.46　次の 2 階線形微分方程式の (　) 内の条件を満たす解を求めよ．

(1)　$y'' - 4y' - 5y = 0$　　($x = 0$ のとき $y = 3,\ y' = 3$)

(2)　$y'' + 2y' + y = 0$　　($x = 0$ のとき $y = 2,\ y' = -1$)

(3)　$y'' + 2y' + 5y = 0$　　($x = 0$ のとき $y = 2,\ y' = -4$)

以下の定数係数非斉次 2 階線形微分方程式の一般解を求めてみよう．

$$\frac{d^2y}{dx^2} + a\frac{dy}{dx} + by = R(x) \quad \cdots ①$$

①の一般解は，①の一つの解 $\varphi(x)$ と $R(x) = 0$ とおいた

$$\frac{d^2y}{dx^2} + a\frac{dy}{dx} + by = 0 \quad \cdots ②$$

の一般解 y_0 との和 $y = y_0 + \varphi(x)$ で与えられる．実際，$\varphi(x)$ は①の解であり，y_0 は②の解より，以下が成立する．

$$\varphi''(x) + a\varphi'(x) + b\varphi(x) = R(x) \quad \cdots ③$$

$$y_0'' + ay_0' + by_0 = 0 \quad \cdots ④$$

ここで，$y = y_0 + \varphi(x)$ を①の左辺に代入すると③, ④から

$$\begin{aligned} y'' + ay' + by &= (y_0 + \varphi(x))'' + a(y_0 + \varphi(x))' + b(y_0 + \varphi(x)) \\ &= \underbrace{(y_0'' + ay_0' + by_0)}_{=0} + \underbrace{(\varphi''(x) + a\varphi'(x) + b\varphi(x))}_{=R(x)} \\ &= 0 + R(x) = R(x) \end{aligned}$$

となり，$y = y_0 + \varphi(x)$ は①の解である．また，y_0 は任意定数が 2 つ含まれた形であるので，

$$y = y_0 + \varphi(x)$$

は一般解となる．

4.27 定数係数非斉次 2 階線形微分方程式の一般解の公式

定数係数非斉次 2 階線形微分方程式

$$y'' + ay' + by = R(x) \quad \cdots (*)$$

の一般解は，$y'' + ay' + by = 0$ の一般解を y_0 とし，$(*)$ の一つの解を $\varphi(x)$ としたとき，以下で与えられる．

$$y = y_0 + \varphi(x)$$

例 4.18 以下の 2 階線形微分方程式の一つの解を求めてみよう．

$$y'' - 5y' + 6y = 4e^x$$

$(e^x)^{(n)} = e^x$（$n \geqq 1$）であることから，高々 2 階微分したものの定数倍の和（= 左辺）が $4e^x$（= 右辺）になるということは，この微分方程式の一つの解は $y = Ae^x$ の形をしていると予想できる．これより，$y = Ae^x$ を左辺に代入して微分方程式を満たすように A を定めればよい．

$$\begin{aligned} 6y - 5y' + y'' &= 6Ae^x - 5(Ae^x)' + (Ae^x)'' \\ &= 2Ae^x = 4e^x = (\text{右辺}) \end{aligned}$$

上式より，$2A = 4$ を満たせばよいので $A = 2$．よって，一つの解は

$$y = 2e^x$$

■

一般に，$(*)$ の一つの解を見つけるには，斉次の一般解が $R(x)$ の形を含まないとき，$R(x)$ の形から一つの解を次の表の形で予想する．ただし，α, β, a, b は定数である．

$R(x)$	$\varphi(x)$
$ae^{\alpha x}$	$Ae^{\alpha x}$
$ae^{\alpha x} + b$	$Ae^{\alpha x} + B$
$a\cos\alpha x + b\sin\alpha x$	$A\cos\alpha x + B\sin\alpha x$
$e^{\alpha x}(a\sin\beta x + b\cos\beta x)$	$e^{\alpha x}(A\sin\beta x + B\cos\beta x)$
n 次式	n 次式（$b \neq 0$）
n 次式	$n+1$ 次式（$a \neq 0, b = 0$）

例題 4.28 以下の微分方程式の一般解を求めよ．

(1) $y'' - 5y' + 6y = 4e^x$

(2) $y'' + 5y' + 4y = 4x + 9$

解 (1) $y'' - 5y' + 6y = 0 \cdots$ ① の特性方程式は

$$\lambda^2 - 5\lambda + 6 = 0$$

より，$\lambda = 2, 3$．これより，①の一般解は

$$y = C_1e^{2x} + C_2e^{3x} \quad (C_1,\, C_2 \text{ は任意定数})$$

ここで，例 4.18 の結果から，$y'' - 5y' + 6y = 4e^x$ の一つの解は $y = 2e^x$．これより，求める一般解は

$$y = C_1e^{2x} + C_2e^{3x} + 2e^x \quad (C_1,\, C_2 \text{ は任意定数})$$

(2) $y'' + 5y' + 4y = 0 \cdots$ ② の特性方程式は

$$\lambda^2 + 5\lambda + 4 = 0$$

より，$\lambda = -1, -4$．これより，②の一般解は

$$y = C_1e^{-x} + C_2e^{-4x} \quad (C_1,\, C_2 \text{ は任意定数})$$

次に，$y'' + 5y' + 4y = 4x + 9$ の一つの解は前ページの表より，$y = Ax + B$ と予想することができ，これを与式左辺に代入して，微分方程式を満たすように A, B を定めればよい．

$$\begin{aligned} 4y + 5y' + y'' &= 4(Ax + B) + 5(Ax + B)' + (Ax + B)'' \\ &= 4Ax + 4B + 5A \\ &= 4x + 9 = (\text{右辺}) \end{aligned}$$

上式より，$4A = 4$, $5A + 4B = 9$ となればよいので，$A = 1$, $B = 1$．よって，一つの解は $y = x + 1$ である．これより，求める一般解は

$$y = C_1e^{-x} + C_2e^{-4x} + x + 1 \quad (C_1,\, C_2 \text{ は任意定数})$$

■

Let's TRY

問 4.47 次の 2 階線形微分方程式の一般解を求めよ．

(1) $y'' - y' - 6y = 4e^{2x}$ (2) $y'' + 2y' - 3y = 4e^{-x} + 3$

(3) $y'' + 2y' + y = 2x + 1$ (4) $y'' + y = 4x^2 + 2x - 1$

例題 4.29　以下の微分方程式の一般解を求めよ．

$$y'' - 2y' + y = 25\cos 2x$$

解　$y'' - 2y' + y = 0$　$\cdots$①の特性方程式は

$$\lambda^2 - 2\lambda + 1 = 0$$

より，$\lambda = 1$．これより，①の一般解は

$$y = C_1 e^x + C_2 x e^x \quad (C_1,\ C_2 \text{ は任意定数})$$

次に，$y'' - 2y' + y = 25\cos 2x$ の一つの解は，$y = A\cos 2x + B\sin 2x$ と予想することができ，これを与式左辺に代入して，微分方程式を満たすように A, B を定めればよい．

$$\begin{aligned} y - 2y' + y'' &= A\cos 2x + B\sin 2x - 2(-2A\sin 2x + 2B\cos 2x) \\ &\quad + (-4A\cos 2x - 4B\sin 2x) \\ &= (-3A - 4B)\cos 2x + (4A - 3B)\sin 2x \\ &= 25\cos 2x = (\text{右辺}) \end{aligned}$$

上式より，$-3A - 4B = 25$, $4A - 3B = 0$ の連立方程式を解くと $A = -3$, $B = -4$．よって，一つの解は

$$y = -3\cos 2x - 4\sin 2x$$

これより，求める一般解は

$$y = C_1 e^x + C_2 x e^x - 3\cos 2x - 4\sin 2x \quad (C_1,\ C_2 \text{ は任意定数})$$ ■

Let's TRY

問 4.48　次の 2 階線形微分方程式の一般解を求めよ．

(1)　$y'' - 2y' + 2y = 10\sin 2x$　　(2)　$y'' + y = 6\sin 2x - 3\cos 2x$

■**注意**　$y'' + ay' + by = R_k(x)$ $(k = 1, 2)$ の一つの解を $\varphi_k(x)$ $(k = 1, 2)$ としたとき，微分方程式

$$y'' + ay' + by = R_1(x) + R_2(x)$$

の一つの解 $\varphi(x)$ は以下の形で与えられる．

$$\varphi(x) = \varphi_1(x) + \varphi_2(x)$$

例題 4.30　以下の微分方程式の一般解を求めよ．

$$y'' - 3y' + 2y = 4e^{2x}$$

解

$$y'' - 3y' + 2y = 0 \quad \cdots ①$$

の特性方程式は

$$\lambda^2 - 3\lambda + 2 = 0$$

より，$\lambda = 1, 2$．これより，①の一般解は

$$y = C_1 e^x + C_2 e^{2x} \quad (C_1,\ C_2 \text{ は任意定数})$$

次に，$y'' - 3y' + 2y = 4e^{2x}$ の一つの解は，

$$y = Ae^{2x} \quad \cdots ②$$

と予想したいところだが，②の形は既に斉次の一般解の中に含まれているので，

$$y = Axe^{2x}$$

と予想する．これを与式左辺に代入して，A を定めればよい．

$$\begin{aligned} 2y - 3y' + y'' &= 2Axe^{2x} - 3(Ae^{2x} + 2Axe^{2x}) + 4Ae^{2x} + 4Axe^{2x} \\ &= Ae^{2x} = 4e^{2x} = (\text{右辺}) \end{aligned}$$

上式より，$A = 4$．よって，一つの解は

$$y = 4xe^{2x}$$

これより，求める一般解は

$$y = C_1 e^x + C_2 e^{2x} + 4xe^{2x} \quad (C_1,\ C_2 \text{ は任意定数})$$

■

■注意　$y'' + ay' + by = R(x)$ の一つの解を $R(x)$ の形に対応させて $\varphi(x)$ と予想したとき，$\varphi(x)$ が

$$y'' + ay' + by = 0$$

の一般解に含まれる場合は，一つの解を $y = x\varphi(x)$ と予想すればよい．

Let's TRY

問 **4.49**　次の 2 階線形微分方程式の一般解を求めよ．

(1)　$y'' - 4y' + 3y = 4e^x$

(2)　$y'' + 4y' + 4y = 2e^{-2x}$

(3)　$y'' + y = 2\sin x$

第 4 章　演習問題 A

1　n を自然数とするとき，$\displaystyle\lim_{x\to\infty}\frac{x^n}{e^x}$ を求めよ．

2　関数 $y = x + \sqrt{3}\sin x - \cos x$ （$0 \leqq x \leqq 2\pi$）の増減，極値，グラフの凹凸と変曲点を調べ，グラフの概形をかけ．

3　媒介変数表示 $x = 3\cos t,\ y = \sqrt{2}\sin t$ （$0 \leqq t \leqq 2\pi$）で表される曲線の概形をかけ．また $t = \dfrac{2}{3}\pi$ に対応する点における接線の方程式を求めよ．

4　$f(x) = \log(1 + \sin x)$ の $x = 0$ における 1, 2, 3 次近似式を求めよ．

5　$f(x) = x^3 + 3x^2 - 2x + 1$ の $x = 1$ におけるテイラー展開を求めよ．

6　アステロイド曲線 $x = \cos^3 t,\ y = \sin^3 t$ （$0 \leqq t \leqq 2\pi$）で囲まれる部分の面積，および x 軸のまわりに 1 回転してできる回転体の体積を求めよ．

7　等角螺《ら》旋《せん》 $r = ae^{b\theta}$ （$a > 0,\ b > 0,\ 0 \leqq \theta \leqq 2\pi$）の曲線の長さを求めよ．またこの曲線と x 軸で囲まれる部分の面積を求めよ．

8　$\displaystyle\int_{-1}^{1}\frac{dx}{x^2} = \left[-\frac{1}{x}\right]_{-1}^{1} = -2$ の誤りを指摘して正しい結果を述べよ．

9　次の広義積分を計算せよ．

(1)　$\displaystyle\int_0^{\infty}\frac{dx}{(x+1)(x+2)}$　　(2)　$\displaystyle\int_0^{1}\frac{x}{\sqrt[3]{(x^2-1)^2}}\,dx$　　(3)　$\displaystyle\int_1^{\infty}\frac{dx}{x(1+x^2)}$

10　微分方程式 $\dfrac{dy}{dx} = \dfrac{y^2 + 2x^2}{xy}$ について，以下の問いに答えよ．

(1)　$u = \dfrac{y}{x}$ とおくとき，x と u に関する微分方程式を導け．

(2)　一般解を求めよ．

■注意　$\dfrac{dy}{dx} = f\left(\dfrac{y}{x}\right)$ の形の微分方程式を**同《どう》次《じ》形《けい》微《び》分《ぶん》方《ほう》程《てい》式《しき》**という．

11　以下の微分方程式の一般解を求めよ．

(1)　$y'' - 2y' + y = x^2 + 9e^{4x}$

(2)　$y'' - 2y' + y = 2x + 5\sin 2x$

第 4 章　演習問題 B

12 関数 $f(x) = \begin{cases} x^2 \sin \dfrac{1}{x} & (x \neq 0) \\ 0 & (x = 0) \end{cases}$ について，$f'(0)$ を求めよ．また $f''(0)$ が存在しないことを示せ．

13 関数 $f(x) = x \sin x$ について $f^{(2n-1)}(0) = 0$ であることを示せ．ここで n は自然数とする．

14 $a < b$ のとき，不等式 $e^a < \dfrac{e^b - e^a}{b - a} < e^b$ が成り立つことを示せ．

15 関数 $y = \tan^{-1} x$ について次の問いに答えよ．ここで n は自然数とする．

(1)　$(1 + x^2)y^{(n+2)} + 2x(n+1)y^{(n+1)} + n(n+1)y^{(n)} = 0$ を示せ．

(2)　$y^{(n)}(0)$ を求めよ．

(3)　$y = \tan^{-1} x$ のマクローリン展開を求めよ．

16 次の関数の増減，極値，グラフの凹凸と変曲点を調べ，グラフをかけ．

(1)　$y = \dfrac{x^3}{x-1}$　　(2)　$y = \dfrac{x^3}{x^2-1}$　　(3)　$y = \dfrac{x^3}{x^3-1}$

17 $r = f(\theta)$（$\alpha \leqq \theta \leqq \beta$）の弧を x 軸のまわりに 1 回転してできる回転体の表面積 S は $r \sin \theta \geqq 0$ のとき，$S = 2\pi \displaystyle\int_\alpha^\beta \sqrt{r^2 + (r')^2}\, r \sin \theta \, d\theta$ であることを示せ．これを用いてカージオイド $r = a(1 + \cos \theta)$（$a > 0,\ 0 \leqq \theta \leqq \pi$）を x 軸のまわりに 1 回転してできる回転体の表面積を求めよ．

18 微分方程式 $x\dfrac{dy}{dx} - 3y = x^2 y^3$ について，以下の問いに答えよ．

(1)　$z = y^{-2}$ とおくとき，x と z に関する微分方程式を導け．

(2)　一般解を求めよ．

■**注意**　$\dfrac{dy}{dx} + P(x)y = Q(x)y^n$（$n \neq 0, 1$）の形の微分方程式を**ベルヌーイの微分方程式**《びぶんほうていしき》という．

19 $x = x(t),\ y = y(t)$ に関する連立微分方程式の一般解を求めよ．

$$\begin{cases} \dfrac{dx}{dt} = 2x - 3y \\[2mm] \dfrac{dy}{dt} = y - 2x \end{cases}$$

5 偏微分

これまでの章では変数が1つの関数（1変数関数）の微分と積分について学んできたが，以降の章では変数が2つの関数（2変数関数）に拡張する．

5.1 2変数関数とその連続性

2変数関数　例えば，2辺の長さが x と y である長方形の面積 z は $z = xy$ と表され，2つの実数 x と y の値を定めると z の値が決まる．このように2つの実数 x と y の値を定めると z の値が決まるとき，z は変数 x と y の**関数《かんすう》**であるといい，x と y を**独立変数《どくりつへんすう》**，z を**従属変数《じゅうぞくへんすう》**という．2つの独立変数の組 (x, y) に対して従属変数 z の値が決まるとき，この対応 $f : (x, y) \mapsto z$ を**2変数関数《へんすうかんすう》**といい，

$$z = f(x, y) \quad \text{あるいは} \quad z = z(x, y)$$

のように表す．一般に，独立変数が n 個の関数を $\boldsymbol{n}$ **変数関数《へんすうかんすう》**という．また，2つ以上の独立変数をもつ関数をまとめて**多《た》変数関数《へんすうかんすう》**という．

関数 $z = f(x, y)$ について，$x = a$, $y = b$ で決まる z の値を $f(a, b)$ と表す．$f(a, b)$ は $f(x, y)$ に $x = a$, $y = b$ を代入して求められる．

例 5.1　関数 $z = f(x, y) = 2x + 3y$ の $x = 5$, $y = -2$ のときの値は

$$z = f(5, -2) = 2 \cdot 5 + 3 \cdot (-2) = 4$$

■

関数 $z = f(x, y)$ について，独立変数の組 (x, y) を考える範囲を**定義域《ていぎいき》**といい，定義域全体を (x, y) が動くとき，$z = f(x, y)$ がとる値の範囲を**値域《ちいき》**という．定義域が明記されていない場合は，$z = f(x, y)$ の値が実数となるような最大の範囲を定義域とする．関数 $z = f(x, y)$ がすべての実数 x, y で定義されているとき，定義域は xy 平面全体であるという．

例題 5.1　2 変数関数 $z=\sqrt{4-x^2-y^2}$ の定義域と値域を述べよ．

解　$z=\sqrt{4-x^2-y^2}$ が実数になるのは根号内が 0 以上のときだから，定義域は $x^2+y^2 \leqq 4$ である．定義域を図示すると右図のようになる．

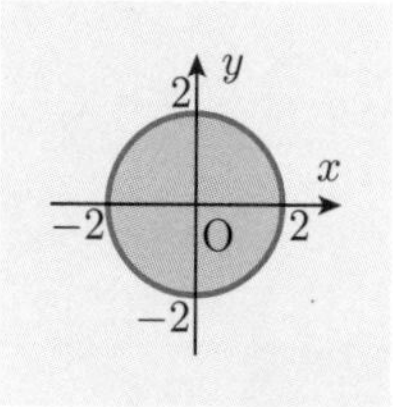

$0 \leqq \sqrt{4-x^2-y^2} \leqq 2$ より，値域は $0 \leqq z \leqq 2$　■

Let's TRY

問 **5.1**　次の関数 $z=f(x,y)$ の定義域と値域を述べよ．

(1)　$z=xy$　　(2)　$z=\dfrac{1}{x^2+y^2}$　　(3)　$z=\sqrt{x^2+y^2-1}$

2 変数関数のグラフ　2 変数関数 $z=f(x,y)$ について，(x,y) が定義域全体を動くとき，座標空間で点 $(x,y,f(x,y))$ が描く図形を関数 $z=f(x,y)$ の**グラフ**という（右図上）．

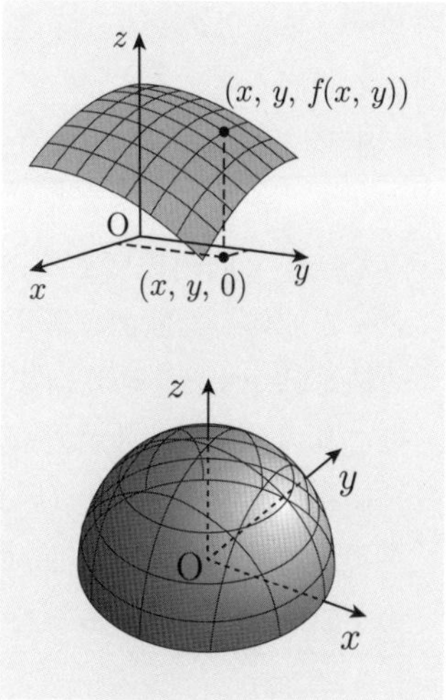

多くの場合，2 変数関数 $z=f(x,y)$ のグラフは座標空間の曲面を表すので，そのグラフを **曲面《きょくめん》** $z=f(x,y)$ という．

例題 5.1 の関数 $z=\sqrt{4-x^2-y^2}$ は

$$x^2+y^2+z^2=4, \quad z \geqq 0$$

と変形できるので，そのグラフは中心が原点で半径 2 の球面の上半分である（右図下）．

例題 5.1 の関数のように，z の値が x^2+y^2 の値だけで決まるとき，z の値は点 (x,y) の $(0,0)$ からの距離 $r=\sqrt{x^2+y^2}$ によって決まり，$z=f(r)$ $(r=\sqrt{x^2+y^2})$ として表すことができる．このような場合，グラフは 曲線 $z=f(x)$ $(x \geqq 0)$ を z 軸のまわりに回転させてできる曲面になる．

例 5.2 関数

$$z = x^2 + y^2$$

のグラフは放物線 $z = x^2$ を z 軸のまわりに回転させてできる回転体である. ■

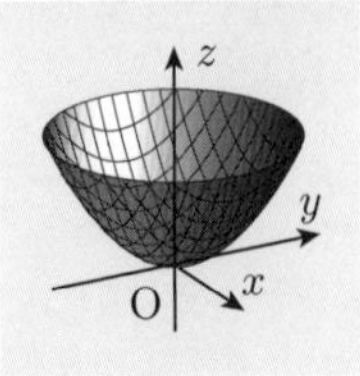

例 5.3 関数 $z = ax + by + c$（a, b, c は定数）は, $ax + by - (z - c) = 0$ より, 内積を用いて $(a, b, -1) \cdot (x, y, z - c) = 0$ と表せるので, $z = ax + by + c$ のグラフは, 点 $(0, 0, c)$ を通り, ベクトル $\overrightarrow{n} = (a, b, -1)$ に垂直な平面である. ■

例 5.4 関数 $z = xy$ のグラフは右の図のようになる. このグラフを理解するために, 平面による断面を考えよう.

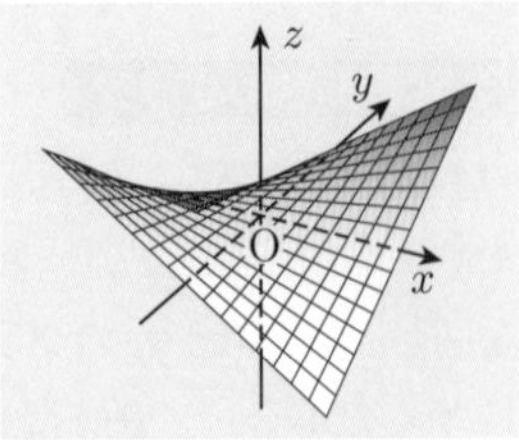

平面 $x = a$（a は定数）上の点は (a, y, z) と表せて, 定数である a を無視すると, yz 平面の点 (y, z) と同一視できる. 曲面 $z = xy$ を平面 $x = a$ で切った断面を考えると, 切り口は yz 平面の直線 $z = ay$ になる. a の値を動かすと, 切り口ごとに傾きの異なる直線ができて, $z = xy$ のグラフはこれらの直線を並べたものである.

同様に, 平面 $y = b$（b は定数）上の点 (x, b, z) を xz 平面の点 (x, z) と同一視すると, 曲面 $z = xy$ の切り口は xz 平面の直線 $z = bx$ であり, $z = xy$ のグラフはこれらの直線を並べたものである. ■

一般に, 2 変数関数のグラフは平面 $x = a$, および平面 $y = b$ で切った断面の曲線（または直線）を一定の間隔で並べたもので表現されることが多い. このときグラフは曲線を並べた網目（メッシュ）のように見える.

Let's TRY

問 5.2 関数 $z = x^2 - y^2$ のグラフについて, 平面 $x = a$（a は定数）, および平面 $y = b$（b は定数）で切った切り口を表す曲線を調べよ.

2 変数関数の極限値　平面上を動く点 $P(x,y)$ が点 $A(a,b)$ と異なる点を通って，点 A に限りなく近づくとき，どのような近づき方であっても $f(x,y)$ が一定の値 α に限りなく近づくならば，$(x,y) \to (a,b)$ のとき $f(x,y)$ は α に **収束《しゅうそく》する**という．このとき，α を **極限《きょくげん》値《ち》**といい，次のように表す．

$$\lim_{(x,y)\to(a,b)} f(x,y) = \alpha \quad \text{または} \quad f(x,y) \to \alpha \quad ((x,y) \to (a,b))$$

■ **注意**　点 $P(x,y)$ が点 $A(a,b)$ に近づくとき，多様な近づき方がある．例えば，あらゆる方向から直線に沿って近づくだけでなく，曲線に沿って近づくことも考えられる．特に $\displaystyle\lim_{x\to a}\left\{\lim_{y\to b} f(x,y)\right\}$ や $\displaystyle\lim_{y\to b}\left\{\lim_{x\to a} f(x,y)\right\}$ と，$\displaystyle\lim_{(x,y)\to(a,b)} f(x,y)$ は同じ意味ではない（下図）．

各極限の近づけ方の概念図

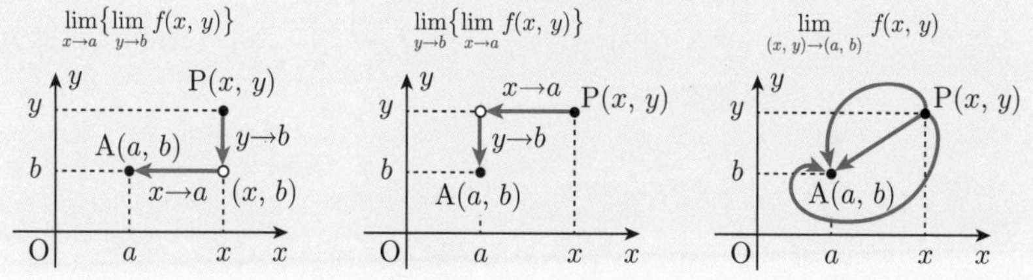

1 変数関数の極限（第 2 章 **2.1**）と同様に，次が成り立つ．

5.1　2 変数関数の極限の性質

$$\lim_{(x,y)\to(a,b)} f(x,y) = \alpha, \quad \lim_{(x,y)\to(a,b)} g(x,y) = \beta \text{ のとき}$$

(1)　**定数倍**　$\displaystyle\lim_{(x,y)\to(a,b)} k\,f(x,y) = k\alpha$　（k は定数）

(2)　**和・差**　$\displaystyle\lim_{(x,y)\to(a,b)} \{f(x,y) \pm g(x,y)\} = \alpha \pm \beta$　（複号同順）

(3)　**積**　$\displaystyle\lim_{(x,y)\to(a,b)} f(x,y)g(x,y) = \alpha\beta$

(4)　**商**　$\displaystyle\lim_{(x,y)\to(a,b)} \frac{f(x,y)}{g(x,y)} = \frac{\alpha}{\beta}$　$(g(x,y) \neq 0,\ \beta \neq 0)$

多項式，分数関数，無理関数，三角関数，指数関数，対数関数などで表される関数について，点 (a,b) が定義域に属するときは，$\displaystyle\lim_{(x,y)\to(a,b)} f(x,y) = f(a,b)$ のように，代入によって極限を求めることができる．

例題 5.2 次の関数 $f(x,y)$ について，$(x,y)\to(0,0)$ のときの極限を調べよ．

(1) $f(x,y)=e^{x+y}$ (2) $f(x,y)=\dfrac{x^3}{x^2+y^2}$

(3) $f(x,y)=\dfrac{x^2+y^2}{y}$

解 (1) $x=0$ と $y=0$ を代入して，$\displaystyle\lim_{(x,y)\to(0,0)} e^{x+y}=e^0=1$

(2) 原点 $(0,0)$ で定義されない関数である．極座標 $x=r\cos\theta$, $y=r\sin\theta$ を用いると，

$$f(x,y)=\frac{x^3}{x^2+y^2}=\frac{r^3\cos^3\theta}{r^2}=r\cos^3\theta$$

であり，$|\cos\theta|\leqq 1$ より，

$$0\leqq|f(x,y)|=r|\cos\theta|^3\leqq r$$

である．ここで，$(x,y)\to(0,0)$ のとき $r=\sqrt{x^2+y^2}\to 0$ だから，はさみうちの原理 （第2章 2.4）を用いて，

どのように θ が変化をしても

$$\lim_{(x,y)\to(0,0)} f(x,y)=0$$

(3) 原点 $(0,0)$ を通る直線 $y=0$ で定義されない関数である．

原点を通る曲線 $y=x^2$ に沿って $(x,y)\to(0,0)$ とすると，

$$f(x,y)=f(x,x^2)=\frac{x^2+x^4}{x^2}=1+x^2\to 1$$

別の曲線 $y=2x^2$ に沿って $(x,y)\to(0,0)$ とすると，

$$f(x,y)=f(x,2x^2)=\frac{x^2+4x^4}{2x^2}=\frac{1}{2}+2x^2\to\frac{1}{2}$$

ゆえに，原点 $(0,0)$ への近づき方によって異なる値に近づき，収束しない． ■

■注意 (3) の関数は，原点を通る直線 $y=mx$（m は 0 でない定数）に沿って原点に近づくとき，

$$f(x,y)=f(x,mx)=\frac{1+m^2}{m}x$$

より，いつでも 0 に近づく．しかし

$$\lim_{(x,y)\to(0,0)} f(x,y)\neq 0$$

であり，極限は収束しない．

直線に沿って極限を考えるだけでは不十分！

Let's TRY

問 5.3　次の関数 $f(x,y)$ について，$(x,y) \to (0,0)$ のときの極限を調べよ．

(1)　$f(x,y) = \sqrt{4 - x^2 - y^2}$　　(2)　$f(x,y) = \dfrac{x^2 y + xy^2}{x^2 + y^2}$

(3)　$f(x,y) = \dfrac{x^2 - y^2}{x^2 + y^2}$　　(4)　$f(x,y) = \dfrac{xy}{1 - x^2 - y^2}$

2 変数関数の連続性　関数 $f(x,y)$ が定義域 D に含まれる点 (a,b) で**連続**《れんぞく》であるとは，極限値 $\displaystyle\lim_{(x,y)\to(a,b)} f(x,y)$ が存在して，

$$\lim_{(x,y)\to(a,b)} f(x,y) = f(a,b)$$

となるときにいう．$f(x,y)$ が定義域 D のすべての点で連続であるときに，$f(x,y)$ は D で連続であるという．

2 変数関数の極限の性質 **5.1** より，次が成り立つ．

5.2　2 変数関数の連続性

2 つの関数 $f(x,y)$ と $g(x,y)$ が点 (a,b) で連続なら，その和差積商

$$f(x,y) \pm g(x,y),\quad f(x,y)g(x,y),\quad \frac{f(x,y)}{g(x,y)}\quad (g(a,b) \neq 0 \text{ のとき})$$

もそれぞれ点 (a,b) で連続である．

特に，多項式，分数関数，無理関数，三角関数，指数関数，対数関数などで表される関数は，その定義域で連続である．

次の例題の関数は，原点以外で分数関数として定義され，原点以外の点では連続である．原点での連続性は，

$$\lim_{(x,y)\to(0,0)} f(x,y) = f(0,0)$$

が成り立つかどうかを調べる必要がある．

例題 5.3 次の関数 $f(x, y)$ の原点 $(0, 0)$ における連続性を調べよ．

(1) $f(x,y) = \begin{cases} \dfrac{x^3}{x^2+y^2} & ((x,y) \neq (0,0)) \\ 0 & ((x,y) = (0,0)) \end{cases}$

(2) $f(x,y) = \begin{cases} \dfrac{x^3}{x^2+y^2} & ((x,y) \neq (0,0)) \\ 1 & ((x,y) = (0,0)) \end{cases}$

(3) $f(x,y) = \begin{cases} \dfrac{xy}{x^2+y^2} & ((x,y) \neq (0,0)) \\ 0 & ((x,y) = (0,0)) \end{cases}$

解 (1) 例題 5.2(2) の結果を用いて，

$$\lim_{(x,y)\to(0,0)} f(x,y) = \lim_{(x,y)\to(0,0)} \frac{x^3}{x^2+y^2} = 0$$

より，$\displaystyle\lim_{(x,y)\to(0,0)} f(x,y) = f(0,0)$ が成り立ち，$f(x,y)$ は原点で連続である．

(2) $\displaystyle\lim_{(x,y)\to(0,0)} f(x,y) = \lim_{(x,y)\to(0,0)} \frac{x^3}{x^2+y^2} = 0$ は $f(0,0) = 1$ と異なるので，$f(x,y)$ は原点で連続ではない．

(3) 極座標 $x = r\cos\theta$, $y = r\sin\theta$ を用いると，$(x,y) \neq (0,0)$ において，

$$f(x,y) = \frac{r^2\cos\theta\sin\theta}{r^2} = \cos\theta\sin\theta$$

よって，$(x,y) \to (0,0)$ のとき，θ の値によって近づく値が異なり，$\displaystyle\lim_{(x,y)\to(0,0)} f(x,y)$ は存在しない．ゆえに $f(x,y)$ は原点で連続でない． ■

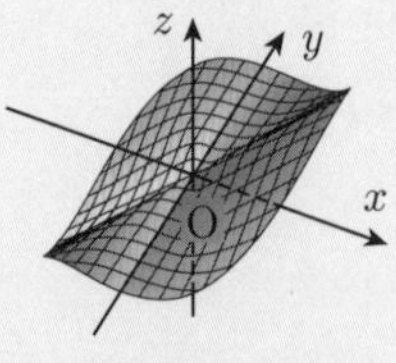

(1) 原点で連続

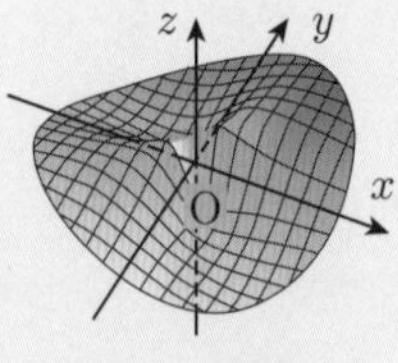

(3) 原点で連続でない

Let's TRY

問 5.4　次の関数 $f(x,y)$ の原点 $(0,0)$ における連続性を調べよ．

(1)　$$f(x,y) = \begin{cases} \dfrac{x^2-y^2}{x^2+y^2} & ((x,y) \neq (0,0)) \\ 0 & ((x,y) = (0,0)) \end{cases}$$

(2)　$$f(x,y) = \begin{cases} \dfrac{x^2y+xy^2}{x^2+y^2} & ((x,y) \neq (0,0)) \\ 0 & ((x,y) = (0,0)) \end{cases}$$

例題 5.4　次の関数 $f(x,y)$ が原点 $(0,0)$ において連続となるように，定数 c の値を定めよ．

$$f(x,y) = \begin{cases} \dfrac{\sin\sqrt{x^2+y^2}}{\sqrt{x^2+y^2}} & ((x,y) \neq (0,0)) \\ c & ((x,y) = (0,0)) \end{cases}$$

解　極座標 $x = r\cos\theta,\ y = r\sin\theta$ を用いると，$(x,y) \neq (0,0)$ において，

$$f(x,y) = \frac{\sin\sqrt{x^2+y^2}}{\sqrt{x^2+y^2}} = \frac{\sin r}{r}$$

であり，$(x,y) \to (0,0)$ のとき $r \to 0$ であり

$$\lim_{r\to 0}\frac{\sin r}{r} = 1$$

より，$c = 1$　■

Let's TRY

問 5.5　次の関数 $f(x,y)$ が原点 $(0,0)$ において連続となるように，定数 c の値を定めよ．

$$f(x,y) = \begin{cases} \sqrt{4-x^2-y^2} & ((x,y) \neq (0,0)) \\ c & ((x,y) = (0,0)) \end{cases}$$

5.2 偏微分係数と偏導関数

関数 $z = 4 - x^2 - y^2$ について $y = -1$ とすると，$z = 3 - x^2$ となり，z は x だけの関数になる．$z = 3 - x^2$ のグラフは xz 平面の放物線であるが，これは曲面 $z = 4 - x^2 - y^2$ を平面 $y = -1$ で切ったときの断面を表す．

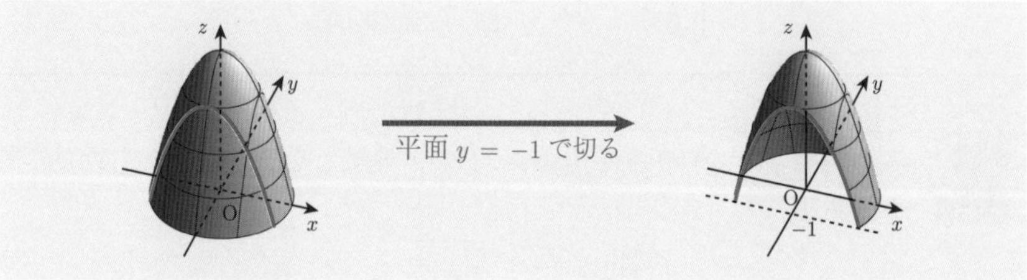

一般に，2 変数関数 $z = f(x, y)$ について，$y = b$（b は定数）とすると，$z = f(x, b)$ は x だけの関数になる．この関数の $x = a$ における微分係数

$$\lim_{h \to 0} \frac{f(a+h, b) - f(a, b)}{h}$$

が存在するとき，これを $f(x, y)$ の点 (a, b) における x に関する**偏微分係数**《へんびぶんけいすう》といい，$\dfrac{\partial f}{\partial x}(a, b)$ や $f_x(a, b)$ とかく（∂ はデルまたはディーと読む）．

同様に，$x = a$（a は定数）とすると，$z = f(a, y)$ は y だけの関数となり，この関数の $y = b$ における微分係数

$$\lim_{k \to 0} \frac{f(a, b+k) - f(a, b)}{k}$$

が存在するとき，これを $f(x, y)$ の点 (a, b) における y に関する**偏微分係数**《へんびぶんけいすう》といい，$\dfrac{\partial f}{\partial y}(a, b)$ や $f_y(a, b)$ とかく．

偏微分係数 $f_x(a, b)$，$f_y(a, b)$ が両方とも存在するとき，$f(x, y)$ は点 (a, b) で**偏微分可能**《へんびぶんかのう》であるという．さらに，$f(x, y)$ が定義域 D のすべての点 (a, b) で偏微分可能であるとき，$f(x, y)$ は D で**偏微分可能**《へんびぶんかのう》であるという．

例 5.5　$f(x,y) = 4 - x^2 - y^2$ について，

$$f(x,-1) = 3 - x^2, \quad f(1,y) = 3 - y^2$$

より，

$$f_x(1,-1) = \lim_{h\to 0} \frac{\{3-(1+h)^2\} - \{3-1^2\}}{h} = \lim_{h\to 0}(-h-2) = -2$$

$$f_y(1,-1) = \lim_{k\to 0} \frac{\{3-(-1+k)^2\} - \{3-(-1)^2\}}{k} = \lim_{k\to 0}(2-k) = 2 \quad ■$$

先に述べたように，$f(x,y) = 4 - x^2 - y^2$ について，　$z = f(x,-1) = 3 - x^2$ は曲面 $z = f(x,y)$ を平面 $y = -1$ で切ったときの断面の曲線を表す．そして $f_x(1,-1) = -2$ はその曲線の $x = 1$ における接線の傾きである．

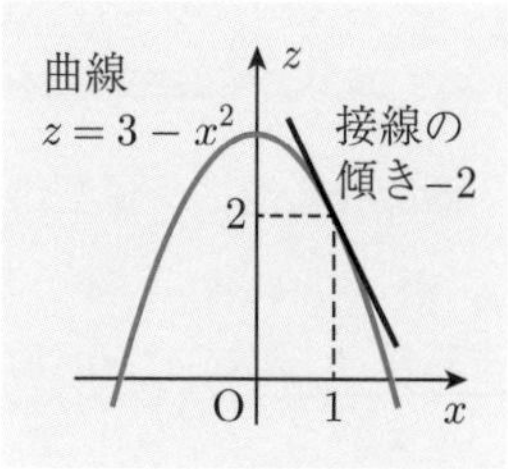

同様に $f_y(1,-1) = 2$ は，曲面 $z = f(x,y)$ を平面 $x = 1$ で切った断面の曲線 $z = 3 - y^2$ の $y = 1$ における接線の傾きである．

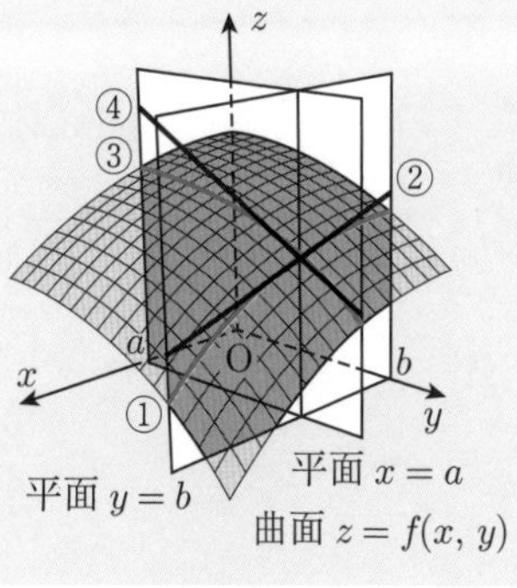

偏微分係数の図形的意味

- 偏微分係数 $f_x(a, b)$ は，曲面 $z = f(x, y)$ を平面 $y = b$ で切った断面に現れる（xz 平面上の）曲線① $z = f(x, b)$ の $x = a$ における接線②の傾きである．
- 偏微分係数 $f_y(a, b)$ は，曲面 $z = f(x, y)$ を平面 $x = a$ で切った断面に現れる（yz 平面上の）曲線③ $z = f(a, y)$ の $y = b$ における接線④の傾きである．

$f(x,y)$ が定義域で偏微分可能であるとき，$f_x(a,b)$ と $f_y(a,b)$ は点 (a,b) を動かすと，a と b を変数とする 2 変数関数と考えられる．このとき (a,b) を (x,y) とかきなおして得られる $f_x(x,y)$ と $f_y(x,y)$ を**偏導関数**《へんどうかんすう》という．

関数 $z = f(x,y)$ について，$f_x(x,y)$ を f_x, z_x, $\frac{\partial f}{\partial x}$, $\frac{\partial z}{\partial x}$, $\frac{\partial}{\partial x}f(x,y)$ などと表し，$f_y(x,y)$ を f_y, z_y, $\frac{\partial f}{\partial y}$, $\frac{\partial z}{\partial y}$, $\frac{\partial}{\partial y}f(x,y)$ と表すことがある．

5.3　[定義] 偏導関数・偏微分

関数 $f(x,y)$ がその定義域 D において偏微分可能であるとき,

$$f_x(x,y) = \lim_{h \to 0} \frac{f(x+h,y) - f(x,y)}{h}$$

$$f_y(x,y) = \lim_{k \to 0} \frac{f(x,y+k) - f(x,y)}{k}$$

をそれぞれ, x に関する偏導関数, y に関する偏導関数という. 偏導関数を求めることを**偏微分《へんびぶん》する**という. さらに, $f_x(x,y)$, $f_y(x,y)$ がともに D で連続であるとき, $f(x,y)$ は D で **C^1 級**《シーワンきゅう》であるという.

偏微分と偏微分係数の計算　x に関して偏微分するときは, y を定数とみなして x について微分すればよい. y に関する偏微分も同様である. 偏微分係数 $f_x(a,b)$, $f_y(a,b)$ は $f_x(x,y)$, $f_y(x,y)$ に $x=a$, $y=b$ を代入して求められる.

例題 5.5　次の関数 $f(x,y)$ の偏導関数 $f_x(x,y)$, $f_y(x,y)$ を求めよ. また, 点 $(1,2)$ における偏微分係数 $f_x(1,2)$, $f_y(1,2)$ の値を求めよ.

(1)　$f(x,y) = x^3 - y^3$　　(2)　$f(x,y) = \dfrac{x}{y}$　　(3)　$f(x,y) = \sin(2x-y)$

解　(1)　$f_x(x,y) = 3x^2$, $f_y(x,y) = -3y^2$, $f_x(1,2) = 3$, $f_y(1,2) = -12$

(2)　$f_x(x,y) = \dfrac{1}{y}$, $f_y(x,y) = -\dfrac{x}{y^2}$, $f_x(1,2) = \dfrac{1}{2}$, $f_y(1,2) = -\dfrac{1}{4}$

(3)　$f_x(x,y) = 2\cos(2x-y)$, $f_y(x,y) = -\cos(2x-y)$,
$f_x(1,2) = 2$, $f_y(1,2) = -1$　■

Let's TRY

問 5.6　次の関数 $f(x,y)$ の偏導関数 $f_x(x,y)$, $f_y(x,y)$ を求めよ. また, 点 $(1,0)$ における偏微分係数 $f_x(1,0)$, $f_y(1,0)$ の値を求めよ.

(1)　$f(x,y) = x^3 - 2x^2y + y^2$　　(2)　$f(x,y) = (x-2y)^3$

(3)　$f(x,y) = \dfrac{1}{x-y}$　　(4)　$f(x,y) = e^x \sin y$

5.3 合成関数の偏微分

2 変数までの関数の合成関数を考えるとき，1 変数関数に 1 変数関数を代入した形 $f(g(x))$ の他に，

(I)　1 変数関数に 2 変数関数を代入したもの $z = f(u(x,y))$
(II)　2 変数関数に 2 つの 1 変数関数を代入したもの $z = f(x(t), y(t))$
(III)　2 変数関数に 2 つの 2 変数関数を代入したもの $z = f(x(s,t), y(s,t))$

が考えられる．変数の対応は次のようになる．

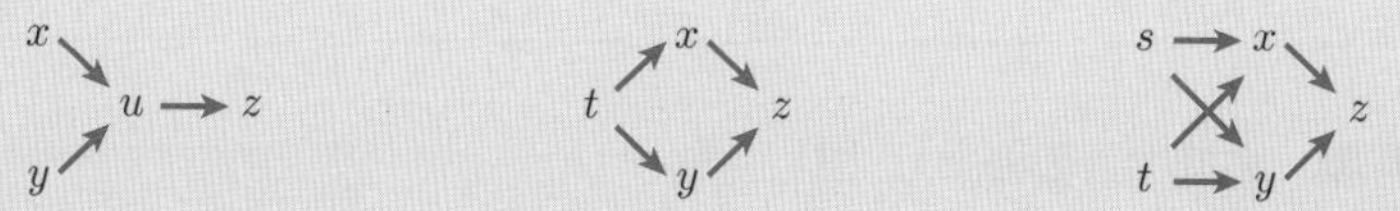

(I)　$z = f(u(x, y))$　　(II)　$z = f(x(t), y(t))$　　(III)　$z = f(x(s, t), y(s, t))$

以下では，それぞれの関数の定義域と値域が，合成関数として意味があるようになっているとする．さらに，合成される関数はそれぞれ C^1 級であることを仮定する．このとき，結果としてできる合成関数も C^1 級になり，その偏導関数は以下の 5.4 〜 5.6 により計算できる．

(I)　$z = f(u(x,y))$ は，y または x を固定すると，それぞれ x または y についての 1 変数関数とみなすことができる．したがって，1 変数関数どうしの合成関数の場合と同様に計算できる．

5.4　合成関数の偏微分 [I]

1 変数関数 $z = f(u)$ と 2 変数関数 $u = u(x,y)$ の合成関数 $z = f(u(x,y))$ について，次が成り立つ．

$$\frac{\partial z}{\partial x} = f'(u)u_x(x,y) = \frac{dz}{du}\frac{\partial u}{\partial x}, \quad \frac{\partial z}{\partial y} = f'(u)u_y(x,y) = \frac{dz}{du}\frac{\partial u}{\partial y}$$

例 5.6 $z=f(u)$ と $u=x^2+y^2$ の合成関数 $z=f(x^2+y^2)$ の偏導関数は，

$$\frac{\partial z}{\partial x}=f'(x^2+y^2)\frac{\partial}{\partial x}(x^2+y^2)=2x\,f'(x^2+y^2)$$

$$\frac{\partial z}{\partial y}=f'(x^2+y^2)\frac{\partial}{\partial y}(x^2+y^2)=2y\,f'(x^2+y^2)$$

■

Let's TRY

問 **5.7** 次の合成関数の偏導関数を f' を用いて表せ．

(1) $z=f(u)$ と $u=2x+3y$ の合成関数 $z=f(2x+3y)$

(2) $z=f(u)$ と $u=\dfrac{x}{y}$ の合成関数 $z=f\left(\dfrac{x}{y}\right)$

5.5 合成関数の偏微分 [II]

2変数関数 $z=f(x,y)$ と2つの1変数関数 $x=x(t)$, $y=y(t)$ の合成関数 $z=f(x(t),y(t))$ について，次が成り立つ．

$$\frac{dz}{dt}=f_x(x,y)x'(t)+f_y(x,y)y'(t)=\frac{\partial z}{\partial x}\frac{dx}{dt}+\frac{\partial z}{\partial y}\frac{dy}{dt}$$

証明の方針 $\varDelta z=f(x(t+\varDelta t),y(t+\varDelta t))-f(x(t),y(t))$ とおいて，1変数関数の平均値の定理 4.3 を適用して，$\dfrac{dz}{dt}=\displaystyle\lim_{\varDelta t\to 0}\frac{\varDelta z}{\varDelta t}$ を計算する．

証明 $\varDelta x=x(t+\varDelta t)-x(t)$, $\varDelta y=y(t+\varDelta t)-y(t)$ とおくと

$$\begin{aligned}\varDelta z&=f(x(t+\varDelta t),y(t+\varDelta t))-f(x(t),y(t))\\&=z(x+\varDelta x,y+\varDelta y)-z(x,y)\\&=\underline{z(x+\varDelta x,y+\varDelta y)-z(x,y+\varDelta y)}+z(x,y+\varDelta y)-z(x,y)\end{aligned}$$

ここで，＿＿＿は変数 x に，〰〰〰は変数 y に平均値の定理を用いて，

$$\underline{z(x+\varDelta x,y+\varDelta y)-z(x,y+\varDelta y)}=z_x(x+\theta_1\varDelta x,y+\varDelta y)\varDelta x$$

$$z(x,y+\varDelta y)-z(x,y)=z_y(x,y+\theta_2\varDelta y)\varDelta y$$

となる θ_1, θ_2 $(0<\theta_1<1, 0<\theta_2<1)$ が存在する．よって，

$$\frac{\Delta z}{\Delta t} = z_x(x+\theta_1\Delta x, y+\Delta y)\frac{\Delta x}{\Delta t} + z_y(x, y+\theta_2\Delta y)\frac{\Delta y}{\Delta t}$$

$\Delta t \to 0$ のとき

$$\Delta x \to 0, \quad \Delta y \to 0, \quad \frac{\Delta x}{\Delta t} \to \frac{dx}{dt}, \quad \frac{\Delta y}{\Delta t} \to \frac{dy}{dt}$$

である．さらに，C^1 級の仮定（p.185）より，z_x, z_y は連続であり，

$$z_x(x+\theta_1\Delta x, y+\Delta y) \to z_x(x,y) = \frac{\partial z}{\partial x}$$

$$z_y(x, y+\theta_2\Delta y) \to z_y(x,y) = \frac{\partial z}{\partial y}$$

となる．したがって，

$$\frac{dz}{dt} = \lim_{\Delta t \to 0}\frac{\Delta z}{\Delta t} = \frac{\partial z}{\partial x}\frac{dx}{dt} + \frac{\partial z}{\partial y}\frac{dy}{dt}$$

が成り立つ．■

例題 5.6　次の問いに答えよ．

(1)　$z = f(x,y) = xy$, $x = \cos t$, $y = \sin t$ のとき $\dfrac{dz}{dt}$ を求めよ．

(2)　$z = f(x,y)$, $x = t^3$, $y = e^t$ のとき $\dfrac{dz}{dt}$ を f_x, f_y を用いて表せ．

(3)　点 (x,y) が曲線 $y = g(x)$ 上を動くとき，2 変数関数 $z = f(x,y)$ は x だけの関数 $z = f(x, g(x))$ になる．このとき，$\dfrac{dz}{dx}$ を f_x, f_y, g, g' を用いて表せ．

解　(1)　$\dfrac{dz}{dt} = \dfrac{\partial z}{\partial x}\dfrac{dx}{dt} + \dfrac{\partial z}{\partial y}\dfrac{dy}{dt} = y(-\sin t) + x\cos t = -\sin^2 t + \cos^2 t$

(2)　$\dfrac{dz}{dt} = \dfrac{\partial z}{\partial x}\dfrac{dx}{dt} + \dfrac{\partial z}{\partial y}\dfrac{dy}{dt} = f_x(x,y)\cdot 3t^2 + f_y(x,y)\cdot e^t$

$= 3t^2 f_x(t^3, e^t) + e^t f_y(t^3, e^t)$

(3)　$\dfrac{dz}{dx} = \dfrac{\partial z}{\partial x}\dfrac{d}{dx}(x) + \dfrac{\partial z}{\partial y}\dfrac{d}{dx}(y) = f_x(x, g(x)) + f_y(x, g(x))g'(x)$　■

■**注意** $f(x, y)$ が具体的に与えられている場合は，$f(x(t), y(t))$ を計算してから，t で微分してもよい．例題 5.6(1) について，

$$z = xy = \cos t \sin t$$

より，

$$\frac{dz}{dt} = \frac{d}{dt}(\cos t \sin t) = -\sin^2 t + \cos^2 t$$

Let's TRY

問 **5.8** 次の問いに答えよ．

(1) $z = (x+y)^4$, $x = \sin t$, $y = \cos t$ のとき $\dfrac{dz}{dt}$ を求めよ．

(2) $z = f(x, y)$, $x = at$, $y = bt$ (a, b は定数) のとき $\dfrac{dz}{dt}$ を f_x, f_y を用いて表せ．

5.6 合成関数の偏微分 [III]

2 変数関数 $z = f(x, y)$ と 2 変数関数 $x = x(s, t)$, $y = y(s, t)$ の合成関数 $z = f(x(s, t), y(s, t))$ について，次が成り立つ．

$$\frac{\partial z}{\partial s} = f_x(x, y)x_s(s, t) + f_y(x, y)y_s(s, t) = \frac{\partial z}{\partial x}\frac{\partial x}{\partial s} + \frac{\partial z}{\partial y}\frac{\partial y}{\partial s}$$

$$\frac{\partial z}{\partial t} = f_x(x, y)x_t(s, t) + f_y(x, y)y_t(s, t) = \frac{\partial z}{\partial x}\frac{\partial x}{\partial t} + \frac{\partial z}{\partial y}\frac{\partial y}{\partial t}$$

証明の方針 s または t を定数とみなして **5.5** を用いればよい． ■

■**注意** $x = x(s, t)$, $y = y(s, t)$ は (x, y) から (s, t) への変数変換を表す．もともと x と y の関数である $z = f(x, y)$ を，s と t の関数 $z = f(x(s, t), y(s, t))$ として求めた偏導関数の組 (z_s, z_t) と，もとの偏導関数の組 (z_x, z_y) の関係を表すのが **5.6** である．

例題 5.7　次の問いに答えよ．

(1)　$z = x^2 + y^2$, $x = r\cos\theta$, $y = r\sin\theta$ のとき $\dfrac{\partial z}{\partial r}$, $\dfrac{\partial z}{\partial \theta}$ を計算せよ．

(2)　$z = f(x, y)$, $x = \alpha s + \beta t$, $y = \gamma s + \delta t$（$\alpha, \beta, \gamma, \delta$ は定数）のとき $\dfrac{\partial z}{\partial s}$, $\dfrac{\partial z}{\partial t}$ を f_x, f_y を用いて表せ．

解　(1)　**5.6** を使う．

$$\frac{\partial z}{\partial r} = \frac{\partial z}{\partial x}\frac{\partial x}{\partial r} + \frac{\partial z}{\partial y}\frac{\partial y}{\partial r}$$

$$= 2x\cos\theta + 2y\sin\theta = 2r\cos^2\theta + 2r\sin^2\theta = 2r$$

$$\frac{\partial z}{\partial \theta} = \frac{\partial z}{\partial x}\frac{\partial x}{\partial \theta} + \frac{\partial z}{\partial y}\frac{\partial y}{\partial \theta} = -2xr\sin\theta + 2yr\cos\theta$$

$$= -2r^2\cos\theta\sin\theta + 2r^2\sin\theta\cos\theta = 0$$

別解　**5.6** を使わずに，代入してから偏微分してもよい．

$z = x^2 + y^2 = r^2\cos^2\theta + r^2\sin^2\theta = r^2$ より $\dfrac{\partial z}{\partial r} = 2r$, $\dfrac{\partial z}{\partial \theta} = 0$

(2)

$$\frac{\partial z}{\partial s} = \frac{\partial z}{\partial x}\frac{\partial x}{\partial s} + \frac{\partial z}{\partial y}\frac{\partial y}{\partial s}$$

$$= \alpha f_x(\alpha s + \beta t, \gamma s + \delta t) + \gamma f_y(\alpha s + \beta t, \gamma s + \delta t)$$

$$\frac{\partial z}{\partial t} = \frac{\partial z}{\partial x}\frac{\partial x}{\partial t} + \frac{\partial z}{\partial y}\frac{\partial y}{\partial t}$$

$$= \beta f_x(\alpha s + \beta t, \gamma s + \delta t) + \delta f_y(\alpha s + \beta t, \gamma s + \delta t)$$

■

Let's TRY

問 5.9　次の問いに答えよ．

(1)　$z = xy$, $x = s^2 + t^2$, $y = s^2 - t^2$ のとき $\dfrac{\partial z}{\partial s}$, $\dfrac{\partial z}{\partial t}$ を計算せよ．

(2)　$z = f(x, y)$, $x = r\cos\theta$, $y = r\sin\theta$ のとき $\dfrac{\partial z}{\partial r}$, $\dfrac{\partial z}{\partial \theta}$ を f_x, f_y を用いて表せ．

(3)　$z = f(x, y)$, $x = s$, $y = s + t$ のとき $\dfrac{\partial z}{\partial s}$, $\dfrac{\partial z}{\partial t}$ を f_x, f_y を用いて表せ．

5.4 高次偏導関数とテイラーの定理

本節では 2 変数関数の高次偏導関数とテイラーの定理を学ぶ.

高次偏導関数 関数 $z = f(x, y)$ の偏導関数 f_x, f_y が偏微分可能であるとき, $z = f(x, y)$ は **2 回《かい》偏《へん》微《び》分《ぶん》可《か》能《のう》**であるといい, その偏導関数を次のように表して, **第《だい》 2 次《じ》偏導関数《へんどうかんすう》**という.

$$\frac{\partial}{\partial x} f_x = \frac{\partial^2 f}{\partial x^2} = f_{xx} = z_{xx}, \quad \frac{\partial}{\partial y} f_x = \frac{\partial^2 f}{\partial y \partial x} = f_{xy} = z_{xy},$$

$$\frac{\partial}{\partial x} f_y = \frac{\partial^2 f}{\partial x \partial y} = f_{yx} = z_{yx}, \quad \frac{\partial}{\partial y} f_y = \frac{\partial^2 f}{\partial y^2} = f_{yy} = z_{yy}$$

■注意 $f_{xy} = (f_x)_y = \dfrac{\partial}{\partial y}\left(\dfrac{\partial f}{\partial x}\right) = \dfrac{\partial^2 f}{\partial y \partial x}$ である (x と y の順序に注目).

第 2 次偏導関数を偏微分して第 3 次偏導関数, 第 3 次偏導関数を偏微分して第 4 次偏導関数というように, 順に**第《だい》 n 次《じ》偏導関数《へんどうかんすう》**が定義される. また, 元の関数 $f(x, y)$ を第 0 次偏導関数とみなす. 第 2 次以上の偏導関数を総称して**高《こう》次《じ》偏導関数《へんどうかんすう》**という. 関数 $f(x, y)$ の定義域において, 第 n 次までの偏導関数がすべて存在して連続であるとき, $f(x, y)$ は $\boldsymbol{C^n}$《シーエヌ》 **級**《きゅう》であるという.

例題 5.8 関数 $z = x^3 - 3xy + y^3$ について, 第 2 次偏導関数を求めよ.

解く前に z_x, z_y をさらに偏微分して z_{xx}, z_{xy}, z_{yx}, z_{yy} を求める.

解 $z_{xx} = (z_x)_x = (3x^2 - 3y)_x = 6x, \quad z_{xy} = (z_x)_y = (3x^2 - 3y)_y = -3,$

$z_{yx} = (z_y)_x = (-3x + 3y^2)_x = -3, \quad z_{yy} = (z_y)_y = (-3x + 3y^2)_y = 6y$ ■

Let's TRY

問 **5.10** 次の関数 $z = f(x, y)$ の第 2 次偏導関数を求めよ.

(1) $z = x^3 y^2$ (2) $z = e^x \sin y$ (3) $z = \log|x^2 - y^2|$

■**注意**　f_{xy} と f_{yx} は偏微分の順序が異なるので等しいとは限らない．しかし，f_{xy} と f_{yx} が存在して連続ならば $f_{xy}=f_{yx}$ が成り立つ（偏微分の順序によらない）ことが知られている．また，$f(x,y)$ が C^n 級であるとき，その第 n 次偏導関数は偏微分の順序によらないことが知られている．

以降，偏導関数や高次偏導関数を考えるときは，特に断りがなければ，その存在と連続性は成り立っている（したがって，偏微分は順序によらない）ものとする．

2 変数関数のテイラーの定理　2 変数関数のテイラーの定理を述べるために $D=h\dfrac{\partial}{\partial x}+k\dfrac{\partial}{\partial y}$ を導入する．関数 $f(x,y)$ と定数 h, k について，

$$Df=\left(h\frac{\partial}{\partial x}+k\frac{\partial}{\partial y}\right)f=h\frac{\partial f}{\partial x}+k\frac{\partial f}{\partial y}=hf_x+kf_y$$

とする．さらに，$D(Df)$ を D^2f とかくと，

$$\begin{aligned}D^2f&=D(hf_x+kf_y)=h(hf_x+kf_y)_x+k(hf_x+kf_y)_y\\&=(h^2f_{xx}+hkf_{yx})+(hkf_{xy}+k^2f_{yy})=h^2f_{xx}+2hkf_{xy}+k^2f_{yy}\end{aligned}$$

となる．同様に，正の整数 n について D^nf が定められて，次が成り立つ．

$$D^nf=\sum_{m=0}^{n}\frac{n!}{(n-m)!\,m!}h^{n-m}k^m\frac{\partial^n f}{\partial x^{n-m}\partial y^m}$$

5.7　2 変数関数のテイラーの定理《ていり》

関数 $f(x,y)$ と f の定義域の点 (a,b) について，

$$\begin{aligned}f(a+h,b+k)&=f(a,b)+(Df)(a,b)+\frac{1}{2!}(D^2f)(a,b)+\cdots\\&\qquad+\frac{1}{(n-1)!}(D^{n-1}f)(a,b)+R_n\end{aligned}$$

ただし，$R_n=\dfrac{1}{n!}(D^nf)(a+\theta h,b+\theta k)$ となる $\theta\ (0<\theta<1)$ が存在する．

ここで R_n を n 次の**剰《じょう》余《よ》項《こう》**という．また，$(D^nf)(a,b)$ は $(D^nf)(x,y)$ を計算してから $x=a$, $y=b$ を代入したものである．

証明♣ $g(t)=f(a+ht,b+kt)$ とおいて，$t=0$ のまわりで 1 変数関数のテイラーの定理（第 4 章 **4.10**）を適用すると，

$$g(t)=g(0)+g'(0)t+\frac{g''(0)}{2!}t^2+\cdots+\frac{g^{(n-1)}(0)}{(n-1)!}t^{n-1}+\frac{g^{(n)}(\theta t)}{n!}$$

を満たす θ（$0<\theta<1$）が存在する．$t=1$ とすると，

$$g(1)=g(0)+g'(0)+\frac{g''(0)}{2!}+\cdots+\frac{g^{(n-1)}(0)}{(n-1)!}+\frac{g^{(n)}(\theta)}{n!} \quad \cdots①$$

を満たす θ（$0<\theta<1$）が存在する．ここで，

$$g'(t)=hf_x(a+ht,b+kt)+kf_y(a+ht,b+kt)=(Df)(a+ht,b+kt)$$

$$\begin{aligned}g''(t)&=h(Df)_x(a+ht,b+kt)+k(Df)_y(a+ht,b+kt)\\&=(D(Df))(a+ht,b+kt)=(D^2f)(a+ht,b+kt)\end{aligned}$$

であり，$g^{(n)}(t)=(D^nf)(a+ht,b+kt)$ である．ゆえに，①より

$$\begin{aligned}f(a+h,b+k)&=f(a,b)+(Df)(a,b)+\frac{1}{2!}(D^2f)(a,b)+\cdots\\&\quad+\frac{1}{(n-1)!}(D^{n-1}f)(a,b)+\frac{1}{n!}(D^nf)(a+\theta h,b+\theta k)\end{aligned}$$ ■

関数 $f(x,y)$ について，**5.7** の等式の右辺を求めることを，点 (a,b) において $n-1$ 次の項まで**テイラー展開《てんかい》**するという（$(a,b)=(0,0)$ のときはマクローリン展開するという）．$n=3$ のときは，2 次の項までのテイラー展開ができる．$h=x-a$, $k=y-b$ とした次の形がよく用いられる．

$$\begin{aligned}&f(x,y)\\&=f(a,b)+f_x(a,b)(x-a)+f_y(a,b)(y-b)\\&\quad+\frac{1}{2}\{f_{xx}(a,b)(x-a)^2+2f_{xy}(a,b)(x-a)(y-b)+f_{yy}(a,b)(y-b)^2\}\\&\quad+R_3\end{aligned}$$

例題 5.9 次の関数 $f(x,y)$ について，点 (a,b) において 2 次の項までテイラー展開せよ．ただし剰余項は R_3 とかくだけでよい．

(1) $f(x,y)=e^{x+y}$, $(a,b)=(0,0)$

(2) $f(x,y)=\log(2x-3y)$, $(a,b)=(2,1)$

解　(1)　$f_x = f_y = f_{xx} = f_{xy} = f_{yy} = e^{x+y}$ より

$$f(0,0) = f_x(0,0) = f_y(0,0) = f_{xx}(0,0) = f_{xy}(0,0) = f_{yy}(0,0) = 1$$

となるので，$f(x,y) = 1 + x + y + \frac{1}{2}(x^2 + 2xy + y^2) + R_3$

(2)　$f_x = \frac{2}{2x-3y}, f_y = \frac{-3}{2x-3y},$

$$f_{xx} = \frac{-4}{(2x-3y)^2}, f_{xy} = \frac{6}{(2x-3y)^2}, f_{yy} = \frac{-9}{(2x-3y)^2}$$

より，$f(2,1) = 0$, $f_x(2,1) = 2$, $f_y(2,1) = -3$, $f_{xx}(2,1) = -4$, $f_{xy}(2,1) = 6$, $f_{yy}(2,1) = -9$ となって，

$$\begin{aligned} f(x,y) = &\ 2(x-2) - 3(y-1) - 2(x-2)^2 \\ &+ 6(x-2)(y-1) - \tfrac{9}{2}(y-1)^2 + R_3 \end{aligned}$$

■

Let's TRY

問 5.11　次の関数 $f(x,y)$ について，指定された点において 2 次の項までテイラー展開せよ．ただし，剰余項は R_3 とかくだけでよい．

(1)　$f(x,y) = \cos(x-y)$，点 $(0,0)$　　(2)　$f(x,y) = \sqrt{2x+y}$，点 $(1,2)$

関数 $f(x,y)$ について，点 (a,b) において 1 次の項までテイラー展開して，剰余項 R_2 を省いた式を $f(x,y)$ の点 (a,b) における **1 次近似式**《じきんじしき》という．また点 (a,b) において 2 次の項までテイラー展開して，剰余項 R_3 を省いた式を $f(x,y)$ の点 (a,b) における **2 次近似式**《じきんじしき》という．

5.8　1 次近似式・2 次近似式

- 関数 $f(x,y)$ の 点 (a,b) における **1 次近似式**は

$$f(a,b) + f_x(a,b)(x-a) + f_y(a,b)(y-b)$$

- 関数 $f(x,y)$ の点 (a,b) における **2 次近似式**は

$$\begin{aligned} &f(a,b) + f_x(a,b)(x-a) + f_y(a,b)(y-b) \\ &\quad + \frac{1}{2}\{f_{xx}(a,b)(x-a)^2 \\ &\qquad + 2f_{xy}(a,b)(x-a)(y-b) + f_{yy}(a,b)(y-b)^2\} \end{aligned}$$

5.5 接平面と全微分

接平面　関数 $f(x,y)$ の点 (a,b) における 1 次近似式で定められる関数

$$z=f(a,b)+f_x(a,b)(x-a)+f_y(a,b)(y-b)$$

について，そのグラフは点 $\mathrm{P}(a,b,f(a,b))$ を通る平面である．これを曲面 $z=f(x,y)$ の点 $\mathrm{P}(a,b,f(a,b))$ における**接平面**《せつへいめん》といい，点 $\mathrm{P}(a,b,f(a,b))$ を**接点**《せってん》という．接平面は 1 変数関数のグラフ（曲線）の接線を 2 変数関数のグラフ（曲面）に拡張したものである．

接平面の方程式は次の形で表すことも多い．

5.9 接平面の方程式

曲面 $z=f(x,y)$ 上の点 $(a,b,f(a,b))$ における**接平面**《せつへいめん》**の方程式**《ほうていしき》は

$$z-f(a,b)=f_x(a,b)(x-a)+f_y(a,b)(y-b)$$

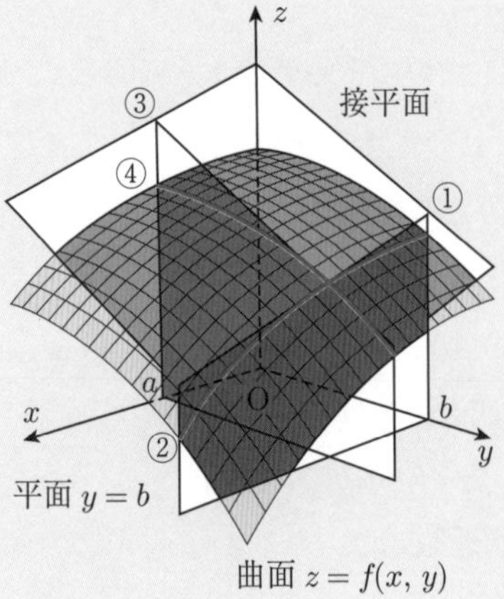

接平面の図形的意味

接平面と平面 $y=b$ との共有線①は，$z=f(a,b)+f_x(a,b)(x-a)$ で表される直線である．これは曲面 $z=f(x,y)$ と平面 $y=b$ の共通部分に現れる曲線② $z=f(x,b)$ の $x=a$ における接線である．

同様に，接平面と平面 $x=a$ との共有線③は，$z=f(a,b)+f_y(a,b)(y-b)$ で表される直線である．これは曲面 $z=f(x,y)$ と平面 $x=a$ の共通部分に現れる曲線④ $z=f(a,y)$ の $y=b$ における接線である．

一般に，点 (a,b,c) を通る平面の方程式

$$p(x-a)+q(y-b)+r(z-c)=0$$

は内積を用いて $(p,q,r)\cdot(x-a,y-b,z-c)=0$ と表せて，ベクトル $\overrightarrow{n}=(p,q,r)$ はこの平面に垂直な方向を表す．接平面の方程式にあてはめると，ベクトル $\overrightarrow{n}=(f_x,f_y,-1)$ は，接平面に垂直な方向を表し，曲面 $z=f(x,y)$ の点 $\mathrm{P}(a,b,f(a,b))$ における**法線《ほうせん》ベクトル**という．点 P を通り，法線ベクトル $\overrightarrow{n}$ に平行な直線を，曲面 $z=f(x,y)$ の点 P における**法線《ほうせん》**という．

5.10　法線の方程式

曲面 $z=f(x,y)$ の点 $\mathrm{P}(a,b,f(a,b))$ における法線は，点 P を通り，法線ベクトル $(f_x(a,b),f_y(a,b),-1)$ に平行な直線である．$f_x(a,b)\neq 0$ かつ $f_y(a,b)\neq 0$ のとき，**法線《ほうせん》の方程式《ほうていしき》**は次のようになる．

$$\frac{x-a}{f_x(a,b)}=\frac{y-b}{f_y(a,b)}=\frac{z-f(a,b)}{-1}$$

例題 5.10　曲面 $z=x^3-3xy+y^3$ の点 $(1,2,3)$ における接平面および法線の方程式を求めよ．

解　$z_x=3x^2-3y$, $z_y=-3x+3y^2$ より，

$$z_x(1,2)=-3,\quad z_y(1,2)=9$$

となる．よって求める接平面の方程式は

$$z-3=-3(x-1)+9(y-2)$$

であり，これを整理すると $-3x+9y-z=12$ となる．

また，法線の方程式は $\dfrac{x-1}{-3}=\dfrac{y-2}{9}=\dfrac{z-3}{-1}$ である．■

Let's TRY

問 5.12　次の曲面の与えられた点における接平面，および法線の方程式を求めよ．

(1)　$z=x^2-y^2$，点 $(2,1,3)$　　(2)　$z=\dfrac{x}{y}$，点 $(2,1,2)$

(3)　$z=\sqrt{14-x^2-y^2}$，点 $(1,2,3)$

全微分 曲面 $z=f(x,y)$ 上の点 $(a,b,f(a,b))$ における接平面の方程式

$$z-f(a,b)=f_x(a,b)(x-a)+f_y(a,b)(y-b)$$

を考える．接平面に沿った，接点 $(a,b,f(a,b))$ からの x の変化 $x-a$ を dx，y の変化 $y-b$ を dy，z の変化 $z-f(a,b)$ を dz で表すと，接平面の方程式は次のように表せる．

$$dz=f_x(a,b)\,dx+f_y(a,b)\,dy$$

さらに，曲面 $z=f(x,y)$ 上の各点 $(x,y,f(x,y))$ で接平面を考えて，

$$dz=f_x(x,y)\,dx+f_y(x,y)\,dy$$

とかいたものを，$z=f(x,y)$ の**全微分**《ぜんびぶん》という．$z=f(x,y)$ の全微分を df と表すこともある．

例題 5.11 関数 $z=x^3-3xy+y^3$ の全微分を求めよ．

解 $z_x=3x^2-3y,\ z_y=-3x+3y^2$ より，

$$dz=(3x^2-3y)\,dx+(-3x+3y^2)\,dy$$ ■

Let's TRY

問 5.13 次の関数の全微分を求めよ．

(1) $z=x^2y^3$ (2) $z=e^x\sin y$ (3) $z=\sqrt{x^2-y^2}$

■**注意**．5.4 節以降では，偏導関数の存在とその連続性は成り立っているものとしているが，一般の関数 $f(x,y)$ について，点 (a,b) における 1 次近似式の誤差

$$R=f(x,y)-\{f(a,b)+f_x(a,b)(x-a)+f_y(a,b)(y-b)\}$$

が

$$\lim_{(x,y)\to(a,b)}\frac{R}{\sqrt{(x-a)^2+(y-b)^2}}=0$$

を満たすとき，$f(x,y)$ は点 (a,b) で**全微分可能**《ぜんびぶんかのう》であるという．C^1 級関数は全微分可能であることが知られている．

5.6　2 変数関数の極値

極大・極小　関数 $f(x,y)$ が点 (a,b) の近くの任意の点 (x,y)（ただし $(x,y) \neq (a,b)$）で

$$f(x,y) < f(a,b)$$

となるとき，$f(x,y)$ は点 (a,b) で **極大**《きょくだい》であるといい，$f(a,b)$ を **極大値**《きょくだいち》という．同様に，$f(x,y) > f(a,b)$ となるとき，$f(x,y)$ は点 (a,b) で **極小**《きょくしょう》であるいい，$f(a,b)$ を **極小値**《きょくしょうち》という．極大値と極小値を合わせて **極値**《きょくち》という．

例 5.7　$z = f(x,y) = x^2 + y^2$（下図左）は点 $(0,0)$ で極小値をとる．$z = f(x,y) = x^2$（y の値によらない，下図右）は，点 $(0,0)$ で最小値をとるがこの点で極小ではない．

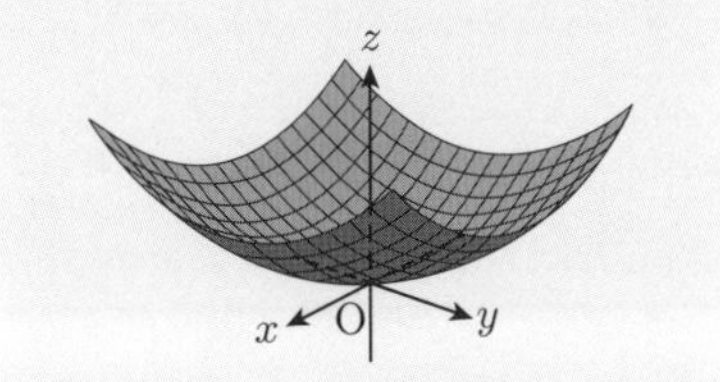

$z = x^2 + y^2$ のグラフ

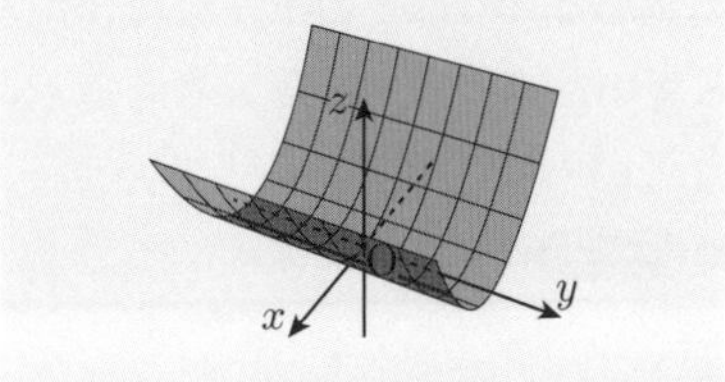

$z = x^2$ のグラフ ■

5.11　極値をとるための必要条件

関数 $f(x,y)$ が点 (a,b) の近くで C^1 級であるとき

$$\text{点 } (a,b) \text{ で極値をとる} \implies f_x(a,b) = f_y(a,b) = 0$$

証明　$f(x,y)$ が点 (a,b) で極値をとるとする．y を $y = b$ に制限して得られる 1 変数関数 $z = f(x,b)$ も，$x = a$ で極値をとるので

$$0 = \frac{d}{dx} f(x,b)\Big|_{x=a} = f_x(a,b)$$

↖ $x = a$ を代入するという記号

同様に，関数 $z = f(a,y)$ は $y = b$ で極値をとるので，$f_y(a,b) = 0$ ■

$$f_x(a,b) = f_y(a,b) = 0$$

を満たす点 (a,b) を**停留点**《ていりゅうてん》という．ただし 5.11 は十分条件ではないため，必ずしも停留点で極値をとるとは限らない．

例 5.8 $z = f(x,y) = -x^2 + y^2$ について点 $(0,0)$ は

$$f_x(0,0) = f_y(0,0) = 0$$

より停留点であるが，この点では極大でも極小でもない． ■

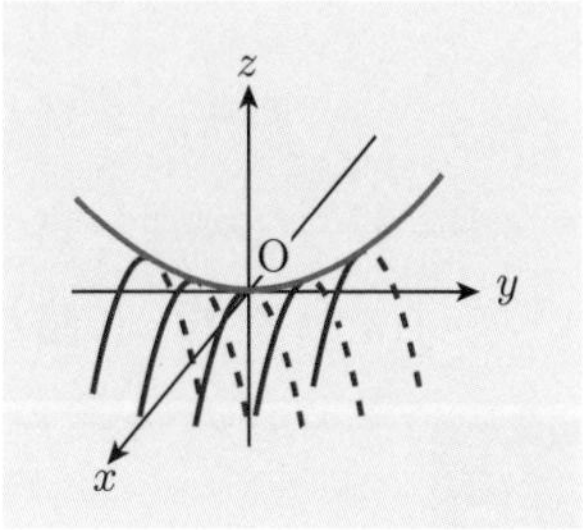

極値をとるのはどのような場合か考えよう．$f(x,y)$ の点 (a,b) のまわりでの振る舞いはテイラー展開を考えるとよい．

$f(x,y)$ は C^2 級であるとし，点 (a,b) を中心とする 2 変数関数のテイラーの定理 5.7 より

$$f(a+h, b+k) = f(a,b) + Df(a,b) + \frac{1}{2!}D^2 f(a,b) + R_n \qquad \cdots①$$

とかける．$|h|$, $|k|$ が十分小さく，点 (a,b) で極値をとると仮定すると，5.11 より①は

$$\begin{aligned} &f(a+h, b+k) \\ &\quad \fallingdotseq f(a,b) + \frac{1}{2}\{f_{xx}(a,b)h^2 + 2f_{xy}(a,b)hk + f_{yy}(a,b)k^2\} \qquad \cdots② \end{aligned}$$

となる．ここで $A = f_{xx}(a,b)$, $B = f_{xy}(a,b)$, $C = f_{yy}(a,b)$ に対して

$$Q(h,k) = \frac{1}{2}(Ah^2 + 2Bhk + Ck^2)$$

とおく．

$A \neq 0$ のとき

$$Q(h,k) = \frac{1}{2}A\left\{\underbrace{\left(h + \frac{B}{A}k\right)^2}_{\geqq 0} + \frac{AC - B^2}{A^2}k^2\right\}$$

と変形できるので，その符号は A と $AC - B^2$ で決まる．よって，

(i)　$\underline{AC - B^2 > 0}$ のとき

$$\begin{aligned} A > 0 &\Longrightarrow Q(h,k) \geqq 0 \\ &\underset{②}{\Longrightarrow} f(a+h, b+k) \geqq f(a,b) \\ A < 0 &\Longrightarrow Q(h,k) \leqq 0 \\ &\underset{②}{\Longrightarrow} f(a+h, b+k) \leqq f(a,b) \end{aligned}$$

(ii)　$\underline{AC - B^2 < 0}$ のときは，h と k の値により，$Q(h,k)$ の符号が変わるので極値をとらない．つまり，$f(a+h, b+k) > f(a,b)$ にも $f(a+h, b+k) < f(a,b)$ にもなり得る．

ここで**ヘッセ行列式**《ぎょうれつしき》を $H(x,y) = \begin{vmatrix} f_{xx}(x,y) & f_{xy}(x,y) \\ f_{yx}(x,y) & f_{yy}(x,y) \end{vmatrix}$ と定義すると

$$AC - B^2 = H(a,b)$$

である．$A = 0$ の場合も含めてさらに詳しく議論することにより一般に次が成り立つことがわかる．

5.12　[定理] 極値の判定法

関数 $f(x,y)$ が点 (a,b) の近くで C^2 級とする．点 (a,b) が停留点であるとき，$H(a,b) = f_{xx}(a,b)f_{yy}(a,b) - \{f_{xy}(a,b)\}^2$ に対して次が成り立つ．

(i)　$H(a,b) > 0$ のとき

　(a)　$f_{xx}(a,b) > 0$ ならば，$f(x,y)$ は点 (a,b) で極小値をとる．

　(b)　$f_{xx}(a,b) < 0$ ならば，$f(x,y)$ は点 (a,b) で極大値をとる．

(ii)　$H(a,b) < 0$ のときは，$f(x,y)$ は点 (a,b) で極値をとらない．

例題 5.12 次の関数 $f(x,y)$ の極値を求めよ.

(1) $f(x,y)=-x^2-y^2$ (2) $f(x,y)=x^2-y^2$

解 (1) $f_x(x,y)=-2x=0$, $f_y(x,y)=-2y=0$ より, 停留点は点 $(0,0)$ である. さらに $f_{xx}(x,y)=-2$, $f_{xy}(x,y)=0$, $f_{yy}(x,y)=-2$ なので $H(x,y)=4$ となる. よって, 点 $(0,0)$ では, $H(0,0)=4>0$, $f_{xx}(0,0)=-2<0$ より極大値をとる（下図左参照）.

(2) $f_x(x,y)=2x=0$, $f_y(x,y)=-2y=0$ より, 停留点は点 $(0,0)$ である. さらに $f_{xx}(x,y)=2$, $f_{xy}(x,y)=0$, $f_{yy}(x,y)=-2$ なので $H(x,y)=-4$ となる. よって, 点 $(0,0)$ のとき, 極値をとらない（下図右参照）.

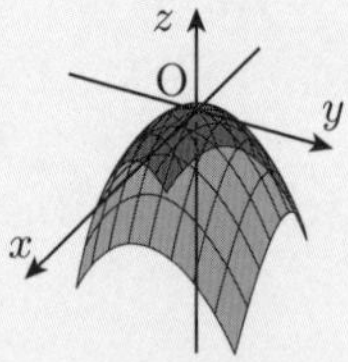

$H>0$ の例

$z(x,y)=-x^2-y^2$ は $(a,b)=(0,0)$ で極大値をとる

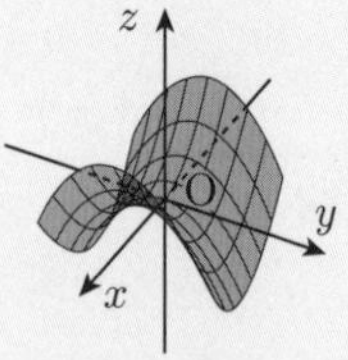

$H<0$ の例

$z(x,y)=x^2-y^2$ は $(a,b)=(0,0)$ で極値をとらない

■

■**注意** $H(a,b)=0$ のときは, 5.12 だけでは極値をとるかどうか判定できない. $f(x,y)=x^2+y^4$, $g(x,y)=x^2+y^3$ について, $(x,y)=(0,0)$ で $f_x=f_y=0$, $g_x=g_y=0$ を満たし, $H(0,0)=0$ である.

$z=x^2+y^4$ のグラフは, 下図左のようになり $(x,y)=(0,0)$ で極小値をとる. 一方で, $z=x^2+y^3$ のグラフは, 下図右のようになり, 例えば $x=0$ に固定して考えると $g_y(0,y)=3y^2$ となり単調に増加することから点 $(0,0)$ で極値をとらない. このようにグラフの振る舞いは3次以上の項に大きく依存することから判定ができない.

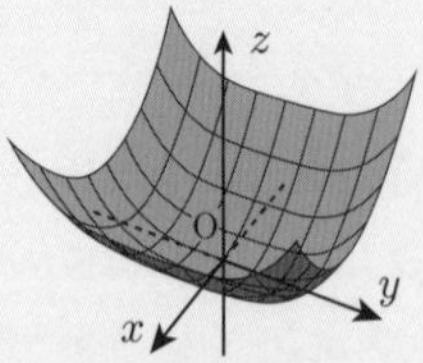

$f(x,y)=x^2+y^4$ のグラフ

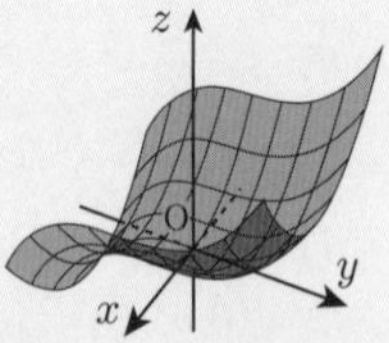

$g(x,y)=x^2+y^3$ のグラフ

例題 5.13　次の関数 $f(x, y)$ の極値を求めよ．

(1)　$f(x, y) = x^3 + y^3 - 3xy$

(2)　$f(x, y) = \sin x + \sin y - \sin(x + y)$　$(0 < x < \pi,\ 0 < y < \pi)$

解　(1)　$f_x(x, y) = 3x^2 - 3y = 0$, $f_y(x, y) = 3y^2 - 3x = 0$ より，停留点は点 $(0, 0)$ と点 $(1, 1)$ である．さらに $f_{xx}(x, y) = 6x$, $f_{xy}(x, y) = -3$, $f_{yy}(x, y) = 6y$ なので $H(x, y) = 6x \cdot 6y - (-3)^2 = 36xy - 9$．点 $(0, 0)$ のとき，$H(0, 0) = -9 < 0$ より極値をとらない．点 $(1, 1)$ のとき，$H(1, 1) = 36 - 9 = 27 > 0$．$f_{xx}(1, 1) > 0$ より点 $(1, 1)$ で極小となり，極小値は -1

(2)　$f_x(x, y) = \cos x - \cos(x + y) = 0$, $f_y(x, y) = \cos y - \cos(x + y) = 0$ より

$$\begin{cases} \cos x = \cos(x + y) & \cdots ① \\ \cos y = \cos(x + y) & \cdots ② \end{cases}$$

だから $\cos x = \cos y$．また定義域から $x = y$．これを①に代入すると

$$\cos x = \cos 2x$$

となる．2 倍角の公式を用いて変形すると $2\cos^2 x - \cos x - 1 = 0$ となるから $\cos x = -\frac{1}{2}, 1$．$x = 0, \frac{2\pi}{3}$ となり，$x > 0$ から停留点は点 $\left(\frac{2\pi}{3}, \frac{2\pi}{3}\right)$ である．

$$f_{xx}(x, y) = -\sin x + \sin(x + y), \quad f_{xy}(x, y) = \sin(x + y),$$

$$f_{yy}(x, y) = -\sin y + \sin(x + y)$$

より $H\left(\frac{2\pi}{3}, \frac{2\pi}{3}\right) = (-\sqrt{3})(-\sqrt{3}) - \left(-\frac{\sqrt{3}}{2}\right)^2 = \frac{9}{4} > 0$

$f_{xx}\left(\frac{2\pi}{3}, \frac{2\pi}{3}\right) < 0$ から点 $\left(\frac{2\pi}{3}, \frac{2\pi}{3}\right)$ で極大となり，極大値は $\frac{3\sqrt{3}}{2}$　■

Let's TRY

問 5.14　次の関数の極値を求めよ．

(1)　$f(x, y) = x^2 + 4y^2$　　(2)　$f(x, y) = \frac{1}{2}x^2 - 2y^2$

(3)　$f(x, y) = -x^2 + 4xy - 6y^2$　　(4)　$f(x, y) = x^2 + xy + y^2 - 2x - 2y$

(5)　$f(x, y) = x^3 + y^2 + y^3$

5.7 最大値・最小値

最大値・最小値 連続な 1 変数関数 $y = f(x)$ は 2.28 より有界閉区間 $a \leqq x \leqq b$ (a, b は実数) において必ず最大値・最小値をもつ．2 変数連続関数も同様である．例えば円周に囲まれた集合 $\{(x, y) \mid x^2 + y^2 \leqq 1\}$ は，境界である円周 $x^2 + y^2 = 1$ とその内部 $x^2 + y^2 < 1$ からなる集合である．このような閉集合上で定義された関数 $z = f(x, y)$ はその内部か境界で最大値・最小値をもつ．つまりその最大値・最小値もほとんどの場合，1 変数と同じように極値をとる点と定義域の境界での値を調べればわかる．

例題 5.14 平面上の異なる 3 点 $\mathrm{A}(x_1, y_1)$, $\mathrm{B}(x_2, y_2)$, $\mathrm{C}(x_3, y_3)$ からの距離の平方の和が最小となる点 $\mathrm{P}(x, y)$ を求めよ．

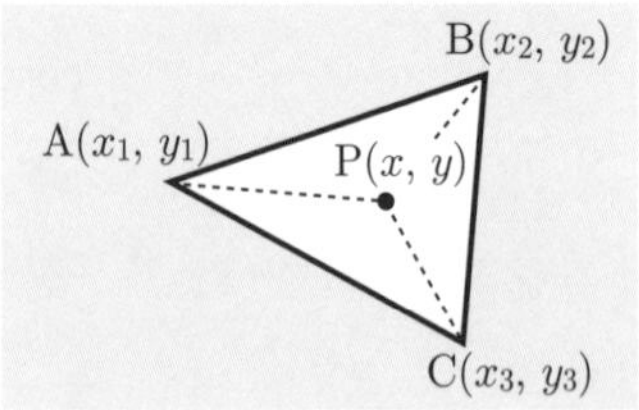

解 距離の平方の和を $f(x, y)$ とおくと

$f(x, y) = (x - x_1)^2 + (y - y_1)^2 + (x - x_2)^2 + (y - y_2)^2 + (x - x_3)^2 + (y - y_3)^2$

とかける．(x, y) が原点から限りなく離れていくとき，$f(x, y)$ は限りなく大きくなるので，$f(x, y)$ が極小値をただ 1 つもてばそれは最小値に他ならない．さて

$$f_x(x, y) = 2(x - x_1) + 2(x - x_2) + 2(x - x_3) = 0$$

$$f_y(x, y) = 2(y - y_1) + 2(y - y_2) + 2(y - y_3) = 0$$

を x と y について解くと，停留点は $\left(\frac{x_1+x_2+x_3}{3}, \frac{y_1+y_2+y_3}{3}\right)$ となる．$f_{xx}(x, y) = 6$, $f_{xy}(x, y) = 0$, $f_{yy}(x, y) = 6$ より

$$H\left(\frac{x_1 + x_2 + x_3}{3}, \frac{y_1 + y_2 + y_3}{3}\right) = 6 \times 6 - 0^2 = 36 > 0$$

となり，さらに $f_{xx}\left(\frac{x_1+x_2+x_3}{3}, \frac{y_1+y_2+y_3}{3}\right) > 0$ から，この停留点で極小となる．よって求める点 P は

$$\left(\frac{x_1 + x_2 + x_3}{3}, \frac{y_1 + y_2 + y_3}{3}\right)$$

■

例題 5.15　半径 1 の円に内接する三角形の中で面積が最大になるものを求めよ．またそのときの面積を求めよ．

解く前に　三角形《さんかくけい》の面積公式《めんせきこうしき》

図の三角形の面積 S は，$S = \dfrac{1}{2}ab\sin\theta$ で与えられる．

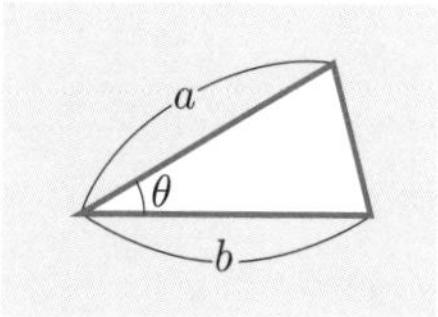

解　円の中心を O とし，円に内接する三角形を △ABC とおく．∠AOB $= x$, ∠BOC $= y$ とおくと，△ABC の面積 S は

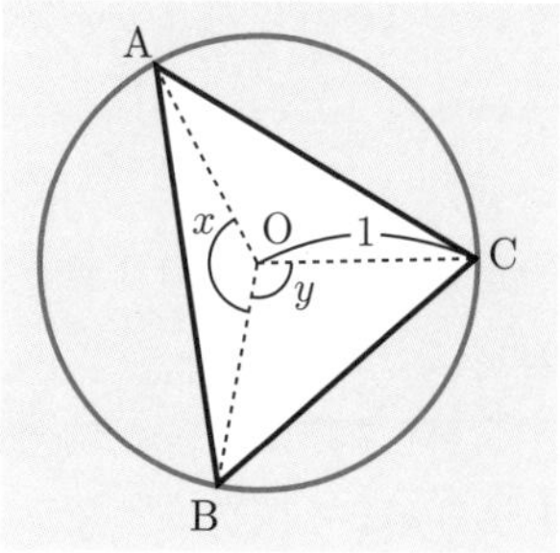

$$S = \frac{1}{2}\Big\{\underbrace{\sin x}_{\triangle \mathrm{AOB}} + \underbrace{\sin y}_{\triangle \mathrm{BOC}} + \underbrace{\sin(2\pi - x - y)}_{\triangle \mathrm{AOC}}\Big\}$$

$$= \frac{1}{2}\{\sin x + \sin y - \sin(x+y)\}$$

$$(0 < x < 2\pi,\ 0 < y < 2\pi,\ 0 < x + y < 2\pi)$$

例題 5.13(2) と同様の計算により，$2S$ の停留点は $x = y$ または $x + y = 2\pi$ を満たす．定義域を考慮すると

$$(x, y) = \left(\frac{2\pi}{3}, \frac{2\pi}{3}\right)$$

が停留点となり，極大値 $2S = \dfrac{3\sqrt{3}}{2}$ をとる．また定義域の端では $S = 0$ なので，正三角形となるとき最大面積 $\dfrac{3\sqrt{3}}{4}$ をとる．■

Let's TRY

問 5.15　次の問いに答えよ．

(1)　原点から曲面 $z = \sqrt{(x-1)^2 + y^2 + 3y + 4}$ 上の点までの距離の最小値を求めよ．

(2)　縦・横・高さの和が 12 cm である直方体の体積の最大値を求めよ．

(3)　原点から平面 $x + 2y + z = 1$ 上の点までの最小距離を求めよ．

5.8 陰関数定理

陰関数 x と y を含む方程式

$$F(x,y)=0$$

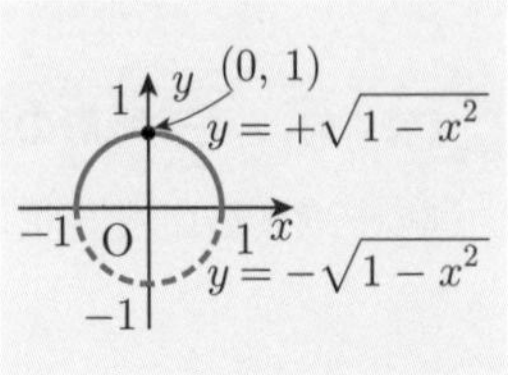

は，y が x の関数として明示されていないが定義域や値域を定めることにより y を x の関数とみなせることがある．これにより定まる関数 $y=f(x)$ を**陰関数**《いんかんすう》という（それに対し $y=f(x)$ が x の式で明示的に与えられてる関数を**陽関数**《ようかんすう》という）．方程式が円 $x^2+y^2-1=0$ のように単純であれば，$y=\pm\sqrt{1-x^2}$ と y について解くことができる．さらに点 $(0,1)$ を通る解は，$y=\sqrt{1-x^2}$ に限定される．つまり 1 通りに解くことができ，その導関数は $y'=-\frac{x}{\sqrt{1-x^2}}$ と容易に求まる．

しかし実際には y について解くことが困難である場合も多い．そこで $x^2+y^2=1$ から定まる関数 $y=f(x)$ の微分を，$f(x)$ の陽的な表示を使わずに求めてみよう．$x^2+\{f(x)\}^2=1$ の両辺を x について微分すると，**2.17** により，$2x+2f(x)f'(x)=0$ となり，$f'(x)=-\frac{x}{f(x)}=-\frac{x}{y}$ を得る．

一般に次が成り立つ．

5.13 [定理] 陰関数定理《いんかんすうていり》

関数 $F(x,y)$ は点 (a,b) の近くで C^1 級であり，$F(a,b)=0$, $F_y(a,b)\neq 0$ ならば，$x=a$ の近くにおける関数 $y=f(x)$ で

$$F(x,f(x))=0,\quad b=f(a)$$

を満たすものがただ 1 つ存在する．このとき $y=f(x)$ は微分可能であり

$$\frac{dy}{dx}=-\frac{F_x(x,y)}{F_y(x,y)} \qquad \cdots ①$$

証明 ①が成り立つことのみ示す．$F(x,y)=F(x,f(x))=0$ の両辺を x で微分する．**5.5** から $F_x(x,f(x))+F_y(x,f(x))f'(x)=0$ 点 (a,b) の近くで $F_y(x,f(x))\neq 0$ であることから①が得られる． ■

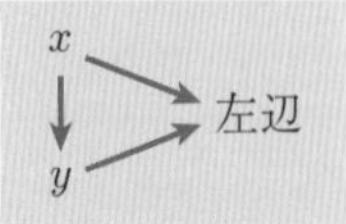

例 5.9 $x^2+3xy-4y^2-5=0$ のとき，$\frac{dy}{dx}$ を求めよう．

$F(x,y)=x^2+3xy-4y^2-5$ とおくと

$$\frac{dy}{dx}=-\frac{F_x(x,y)}{F_y(x,y)}=-\frac{2x+3y}{3x-8y}$$

別解 y を x の関数として与式の両辺を x で微分し，$2x+3y+3x\frac{dy}{dx}-8y\frac{dy}{dx}=0$ から，$\frac{dy}{dx}=-\frac{2x+3y}{3x-8y}$ としてもよい． ■

Let's TRY

問 5.16 次の方程式で与えられる x の陰関数 y の導関数を求めよ．

(1) $x-y^2=0$　(2) $x^2+3xy+y^2-6=0$　(3) $x^3-3xy+y^3=0$

接線と法線 曲線上の点における接線と法線について，陰関数を用いて考えてみよう．

接線は通る点 (a,b) と傾き $m=\left.\frac{dy}{dx}\right|_{x=a}$ がわかれば求まる． ← $y-b=m(x-a)$

例えば，円 $x^2+y^2=8$ 上の点 $(-2,2)$ における接線について考えよう．点 $(-2,2)$ での接線の傾きは $\frac{dy}{dx}$ の $x=-2$ のときの値であり，$F_x(x,y)=2x$，$F_y(x,y)=2y$ より，

$$\left.\frac{dy}{dx}\right|_{x=-2}=-\frac{F_x(-2,2)}{F_y(-2,2)}=-\frac{(-4)}{4}=1$$

となる．よって接線の方程式は $y-2=1\{x-(-2)\}$　$\therefore\ y=x+4$

次の定理が成り立つ．

5.14 [定理] 接線と法線の方程式

関数 $F(x,y)$ は点 (a,b) の近くで C^1 級であるとし，点 (a,b) を曲線 $C:F(x,y)=0$ の特異点ではないとする．曲線 C 上の点 (a,b) における接線と法線の方程式は次で与えられる．ただし，$F_x(a,b)$ と $F_y(a,b)$ は少なくとも一方が 0 でないとする．

接線《せっせん》　$F_y(a,b)(y-b)+F_x(a,b)(x-a)=0$

法線《ほうせん》　$F_x(a,b)(y-b)-F_y(a,b)(x-a)=0$

例題 5.16 曲線

$$x^2 + 3xy - 4y^2 - 5 = 0$$

の点 $(\sqrt{5}, 0)$ における接線と法線の方程式を求めよ．

解 $F(x, y) = x^2 + 3xy - 4y^2 - 5$ とおく．

$F(\sqrt{5}, 0) = 0$ であり，

$$F_x(x, y) = 2x + 3y, \quad F_y(x, y) = 3x - 8y$$

より，

$$F_x(\sqrt{5}, 0) = 2\sqrt{5}, \quad F_y(\sqrt{5}, 0) = 3\sqrt{5}$$

である． **5.14** より

接線の方程式は $3\sqrt{5}(y - 0) + 2\sqrt{5}(x - \sqrt{5}) = 0$ つまり $y = -\dfrac{2}{3}(x - \sqrt{5})$

法線の方程式は $2\sqrt{5}(y - 0) - 3\sqrt{5}(x - \sqrt{5}) = 0$ つまり $y = \dfrac{3}{2}(x - \sqrt{5})$

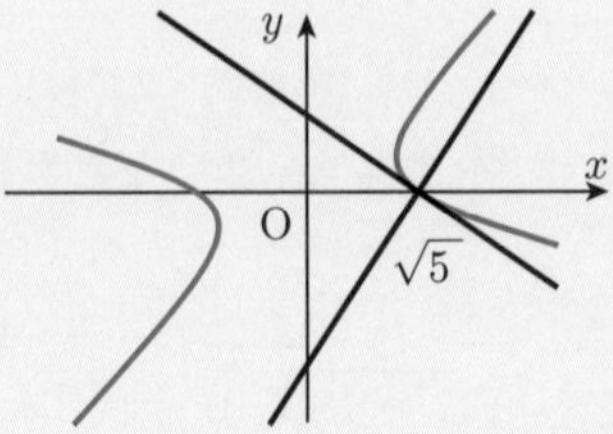

$x^2 + 3xy - 4y^2 - 5 = 0$ のグラフ

■

Let's TRY

問 **5.17** 次の曲線の [ ] 内の点における接線と法線の方程式を求めよ．

(1) $x^2 + y^2 = 8$ $[(1, \sqrt{7})]$

(2) $x^2 + y^2 = 8$ $[(0, 2\sqrt{2})]$

(3) $x^3 + y^3 = 2xy$ $[(1, 1)]$

5.9 条件付き極値問題

ラグランジュの未定乗数法　関数 $z=x^2y$ の極値は存在しないが，例えば，点 (x,y) の動く範囲を $y=1$ に制限するとどうなるだろうか．この場合，1 変数関数 $z=x^2$ の極値を考えることになるから，$z=x^2y$ は $(x,y)=(0,1)$ で極小値 $z=0$ をもつ．このようにある条件 $g(x,y)=0$ のもとで関数 $z=f(x,y)$ の極値を求める問題を，**条件《じょうけん》付《つ》き極《きょく》値《ち》問題《もんだい》**という．

条件 $g(x,y)=0$ が y について解けるときには，与式に代入し計算すれば極値は求められるが解けない場合はどうであろうか．$g(x,y)=0$ によって定まる陰関数を $y=y(x)$ とし，$z(x)=f(x,y(x))$ を x の 1 変数関数と考えると，x での微分は，**5.5** により

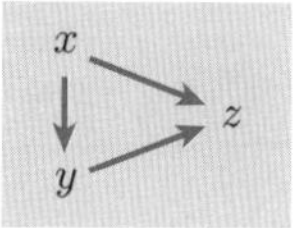

$$
\begin{aligned}
z' &= \frac{dz}{dx} \\
&= \frac{\partial z}{\partial x}\frac{dx}{dx} + \frac{\partial z}{\partial y}\frac{dy}{dx} \\
&= f_x(x,y(x)) + f_y(x,y(x))y'(x) \\
&= f_x(x,y(x)) + f_y(x,y(x))\left\{-\frac{g_x(x,y(x))}{g_y(x,y(x))}\right\}
\end{aligned}
$$

↑陰関数の微分

となる．ゆえに $x=a$ で極値をとるとき，$\dfrac{dz}{dx}=0$ より

$$
f_x(a,b) + f_y(a,b)\left\{-\frac{g_x(a,b)}{g_y(a,b)}\right\} = 0
$$

を満たす．そこで $g_x(a,b)\neq 0$，$g_y(a,b)\neq 0$ ならば

$$
\frac{f_x(a,b)}{g_x(a,b)} = \frac{f_y(a,b)}{g_y(a,b)} \qquad \cdots①
$$

となる．①を λ とおくと，次の定理を得る（g_x，g_y に関する条件は少し緩められる）．

5.15 [定義] 条件付き極値をとり得る点の条件

条件 $g(x,y)=0$ のもとで，関数 $z=f(x,y)$ が点 (a,b) で極値をとるとする．以下，

$$\begin{cases} f_x(a,b)=\lambda g_x(a,b) \\ f_y(a,b)=\lambda g_y(a,b) \\ g(a,b) \quad =0 \end{cases}$$

を，条件付き極値をとり得る点の条件ということにしよう．

上の定義において λ を**ラグランジュの未《み》定《てい》乗《じょう》数《すう》**といい，この条件を用いて極値をとり得る点を見つける方法を**ラグランジュの未《み》定《てい》乗《じょう》数《すう》法《ほう》**という．

例題 5.17 $xy=1$ のとき，

$$f(x,y)=x^2+y^2$$

が極値をとり得る点の候補を求めよ．

解 $g(x,y)=xy-1$ とおく．5.15 より

$$\begin{cases} f_x(x,y)-\lambda g_x(x,y)=2x-y\lambda=0 & \cdots① \\ f_y(x,y)-\lambda g_y(x,y)=2y-x\lambda=0 & \cdots② \\ g(x,y) \qquad\qquad\quad =xy-1=0 & \cdots③ \end{cases}$$

となる．①と②より $y(4-\lambda^2)=0$ となり，これを解くと $y=0, \lambda=\pm2$ を得る．

(1) $y=0$ の場合は③に反する．

(2) $\lambda=+2$ のときは，①と②から $x=y$ となり③に代入すると $y=\pm1$

(3) $\lambda=-2$ のときは，①と②から $x=-y$ となり③に代入すると $y^2+1=0$ より実数の範囲で求まらない．

以上より極値をとり得る点は

$$(x,y)=(\pm1,\pm1) \quad (\text{複号同順})$$

■

Let's TRY

問 5.18 $x^2+y^2=3$ のとき，$f(x,y)=2xy$ が極値をとり得る点の候補を求めよ．

極値をとり得る点において，実際に極値をとるかどうか判定するのは難しい．しかし，条件 $g(x,y)=0$ が円 $x^2+y^2=1$ のように有限の長さの曲線であれば，極値をとり得る点または曲線の端の点で最大値・最小値をもつことが知られている．

例題 5.18　$x^2+y^2=1$ のとき，$1-4x-2y$ の最大値と最小値を求めよ．

解　$g(x,y)=x^2+y^2-1$, $f(x,y)=1-4x-2y$ とおく．**5.15** より

$$\begin{cases} -4-2x\lambda \;\;= 0 & \cdots① \\ -2-2y\lambda \;\;= 0 & \cdots② \\ x^2+y^2-1=0 & \cdots③ \end{cases}$$

となる．①と②より，

$$x=-\frac{2}{\lambda},\quad y=-\frac{1}{\lambda}$$

となり，これらを③に代入すると $\lambda=\pm\sqrt{5}$ を得る．よって極値をとり得る点は

$$(x,y)=\left(\pm\frac{2}{\sqrt{5}},\ \pm\frac{1}{\sqrt{5}}\right)\quad（複号同順）$$

となる．これらの点における $f(x,y)$ の値より，$f\left(\dfrac{2}{\sqrt{5}},\dfrac{1}{\sqrt{5}}\right)=1-2\sqrt{5}$ が最小値，$f\left(-\dfrac{2}{\sqrt{5}},-\dfrac{1}{\sqrt{5}}\right)=1+2\sqrt{5}$ が最大値となる．■

Let's TRY

問 5.19　次の問いに答えよ．

(1)　$x^2+\dfrac{y^2}{4}=1$ のとき，$f(x,y)=xy$ の最大値と最小値を求めよ．

(2)　$x^2+y^2=1$ のとき，$f(x,y)=x^2+2xy+y^2$ の最大値と最小値を求めよ．

5.10 包絡線（偏微分の応用）

包絡線 α を定数とするとき，方程式

$$(x-\alpha)^2+y^2=\left(\frac{\alpha}{2}+1\right)^2$$

を考えよう．これは中心 $(\alpha, 0)$ で半径が $\left|\frac{\alpha}{2}+1\right|$ の円である．α の値をいろいろ変化させると，図のようになる．

これらの円群のすべてに接する直線（図の青い直線）について考えてみよう．

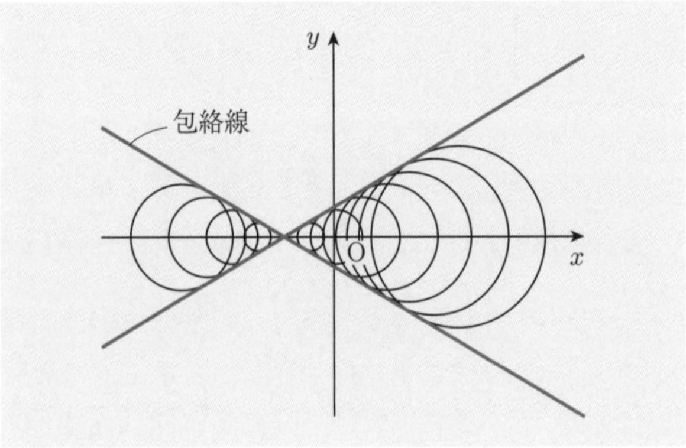

一般に α を媒介変数とする曲線 $C_\alpha : f(x, y, \alpha) = 0$ の集合 $\{C_\alpha\}$ を **曲線群**《きょくせんぐん》という．ある曲線（または直線）C 上の任意の点に対して，ある α が存在し，C_α と C がその点で接する（共通の接線をもつ）とき，曲線 C を**包絡線**《ほうらくせん》という．

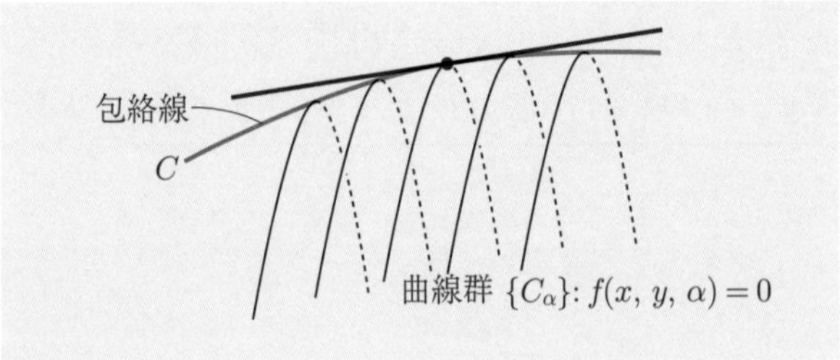

包絡線をどのように求めたらよいのか考えてみよう．

各 α に対し包絡線 C は C_α に 1 点で接するとすると，C 上の点は

$$(x, y) = (x(\alpha),\ y(\alpha))$$

と α を用いて媒介変数表示できる．$f_y(x(\alpha), y(\alpha), \alpha) \neq 0$ とすると，点 $(x(\alpha), y(\alpha))$ において C_α と C の傾きが一致することから

$$\frac{dy}{dx} = \underbrace{-\frac{f_x(x(\alpha), y(\alpha), \alpha)}{f_y(x(\alpha), y(\alpha), \alpha)}}_{C_\alpha \text{ の傾き}} = \underbrace{\frac{y'(\alpha)}{x'(\alpha)}}_{C \text{ の傾き}}$$

より

$$f_x(x(\alpha), y(\alpha), \alpha)x'(\alpha) + f_y(x(\alpha), y(\alpha), \alpha)y'(\alpha) = 0 \quad \cdots ①$$

を満たす．一方，$(x(\alpha), y(\alpha))$ は C_α 上の点であるから

$$f(x(\alpha), y(\alpha), \alpha) = 0$$

を満たし，これを α で微分すると，**5.5** により

$$f_x(x(\alpha), y(\alpha), \alpha)x'(\alpha) + f_y(x(\alpha), y(\alpha), \alpha)y'(\alpha) + f_\alpha(x(\alpha), y(\alpha), \alpha) = 0 \cdots ②$$

よって①, ②より

$$f_\alpha(x(\alpha), y(\alpha), \alpha) = 0$$

が成り立つ．したがって次が成り立つ．

5.16　[定理] 包絡線の方程式

曲線 C 上の任意の点 (x, y) が曲線群 $f(x, y, \alpha) = 0$ の包絡線上の点であるとき

$$f(x, y, \alpha) = 0, \quad f_\alpha(x, y, \alpha) = 0$$

が成り立つ．

例 5.10 この節の最初にあげた例で包絡線の方程式を求めてみよう.

$$f(x,y,\alpha)=(x-\alpha)^2+y^2-\left(\frac{\alpha}{2}+1\right)^2$$

とおくと，$f_\alpha(x,y,\alpha)=-2(x-\alpha)-\left(\frac{\alpha}{2}+1\right)$ より，**5.16** から

$$\begin{cases}(x-\alpha)^2+y^2-\left(\frac{\alpha}{2}+1\right)^2=0 & \cdots ① \\ \alpha=\frac{2}{3}(2x+1) & \cdots ②\end{cases}$$

を得る．②を①に代入すると $y^2=\left(\frac{x+2}{\sqrt{3}}\right)^2$ より

$$\left(y+\frac{1}{\sqrt{3}}x+\frac{2}{\sqrt{3}}\right)\left(y-\frac{1}{\sqrt{3}}x-\frac{2}{\sqrt{3}}\right)=0$$

よって求める包絡線は $y=\pm\frac{1}{\sqrt{3}}x\pm\frac{2}{\sqrt{3}}$ （複号同順） ■

Let's TRY

問 5.20 次の α を媒介変数とする曲線群の包絡線の方程式を求めよ.

(1) $y=\alpha x+\frac{\alpha^2}{4}$ (2) $x\cos\alpha+y\sin\alpha=a$ （a は定数）

▶ 包絡線と判別式

$f(x,y,\alpha)$ が媒介変数 α について 2 次式の場合は次のようにその判別式を求めることによって包絡線の方程式が得られる．A,B,C を x,y の関数とし，曲線群 $A\alpha^2+B\alpha+C=0$ の包絡線の方程式を求めよう．この式を α で微分すると $2A\alpha+B=0$ となり，この 2 式から α を消去すれば $B^2-4AC=0$ を得る．左辺は 2 次方程式（曲線群）の判別式に他ならない．例 5.10 では

$$f(x,y,\alpha)=\frac{3}{4}\alpha^2-(2x+1)\alpha+x^2+y^2-1$$

の判別式が 0 より $(2x+1)^2-3(x^2+y^2-1)=0$．これを整理すると同じ結果を得る．

第 5 章　演習問題 A

1　関数 $f(x,y)=\begin{cases}\dfrac{xy^3}{x^2+y^2} & ((x,y)\neq(0,0))\\ 0 & ((x,y)=(0,0))\end{cases}$ の連続性を調べよ．

2　次の関数の第 2 次偏導関数 z_{xx}，z_{xy}，z_{yx}，z_{yy} を求めよ．

(1)　$z=x^2y$　　(2)　$z=x\,e^y$　　(3)　$z=\sqrt{x^2-y^2}$

3　関数 $z=f(x,y)$ が C^1 級であり，$x=r\cos\theta$, $y=r\sin\theta$ のとき，次を示せ．

$$\left(\frac{\partial z}{\partial x}\right)^2+\left(\frac{\partial z}{\partial y}\right)^2=\left(\frac{\partial z}{\partial r}\right)^2+\frac{1}{r^2}\left(\frac{\partial z}{\partial \theta}\right)^2$$

4　次の関数の全微分 dz を求めよ．(1)　$z=\dfrac{x}{y}$　　(2)　$z=\sin^{-1}xy$

5　次の関数で定められる曲面について，( ) 内の点 (a,b) における接平面の方程式を求めよ．

(1)　$z=\dfrac{x-y}{x+y}$　$((a,b)=(1,1))$　　(2)　$z=(1+x+y)e^{xy}$　$((a,b)=(0,0))$

6　次の関数を 2 次の項までマクローリン展開せよ．ただし剰余項は R_3 とかくだけでよい．(1)　$f(x,y)=\dfrac{1}{1+x-y}$　　(2)　$f(x,y)=(1+x)\cos(x-y)$

7　次の関数の極値を求めよ．

(1)　$f(x,y)=x^2+x+y^2$　　(2)　$f(x,y)=4x-x^2-2y^2$

(3)　$f(x,y)=x^2-y^2+x+y+1$　　(4)　$f(x,y)=x^3-6xy+3y^2+2$

(5)　$f(x,y)=e^x(x^2+y^2)$　　(6)　$f(x,y)=x^2+y^4+2x+4$

8　次の曲線の [ ] 内の点における接線と法線の方程式を求めよ．

(1)　$3x^2+6xy-2y^2+5=0$　$[(-1,1)]$

(2)　$\sin x+\cos y=\sqrt{3}$　$\left[\left(\dfrac{\pi}{3},\dfrac{\pi}{6}\right)\right]$　　(3)　$\log x+e^y-2=0$　$[(e,0)]$

9　次の $f(x,y)$，$g(x,y)$ に対して，条件 $g(x,y)-0$ の下で $f(x,y)$ の極値をとり得る点の候補を求めよ．

(1)　$f(x,y)=xy+x+y$，$g(x,y)=x^2+y^2-1$

(2)　$f(x,y)=x^2+y^2$，$g(x,y)=xy-1$

10　$x^2-xy+y^2=1$ のとき，関数 $f(x,y)=x+y$ の最大値，最小値を求めよ．

第5章 演習問題B

11 関数 $f(x,y)=\begin{cases}\dfrac{x^2+y^2}{x-y} & (x\neq y\ のとき)\\ 0 & (x=y\ のとき)\end{cases}$ について，次の問いに答えよ．

(1) $f(x,y)$ の $(x,y)=(0,0)$ における連続性を調べよ．

(2) 定義にしたがって $f_x(0,0)$ と $f_y(0,0)$ を求めよ．

12 2 変数関数の平均値の定理を用いて，関数 $f(x,y)$ が点 (a,b) の近傍で C^1 級であるならば，点 (a,b) において $f(x,y)$ は連続であることを示せ．

13 関数 $f(x,y)$ が C^2 級のとき，次の問いに答えよ．

(1) $f(x,y(x))=0$, $f_y\neq 0$ のときに $y'(x)$ を f, f_x, f_y で表せ．

(2) $y'(x)=f(x,y(x))$ のときに，$y''(x)$, $y'''(x)$ を f, f_x, f_y, f_{xx}, f_{xy}, f_{yy} を用いて表せ．

14 関数 $f(x,y)=\begin{cases}\dfrac{xy^3}{x^2+y^2} & ((x,y)\neq(0,0))\\ 0 & ((x,y)=(0,0))\end{cases}$ について，定義にしたがって $f_{xy}(0,0)$ と $f_{yx}(0,0)$ を求めて，$f_{xy}(0,0)\neq f_{yx}(0,0)$ を示せ．

15 関数 $z=f(x,y)$ が C^2 級であり，$x=r\cos\theta$, $y=r\sin\theta$ のとき，次を示せ．

(1) $\dfrac{\partial z}{\partial x}=\cos\theta\dfrac{\partial z}{\partial r}-\dfrac{\sin\theta}{r}\dfrac{\partial z}{\partial\theta}$, $\dfrac{\partial z}{\partial y}=\sin\theta\dfrac{\partial z}{\partial r}+\dfrac{\cos\theta}{r}\dfrac{\partial z}{\partial\theta}$

(2) $\dfrac{\partial^2 z}{\partial x^2}+\dfrac{\partial^2 z}{\partial y^2}=\dfrac{\partial^2 z}{\partial r^2}+\dfrac{1}{r^2}\dfrac{\partial^2 z}{\partial\theta^2}+\dfrac{1}{r}\dfrac{\partial z}{\partial r}$

16 $2x^2+2xy+y^2=1$ で与えられる陰関数 y の $\dfrac{dy}{dx}$ と $\dfrac{d^2y}{dx^2}$ を求めよ．

17 $x^2-xy+y^2=4$ という条件の下で，$f(x,y)=x^2+y^2$ の極値をとり得る点の候補を求めよ．

18 $x^2+y^2=9$ のとき，関数 $f(x,y)=xy^2$ の最大値，最小値を求めよ．

19 次の α を媒介変数とする曲線群の包絡線の方程式を求めよ．

(1) $y=\alpha x+\dfrac{1}{\alpha}$，ただし $\alpha\neq 0$

(2) $(x-\alpha^2)^2+y^2=\alpha^2$，ただし $\alpha>0$

20 円に内接する長方形のうち，面積が最大となるものを求めよ．

6 重積分

重積分，特に 2 重積分の概念は，立体の体積を求めることを出発点としている．2 重積分の本来の定義は区分求積法を用いて行うが，具体的に計算する場合は定積分を 2 度行う累次積分を用いることが多い．そこで本章では本来の定義より前に累次積分を解説することにする．さらに本章の後半では重積分の応用について学ぶ．

6.1 重積分

底面が長方形である立体の体積（2 重積分）と累次積分 xy 平面上の長方形領域 D を底面とする立体の体積について考える．

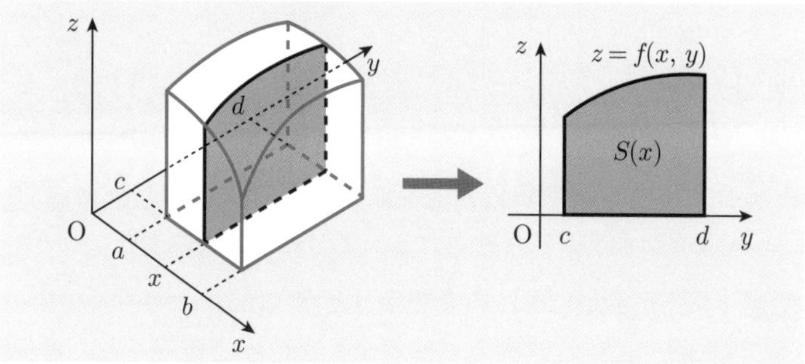

$D = \{(x,y) \mid a \leqq x \leqq b,\ c \leqq y \leqq d\}$ とし，2 変数関数 $f(x,y)$ は D 上で連続かつ $f(x,y) \geqq 0$ であると仮定する．曲面 $z = f(x,y)$ と D により上下から挟まれてできる立体の体積 V を **2 重積分**《じゅうせきぶん》 $\displaystyle\iint_D f(x,y)\,dxdy$ で表す．

■**注意**　2 重積分の本来の定義は，後ほど詳しく述べるように区分求積法の考えを用いて行う．

図のように x 軸上の点 $(x,0,0)$（ただし $a \leqq x \leqq b$）を通り，x 軸に垂直な平面（したがって yz 平面に平行）で立体を切ったときの切り口の面積は $S(x) = \displaystyle\int_c^d f(x,y)\,dy$ で表され，さらに $V = \displaystyle\int_a^b S(x)\,dx$（第 3 章 **3.19**）であることから

$$\iint_D f(x,y)\,dxdy = \int_a^b \left\{ \int_c^d f(x,y)\,dy \right\} dx \qquad \cdots ①$$

同様に，立体を y 軸に垂直な平面で切ったときの切り口を考えることにより，次の等式が導かれる．

$$\iint_D f(x,y)\,dxdy = \int_c^d \left\{ \int_a^b f(x,y)\,dx \right\} dy \qquad \cdots ②$$

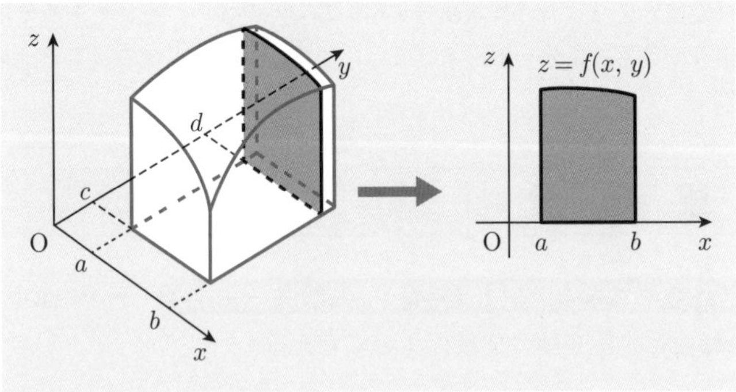

上の $\displaystyle\int_a^b \left\{ \int_c^d f(x,y)\,dy \right\} dx$ および $\displaystyle\int_c^d \left\{ \int_a^b f(x,y)\,dx \right\} dy$ を $f(x,y)$ の長方形領域 D における**累次《るいじ》積分《せきぶん》**と定義する．等式①, ②は $f(x,y) \geqq 0$ の仮定が無くても成り立つことが知られている．まとめると次のようになる．

6.1 長方形領域における 2 重積分と累次積分

$D = \{(x,y) \mid a \leqq x \leqq b,\ c \leqq y \leqq d\}$ と D 上で定義された連続関数 $f(x,y)$ に対し，f の D における 2 重積分は次のように累次積分で表される．

$$\iint_D f(x,y)\,dxdy = \int_a^b \left\{ \int_c^d f(x,y)\,dy \right\} dx \qquad \cdots ①$$

$$= \int_c^d \left\{ \int_a^b f(x,y)\,dx \right\} dy \qquad \cdots ②$$

特に $f(x,y) \geqq 0$ の場合，これらの値は曲面 $z = f(x,y)$ と D により上下から挟まれてできる立体の体積となる．

例 6.1 **(累次積分の例)**

(1) $\displaystyle \int_0^2 \left\{ \int_0^1 (-x+2y+1)\,dy \right\} dx$ の計算

最初に{ }の内側を計算するが，x は定数と考えて y で積分する．

$$\int_0^1 (-x+2y+1)\,dy = \Big[-xy+y^2+y\Big]_0^1 = -x+2 \text{ より}$$

$\cdots\Big]_{y=0}^{y=1}$ とかくこともある

$$\int_0^2 \left\{ \int_0^1 (-x+2y+1)\,dy \right\} dx = \int_0^2 (-x+2)\,dx = 2$$

(2) $\displaystyle \int_0^1 \left\{ \int_0^2 (-x+2y+1)\,dx \right\} dy$ の計算

最初に{ }の内側を計算するが，y は定数と考えて x で積分する．

$$\int_0^2 (-x+2y+1)\,dx = \left[-\frac{x^2}{2}+2xy+x\right]_0^2 = 4y \text{ より}$$

$$\int_0^1 \left\{ \int_0^2 (-x+2y+1)\,dx \right\} dy = \int_0^1 4y\,dy = 2$$

■

例題 6.1 累次積分を用いて次の 2 重積分の値を求めよ．

$$\iint_D (x+y+1)\,dxdy, \quad D = \{(x,y) \mid 0 \leqq x \leqq 1,\ 1 \leqq y \leqq 2\}$$

解 $\displaystyle \int_a^b \left\{ \int_c^d f(x,y)\,dy \right\} dx$ の形の累次積分により求める．

$$\iint_D (x+y+1)\,dxdy = \int_0^1 \left\{ \int_1^2 (x+y+1)\,dy \right\} dx$$

{ }の内側を x は定数と考えて y で積分

$$= \int_0^1 \left[xy+\frac{y^2}{2}+y\right]_{y=1}^{y=2} dx$$

$$= \int_0^1 \left(x+\frac{5}{2}\right) dx = 3$$

■

Let's TRY

問 6.1　例題 6.1 の 2 重積分を $\displaystyle\int_c^d \left\{ \int_a^b f(x,y)\,dx \right\} dy$ の形の累次積分により求めよ．

問 6.2　累次積分を用いて次の 2 重積分を求めよ．

(1)　$\displaystyle\iint_D xy\,dxdy, \qquad D = \{(x,y)\,|\,0 \leqq x \leqq 1,\, 0 \leqq y \leqq 2\}$

(2)　$\displaystyle\iint_D x^2 y\,dxdy, \qquad D = \{(x,y)\,|\,0 \leqq x \leqq 1,\, 0 \leqq y \leqq 1\}$

(3)　$\displaystyle\iint_D (x^2+y^2)\,dxdy, \quad D = \{(x,y)\,|\,1 \leqq x \leqq 2,\, 1 \leqq y \leqq 2\}$

長方形領域における 2 重積分（区分求積法）　区分求積法の考えを用いることにより，長方形領域における 2 重積分の本来の定義を行う．

■**注意**　体積あるいは面積を求めるために，全体を分割して簡単な図形（いまの場合なら直方体）の和で近似し，その極限値をとる方法を**区《く》分《ぶん》求《きゅう》積《せき》法《ほう》**とよぶ．区分求積法の考え方は，第 1 章 1.4 節で四角錐の体積を計算する際や第 3 章 3.2 節で定積分を定義する際にも用いられた．

xy 平面上の長方形領域 $D = \{(x,y)\,|\,a \leqq x \leqq b,\, c \leqq y \leqq d\}$ に対し，2 変数関数 $f(x,y)$ は D 上で連続かつ $f(x,y) \geqq 0$ を満たすと仮定する．

図のように xyz 空間内で，曲面 $z = f(x,y)$ と D により上下から挟まれてできる立体の体積を求める．

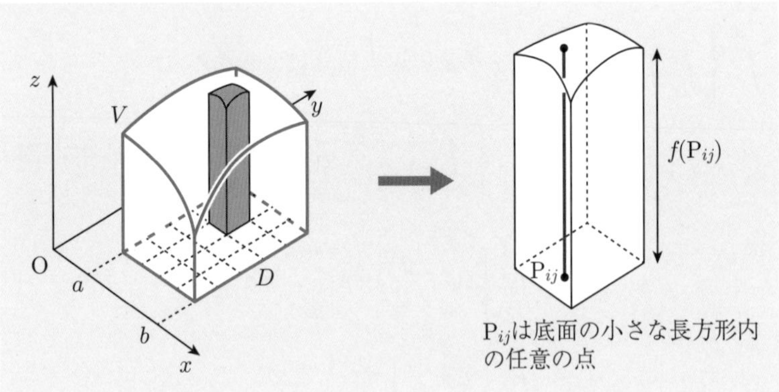

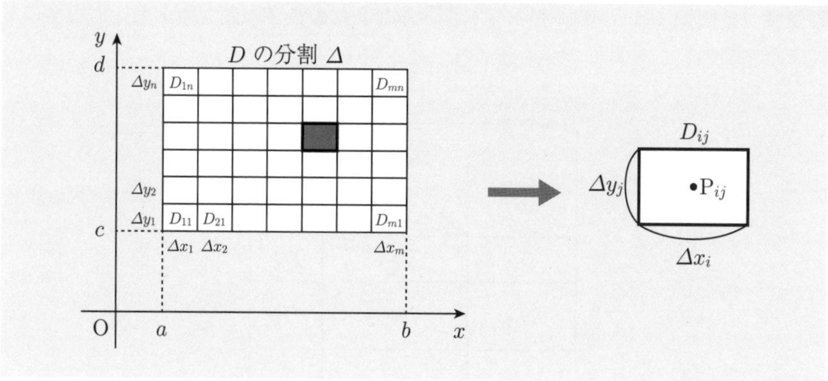

図のように，D の横の辺を m 個の小区間，縦の辺を n 個の小区間にわけて D を mn 個の長方形に分割し，それを分割 Δ《デルタ》 とおく．左から i 番目，下から j 番目の長方形を D_{ij}（$1 \leqq i \leqq m,\, 1 \leqq j \leqq n$）とおくと，立体のうち D_{ij} を底面にもつ部分の体積は，底面 D_{ij}，高さ $f(\mathrm{P}_{ij})$ の直方体の体積 $f(\mathrm{P}_{ij})\Delta x_i \Delta y_j$ で近似できる．ここで P_{ij} は D_{ij} 内の任意の点を，Δx_i，Δy_j はそれぞれ D_{ij} の横，縦の長さを表す．V は直方体の体積の和で近似できるので

$$V \fallingdotseq \sum_{i=1}^{m} \sum_{j=1}^{n} f(\mathrm{P}_{ij}) \Delta x_i \Delta y_j$$

そこで分割 Δ を限りなく細かいものに変えていけば（このとき m, n は限りなく大きくなる），直方体の体積の和は V に収束すると考えられる．すなわち

$$V = \lim_{|\Delta| \to 0} \sum_{i=1}^{m} \sum_{j=1}^{n} f(\mathrm{P}_{ij}) \Delta x_i \Delta y_j$$

（記号 $|\Delta|$ と $\displaystyle\lim_{|\Delta| \to 0}$ の意味は下の注意において述べる）

体積 V をこの極限で定義することもある

このように立体の体積は，直方体の体積の和の 極限 で表される．右辺の値を「$f(x, y)$ の領域 D における **2 重《じゅう》積分《せきぶん》**」とよび

$$\iint_D f(x, y)\, dxdy = \lim_{|\Delta| \to 0} \sum_{i=1}^{m} \sum_{j=1}^{n} f(\mathrm{P}_{ij}) \Delta x_i \Delta y_j \quad \cdots ①$$

と定まる．またこのとき領域 D を**積分《せきぶん》領域《りょういき》**とよぶ．

■**注意**　分割 Δ に対し D_{ij} の i, j に関する対角線の長さの最大値を $|\Delta|$ で表すことにする．

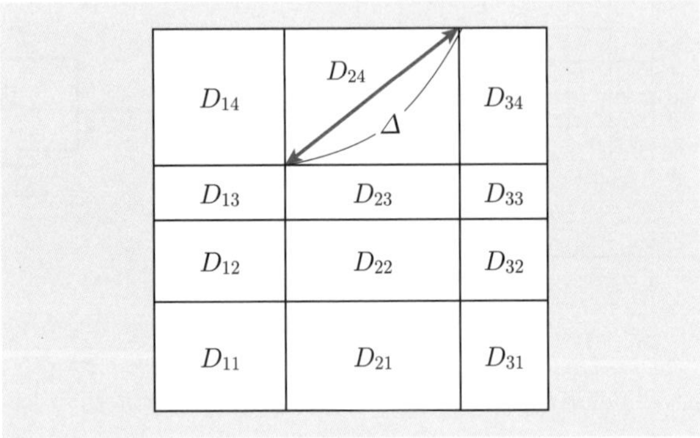

$\lim\limits_{|\Delta|\to 0}$ で極限値が α になるとは，$|\Delta| \to 0$ となるように分割 Δ を限りなく細かくしてゆくとき，分割の仕方と P_{ij} の取り方によらずに値が α に限りなく近付くことである．特に Δ を横の辺，縦の辺の等分割（すなわち $\Delta x_1 = \Delta x_2 = \cdots = \Delta x_m$, $\Delta y_1 = \Delta y_2 = \cdots = \Delta y_n$）の場合に限ると $\lim\limits_{|\Delta|\to 0}$ は，$m \to \infty, n \to \infty$（つまり m, n を同時に限りなく大きくする）のときの極限を表す．

ここまで $\displaystyle\iint_D f(x, y)\,dxdy$ は立体の体積を表していたため，$f(x, y) \geqq 0$ と仮定したが，この仮定が無くても $|\Delta| \to 0$ のとき，①における

$$\sum_{i=1}^{m} \sum_{j=1}^{n} f(\mathrm{P}_{ij}) \Delta x_i \Delta y_j$$

の極限が Δ および P_{ij} の取り方によらず 1 つの値に収束する場合は「$f(x, y)$ は領域 D において 2 重積分可能である」とし，2 重積分を①で定義する．特に関数 f が D 上で連続ならば 2 重積分可能であることが知られている．

■**注意**　区分求積法による定義を具体的な 2 重積分の計算に用いることは少なく，代わりに累次積分が用いられることが多いが，2 重積分の本来の定義を学ぶことは物理・工学等にも関連して有意義と思われる．また区分求積法による定義は，本章 6.2, 6.4, 6.6 節の変数変換，曲面積，重心の解説においても必要となる．

例 6.2 ♣ 区分求積法により，次の $\displaystyle\iint_D f(x,y)\,dxdy$ の値を求めよう．

$$f(x,y) = xy, \quad D = \{(x,y) \mid 0 \leqq x \leqq 1,\ 0 \leqq y \leqq 2\}$$

x 軸上の区間 $[0,1]$ を m 等分し，$0 = x_0 < x_1 < \cdots < x_m = 1$, $x_i = \dfrac{i}{m}$

y 軸上の区間 $[0,2]$ を n 等分し，$0 = y_0 < y_1 < \cdots < y_n = 2$, $y_j = \dfrac{2j}{n}$

とし，$D_{ij} = \{(x,y) \mid x_{i-1} \leqq x \leqq x_i,\ y_{j-1} \leqq y \leqq y_j\}$ とおく．

$\Delta x_i = \dfrac{1}{m}$, $\Delta y_j = \dfrac{2}{n}$，また D_{ij} の点として $\mathrm{P}_{ij} = (x_i, y_j)$ をとる．

$$\begin{aligned}
\iint_D f(x,y)\,dxdy &= \lim_{|\Delta|\to 0} \sum_{i=1}^{m}\sum_{j=1}^{n} f(\mathrm{P}_{ij})\Delta x_i \Delta y_j \\
&= \lim_{m,n\to\infty} \sum_{i=1}^{m}\sum_{j=1}^{n} x_i y_j \Delta x_i \Delta y_j \\
&= \lim_{m,n\to\infty} \sum_{i=1}^{m}\sum_{j=1}^{n} \frac{i}{m}\frac{2j}{n}\frac{1}{m}\frac{2}{n} \\
&= \lim_{m,n\to\infty} \frac{4}{m^2n^2}\sum_{i=1}^{m} i\left(\sum_{j=1}^{n} j\right) \\
&\qquad \left(1 + 2 + \cdots + n = \frac{n(n+1)}{2} \text{ を用いる}\right) \\
&= \lim_{m,n\to\infty} \frac{4}{m^2n^2}\frac{m(m+1)}{2}\frac{n(n+1)}{2} \\
&= \lim_{m,n\to\infty} \frac{m+1}{m}\frac{n+1}{n} \\
&= \lim_{m,n\to\infty} \left(1 + \frac{1}{m}\right)\left(1 + \frac{1}{n}\right) \\
&= 1
\end{aligned}$$

■

一般領域における2重積分　xy 平面上の一般の領域 D で定義された関数 $f(x,y)$ に対し，D を積分領域とする2重積分

$$\iint_D f(x,y)\,dxdy$$

を定義しよう．

座標平面上で有限個の直線または滑らかな曲線で囲まれた図形（境界を含む）を**閉領域**《へいりょういき》または単に**領域**《りょういき》とよぶことにする（閉領域・領域の本来の定義とは異なるが，実用上はこれで十分である）．

また座標平面上の図形 D に対し，D を含む長方形がある場合「D は**有界**《ゆうかい》である」と定義する．

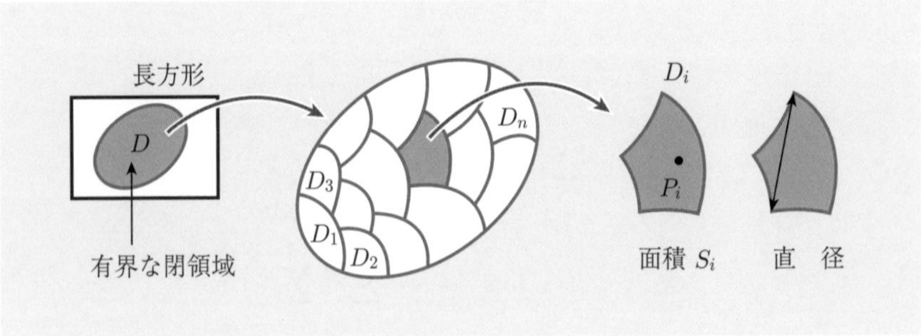

有界な閉領域 D と D 上で定義された関数 $f(x,y)$ に対し，図のように D を閉領域 $D_1, D_2, \ldots, D_n$ に分け，それを分割 Δ《デルタ》とおく．D_i の面積を S_i，D_i の任意の点を P_i とする．$|\Delta| \to 0$ のとき $\displaystyle\sum_{i=1}^{n} f(\mathrm{P}_i)S_i$ の極限が Δ および P_i の取り方によらず1つの値に収束する場合は「$f(x,y)$ は領域 D において2重積分可能である」とし，2重積分を

$$\iint_D f(x,y)\,dxdy = \lim_{|\Delta|\to 0} \sum_{i=1}^{n} f(\mathrm{P}_i)S_i \qquad \cdots①$$

と定義する（記号 $|\Delta|$ と $\displaystyle\lim_{|\Delta|\to 0}$ の意味は下の注意において述べる）．またこのとき領域 D を**積分領域**《せきぶんりょういき》とよぶ．

特に D 上で $f(x,y)=1$ の場合，2重積分を $\displaystyle\iint_D dxdy$ と表す．

D の面積を S とすると

$$\iint_D dxdy = \lim_{|\Delta|\to 0} \sum_{i=1}^{n} S_i = \lim_{|\Delta|\to 0} S = S$$

となる．

■**注意** 閉領域 D_i の任意の 2 点間の距離の最大値を D_i の直径とよび δ_i で表し，$\delta_1, \delta_2, \ldots, \delta_n$ の最大値を $|\Delta|$ で表す．$\lim\limits_{|\Delta|\to 0}$ とは p.220 の注意と同様に $|\Delta| \to 0$ となるように分割 Δ を変えていくときの極限を表す．

6.2 立体の体積

有界な閉領域 D 上で連続な関数 $f(x,y)$ は D 上で 2 重積分可能となる．さらに D 上で $f(x,y) \geqq 0$ ならば，

$$\iint_D f(x,y)\,dxdy$$

は曲面 $z = f(x,y)$ と D により上下から挟まれてできる立体の体積となり，$f(x,y) \leqq 0$ ならば体積の -1 倍となる．

■**注意** 有界な閉領域 D で定義された関数 $f(x,y)$ に対し，D を含む有界な閉領域 D' を用いて，D に属さない D' の点では $f(x,y) = 0$ と定めれば

$$\iint_D f(x,y)\,dxdy = \iint_{D'} f(x,y)\,dxdy$$

が成り立つ (左辺・右辺のどちらかが 2 重積分可能ならもう一方も 2 重積分可能となり両辺は等しくなる)．特に図のように

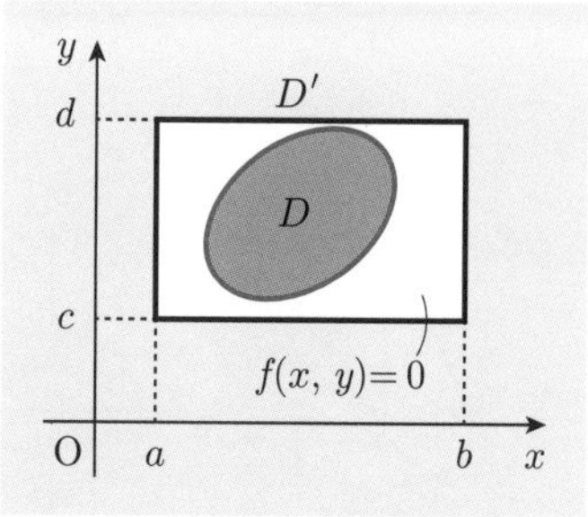

$$D' = \{(x,y) \mid a \leqq x \leqq b,\ c \leqq y \leqq d\}$$

ととれば，$\iint_D f(x,y)\,dxdy$ は前述の長方形領域における 2 重積分の定義に帰着される．

例題 6.2 次の問いに答えよ．

(1) 曲面 $z = 1 - x^2 - y^2$ と xy 平面で挟まれてできる立体 V の体積を 2 重積分の式で表せ．

(2) 平面 $\dfrac{x}{3} + \dfrac{y}{2} + z = 1$ と各座標平面で囲まれる立体 V の体積を 2 重積分の式で表せ．

解 (1) $z = 1 - x^2 - y^2 \geqq 0$ ならば $x^2 + y^2 \leqq 1$ となることから，xy 平面上の領域 $D = \{(x, y) \mid x^2 + y^2 \leqq 1\}$ に対し，V は上から曲面 $z = 1 - x^2 - y^2$ で下から D で挟まれる立体である．したがって

$$V = \iint_D (1 - x^2 - y^2)\, dxdy, \quad D = \{(x, y) \mid x^2 + y^2 \leqq 1\}$$

(2) 平面 $\dfrac{x}{3} + \dfrac{y}{2} + z = 1$ と各座標軸との交点の座標は $(3, 0, 0)$, $(0, 2, 0)$, $(0, 0, 1)$ であることから V は下の図の水色の領域 D を底面とする三角錐である．また平面の方程式は $z = -\dfrac{x}{3} - \dfrac{y}{2} + 1$ となるので

$$V = \iint_D \left(-\frac{x}{3} - \frac{y}{2} + 1\right) dxdy$$

$$D = \left\{(x, y) \,\middle|\, \frac{x}{3} + \frac{y}{2} \leqq 1, x \geqq 0, y \geqq 0\right\}$$

■

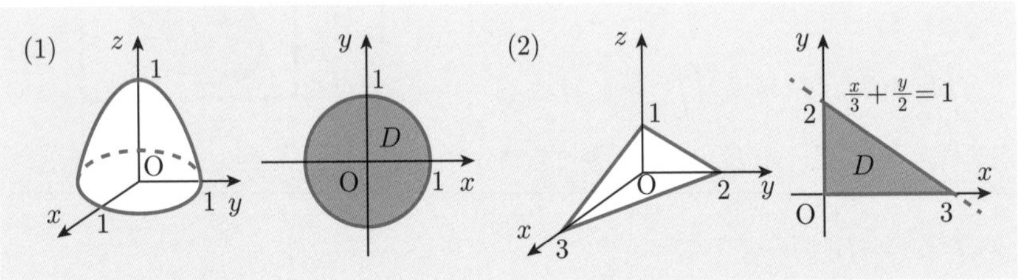

■**注意** ここまでの知識で上の例題の 2 重積分の値を求めることは困難であるが，後で述べる方法を用いると求められる．

Let's TRY

問 6.3 次の立体の体積を 2 重積分の式で表せ．

(1) 半球 $V = \{(x, y, z) \mid x^2 + y^2 + z^2 \leqq 1,\ z \geqq 0\}$

(2) 平面 $\dfrac{x}{4} + \dfrac{y}{5} + z = 1$ と各座標平面で囲まれる立体

第 3 章の定積分において得られた性質と類似の性質が 2 重積分においても成り立つ．

6.3 一般領域における 2 重積分の性質

関数 $f(x,y)$, $g(x,y)$ はともに xy 平面上の有界な閉領域 D において 2 重積分可能であると仮定する．このとき次のことが成り立つ．

(1) $\displaystyle\iint_D \{f(x,y) \pm g(x,y)\}\,dxdy$

$$= \iint_D f(x,y)\,dxdy \pm \iint_D g(x,y)\,dxdy \quad （複号同順）$$

(2) 実数 k に対し

$$\iint_D kf(x,y)\,dxdy = k\iint_D f(x,y)\,dxdy$$

(3) D 上で $f(x,y) \geqq 0$ ならば

$$\iint_D f(x,y)\,dxdy \geqq 0$$

(4) 有界な閉領域 D が 2 つの閉領域 D_1, D_2 に分けられ，各領域において 2 重積分可能であれば，関数 f は D において 2 重積分可能となり

$$\iint_D f(x,y)\,dxdy = \iint_{D_1} f(x,y)\,dxdy + \iint_{D_2} f(x,y)\,dxdy$$

■**注意** 上の性質は，いずれも前に述べた一般領域における 2 重積分の定義式①を用いて示されるが，証明は省くこととする．(4) について，f が D 上で 0 以上の値をとる連続関数の場合は，曲面 $z=f(x,y)$ と D または D_1 または D_2 により上下から挟まれてできる立体を各々 V, V_1, V_2 とすると，上の等式は $V = V_1 + V_2$ であることを述べている．これは 3.8 定積分の性質

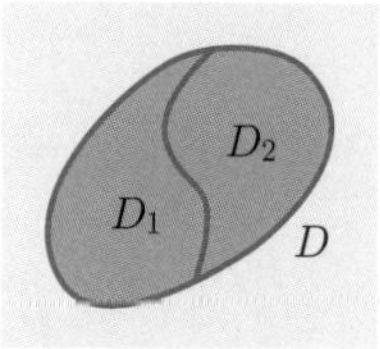

(2) $\displaystyle\int_a^c f(x)\,dx + \int_c^b f(x)\,dx = \int_a^b f(x)\,dx$

の拡張といってよい．

一般領域における累次積分 6.2 より，xy 平面上の一般の有界な閉領域 D を底面とする立体の体積は D 上の 2 重積分で表される．ここでは体積を別の方法で求めてみる．

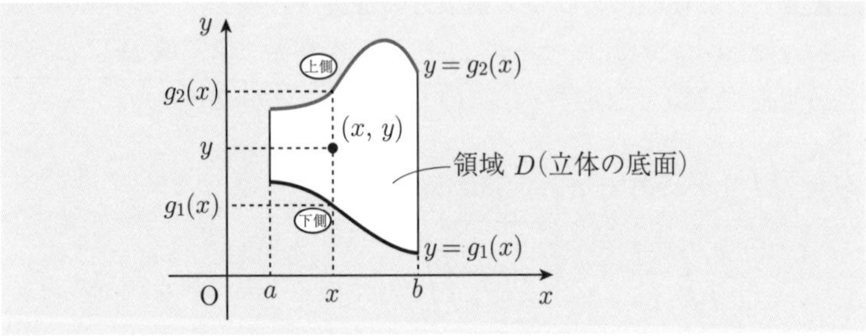

上の図のように $a \leqq x \leqq b$ の範囲で，下から曲線 $y = g_1(x)$ で上から曲線 $y = g_2(x)$ で挟まれてできる領域を D とする（ただし $g_1(x) \leqq g_2(x)$ と仮定）．

$$D = \{(x,y) \mid \overbrace{a \leqq x \leqq b}^{x\text{ の範囲}},\ \overbrace{g_1(x) \leqq y \leqq g_2(x)}^{x\text{ を固定したときの }y\text{ の範囲}}\}$$

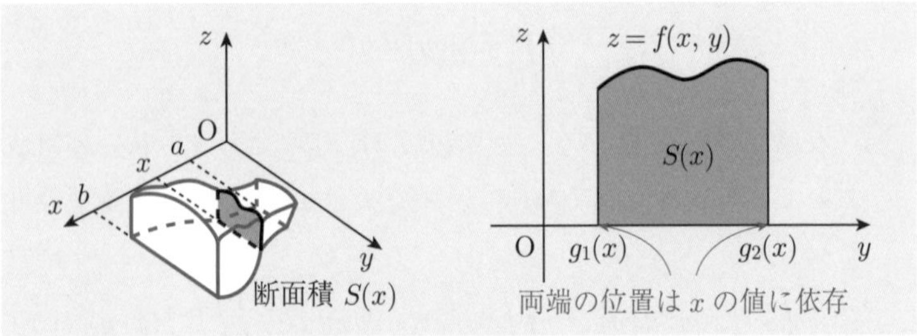

D 上で定義され 0 以上の値をとる連続関数 $f(x,y)$ に対し，曲面 $z = f(x,y)$ と D により上下から挟まれてできる立体 V を，x 軸上の点 $(x,0,0)$（ただし $a \leqq x \leqq b$）を通り x 軸に垂直な平面（したがって yz 平面に平行）で切ったときの切り口の面積は $S(x) = \displaystyle\int_{g_1(x)}^{g_2(x)} f(x,y)\,dy$ で表される（上の図参照）．

さらに $V = \displaystyle\int_a^b S(x)\,dx$（第 3 章 3.3 節）であることから，

$V = \displaystyle\int_a^b \left\{ \int_{g_1(x)}^{g_2(x)} f(x,y)\,dy \right\} dx$ となる．したがって次の等式が導かれる．

$$\iint_D f(x,y)\,dxdy = \int_a^b \left\{ \int_{g_1(x)}^{g_2(x)} f(x,y)\,dy \right\} dx$$

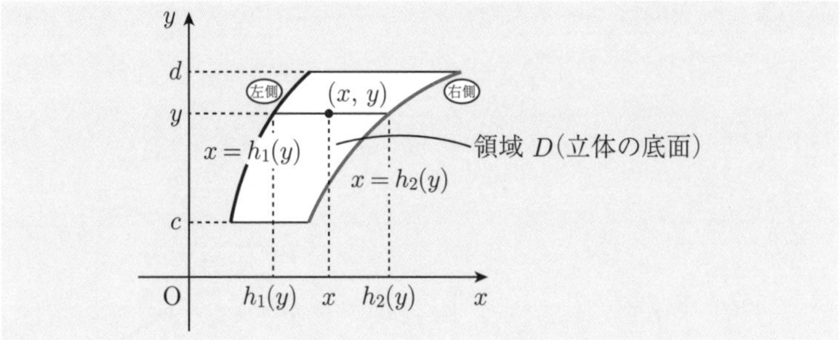

一方 $c \leqq y \leqq d$ において $h_1(y) \leqq h_2(y)$ と仮定して，D が上の図のような領域なら

$$D = \{(x, y) \mid \overbrace{c \leqq y \leqq d}^{y\,\text{の範囲}},\ \overbrace{h_1(y) \leqq x \leqq h_2(y)}^{y\,\text{を固定したときの}\,x\,\text{の範囲}}\}$$

と表され，立体を y 軸に垂直な平面で切ったときの切り口を考えることにより，上と同様の方法で次の式が導かれる（下の図参照）.

$$\iint_D f(x, y)\,dxdy = \int_c^d \left\{ \int_{h_1(y)}^{h_2(y)} f(x, y)\,dx \right\} dy$$

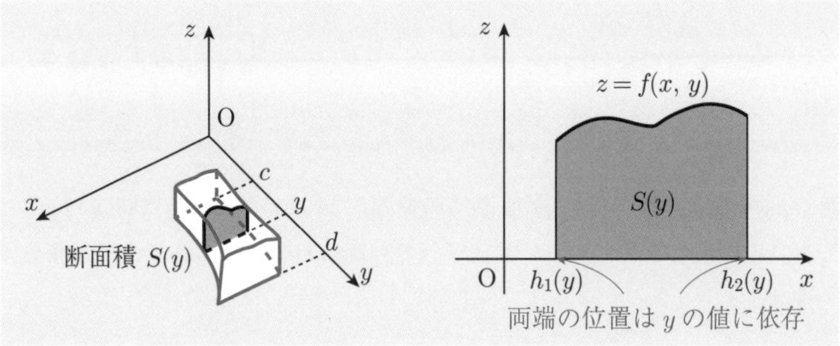

このように，一方の変数で積分した後に他の変数で積分する方法を**累次積分**《るいじせきぶん》とよぶ．またこれらの結果は $f(x, y) \geqq 0$ と仮定しなくても成り立つ.

■**注意** $\displaystyle\int_a^b \left\{ \int_{g_1(x)}^{g_2(x)} f(x, y)\,dy \right\} dx$ を簡単に，$\displaystyle\int_a^b \int_{g_1(x)}^{g_2(x)} f(x, y)\,dydx$ または $\displaystyle\int_a^b dx \int_{g_1(x)}^{g_2(x)} f(x, y)\,dy$ とかくこともある．他方 $\displaystyle\int_c^d \left\{ \int_{h_1(y)}^{h_2(y)} f(x, y)\,dx \right\} dy$ を簡単に，$\displaystyle\int_c^d \int_{h_1(y)}^{h_2(y)} f(x, y)\,dxdy$ または $\displaystyle\int_c^d dy \int_{h_1(y)}^{h_2(y)} f(x, y)\,dx$ とかくこともある.

6.4 累次積分

xの範囲　　xを固定したときのyの範囲

(1)　$D=\{(x,y)\mid a\leqq x\leqq b,\ g_1(x)\leqq y\leqq g_2(x)\}$ に対し

$$\iint_D f(x,y)\,dxdy$$

$$=\int_a^b\left\{\int_{g_1(x)}^{g_2(x)} f(x,y)\,dy\right\}dx$$

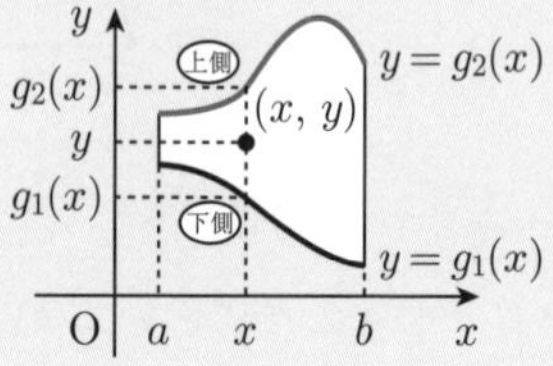

yの範囲　　yを固定したときのxの範囲

(2)　$D=\{(x,y)\mid c\leqq y\leqq d,\ h_1(y)\leqq x\leqq h_2(y)\}$ に対し

$$\iint_D f(x,y)\,dxdy$$

$$=\int_c^d\left\{\int_{h_1(y)}^{h_2(y)} f(x,y)\,dx\right\}dy$$

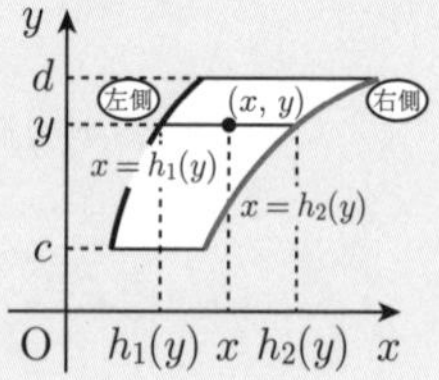

■**注意**　xy平面上の積分領域Dは2つの曲線により(1)では上下から，(2)では左右から挟まれる図形になっている．2重積分の計算においては慣れるまでは積分領域を図示しよう．

■**注意**　図の領域Dにおける2重積分を累次積分に直すとき，Dを表す不等式を$a\leqq x\leqq b,\ c\leqq y\leqq d$とみなして

$$\int_a^b\left\{\int_c^d f(x,y)\,dy\right\}dx \text{ または } \int_c^d\left\{\int_a^b f(x,y)\,dx\right\}dy$$

とする間違いがよくある．xのとり得る範囲は$a\leqq x\leqq b$で，yのとり得る範囲は$c\leqq y\leqq d$であることは正しいが，

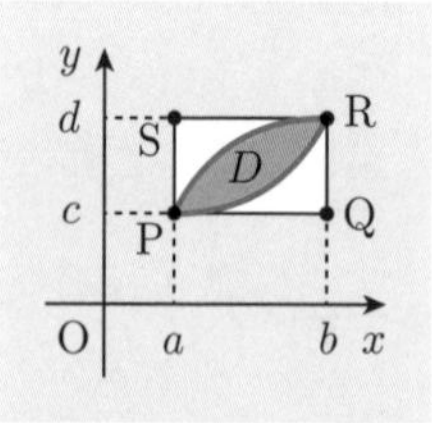

連立不等式$a\leqq x\leqq b,\ c\leqq y\leqq d$が表す図形は長方形領域PQRSであり，$D$以外の部分が含まれていることがわかる．面倒でも上の(1)または(2)の形にしなければ正解とならない．

例題 6.3　次の 2 重積分の値を求めよ．

(1)　$\displaystyle\iint_D (x+4y+2)\,dxdy,\quad D=\{(x,y)\mid 1\leqq x\leqq 2,\ x\leqq y\leqq 2x\}$

(2)　$\displaystyle\iint_D xy^2\,dxdy,\qquad D=\{(x,y)\mid 0\leqq y\leqq 1,\ y^2\leqq x\leqq 1\}$

解　(1)　積分領域は右図のようになる．

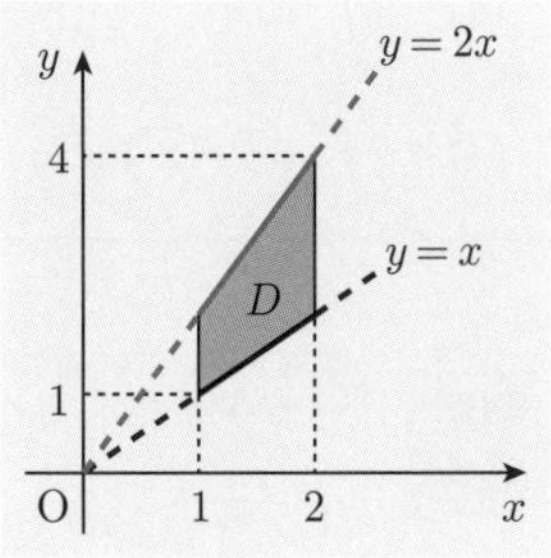

$$\iint_D (x+4y+2)\,dxdy$$

$$=\int_1^2\left\{\int_x^{2x}(x+4y+2)\,dy\right\}dx$$

内側の積分は x を定数とみて y で積分

$$=\int_1^2\Big[2y^2+(x+2)y\Big]_{y=x}^{y=2x}dx=\int_1^2(7x^2+2x)\,dx$$

$$=\left[\frac{7}{3}x^3+x^2\right]_1^2=\frac{58}{3}$$

(2)　積分領域は右図のようになる．

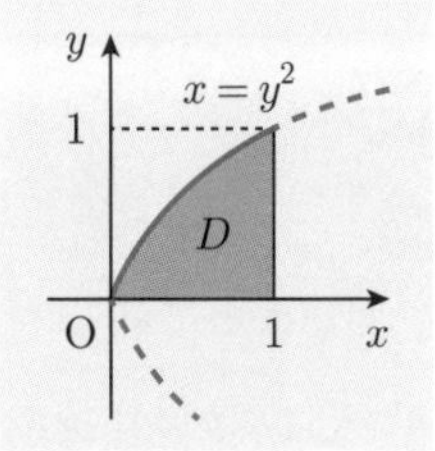

$$\iint_D xy^2\,dxdy=\int_0^1\left\{\int_{y^2}^1 xy^2\,dx\right\}dy$$

（右辺の内側の積分では y は定数とみるので，y^2 は積分の前に出せる）

$$=\int_0^1 y^2\left\{\int_{y^2}^1 x\,dx\right\}dy$$

内側の積分は y を定数とみて x で積分

$$=\int_0^1 y^2\left[\frac{1}{2}x^2\right]_{x=y^2}^{x=1}dy=\frac{1}{2}\int_0^1(y^2-y^6)\,dy$$

$$=\frac{1}{2}\left[\frac{1}{3}y^3-\frac{1}{7}y^7\right]_0^1=\frac{2}{21}$$

■

Let's TRY

問 **6.4** 次の 2 重積分の値を求めよ.

(1) $\displaystyle\iint_D (x+2y-1)\,dxdy,\quad D=\{(x,y)\mid -1\leqq x\leqq 1,\ x^2\leqq y\leqq 2x^2\}$

(2) $\displaystyle\iint_D (x+y)\,dxdy,\quad D=\left\{(x,y)\mid 0\leqq x\leqq 1,\ 0\leqq y\leqq 1-x\right\}$

(3) $\displaystyle\iint_D dxdy,\quad D=\{(x,y)\mid -1\leqq y\leqq 1,\ 0\leqq x\leqq y^2\}$

(4) $\displaystyle\iint_D \sqrt{y-x}\,dxdy,\quad D=\left\{(x,y)\mid 0\leqq y\leqq 1,\ 0\leqq x\leqq y\right\}$

例題 6.4 次の 2 重積分の値を求めよ.

(1) $\displaystyle\iint_D y\,dxdy,\quad D=\{(x,y)\mid x+y\geqq 1,\ x^2+y^2\leqq 1\}$

(2) $\displaystyle\iint_D dxdy,\quad D=\{(x,y)\mid y^2\leqq x\leqq y+2\}$

(3) $\displaystyle\iint_D (x+1)\,dxdy,\quad D=\{(x,y)\mid 0\leqq y,\ x+y\leqq 1,\ -x+y\leqq 1\}$

解く前に まずは正確に図をかこう.

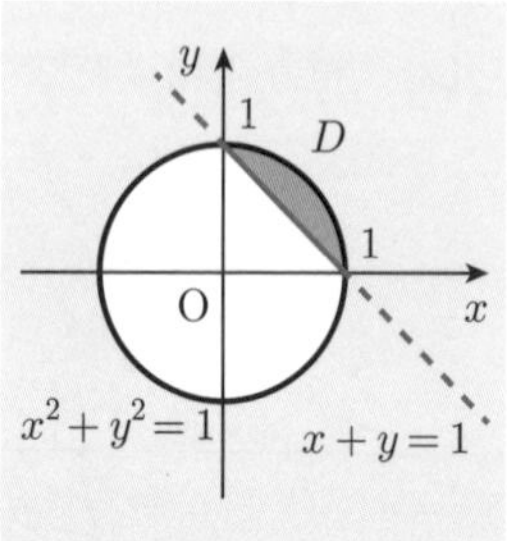

解 (1) D を図示すると右図のようになる.

したがって

$$D=\{(x,y)\mid 0\leqq x\leqq 1,\ -x+1\leqq y\leqq \sqrt{1-x^2}\}$$

と表され

$$\begin{aligned}\iint_D y\,dxdy &= \int_0^1 \left\{\int_{-x+1}^{\sqrt{1-x^2}} y\,dy\right\} dx\\ &= \int_0^1 \frac{1}{2}\Big[y^2\Big]_{-x+1}^{\sqrt{1-x^2}} dx\\ &= \int_0^1 \frac{1}{2}\{(1-x^2)-(-x+1)^2\}\,dx\\ &= \int_0^1 (-x^2+x)\,dx=\frac{1}{6}\end{aligned}$$

(2)　D を図示すると次図のようになる．

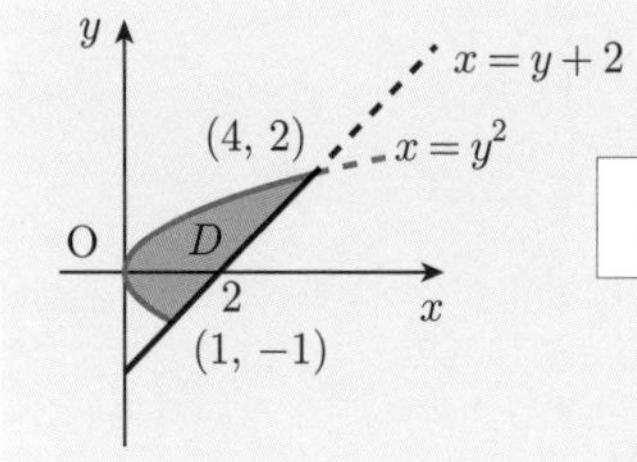

この問題では図中の放物線と直線の交点の座標を計算で求める必要がある．

したがって $D=\{(x,y)\mid -1\leqq y\leqq 2,\ y^2\leqq x\leqq y+2\}$ と表され

$$\iint_D dxdy=\int_{-1}^{2}\left\{\int_{y^2}^{y+2}dx\right\}dy$$
$$=\int_{-1}^{2}\Big[x\Big]_{y^2}^{y+2}dy=\int_{-1}^{2}(-y^2+y+2)\,dy$$
$$=\frac{9}{2}$$

(3)　領域 D は右図の青色部となる．これを左右2つの領域に分けて D_1, D_2 とおく．右図より

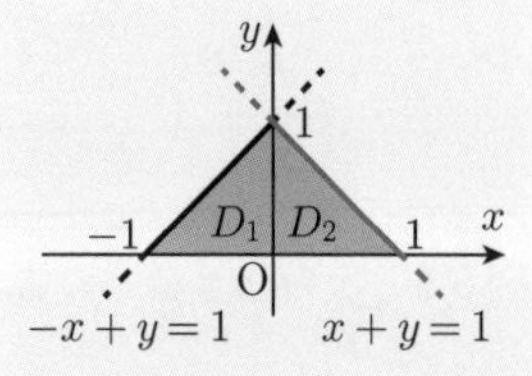

$$D_1=\{(x,y)\mid -1\leqq x\leqq 0,\ 0\leqq y\leqq x+1\}$$
$$D_2=\{(x,y)\mid 0\leqq x\leqq 1,\ 0\leqq y\leqq -x+1\}$$

となるので

$$\iint_D (x+1)\,dxdy\ \underset{\text{6.3 (4)}}{=}\ \iint_{D_1}(x+1)\,dxdy+\iint_{D_2}(x+1)\,dxdy$$
$$=\int_{-1}^{0}\left\{\int_{0}^{x+1}(x+1)\,dy\right\}dx+\int_{0}^{1}\left\{\int_{0}^{-x+1}(x+1)\,dy\right\}dx$$
$$=\int_{-1}^{0}(x+1)\Big[y\Big]_0^{x+1}dx+\int_{0}^{1}(x+1)\Big[y\Big]_0^{-x+1}dx$$
$$=\int_{-1}^{0}(x+1)^2\,dx+\int_{0}^{1}(-x^2+1)\,dx$$
$$=\frac{1}{3}+\frac{2}{3}=1$$

■

■注意 (3) の計算で積分領域を 2 つに分けなければならなかった．一方

$$\int_c^d \left\{ \int_{h_1(y)}^{h_2(y)} f(x,y)\,dx \right\} dy$$

の形の累次積分で計算を行うと次のように領域をわける必要はない．

[(3) の別解] 積分領域は

$$D=\{(x,y)\,|\,0\leqq y\leqq 1,\ y-1\leqq x\leqq -y+1\}$$

と表せるので

$$\iint_D (x+1)\,dxdy$$

$$=\int_0^1 \left\{ \int_{y-1}^{-y+1} (x+1)\,dx \right\} dy$$

$$=\int_0^1 \frac{1}{2}\Big[(x+1)^2\Big]_{y-1}^{-y+1} dy$$

$$=\int_0^1 (-2y+2)\,dy=1$$

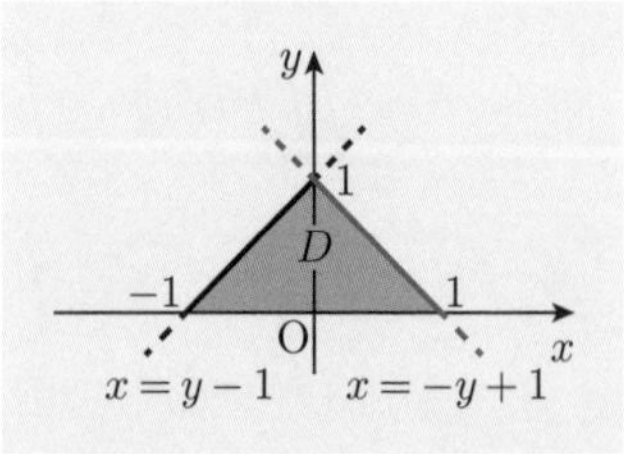

Let's TRY

問 6.5 次の 2 重積分の値を求めよ．

(1) $\displaystyle\iint_D xy\,dxdy,\qquad D=\{(x,y)\,|\,x^2\leqq y\leqq x\}$

(2) $\displaystyle\iint_D \sqrt{x}\,dxdy,\qquad D=\left\{(x,y)\,|\,0\leqq x\leqq 1,\ 0\leqq y\leqq \frac{1}{2},\ y^2\leqq x\right\}$

(3) $\displaystyle\iint_D (x+2y)\,dxdy,\quad D=\{(x,y)\,|\,0\leqq y,\ y\leqq x,\ x+y\leqq 2\}$

累次積分の順序の変更 **6.4** において，累次積分 (1) は変数 y に関する定積分を行った後で変数 x に関する定積分を行っている．一方，累次積分 (2) は x に関する定積分の後で y に関して行っている．2 重積分 $\displaystyle\iint_D f(x,y)\,dxdy$ がどちらの方法にも適用される場合は，(1) と (2) で同じ値が得られるが，一方の形を他方に変えることを**積分《せきぶん》順《じゅん》序《じょ》の変更《へんこう》**という．

例 6.3 $\displaystyle\int_0^1 \left\{ \int_0^x f(x,y)\,dy \right\} dx$ について，積分領域は

x の範囲：$0 \leqq x \leqq 1$

x を固定したときの y の範囲：$0 \leqq y \leqq x$

と表され，右のように図示される．よって

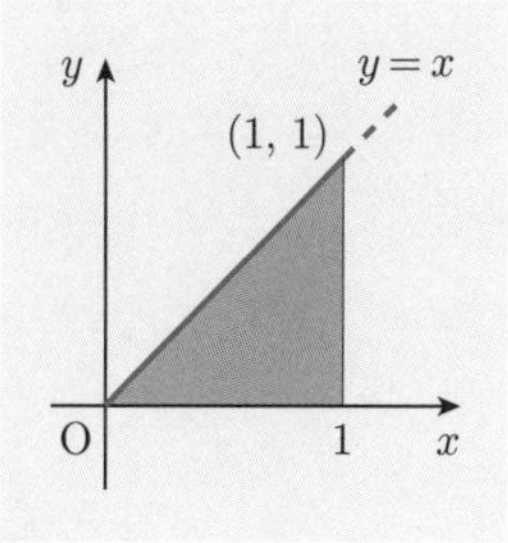

y の範囲：$0 \leqq y \leqq 1$

y を固定したときの x の範囲：$y \leqq x \leqq 1$

と表すこともできる．よって

$$\int_0^1 \left\{ \int_0^x f(x,y)\,dy \right\} dx = \int_0^1 \left\{ \int_y^1 f(x,y)\,dx \right\} dy$$

と積分順序を変更することができる． ■

■**注意**　積分順序の変更では積分領域の図示が特に重要である．xy 平面上で積分領域を上下（あるいは左右）から挟んで図示した後，左右（あるいは上下）から挟まれている様子を調べることが本質であるといえる．

上下 ⇄ 図 ⇄ 左右

例題 6.5 次の累次積分の積分順序を変更せよ．

(1) $\displaystyle\int_0^2 \left\{ \int_{y^2}^{2y} f(x,y)\,dx \right\} dy$　　(2) $\displaystyle\int_0^{\frac{1}{2}} \left\{ \int_x^{2x} f(x,y)\,dy \right\} dx$

解 (1) 積分領域は $D = \{(x,y) \mid 0 \leqq y \leqq 2,\, y^2 \leqq x \leqq 2y\}$ となり，図のようになる．ゆえに

$$D = \left\{ (x,y) \mid 0 \leqq x \leqq 4,\, \frac{1}{2}x \leqq y \leqq \sqrt{x} \right\}$$

となり

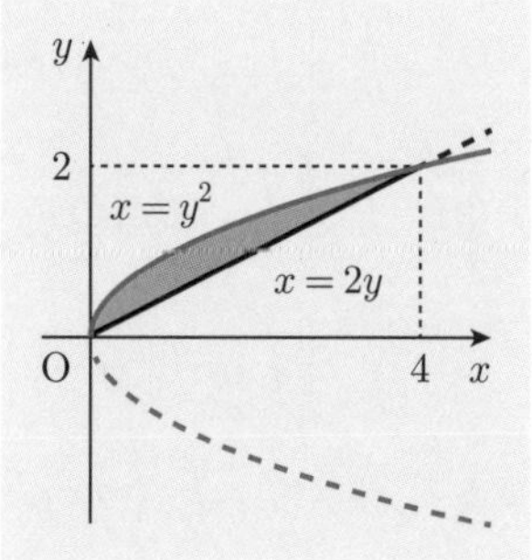

$$\int_0^2 \left\{ \int_{y^2}^{2y} f(x,y)\,dx \right\} dy$$

$$= \int_0^4 \left\{ \int_{\frac{1}{2}x}^{\sqrt{x}} f(x,y)\,dy \right\} dx$$

(2) 積分領域は $D=\left\{(x,y)\mid 0\leqq x\leqq \dfrac{1}{2},\, x\leqq y\leqq 2x\right\}$ となり図 (a) のようになる．そこで D を図 (b) のように，2 つの領域にわけ，各々を D_1, D_2 とおく．

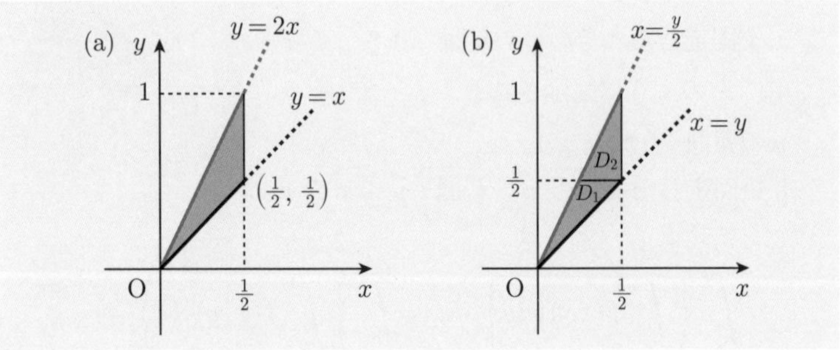

図より $D_1=\left\{(x,y)\mid 0\leqq y\leqq \dfrac{1}{2},\, \dfrac{y}{2}\leqq x\leqq y\right\}$,

$D_2=\left\{(x,y)\mid \dfrac{1}{2}\leqq y\leqq 1,\, \dfrac{y}{2}\leqq x\leqq \dfrac{1}{2}\right\}$ となるので

$$\iint_D f(x,y)\,dxdy=\iint_{D_1} f(x,y)\,dxdy+\iint_{D_2} f(x,y)\,dxdy$$

$$=\int_0^{\frac{1}{2}}\left\{\int_{\frac{y}{2}}^{y} f(x,y)\,dx\right\}dy+\int_{\frac{1}{2}}^{1}\left\{\int_{\frac{y}{2}}^{\frac{1}{2}} f(x,y)\,dx\right\}dy$$

■

Let's TRY

問 6.6 次の累次積分の積分順序を変更せよ．

(1) $\displaystyle\int_0^2\left\{\int_{8-2x}^{8} f(x,y)\,dy\right\}dx$ (2) $\displaystyle\int_{-1}^{1}\left\{\int_0^{y^2} f(x,y)\,dx\right\}dy$

(3) $\displaystyle\int_0^1\left\{\int_0^{\sqrt{x}} f(x,y)\,dy\right\}dx$ (4) $\displaystyle\int_1^2\left\{\int_0^{2-y} f(x,y)\,dx\right\}dy$

(5) $\displaystyle\int_0^1\left\{\int_{-y}^{2y} f(x,y)\,dx\right\}dy$

問 6.7 累次積分 $\displaystyle\int_0^1\left\{\int_x^1 e^{\frac{y^2}{2}}\,dy\right\}dx$ を積分順序の変更をすることにより値を求めよ．

6.2 重積分の変数変換

1 変数の積分法において，変数変換によって積分を計算する方法を学んだ（3.2 節の置換積分法）．この節では，重積分の場合に変数変換を用いて計算する方法について学習する．重積分においては変数が x, y と 2 つあるので，変換に用いる変数も u, v と 2 つの場合を考える．

6.5 ［定義］線形変換《せんけいへんかん》

変数 x, y が変数 u, v と定数 a, b, c, d を用いて次のように表されているとき，この変換を線形変換という（ただし $ad - bc \neq 0$ とする）．

$$\begin{cases} x = au + bv \\ y = cu + dv \end{cases}$$

『線形代数』第 3 章 3.1 節（p.92）でみたように，次が成立する．

6.6 線形変換による像

線形変換 6.5 により uv 平面における 2 つのベクトル $(1, 0)$, $(0, 1)$ で張られる正方形は，xy 平面におけるベクトル (a, c), (b, d) で張られる平行四辺形にうつり，その面積は $|ad - bc|$ で与えられる．同様に，uv 平面におけるベクトル $(U, 0)$, $(0, V)$ で張られる長方形は xy 平面におけるベクトル (a, c), (b, d) で張られる平行四辺形にうつり，その面積は

$$|(ad - bc)UV|$$

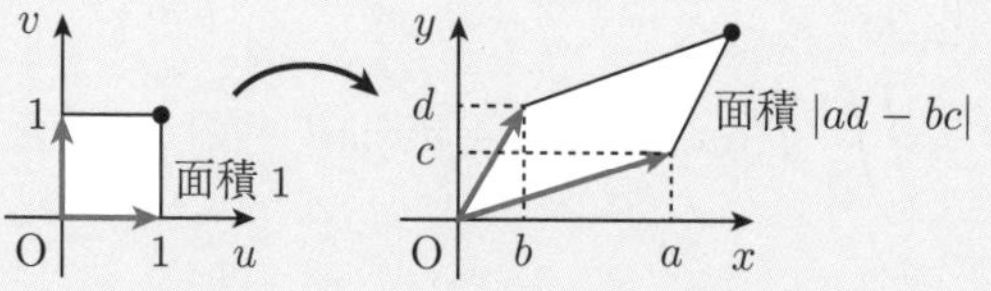

線形変換によって重積分がどのように変わるのかを求めてみよう．
前節における一般領域での 2 重積分の定義より，次が成り立つ．

$$\iint_D f(x, y)\, dxdy = \lim_{|\Delta| \to 0} \sum_{i=1}^{n} f(\mathrm{P}_i) S_i$$

線形変換 **6.5** により uv 平面上の領域 D' が xy 平面上の領域 D にうつるとする．uv 平面上の領域 D' を覆う長方形 E' をとり，E' を u 軸，v 軸に平行な辺をもつ小長方形に分割する．その各小長方形のうちの 1 つ D'_{ij} をとる．

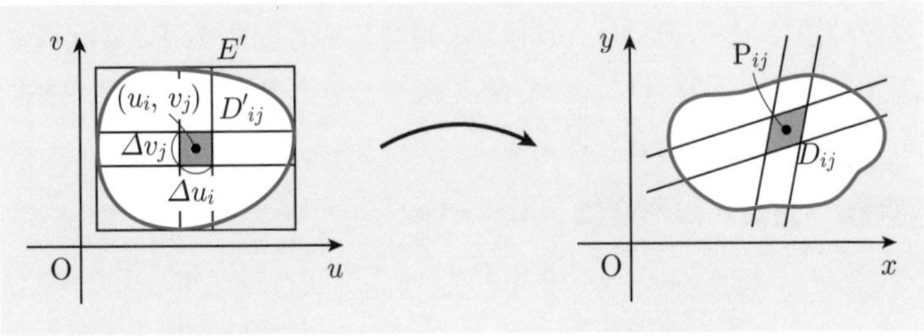

D'_{ij} の辺の長さを $\Delta u_i, \Delta v_j$ とすると，線形変換 **6.5** により D'_{ij} は平行四辺形 D_{ij} にうつり，**6.6** より

$$D_{ij}\text{の面積} = |ad - bc|\Delta u_i \Delta v_j$$

が成り立つ．一方 D'_{ij} の点 (u_i, v_j) をとり $\mathrm{P}_{ij} = (au_i + bv_j, cu_i + dv_j)$ とすると D の外側では $f(x, y) = 0$ とするとき，$\displaystyle\sum_{i=1}^{m}\sum_{j=1}^{n} f(\mathrm{P}_{ij})(D_{ij}\text{の面積})$ の極限が 2 重積分の値となる．

$$\iint_D f(x, y)\,dxdy = \lim_{\substack{m\to\infty \\ n\to\infty}} \sum_{i=1}^{m}\sum_{j=1}^{n} f(\mathrm{P}_{ij})(D_{ij}\text{の面積})$$

$$= \lim_{\substack{m\to\infty \\ n\to\infty}} \sum_{i=1}^{m}\sum_{j=1}^{n} f(\mathrm{P}_{ij})|ad - bc|\Delta u_i \Delta v_j$$

となるが，この右辺は

$$\iint_{D'} f(au + bv, cu + dv)|ad - bc|\,dudv$$

に収束する．

6.7 線形変換による重積分

線形変換 **6.5** によって uv 平面上の領域 D' が xy 平面上の領域 D にうつるならば，次が成立する．

$$\iint_D f(x, y)\,dxdy = \iint_{D'} f(au + bv, cu + dv)|ad - bc|\,dudv$$

例題 6.6　x, y を線形変換することによって，次の重積分の値を求めよ．

$$\iint_D (x+y)^2\,dxdy,\ D=\{(x,y)\mid 0\leqq x+y\leqq 1,\ 0\leqq x-y\leqq 1\}$$

解　$\begin{cases} u=x+y \\ v=x-y \end{cases}$ とおくと，$D'=\{(u,v)\mid 0\leqq u\leqq 1,\ 0\leqq v\leqq 1\}$ である．

x, y を u, v について解くと $\begin{cases} x=\frac{1}{2}u+\frac{1}{2}v \\ y=\frac{1}{2}u-\frac{1}{2}v \end{cases}$ と表されるので，**6.7** の $ad-bc$ に対応する量は $\frac{1}{2}\left(-\frac{1}{2}\right)-\frac{1}{2}\frac{1}{2}=-\frac{1}{2}$ となる．

$$\iint_D (x+y)^2\,dxdy=\iint_{D'} u^2\left|-\frac{1}{2}\right|\,dudv$$

$$=\frac{1}{2}\int_0^1 u^2\left(\int_0^1 dv\right)du=\frac{1}{2}\int_0^1\left[\frac{1}{3}u^3\right]_{v=0}^{v=1}dv=\frac{1}{6}$$

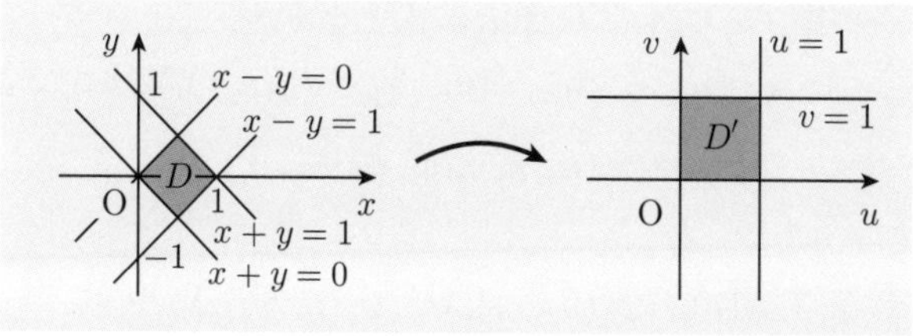

■

Let's TRY

問 6.8　$D=\{(x,y)\mid 0\leqq x+y\leqq 1,\ -1\leqq x-y\leqq 1\}$ のとき，$\displaystyle\iint_D x\,dxdy$ の値を求めよ．

次に一般の変数変換①に対して重積分がどのように変わるのかを考えよう．

$$\begin{cases} x=\varphi(u,v) \\ y=\psi(u,v) \end{cases}\qquad\cdots①$$

6.8　［定義］1 対 1 の変換

変換①：$D'\to D$ が 1 対 1 であるとは

$(u_1,v_1)\neq(u_2,v_2)$ ならば $(\varphi(u_1,v_1),\psi(u_1,v_1))\neq(\varphi(u_2,v_2),\psi(u_2,v_2))$ となることをいう．

変換①が1対1でなければ，2つの異なる小長方形が重なり合った図形にうつることがある．このようなことを避けるため，変換①は1対1であると仮定する．この仮定のもとで，線形変換のときと同様に uv 平面の小長方形 D'_{ij} をとる（下図）．Δu_i, Δv_j が十分小さければ，変換①による小長方形 D'_{ij} の像 D_{ij} は平行四辺形で近似される．

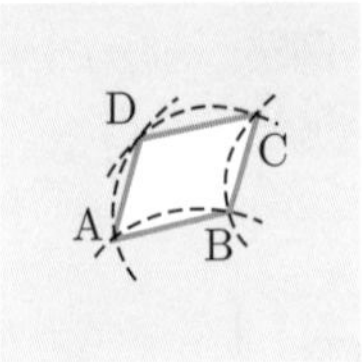

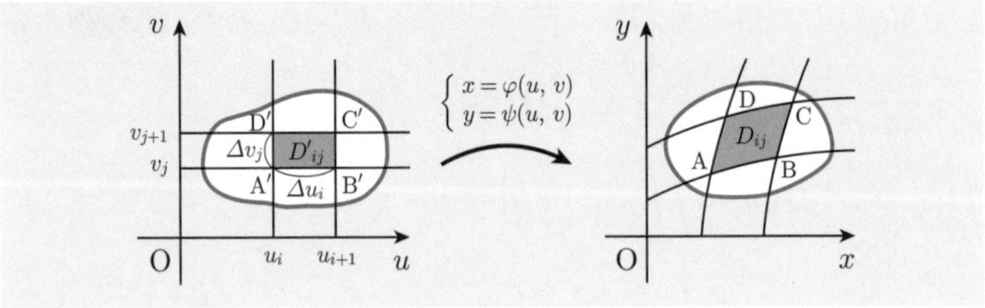

D_{ij} の面積を求めよう．A の座標は $\mathrm{P}_{ij}=(\varphi(u_i,v_j),\psi(u_i,v_j))$ であり，B の座標は $(\varphi(u_i+\Delta u_i,v_j),\psi(u_i+\Delta u_i,v_j))$ となる．

B は $(\varphi(u_i,v_j)+\varphi_u(u_i,v_j)\Delta u_i,\psi(u_i,v_j)+\psi_u(u_i,v_j)\Delta u_i)$ で表されるので

$$\overrightarrow{\mathrm{AB}} \fallingdotseq (\varphi_u(u_i,v_j)\Delta u_i,\psi_u(u_i,v_j)\Delta u_i)$$

同様にして

$$\overrightarrow{\mathrm{AD}} \fallingdotseq (\varphi_v(u_i,v_j)\Delta v_j,\psi_v(u_i,v_j)\Delta v_j)$$

6.6 より D_{ij} の面積は

$$|\varphi_u(u_i,v_j)\psi_v(u_i,v_j)-\varphi_v(u_i,v_j)\psi_u(u_i,v_j)|\Delta u_i\Delta v_j$$

で近似される．2重積分の値は

$$\iint_D f(x,y)\,dxdy=\lim_{|\Delta|\to 0}\sum_{i=1}^{n}\sum_{j=1}^{m} f(\mathrm{P}_{ij})(D_{ij}\text{ の面積})$$

$$=\lim_{|\Delta|\to 0}\sum_{i=1}^{n}\sum_{j=1}^{m} f(\varphi(u_i,v_j),\psi(u_i,v_j))\underbrace{|J(u_i,v_j)|}_{\text{絶対値}}\Delta u_j\Delta v_j \quad \cdots②$$

となる．ただし $J(u,v)=\dfrac{\partial(x,y)}{\partial(u,v)}=\underbrace{\begin{vmatrix}\varphi_u & \varphi_v\\ \psi_u & \psi_v\end{vmatrix}}_{\text{行列式}}=\varphi_u\psi_v-\varphi_v\psi_u$

(ヤコビアン

(ヤコビ行列式《ぎょうれつしき》))

②は uv 平面上の2重積分であり，次が成り立つ．

6.9　[定理] 2 重積分の変数変換

変換①によって uv 平面上の領域 D' が xy 平面上の領域 D に 1 対 1 にうつるならば

$$\iint_D f(x,y)\,dxdy = \iint_{D'} f(\varphi(u,v),\psi(u,v))\left|\frac{\partial(x,y)}{\partial(u,v)}\right| dudv$$

例 6.4　(**1 対 1 の変数変換**)

$$D = \left\{(x,y) \mid 0 \leqq x \leqq 1, 0 \leqq y \leqq \frac{1}{2}x\right\}$$

$$D' = \left\{(u,v) \mid 0 \leqq v \leqq u, u^2+v^2 \leqq 1\right\}$$

とするとき，変換 $\begin{cases} x = u^2+v^2 \\ y = uv \end{cases}$ を考える．D' の点に対して，この変換でうつった (x,y) は $0 \leqq x \leqq 1$ を満たし，

$$x - 2y = (u-v)^2 \geqq 0$$

を満たすので，D 内の点となる．

また，この変換は $x+2y=(u+v)^2$ を満たすので，D から D' への逆変換が

$$u = \tfrac{1}{2}(\sqrt{x+2y}+\sqrt{x-2y}), \quad v = \tfrac{1}{2}(\sqrt{x+2y}-\sqrt{x-2y})$$

と求まり，1 対 1 であることも示される．■

Let's TRY

問 **6.9**　$x=u^2+v^2$, $y=uv$ のとき，$\dfrac{\partial(x,y)}{\partial(u,v)}$ を求めよ．

例 6.5　(**極座標変換のヤコビアン**)

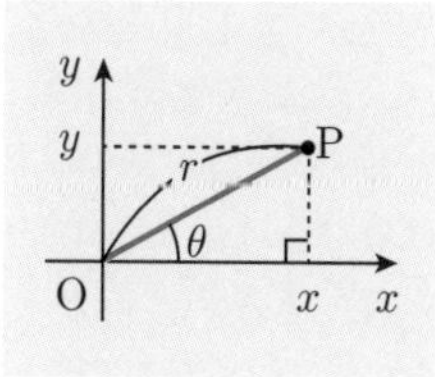

$\begin{cases} x = r\cos\theta \\ y = r\sin\theta \end{cases}$ の場合は

$$\frac{\partial x}{\partial r} = \cos\theta,\ \frac{\partial y}{\partial r} = \sin\theta,\ \frac{\partial x}{\partial \theta} = -r\sin\theta,\ \frac{\partial y}{\partial \theta} = r\cos\theta$$

より $\dfrac{\partial(x,y)}{\partial(r,\theta)} = r\cos^2\theta + r\sin^2\theta = r$ なので $\left|\dfrac{\partial(x,y)}{\partial(r,\theta)}\right| = r$ ■

6.10 極座標変換

$x = r\cos\theta,\ y = r\sin\theta$ $(0 \leqq r \leqq 1,\ 0 \leqq \theta \leqq 2\pi)$ とするとき

$$J(r,\theta) = \frac{\partial(x,y)}{\partial(r,\theta)} = r \quad \text{つまり} \quad dxdy = r\,drd\theta$$

例題 6.7 **(極座標変換による重積分)**

$D = \{(x,y) \mid x^2 + y^2 \leqq 1\}$ のとき $\displaystyle\iint_D x^2\,dxdy$ の値を求めよ.

解 極座標変換 6.10 を用いると D は $D' = \{(r,\theta) | 0 \leqq r \leqq 1,\ 0 \leqq \theta \leqq 2\pi\}$ にうつるので

$$\iint_D x^2\,dxdy = \int_0^{2\pi} \left\{ \int_0^1 (r\cos\theta)^2 r\,dr \right\} d\theta = \int_0^{2\pi} \cos^2\theta \left(\int_0^1 r^3\,dr \right) d\theta$$

$$= \int_0^{2\pi} \cos^2\theta \left[\frac{1}{4} r^4 \right]_{r=0}^{r=1} d\theta = \frac{1}{4} \int_0^{2\pi} \cos^2\theta\,d\theta = \frac{1}{4} \int_0^{2\pi} \frac{1 + \cos 2\theta}{2}\,d\theta$$

$$= \frac{1}{8} \left[\theta + \frac{1}{2}\sin 2\theta \right]_0^{2\pi} = \frac{1}{8} 2\pi = \frac{\pi}{4}$$

半角の公式 $\cos^2\alpha = \dfrac{1 + \cos 2\alpha}{2}$

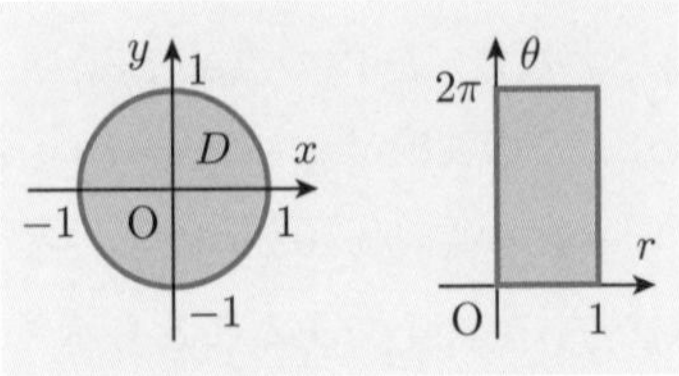

■

■**注意** 例えば単位円の内部および周からなる領域

$$x^2 + y^2 \leqq 1$$

で極座標変換を考える. $x = r\cos\theta,\ y = r\sin\theta$ $(0 \leqq r \leqq 1,\ 0 \leqq \theta \leqq 2\pi)$

このとき $\theta = 0$ と $\theta = 2\pi$ で x, y は同じ値をとるので厳密にいえばこの変換は1対1の変換ではない. また $r = 0$ のときにはそもそも θ の値が定義できない. しかし, これら1対1が成り立たないような点は面積0の領域となるので, 積分の計算には影響しない.

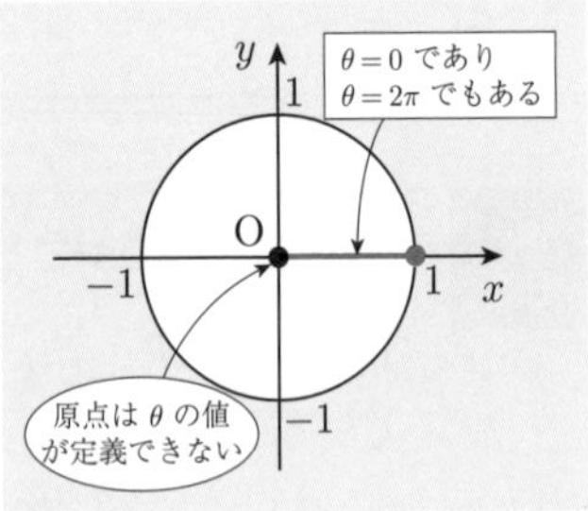

Let's TRY

問 6.10 $D = \{(x,y) \mid x^2 + y^2 \leqq 1, x \geqq 0\}$ のとき $\displaystyle\iint_D x^3\,dxdy$ の値を求めよ.

6.3　体　積

この節では 2 重積分を用いてさまざまな立体の体積を求める．

例題 6.8　（**三角錐《さんかくすい》の体積**）　平面 $x+y+z=1$ と各座標平面で囲まれる立体の体積を求めよ．

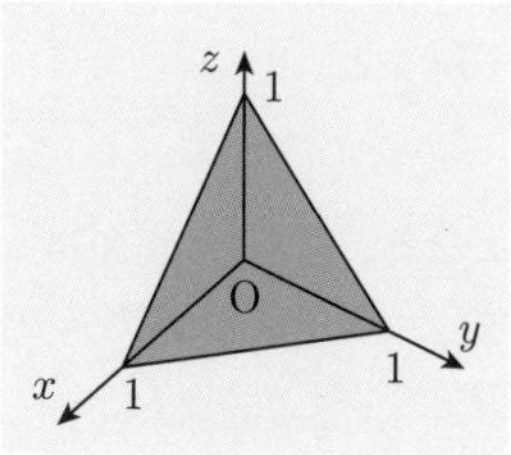

解　$x+y+z=1$ を z について解くと $z=1-x-y$ となる．

また，底面 D は $x+y+z=1$ において $z=0$ として得られる直線 $x+y=1$ と，x 軸，y 軸とで囲まれる三角形となる．

$$D=\{(x,y)\,|\,0\leqq x,\ 0\leqq y,\ x+y\leqq 1\}$$

とすれば，求める体積 V は

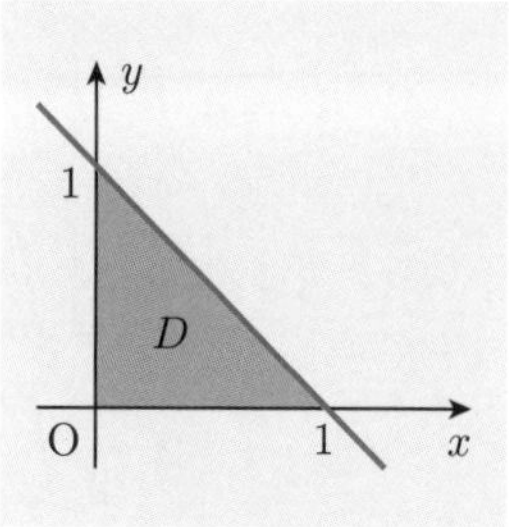

$$\begin{aligned}
V &= \iint_D (1-x-y)\,dxdy \\
&= \int_0^1 \left\{ \int_0^{1-x} (1-x-y)\,dy \right\} dx \\
&= \int_0^1 \left[(1-x)y-\frac{1}{2}y^2 \right]_{y=0}^{y=1-x} dx \\
&= \int_0^1 \left\{ (1-x)^2-\frac{1}{2}(1-x)^2 \right\} dx \\
&= \int_0^1 \frac{1}{2}(1-x)^2\,dx = \left[-\frac{1}{6}(1-x)^3 \right]_0^1 \\
&= \frac{1}{6}
\end{aligned}$$

■

例題 6.9　(**半球《はんきゅう》の体積**)　$x^2+y^2+z^2 \leqq 1,\ z \geqq 0$ で表される半球の体積を求めよ．

解　$x^2+y^2+z^2 \leqq 1,\ z \geqq 0$ を z について解くと

$$z=\sqrt{1-x^2-y^2}$$

となる．ここで底面は $x^2+y^2+z^2 \leqq 1$ で $z=0$ とおいたものに対応するので，$x^2+y^2 \leqq 1$ となる．したがって

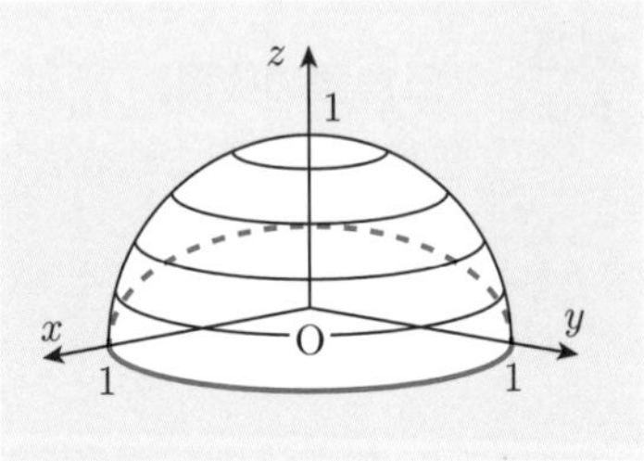

$$V=\iint_D \sqrt{1-x^2-y^2}\,dxdy,\ D=\{(x,y)\,|\,x^2+y^2 \leqq 1\}$$

$$=4\iint_{D_1} \sqrt{1-x^2-y^2}\,dxdy,\ D_1=\{(x,y)\,|\,x^2+y^2 \leqq 1, x \geqq 0, y \geqq 0\}$$

$x=r\cos\theta,\ y=r\sin\theta$ とおくと D_1 は領域 $0 \leqq r \leqq 1,\ 0 \leqq \theta \leqq \dfrac{\pi}{2}$ にうつるので

$$V=4\int_0^{\frac{\pi}{2}}\left\{\int_0^1 \sqrt{1-(r\cos\theta)^2-(r\sin\theta)^2}\ r\,dr\right\}d\theta$$

$$=4\int_0^{\frac{\pi}{2}}\left\{\int_0^1 \sqrt{1-r^2}\ r\,dr\right\}d\theta=4\cdot\frac{\pi}{2}\int_0^1\sqrt{1-r^2}\ r\,dr$$

$$=-2\cdot\frac{\pi}{2}\int_1^0\sqrt{t}\,dt$$

$$=\pi\int_0^1 t^{\frac{1}{2}}\,dt=\pi\left[\frac{2}{3}t^{\frac{3}{2}}\right]_0^1$$

$$=\frac{2}{3}\pi$$

> $1-r^2=t$ とおくと，
> $-2r\,dr=dt$ より
> $r\,dr=-\dfrac{1}{2}dt$ で
> r が $0\to1$ のとき
> t は $1\to0$ なので

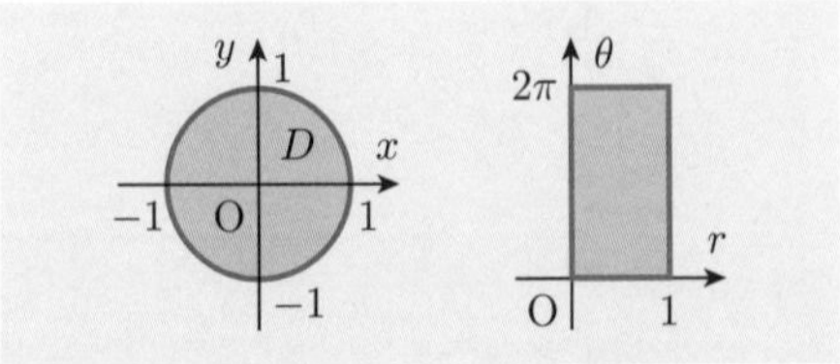

■

Let's TRY

問 6.11 半径 r の球の体積を求めよ．

例題 6.10 半球面 $x^2+y^2+z^2=4a^2,\ z\geqq 0$ から円柱 $(x-a)^2+y^2=a^2\ (a>0)$ の切り取る部分と xy 平面とで囲まれる立体の体積 V を求めよ．

解 $x^2+y^2+z^2=4a^2,\ z\geqq 0$

を z について解くと，$z=\sqrt{4a^2-x^2-y^2}$ であり，底面 $D=\{(x,y)\mid(x-a)^2+y^2=a^2\}$ となる．したがって

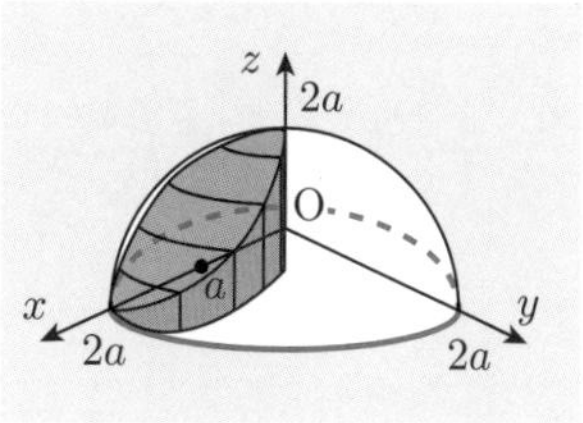

$$V=\iint_D\sqrt{4a^2-x^2-y^2}\,dxdy$$

D を表す不等式を変形すると

$$x^2-2ax+a^2+y^2\leqq a^2 \quad \text{より} \quad x^2+y^2\leqq 2ax$$

となる．ここで極座標変換 6.10 を用いると，D は r,θ により

$$r^2\cos^2\theta+r^2\sin^2\theta\leqq 2ar\cos\theta$$

とかけ，$r\leqq 2a\cos\theta$ となる．

$r\geqq 0$ なので，$0\leqq r\leqq 2a\cos\theta$ が r の範囲を定める不等式となる．

また，θ の範囲は図より $-\dfrac{\pi}{2}\leqq\theta\leqq\dfrac{\pi}{2}$ であることがわかるので

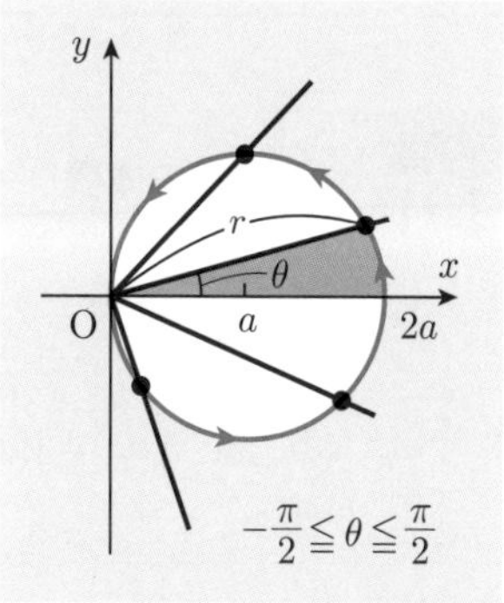

$$V=\int_{-\frac{\pi}{2}}^{\frac{\pi}{2}}\left\{\int_0^{2a\cos\theta}\sqrt{4a^2-(r\cos\theta)^2-(r\sin\theta)^2}\;r\,dr\right\}d\theta$$

$$=\int_{-\frac{\pi}{2}}^{\frac{\pi}{2}}\left\{\int_0^{2a\cos\theta}r\sqrt{4a^2-r^2}\,dr\right\}d\theta$$

この積分は前例題のように置換積分法で求めてもよいが，$\sqrt{1-r^2}=(1-r^2)^{\frac{1}{2}}$ から不定積分の見当をつけてもよい．

$$=\int_{-\frac{\pi}{2}}^{\frac{\pi}{2}}\left[-\frac{1}{3}(4a^2-r^2)^{\frac{3}{2}}\right]_{r=0}^{r=2a\cos\theta}d\theta$$

$$= \frac{1}{3}(4a^2)^{\frac{3}{2}} \int_{-\frac{\pi}{2}}^{\frac{\pi}{2}} \left\{1 - (1 - \cos^2\theta)^{\frac{3}{2}}\right\} d\theta$$

$$= \frac{2}{3}\left\{(2a)^2\right\}^{\frac{3}{2}} \int_0^{\frac{\pi}{2}} \left\{1 - (1 - \cos^2\theta)^{\frac{3}{2}}\right\} d\theta \quad \leftarrow \cos\theta \text{ は偶関数なので}$$

$$= \frac{2}{3}(2a)^3 \int_0^{\frac{\pi}{2}} \left\{1 - (1 - \cos^2\theta)^{\frac{3}{2}}\right\} d\theta = \frac{16a^3}{3}\left(\frac{\pi}{2} - \int_0^{\frac{\pi}{2}} (\sin^2\theta)^{\frac{3}{2}}\, d\theta\right)$$

$$= \frac{16a^3}{3}\left(\frac{\pi}{2} - \int_0^{\frac{\pi}{2}} \sin^3\theta\, d\theta\right) = \frac{16a^3}{3}\left(\frac{\pi}{2} - \frac{2}{3}\right) = \frac{8}{9}(3\pi - 4)\, a^3 \quad ■$$

↑
第 3 章 部分積分と三角関数の積分

Let's TRY

問 **6.12** $a > 0$ とする．円柱 $(x-a)^2 + y^2 \leqq a^2$, $0 \leqq z \leqq 2a$ の，平面 $z = x$ と xy 平面との間にある部分の体積を求めよ．

例題 6.11 （**楕円体《だえんたい》の体積**） $a > 0$, $b > 0$, $c > 0$ とする．

$$\frac{x^2}{a^2} + \frac{y^2}{b^2} + \frac{z^2}{c^2} \leqq 1$$

で定義される立体の体積 V を求めよ．

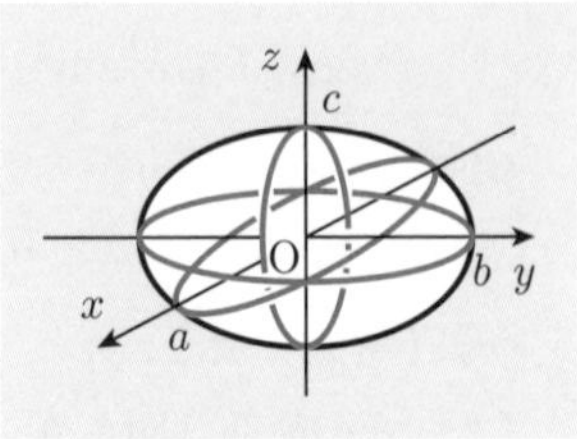

解 $\dfrac{x^2}{a^2} + \dfrac{y^2}{b^2} + \dfrac{z^2}{c^2} = 1$ を z について解くと，$z = \pm c\sqrt{1 - \dfrac{x^2}{a^2} - \dfrac{y^2}{b^2}}$ となる．$\dfrac{x^2}{a^2} + \dfrac{y^2}{b^2} + \dfrac{z^2}{c^2} \leqq 1$ で $z = 0$ とおいた領域は $D = \left\{(x, y) \,\middle|\, \dfrac{x^2}{a^2} + \dfrac{y^2}{b^2} \leqq 1\right\}$ となるので

$$V = 2\iint_D c\sqrt{1 - \frac{x^2}{a^2} - \frac{y^2}{b^2}}\, dxdy$$

$D_1 = \left\{(x, y) \,\middle|\, \dfrac{x^2}{a^2} + \dfrac{y^2}{b^2} \leqq 1,\ x \geqq 0,\ y \geqq 0\right\}$ とすると

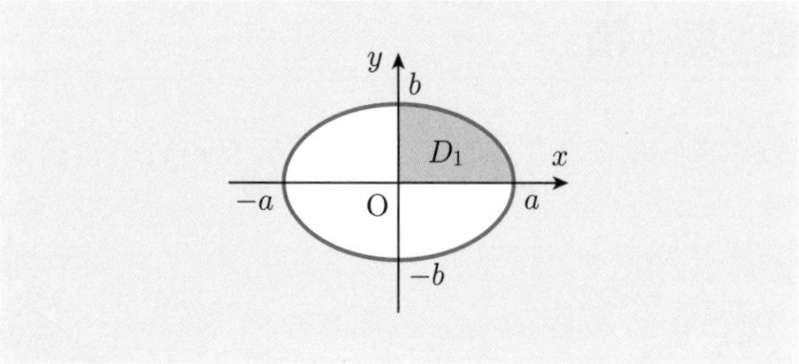

$$V = 8c \iint_{D_1} \sqrt{1 - \frac{x^2}{a^2} - \frac{y^2}{b^2}}\, dxdy$$

$x = aX,\ y = bY$ とおくとヤコビアンは ab となり，

$$V = 8c \iint_{D_1'} \sqrt{1 - X^2 - Y^2}\ ab\ dXdY$$

$$(D_1' = \{(X, Y) \mid X^2 + Y^2 \leqq 1,\ X \geqq 0,\ Y \geqq 0\})$$

$X = r\cos\theta,\ Y = r\sin\theta$ とおくと

$$= 8abc \int_0^{\frac{\pi}{2}} \left\{ \int_0^1 r\sqrt{1 - r^2}\, dr \right\} d\theta$$

$$= 8abc \frac{\pi}{2} \int_0^1 r\sqrt{1 - r^2}\, dr$$

$$= 4\pi abc \left[-\frac{1}{3}(1 - r^2)^{\frac{3}{2}} \right]_0^1 = \frac{4\pi abc}{3}$$

■

■**注意**　変換を 1 度に行うならば

$$\begin{cases} x = ar\cos\theta \\ y = br\sin\theta \end{cases}$$

とすればよい．このときヤコビアンは abr となる．

またこの立体は**楕円体**《だえんたい》とよばれ，$a = b = c$ のときは球になる．

Let's TRY

問 **6.13**　$a > 0,\ b > 0$ とする．$0 \leqq z \leqq 1 - \dfrac{x^2}{a^2} - \dfrac{y^2}{b^2}$ で定義される立体の体積を求めよ．

6.4 曲 面 積

xy 平面上の有界な領域 D に対して，曲面 $z=f(x,y)$, $(x,y)\in D$ の曲面積を求めよう．

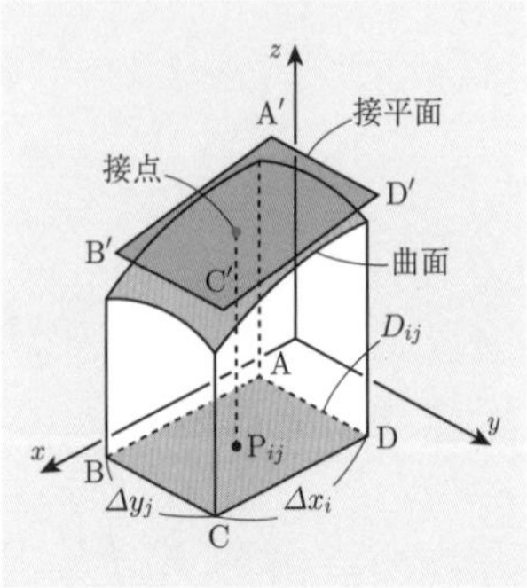

図のように点 A, B, C, D をとり D_{ij} は長方形 ABCD とする．$\overline{\mathrm{CD}}=\Delta x_i$, $\overline{\mathrm{BC}}=\Delta y_j$ は十分小さいとする．D_{ij} 上で曲面は点 $(x_i, y_j, f(x_i, y_j))$ における接平面で近似される．A, B, C, D に対応する接平面上の点を A′, B′, C′, D′ とする．曲面 $z=f(x,y)$ の D_{ij} に対する部分の面積は，平行四辺形 A′B′C′D′ の面積で近似できる．

第 5 章でみたように接平面の方程式は

$$z-f(x_i,y_j)=f_x(x_i,y_j)(x-x_i)+f_y(x_i,y_j)(y-y_j)$$

となり法線ベクトル（平面と直交するベクトル）は

$$\overrightarrow{n}=(f_x(x_i,y_j), f_y(x_i,y_j), -1)$$

> 平面 $ax+by+cz+d=0$ の
> 法線ベクトルは (a,b,c)

で与えられる．

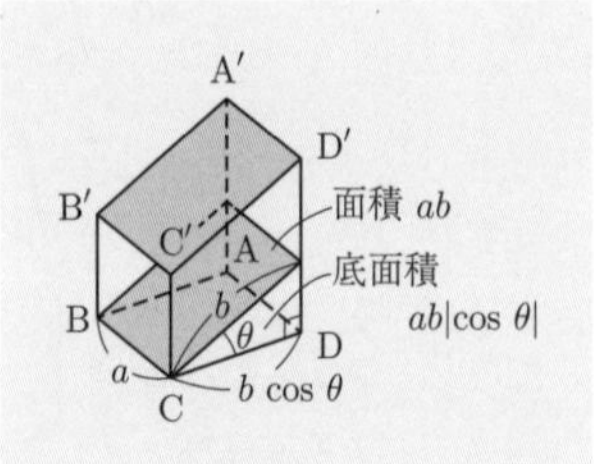

$\overrightarrow{n}$ と $\overrightarrow{e}_3=(0,0,1)$ とがなす角を θ とすると，θ は xy 平面と接平面がなす角になる．したがって

（平行四辺形 A′B′C′D′ の面積）$\times|\cos\theta|=$（長方形 ABCD の面積）である．

$$\cos\theta=\frac{\overrightarrow{n}\cdot\overrightarrow{e}_3}{|\overrightarrow{n}||\overrightarrow{e}_3|}=\frac{-1}{\sqrt{f_x(x_i,y_j)^2+f_y(x_i,y_j)^2+(-1)^2}}$$ なので

$$(\mathrm{A'B'C'D'}\ の面積)=\frac{\Delta x_i\Delta y_j}{|\cos\theta|}=\sqrt{1+f_x(x_i,y_j)^2+f_y(x_i,y_j)^2}\ \Delta x_i\Delta y_j$$

となる．以上より，P_{ij} を D_{ij} 内の任意の点とすると，曲面積は

$$\sum_{i=1}^{n}\sum_{j=1}^{m}\sqrt{1+f_x(\mathrm{P}_{ij})^2+f_y(\mathrm{P}_{ij})^2}\ \Delta x_i\Delta y_j$$

で分割を限りなく細かくした極限で与えられる．

6.11 曲面積

xy 平面の有界な領域 D に対応する曲面 $z=f(x,y)$ の曲面積は

$$S=\iint_D \sqrt{1+f_x(x,y)^2+f_y(x,y)^2}\,dxdy$$

例題 6.12 （**半球の表面積**） 半球面 $x^2+y^2+z^2=1,\ z\geqq 0$ の曲面積を求めよ．

解 $x^2+y^2+z^2=1,\ z\geqq 0$ より $z=\sqrt{1-x^2-y^2}$ となる．

$$z_x=-\frac{x}{\sqrt{1-x^2-y^2}},\quad z_y=-\frac{y}{\sqrt{1-x^2-y^2}}$$

より

$$\sqrt{1+{z_x}^2+{z_y}^2}=\frac{1}{\sqrt{1-x^2-y^2}}$$

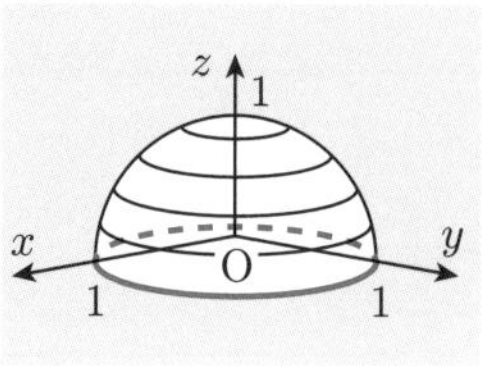

求める面積は $S=\displaystyle\iint_D \frac{1}{\sqrt{1-x^2-y^2}}\,dxdy$

また，底面 D は $x^2+y^2+z^2=1$ で $z=0$ とおいた単位円およびその内部となり

$$D=\{(x,y)\mid x^2+y^2\leqq 1\}$$

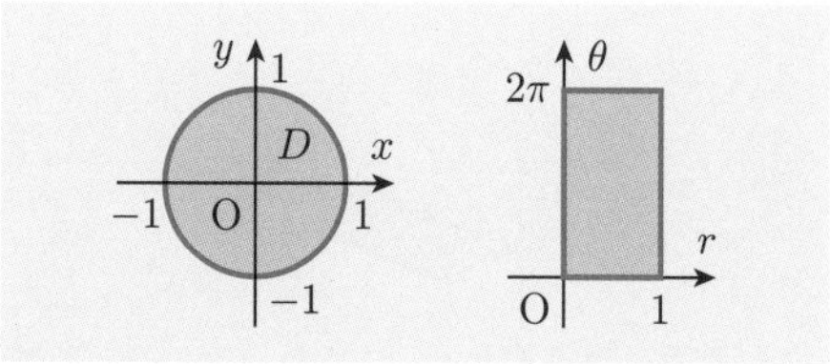

極座標変換 6.10 を用いると，S の値は

$$\int_0^{2\pi}\left(\int_0^1 \frac{1}{\sqrt{1-r^2}}r\,dr\right)d\theta=2\pi\int_0^1\frac{r}{\sqrt{1-r^2}}\,dr$$

$$=2\pi\left[-(1-r^2)^{\frac{1}{2}}\right]_0^1=2\pi$$

■

Let's TRY

問 **6.14** $a > 0$ とする.

半球面

$$x^2 + y^2 + z^2 = 4a^2$$

から円柱

$$(x - a)^2 + y^2 = a^2$$

が切り取ってできる曲面の面積を求めよ.

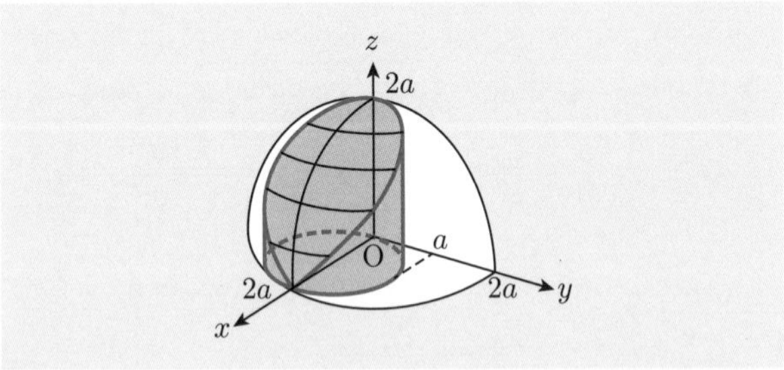

問 **6.15** 曲面

$$x^2 + z^2 = 1, \quad z \geqq 0$$

の

$$0 \leqq x \leqq \frac{1}{2}, \quad 0 \leqq y \leqq 1$$

に対応する部分の曲面積を求めよ.

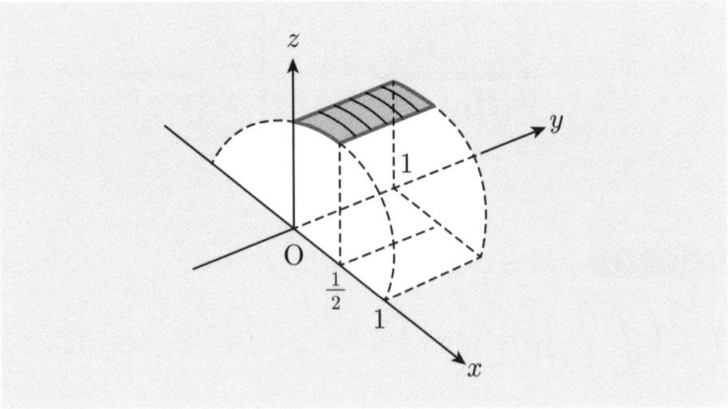

6.5 広義積分

積分領域内に被積分関数が定義されない点が含まれている場合や，積分領域が無限に広がっている場合にも重積分が定義できる場合がある．このような積分を 1 変数の場合と同様に**広《こう》義《ぎ》積分《せきぶん》**という．

例 6.6　$D = \{(x,y) \mid x^2 + y^2 \leqq 1\}$ のとき

$$\iint_D \frac{1}{\sqrt{x^2+y^2}}\,dxdy$$

を考える．

被積分関数は原点 $(0,0)$ において分母が 0 となり無限大に発散してしまうから，通常の重積分の定義通りに計算することはできない．

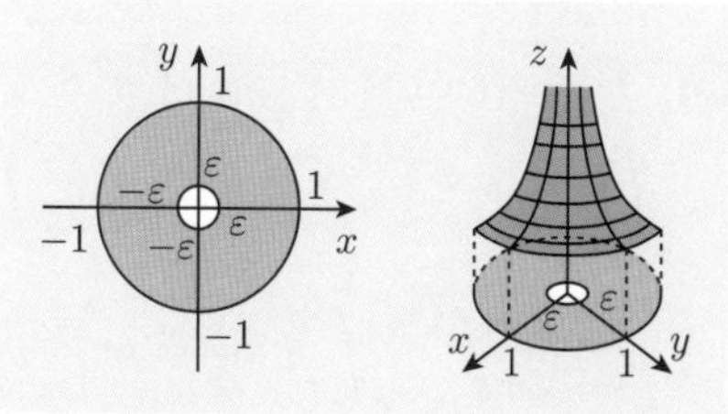

しかし，次のように不連続点を回避することにより重積分の値を計算できる．

$D_\varepsilon = \{(x,y) \mid \varepsilon^2 \leqq x^2 + y^2 \leqq 1\}$ とするとき

$$\lim_{\varepsilon \to +0} \iint_{D_\varepsilon} \frac{1}{\sqrt{x^2+y^2}}\,dxdy \;=\; \lim_{\varepsilon \to +0} \int_0^{2\pi} \left(\int_\varepsilon^1 \frac{1}{\sqrt{r^2}} r\,dr \right) d\theta$$

（等号：変換 6.10（極座標変換）より）

$$= \lim_{\varepsilon \to +0} 2\pi \int_\varepsilon^1 dr = \lim_{\varepsilon \to +0} 2\pi(1-\varepsilon) = 2\pi$$

$$\iint_D \frac{1}{\sqrt{x^2+y^2}}\,dxdy = \lim_{\varepsilon \to +0} \iint_{D_\varepsilon} \frac{1}{\sqrt{x^2+y^2}}\,dxdy$$ とかく．■

広義積分は一般に極限の取り方によるかもしれないが，本書ではそのような例は扱わない．広義積分を計算するためには不連続点をうまく回避するように領域を指定する必要がある．

例 6.7　例 6.6 の D に対して同様に $\iint_D \frac{1}{x^2+y^2}\,dxdy$ を計算すると

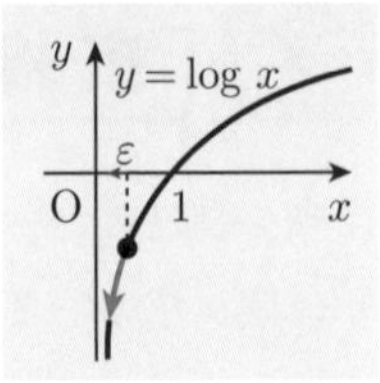

$$\lim_{\varepsilon\to+0}\iint_{D_\varepsilon}\frac{1}{x^2+y^2}\,dxdy=\lim_{\varepsilon\to+0}\int_0^{2\pi}\left\{\int_\varepsilon^1\frac{1}{r^2}r\,dr\right\}d\theta$$

$$=\lim_{\varepsilon\to+0}2\pi\int_\varepsilon^1\frac{1}{r}\,dr=\lim_{\varepsilon\to+0}2\pi(-\log\varepsilon)=\infty$$

と正の無限大に発散する.　■

例題 6.13　$D=\{(x,y)\mid x^2+y^2\leqq 1,\ x\geqq 0,\ y\geqq 0\}$ のとき,次の値を求めよ.

$$\iint_D\log(x^2+y^2)\,dxdy$$

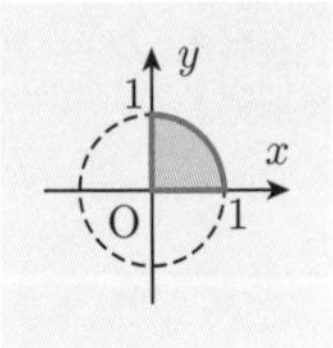

解　$D_\varepsilon=\{(x,y)\mid\varepsilon^2\leqq x^2+y^2\leqq 1\}$ とおく. 6.10 極座標変換により

$$\iint_D\log(x^2+y^2)\,dxdy=\lim_{\varepsilon\to+0}\iint_{D_\varepsilon}\log(x^2+y^2)\,dxdy$$

$$=\lim_{\varepsilon\to+0}\int_0^{\frac{\pi}{2}}\left\{\int_\varepsilon^1 r\log r^2\,dr\right\}d\theta=\lim_{\varepsilon\to+0}\frac{\pi}{2}\int_\varepsilon^1 2r\log r\,dr$$

$$=\lim_{\varepsilon\to+0}\frac{\pi}{2}\int_\varepsilon^1(r^2)'\log r\,dr=\lim_{\varepsilon\to+0}\frac{\pi}{2}\left(\Big[r^2\log r\Big]_\varepsilon^1-\int_\varepsilon^1 r^2(\log r)'\,dr\right)$$

$$=\lim_{\varepsilon\to+0}\frac{\pi}{2}\left(-\varepsilon^2\log\varepsilon-\int_\varepsilon^1 r\,dr\right)=\lim_{\varepsilon\to+0}\frac{\pi}{2}\left(-\varepsilon^2\log\varepsilon-\left[\frac{1}{2}r^2\right]_\varepsilon^1\right)$$

ここでロピタルの定理から

$$\lim_{\varepsilon\to+0}\varepsilon^2\log\varepsilon=\lim_{\varepsilon\to+0}\frac{\log\varepsilon}{\varepsilon^{-2}}=\lim_{\varepsilon\to+0}\frac{(\log\varepsilon)'}{(\varepsilon^{-2})'}$$

$$=\lim_{\varepsilon\to+0}\left(-\frac{\varepsilon^2}{2}\right)=0$$

> **ロピタルの定理**
>
> $$\lim_{x\to\infty}\frac{f(x)}{g(x)}=\lim_{x\to\infty}\frac{f'(x)}{g'(x)}$$

$$\therefore\quad\iint_D\log(x^2+y^2)\,dxdy=\lim_{\varepsilon\to+0}\frac{\pi}{2}\left\{-\varepsilon^2\log\varepsilon-\frac{1}{2}(1-\varepsilon^2)\right\}=-\frac{\pi}{4}\quad■$$

Let's TRY

問 6.16　$D\ \{(x,y)\mid x^2+y^2\leqq 1\}$ とするとき, $\displaystyle\iint_D\frac{1}{(x^2+y^2)^{\frac{1}{3}}}\,dxdy$ の値を求めよ.

有界でない領域における積分 領域 D に対して D を含むような長方形が存在しないとき，D は有界でないといった．積分領域が有界でない場合には，領域を有界な部分に制限して極限をとることで値を求められることがある．

例題 6.14 $D=\{(x,y)\,|\,x \geqq 0, y \geqq 0\}$ のとき，次の値を求めよ．

$$I=\iint_D e^{-x^2-y^2}\,dxdy$$

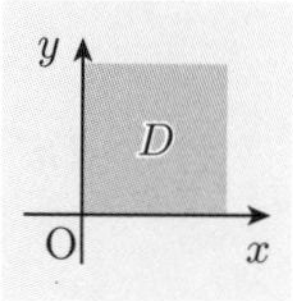

解 $R>0$ のとき $D_R=\{(x,y)\,|\,0 \leqq x^2+y^2 \leqq R^2,\ x \geqq 0,\ y \geqq 0\}$ とおくと $I=\displaystyle\lim_{R\to\infty}\iint_{D_R} e^{-x^2-y^2}\,dxdy$ となる．極座標変換 **6.10** を用いて

$$I=\lim_{R\to\infty}\int_0^{\frac{\pi}{2}}\left(\int_0^R e^{-r^2\cos^2\theta-r^2\sin^2\theta}r\,dr\right)d\theta$$

$$=\lim_{R\to\infty}\frac{\pi}{2}\int_0^R re^{-r^2}\,dr$$

$r^2=t$ とおくと $2r\,dr=dt$ より $r\,dr=\dfrac{1}{2}dt$，r が $0\to R$ のとき t は $0\to R^2$ となるので

$$I=\lim_{R\to\infty}\frac{\pi}{2}\int_0^{R^2} e^{-t}\frac{1}{2}\,dt=\lim_{R\to\infty}\frac{\pi}{4}\int_0^{R^2} e^{-t}\,dt=\lim_{R\to\infty}\frac{\pi}{4}\Big[-e^{-t}\Big]_0^{R^2}$$

$$=\lim_{R\to\infty}\frac{\pi}{4}\left(1-e^{-R^2}\right)=\lim_{R\to\infty}\frac{\pi}{4}\left(1-\frac{1}{e^{R^2}}\right)=\frac{\pi}{4}$$ ■

例題 6.15 （**ガウス積分《せきぶん》**） 1 変数の広義積分 $\displaystyle\int_{-\infty}^{\infty} e^{-x^2}\,dx$ の値を求めよ．

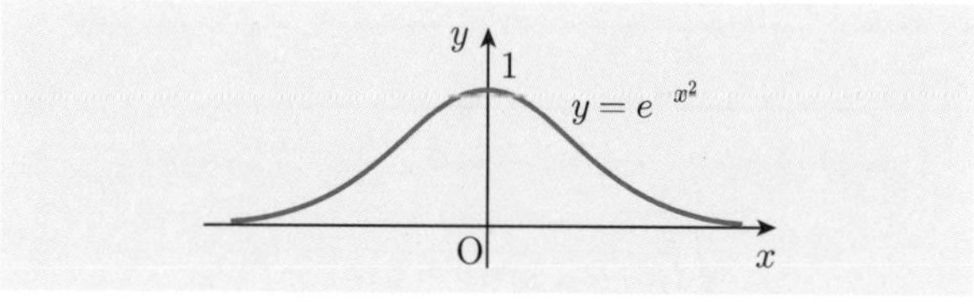

解　$I = \displaystyle\int_{-\infty}^{\infty} e^{-x^2}\,dx$ とする．e^{-x^2} は偶関数なので $I = 2\displaystyle\lim_{R\to\infty}\int_0^R e^{-x^2}\,dx$ である．

$I_R = \displaystyle\int_0^R e^{-x^2}\,dx$ とおけば

$$\begin{aligned}{I_R}^2 &= \left(\int_0^R e^{-x^2}\,dx\right)^2 = \left(\int_0^R e^{-x^2}\,dx\right)\left(\int_0^R e^{-y^2}\,dy\right)\\ &= \int_0^R \left\{\int_0^R e^{-x^2-y^2}\,dy\right\} dx\end{aligned}$$

となる．領域 S_R を $\{(x, y) \mid 0 \leqq x \leqq R,\ 0 \leqq y \leqq R\}$ とすると

$$ {I_R}^2 = \iint_{S_R} e^{-x^2-y^2}\,dxdy $$

とかける．ここで領域 D_R を例題 6.14 と同様に $\{(x, y) \mid x^2 + y^2 \leqq R^2,\ x \geqq 0,\ y \geqq 0\}$ とすると $D_R \subset S_R \subset D_{\sqrt{2}R}$ という包含関係が成り立つので，$e^{-x^2-y^2} > 0$ より不等式

$$ \iint_{D_R} e^{-x^2-y^2}\,dxdy \leqq {I_R}^2 \leqq \iint_{D_{\sqrt{2}R}} e^{-x^2-y^2}\,dxdy $$

が成り立つ．したがって

$$\begin{aligned} I^2 &= 4\lim_{R\to\infty} {I_R}^2\\ &= 4\lim_{R\to\infty}\iint_{D_R} e^{-x^2-y^2}\,dxdy\\ &= 4\frac{\pi}{4}\\ &= \pi\end{aligned}$$

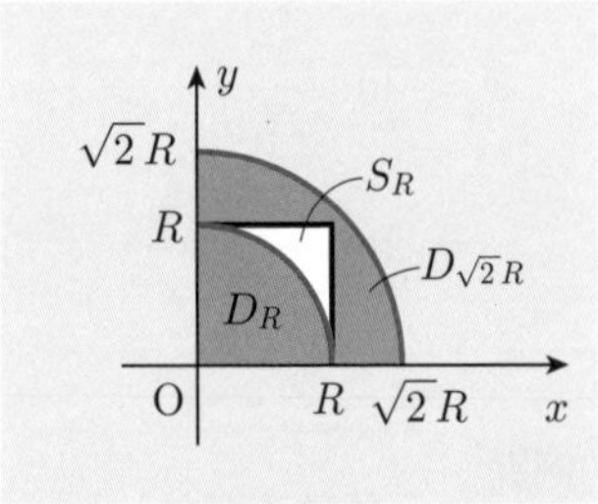

$I > 0$ なので $I = \sqrt{\pi}$　■

Let's TRY

問 6.17　$D = \{(x, y) \mid x \geqq 0,\ y \geqq 0\}$ のとき，次の値を求めよ．

$$ \iint_D \frac{1}{(1+x)^2(2+y)^2}\,dxdy $$

6.6 重　心

質量 m_i の質点が座標 (x_i, y_i) $(i = 1, 2, \ldots, n)$ に存在するとき．その**重心**《じゅうしん》 $(\overline{x}, \overline{y})$ は

$$\overline{x} = \frac{\sum_{i=1}^{n} m_i x_i}{\sum_{i=1}^{n} m_i}, \quad \overline{y} = \frac{\sum_{i=1}^{n} m_i y_i}{\sum_{i=1}^{n} m_i}$$

で与えられる．ここで，質点が無限個になったときの極限を考える．

領域 D 内に質点が一様に分布しているとする．D の密度を ρ とするとき小長方形領域 D_{ij} の質量は，$\rho \Delta x_i \Delta y_j$ で与えられるので

$$\overline{x} = \frac{\displaystyle\lim_{|\Delta| \to 0} \sum_{i=1}^{n} \sum_{j=1}^{m} \rho x_i \Delta x_i \Delta y_j}{\displaystyle\lim_{|\Delta| \to 0} \sum_{i=1}^{n} \sum_{j=1}^{m} \rho \Delta x_i \Delta y_j} = \frac{\displaystyle\lim_{|\Delta| \to 0} \sum_{i=1}^{n} \sum_{j=1}^{m} x_i \Delta x_i \Delta y_j}{\displaystyle\lim_{|\Delta| \to 0} \sum_{i=1}^{n} \sum_{j=1}^{m} \Delta x_i \Delta y_j}$$

$$= \frac{\displaystyle\iint_D x\, dxdy}{\displaystyle\iint_D dxdy}$$

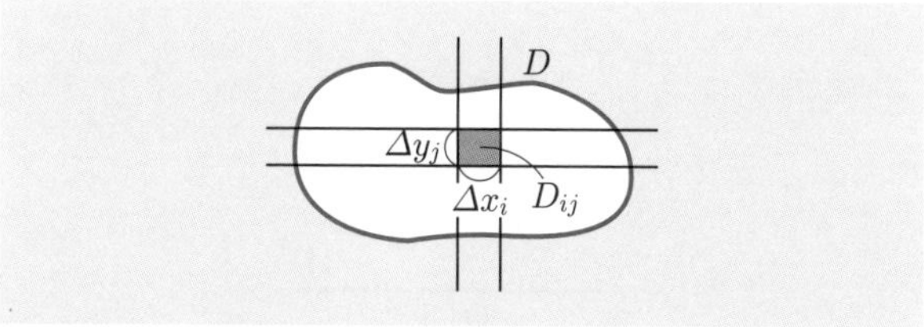

同様に $\overline{y}$ も求められる．

6.12 [定義] 重心

$$\overline{x} = \frac{\displaystyle\iint_D x\, dxdy}{\displaystyle\iint_D dxdy}, \quad \overline{y} = \frac{\displaystyle\iint_D y\, dxdy}{\displaystyle\iint_D dxdy}$$

とするとき，$(\overline{x}, \overline{y})$ を D の重心という．

例題 6.16　**(半円の重心)**

$$D = \{(x, y) \mid x^2 + y^2 \leqq 1,\ y \geqq 0\}$$

の重心の座標を求めよ．

解　$\displaystyle\iint_D dxdy =$ (半径 1 の円の面積) $\div 2 = \dfrac{\pi}{2}$ である．また図形の対称性から

$$\overline{x} = \iint_D x\,dxdy = 0$$

となる．極座標変換 6.10 を用いると

$$\begin{aligned}\iint_D y\,dxdy &= \int_0^{\pi}\left\{\int_0^1 r^2\sin\theta\,dr\right\}d\theta = \int_0^{\pi}\sin\theta\left\{\int_0^1 r^2\,dr\right\}d\theta \\ &= \int_0^{\pi}\sin\theta\left[\frac{1}{3}r^3\right]_{r=0}^{r=1}d\theta = \frac{1}{3}\int_0^{\pi}\sin\theta\,d\theta \\ &= \frac{1}{3}\Big[-\cos\theta\Big]_0^{\pi} = \frac{2}{3}\end{aligned}$$

となるので

$$\overline{y} = \frac{2}{3}\frac{2}{\pi} = \frac{4}{3\pi}$$

よって重心の座標は $\left(0, \dfrac{4}{3\pi}\right)$

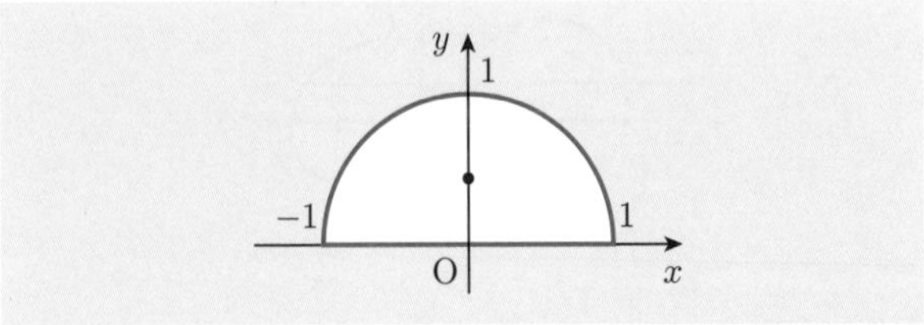

■

Let's TRY

問 6.18　$D = \{(x, y) \mid x^2 + y^2 \leqq 1,\ x \geqq 0,\ y \geqq 0\}$ の重心の座標を求めよ．

第6章　演習問題A

1　次の累次積分の値を求めよ．積分領域も図示せよ．

(1) $\displaystyle\int_1^2 \left\{ \int_0^1 (x^2 - xy)\, dy \right\} dx$　(2) $\displaystyle\int_1^2 \left\{ \int_{\frac{x}{2}}^x \frac{x}{y}\, dy \right\} dx$

(3) $\displaystyle\int_0^1 \left\{ \int_x^1 e^{2x-y}\, dy \right\} dx$　(4) $\displaystyle\int_1^2 \left\{ \int_0^y \frac{1}{x^2+y^2}\, dx \right\} dy$

2　次の 2 重積分の値を求めよ．積分領域も図示せよ．

(1) $\displaystyle\iint_D \sin(x+y)\, dxdy,$　$D = \left\{ (x,y) \,\middle|\, 0 \leqq x \leqq \frac{\pi}{2},\, 0 \leqq y \leqq \frac{\pi}{2} \right\}$

(2) $\displaystyle\iint_D x\, dxdy,$　$D = \left\{ (x,y) \,\middle|\, x \leqq -\frac{1}{2},\, x^2+y^2 \leqq 1 \right\}$

(3) $\displaystyle\iint_D (2x + 6xy - 4y)\, dxdy,$　$D = \{(x,y) \mid 0 \leqq x,\, 0 \leqq y,\, x+y \leqq 1\}$

3　累次積分 $\displaystyle\int_0^1 \left\{ \int_{-\sqrt{1-x^2}}^{\sqrt{1-x^2}} f(x,y)\, dy \right\} dx$ の積分領域を図示し，積分順序を変更せよ．

4　$D = \{(x,y) | 0 \leqq x+2y \leqq 1,\, 0 \leqq x-2y \leqq 2\}$ とする．$x+2y = u,\, x-2y = v$ と変数変換することにより，$\displaystyle\iint_D (x+2y)^2\, dxdy$ を求めよ．

5　平面 $\dfrac{x}{2} + \dfrac{y}{3} + \dfrac{z}{4} = 1$ と各座標平面で囲まれる立体の体積を求めよ．

6　$x^2+y^2+z^2 \leqq a^2,\, x^2+y^2 \leqq 1$ の表す立体の体積を求めよ．$(a > 1)$

7　円柱 $y^2+z^2 = a^2$ と $x^2+y^2 = a^2$ とで囲まれた立体の体積を求めよ．$(a > 0)$

8　$D = \{(x,y) \mid x \geqq 0,\, y \geqq 0\}$ のとき，$\displaystyle\iint_D \frac{1}{(1+x+y)^3}\, dxdy$ の値を求めよ．

9　$\sqrt{x} + \sqrt{y} = 1$ と x 軸，y 軸で囲まれた図形を D とする．D の重心の座標を求めよ．

10　O(0,0), A(2,0), B(1,2) を頂点とする三角形の辺および内部の領域を D とする．D の重心の座標を，6.12 の定義にしたがって求めよ．

第6章 演習問題B

11 次の2重積分の値を求めよ．積分領域も図示せよ．

(1) $\displaystyle\iint_D \frac{x^2}{y}\,dxdy$, D は xy 平面上で曲線 $y=x^2$ と2直線 $y=1$, $x=2$ が囲む領域

(2) $\displaystyle\iint_D xy\,dxdy$, $D=\{(x,y)\mid x^2+y^2 \geqq 1,\ 0 \leqq y \leqq x+2,\ 0 \leqq x \leqq 1\}$

(3) $\displaystyle\iint_D dxdy$, $D=\left\{(x,y)\ \middle|\ \frac{1}{2}x \leqq y,\ y \leqq 2x,\ x+y \leqq 3\right\}$

(4) $\displaystyle\iint_D \frac{1}{x^2+y^2}\,dxdy$, $D=\{(x,y)\mid 1 \leqq x \leqq 3,\ 0 \leqq y \leqq x\}$

(5) $\displaystyle\iint_D xy\,dxdy$, $D=\{(x,y)\mid y \leqq 2x,\ y \geqq 2x^2\}$

12 次の問いに答えよ．

(1) 累次積分 $\displaystyle\int_{-3}^{3}\left\{\int_0^{\sqrt{9-y^2}} f(x,y)\,dx\right\}dy$ の積分順序を変更せよ．

(2) 累次積分 $\displaystyle\int_0^1\left\{\int_{x^2}^{2-x} f(x,y)\,dy\right\}dx$ の積分順序を変更せよ．

(3) 累次積分 $\displaystyle\int_0^1\left\{\int_y^1 x^2e^{x^2-xy}\,dx\right\}dy$ を，積分順序を変更することにより求めよ．

13 $D=\{(x,y)\mid x^2+xy+y^2 \leqq 3,\ y \geqq x\}$ とする．$x+y=u$, $x-y=v$ と変数変換することにより，$\displaystyle\iint_D |x+y|\,dxdy$ を求めよ．

14 $0 \leqq z \leqq \dfrac{h}{a}(a-\sqrt{x^2+y^2})$ で表される立体を考える．$(a>0, h>0)$

(1) 極座標 $x=r\cos\theta$, $y=r\sin\theta$ を用いることで，この曲面の概形をかけ．

(2) この立体の体積を求めよ．

(3) この立体の表面積を求めよ．

15 $\displaystyle\int_0^\infty x^2e^{-x^2}\,dx$ の値を求めよ．

問題解答

第1章

1.1節 **1.1** (1) 一般項 $5-2n$，最初の 5 項は $3, 1, -1, -3, -5$

(2) 一般項 $9-3n$，最初の 5 項は $6, 3, 0, -3, -6$

(3) 一般項 $2n-1$，最初の 5 項は $1, 3, 5, 7, 9$

(4) 一般項 $-14+3n$，最初の 5 項は $-11, -8, -5, -2, 1$

1.2 (1) 証明略 （ヒント：$a_{n+1}-a_n$ が n によらず一定なら等差数列.） 初項 1，公差 3

(2) 証明略 （ヒント：(1) のヒントと同様.） 初項 5，公差 1

1.3 (1) n^2 (2) $n(n+1)$ (3) 324

1.4 (1) 一般項 $3\cdot(-2)^{n-1}$，最初の 5 項は $3, -6, 12, -24, 48$

(2) 一般項 $2\cdot(-2)^{1-n}$，最初の 5 項は $2, -1, \frac{1}{2}, -\frac{1}{4}, \frac{1}{8}$

(3) 一般項 $(\pm\sqrt{3})^{n-1}$，最初の 5 項は $1, \pm\sqrt{3}, 3, \pm 3\sqrt{3}, 9$ （複号同順）

1.5 (1) $1-(-2)^n$

(2) $\frac{4}{3}\left\{1-\frac{1}{(-2)^n}\right\}$

(3) $\frac{(1\pm\sqrt{3})\{(\pm\sqrt{3})^n-1\}}{2}$ （複号同順）

1.2節 **1.6** 2^{n-1}

1.7 (1) $\sum_{i=1}^{7}(i+2)(i+5)$ $\left(=\sum_{k=3}^{9}k(k+3)\right)$ (2) $\sum_{k=1}^{n}\frac{1}{k(k+2)}$

1.8 (1) 正しい (2) 正しい

1.9 (1) n^2 (2) $n(n+1)$ (3) $n(2n+1)$ (4) $\frac{n(n+1)(2n+7)}{6}$

(5) $\frac{n(n+1)(n+2)}{6}$ (6) $\frac{n(n+1)(n+2)(n+3)}{4}$

1.10 (1) $\left(\frac{3}{2}n-\frac{5}{4}\right)3^n+\frac{5}{4}$ (2) $2-2^{1-n}-n2^{-n}$

1.11 (1) $\frac{n(3n+5)}{4(n+1)(n+2)}$ $\left(=\frac{1}{2}\left(\frac{3}{2}-\frac{1}{n+1}-\frac{1}{n+2}\right)\right)$

(2) $\sqrt{n+1}-1$

1.3節 **1.12** $n^2-2n+2, n^2-2n+2+(n-1)(n-2)(n-3)(n-4)(n-5)$ など

1.13 $3^{n-1}+2$

1.14 $\frac{1}{6}(n+1)(2n^2-5n+6)$ $\left(=\frac{1}{3}n^3-\frac{1}{2}n^2+\frac{1}{6}n+1\right)$

1.15 $a_n=1$

1.16 (1) $a_n=1$ 証明略 $\left(\text{ヒント：} a_1=1, a_2=\frac{2\cdot 1}{1+1}=\frac{2}{2}=1\right)$

(2) $a_n=\frac{2^n+1}{2^n-1}$ 証明略 $\left(\text{ヒント：} a_1=3, a_2=\frac{5}{3}, a_3=\frac{9}{7}, a_4=\frac{17}{15}, a_5=\frac{33}{31}\right)$

1.17 証明略 $\left(\text{ヒント：} \sum_{k=1}^{n+1} k(k+1) = \sum_{k=1}^{n} k(k+1) + (n+1)(n+2)\right.$. 右辺第1項は帰納法の仮定により $\left.\frac{n(n+1)(n+2)}{3}\right)$

1.18 (1) 証明略（ヒント：$2^n > n^2 \Longrightarrow 2^{n+1} - (n+1)^2 > 2n^2 - (n+1)^2 = n^2 - 2n - 1 = \{n - (1-\sqrt{2})\}\{n - (1+\sqrt{2})\}$）

(2) 証明略（ヒント：$n! > 2^n \Longrightarrow (n+1)! - 2^{n+1} > (n+1)\cdot 2^n - 2\cdot 2^n = (n-1)\cdot 2^n$）

1.4節 **1.19** (1) 3 (2) 1 (3) 2 (4) 2

1.20 (1) $+\infty$ に発散 (2) $+\infty$ に発散 (3) $+\infty$ に発散 (4) $+\infty$ に発散 (5) $+\infty$ に発散 (6) 0 に収束

1.21 (1) $\lim_{n\to\infty} \frac{n(n+3)(n-4)}{2n^3+3} = \frac{1}{2}$ (2) $\lim_{n\to\infty} \frac{n^3+6}{n^2-3n} = +\infty$

(3) $\lim_{n\to\infty} n(\sqrt{n^2+1} - n) = \frac{1}{2}$ (4) $\lim_{n\to\infty} \frac{\cos n\pi}{n} = 0$

1.22 $\frac{1}{3}\pi r^2 h$

1.23 (1) $\lim_{n\to\infty} (1 - 2^n) = -\infty$ (2) $\lim_{n\to\infty} (-2)^{-n} = 0$

(3) $\lim_{n\to\infty} \frac{1-3^n-4^n}{1-2^n+7^n} = 0$ (4) $\lim_{n\to\infty} \frac{3^n-4^n}{3^n+4^n} = -1$

1.24 (1) 0 に収束 (2) 0 に収束 (3) 0 に収束 (4) 0 に収束

1.25 証明略 $\Bigl($ヒント：$n - 1 = m$ とおくと $m \geqq 1$ に対し

$\left(1 - \frac{1}{n}\right)^{-n} = \left(\frac{n}{n-1}\right)^{n} = \left(\frac{m+1}{m}\right)^{m+1} = \left(1 + \frac{1}{m}\right)^{m} \cdot \left(1 + \frac{1}{m}\right)\Bigr)$

1.26 (1) $\sum_{n=1}^{\infty} \frac{1}{n(n+2)} = \frac{3}{4}$ (2) $\sum_{n=1}^{\infty} \frac{1}{n(n+1)(n+2)} = \frac{1}{4}$

(3) $\sum_{n=1}^{\infty} \frac{1}{\sqrt{n}+\sqrt{n+1}} = +\infty$

1.27 (1) $\sum_{n=1}^{\infty} 3\cdot 2^n = +\infty$

(2) $\sum_{n=1}^{\infty} 3\cdot(-2)^{-n} = -1$ (3) $0.\dot{9} = 1$

◆演習問題 A◆ **1** (1) 1665 (2) 1188 (3) 432 (4) 2421

2 (1) 証明略（ヒント：$a_{n+1} - a_n$ が n によらず一定なら等差数列.） $a_n = 53 - 6n$

(2) 否 (3) 第8項 (4) 第9項 (5) 第17項

3 (1) 証明略（ヒント：$a_1 = S_1$, $a_n = S_n - S_{n-1}$ $(n \geqq 2)$. $\frac{a_{n+1}}{a_n}$ が n によらず一定なら等差数列.） $a_n = 2\cdot 3^{n-1}$

(2) $n = 11$

4 (1) 証明略 $\Bigl($ヒント：$a_n = ar^{n-1}$ とおく. $ar = 0$ または $r - 1 = 0$ のとき $b_n = 0$（n は自然数）これは等差数列. $ar \neq 0$ かつ $r \neq 1$ のとき $\frac{b_{n+1}}{b_n}$ を計算せよ. $\Bigr)$

(2)　証明略　$\left(\right.$ヒント：$b_n = br^{n-1}$ とおいて，a_n を計算せよ．$a_1 = a$ とおくと，$a_n = a + b\sum_{k=1}^{n-1} r^{k-1}$$\left. \right)$

5　(1)　$\frac{(n+1)(n+2)}{6} \to +\infty \quad (n \to \infty)$

(2)　$\frac{1}{4}\left\{\frac{1}{3} - \frac{1}{(2n+1)(2n+3)}\right\} \to \frac{1}{12} \quad (n \to \infty)$

(3)　$\frac{9}{16}\left\{1 - \frac{1}{(-3)^n}\right\} + \frac{n}{4\cdot(-3)^{n-1}} \to \frac{9}{16} \quad (n \to \infty)$

(4)　$\frac{n(n+2)}{(n+1)^2} \to 1 \quad (n \to \infty)$

6　(1)　範囲：$-1 < x < 1$，和：$\frac{x^2}{1-x^2}$

(2)　範囲：すべての実数，和：0（$x = 0$ のとき），$1 + x^2$（$x \neq 0$ のとき）

◆演習問題 B◆　**7**　(1)　証明略（ヒント：2 次方程式の解の公式）

(2)　証明略（ヒント：代入して確かめよ.）

(3)　証明略（ヒント：$a_1 = a_2 = 1$ から A, B を決定せよ.）

(4)　証明略（ヒント：数学的帰納法による．最初に a_8 まで確かめよ.）

8　(1)　証明略　$\left(\right.$ヒント：二項展開すると $a_{n+1} = \sum_{k=0}^{n+1} \frac{{}_{n+1}\mathrm{C}_k}{(n+1)^k}$，$a_n = \sum_{k=0}^{n} \frac{{}_n\mathrm{C}_k}{n^k}$．$\frac{{}_{n+1}\mathrm{C}_k}{(n+1)^k} \geqq \frac{{}_n\mathrm{C}_k}{n^k}$（$k = 0, \ldots, n$）を示せ.$\left. \right)$

(2)　証明略　$\left(\right.$ヒント：$a_k = \sum_{k=0}^{n} \frac{{}_n\mathrm{C}_k}{n^k} = \sum_{k=0}^{n} \frac{1}{k!}\frac{n}{n}\frac{n-1}{n}\frac{n-2}{n}\cdots\frac{n-k+1}{n} \leqq \sum_{k=0}^{n} \frac{1}{k!} \leqq 1 + 1 + \frac{1}{2} + \frac{1}{2^2} + \frac{1}{2^3} + \cdots$$\left. \right)$

9　(1)　証明略（ヒント：$v_{n+1} = ev_n$ より $\{v_n\}$ は公比 e の等比数列．$\{v'_n\}$ もまた然り.）　(2)　$h\frac{1+e^2}{1-e^2}$

10　(1)　$\sum_{n=1}^{\infty} S_n = \frac{2}{3}$　　(2)　$\lim_{n\to\infty} x_n = \frac{6}{5}$，$\lim_{n\to\infty} y_n = \frac{2}{5}$

第2章

2.1 節　**2.1**　(1)　-5　(2)　$\frac{5}{4}$　(3)　2　(4)　2　(5)　1　(6)　-3

2.2　(1)　7　(2)　4　(3)　-1

2.3　(1)　∞　(2)　$-\infty$　(3)　$-\infty$　(4)　∞　(5)　1　(6)　-1

2.4　(1)　$-\infty$　(2)　$-\infty$　(3)　1　(4)　0　(5)　$\frac{1}{2}$　(6)　存在しない

2.5　(1)　∞　(2)　1　(3)　0

2.6　(1)　0　(2)　0

2.7　(1)　3　(2)　$\frac{1}{2}$　(3)　1　(4)　4

2.2 節 **2.8** (1) $(-\infty, \infty)$ (2) $[2, \infty)$ (3) $(-1, \infty)$
(4) $(3, \infty)$ (5) $[0, \frac{\pi}{2}), (\frac{\pi}{2}, \pi]$ (6) $[-2, 2]$

2.9 (1) 9 (2) 1

2.10 $f'(2) = 12,\ f'(a) = 3a^2$

2.11 (1) $\frac{dy}{dx} = \lim_{h \to 0} \frac{(x+h)-x}{h} = \lim_{h \to 0} \frac{h}{h} = 1$

(2) $\frac{dy}{dx} = \lim_{h \to 0} \frac{\{(x+h)^2-(x+h)\}-(x^2-x)}{h} = \lim_{h \to 0} \frac{2xh+h^2-h}{h} = \lim_{h \to 0}(2x+h-1) = 2x-1$

(3) $\frac{dy}{dx} = \lim_{h \to 0} \frac{(x+h)^3+2-(x^3+2)}{h} = \lim_{h \to 0} \frac{3hx^2+3xh^2}{h} = \lim_{h \to 0}(3x^2+3xh) = 3x^2$

2.12 証明略 （ヒント：関数の極限の性質 **2.1** と導関数の定義 **2.10** ）

2.13 (1) $y' = 8$ (2) $y' = -6x - 1$
(3) $y' = \frac{2x+1}{3}$ (4) $y' = 6x^2 - 8x + 1$

2.14 (1) $f'(3) = 35$ (2) $f'(-2) = -40$

2.15 (1) $\frac{dx}{dt} = 2 - 2t$ (2) $t = 1, x(1) = 11$

2.3 節 **2.16** (1) $y' = 3x^2 + 2x - 2$ (2) $y' = 6x^5 + 4x^3 + 6x$
(3) $y' = -5x^4 + 6x^2 - 10x$ (4) $y' = \frac{x^2+4x+1}{(x+2)^2}$
(5) $y' = -\frac{2x}{(x^2+1)^2}$ (6) $y' = \frac{8x^3+30x^2+2}{(1-2x^3)^2}$

2.17 (1) $y' = -\frac{3}{x^4} - 2$ (2) $y' = 6x + \frac{8}{x^5}$ (3) $y' = -\frac{1}{x^6} + 2$

2.18 (1) $y' = 12(2x+1)^5$ (2) $y' = 6x(x^2-2)^2$ (3) $y' = -\frac{10}{(2x+5)^6}$

2.19 (1) $y' = -4\sin 4x$
(2) $y' = 3\cos 3x \cos x - \sin 3x \sin x$
(3) $y' = \frac{5}{\cos^2(5x-1)}$ (4) $y' = \sin 2x$
(5) $y' = -2x\sin(x^2)$ (6) $y' = \frac{2\tan x}{\cos^2 x}$

2.20 (1) $y' = \frac{1}{x}$ (2) $y' = -\frac{1}{x}$ (3) $y' = \frac{4}{4x-1}$ (4) $y' = -\frac{1}{x\log 2}$
(5) $y' = \frac{2x}{x^2+1}$ (6) $y' = \frac{3}{2(3x-1)}$

2.21 (1) $y' = 5e^{5x+3}$ (2) $y' = 2xe^{x^2}$ (3) $y' = 2 \cdot 3^{2x} \log 3$
(4) $y' = 2(e^{2x} - e^{-2x})$ (5) $y' = e^{2x}(2\sin x + \cos x)$
(6) $y' = e^{3x}(3x^2 + 2x - 6)$

2.22 (1) $y' = x^x(1 + \log x)$ (2) $y' = \frac{(x-1)(5-x)}{(x+1)^4}$

(3) $y' = \frac{x+7}{4(x+1)(x-2)} \sqrt[4]{\frac{(x-2)^3}{(x+1)^2}}$

2.23 (1) $\frac{\pi}{6}$ (2) $\frac{5\pi}{6}$ (3) $\frac{\pi}{4}$ (4) $-\frac{\pi}{2}$

2.24 $\frac{dy}{dx} = \frac{1}{\frac{dx}{dy}} = \frac{1}{5y^4} = \frac{1}{5\sqrt[3]{x^4}}$

2.25 (1) $y' = \frac{1}{\sqrt{64-x^2}}$ (2) $y' = -\frac{2}{\sqrt{1-4x^2}}$ (3) $y' = \frac{5}{25+x^2}$

2.4 節　**2.26**　(1)　$y = 3x - 2$　(2)　$y = 3$　(3)　$y = -7x - 3$

2.27　(1)　$y = x$　(2)　$y = ex$　(3)　$y = x - 1$

2.28　(1)　$y = -x$　(2)　$y = -\frac{1}{e}x + \frac{e^2+1}{e}$　(3)　$y = -x + 1$

2.29　(1)

x	$\cdots$	-2	$\cdots$	0	$\cdots$
y'	$+$	0	$-$	0	$+$
y	↗	5 極大	↘	1 極小	↗

(2)

x	$\cdots$	-1	$\cdots$	0	$\cdots$	1	$\cdots$
y'	$-$	0	$+$	0	$-$	0	$+$
y	↘	-1 極小	↗	0 極大	↘	-1 極小	↗

(3)

x	$\cdots$	-1	$\cdots$	1	$\cdots$	2	$\cdots$
y'	$-$	0	$+$	0	$-$	0	$+$
y	↘	-19 極小	↗	13 極大	↘	8 極小	↗

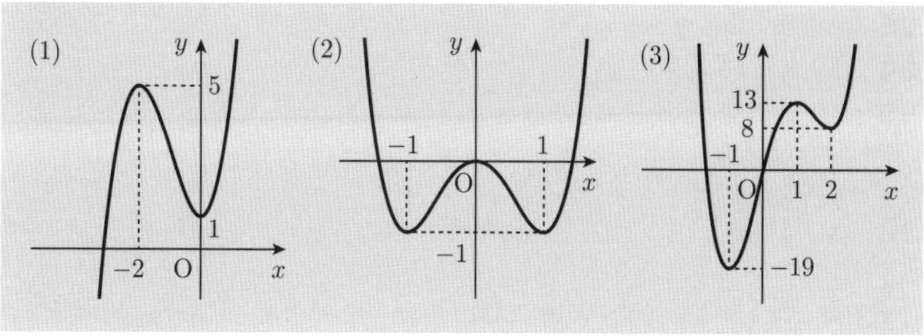

2.30　(1)

x	$\cdots$
y'	$-$
y	↘

$: \lim_{x \to -\infty} y = 1,\ \lim_{x \to \infty} y = 0$

(2)

x	$\cdots$	0	$\cdots$
y'	$+$	0	$-$
y	↗	1 極大	↘

$: \lim_{x \to \pm\infty} y = 0$

(3)

x	$\cdots$	-1	$\cdots$	0	$\cdots$	1	$\cdots$
y'	$+$	／	$+$	0	$-$	／	$-$
y	↗	／	↗	-1 極大	↘	／	↘

: $\lim_{x\to\pm\infty} y = \lim_{x\to\pm\infty} \frac{1}{x^2-1} = 0$,
$\lim_{x\to-1-0} y = \lim_{x\to-1+0} y = \infty$,
$\lim_{x\to-1+0} y = \lim_{x\to1-0} y = -\infty$

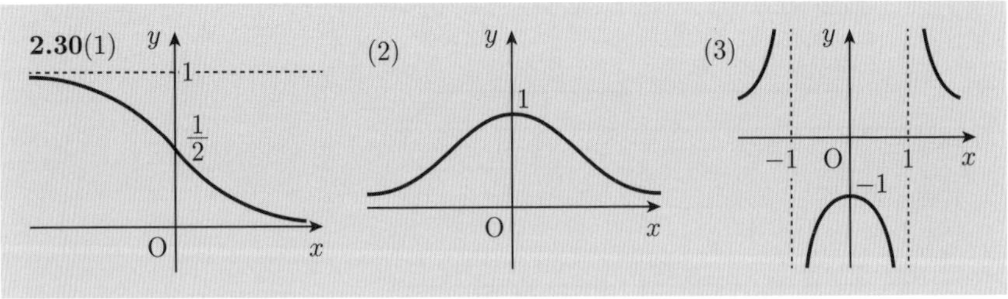

2.31 (1) $x = 2$ のとき最大値 $y = 6$, $x = \frac{\sqrt{3}}{3}$ のとき最小値 $y = -\frac{2\sqrt{3}}{9}$

(2) $x = 0$ のとき最大値 $y = 0$, $x = \pm\sqrt{2}$ のとき最小値 $y = -4$

2.32 (1) $x = \frac{\sqrt{2}}{2}$ のとき最大値 $y = \sqrt{2}$, $x = -1$ のとき最小値 $y = -1$

(2) $x = \frac{2\pi}{3}$ のとき最大値 $y = \frac{3\sqrt{3}}{4}$, $x = 0, \pi$ のとき最小値 $y = 0$

2.33 半径 $\frac{2l}{3}$　高さ $\frac{l}{3}$

2.34 (1) 3 個　(2) 2 個

2.35 (1) $k < 0$ のとき 0 個, $k = 0$ または $k > 1$ のとき 2 個, $k = 1$ のとき 3 個, $0 < k < 1$ のとき 4 個

(2) $k > 1$ のとき 0 個, $k = 1$ または $k < 0$ のとき 1 個, $0 \leqq k < 1$ のとき 2 個

2.36 (1) 証明略 (ヒント : $x \geqq 0$ の範囲で関数 $f(x) = e^x - (1 + x)$ の増減表を作成する.)

(2) 証明略 (ヒント : $x \geqq 0$ の範囲で関数 $g(x) = e^x - \left(1 + x + \frac{1}{2}x^2\right)$ の増減表を作成する.)

2.37 (1) 証明略 (ヒント : $f(x) = x^4 - 4x^3 + 4x^2 - 1$ とおいて閉区間 $[2, 3]$ で中間値の定理を適用する.)

(2) 証明略 (ヒント : $f(x) = \cos \pi x + \log x$ とおいて閉区間 $[1, e^2]$ で中間値の定理を適用する.)

◆演習問題 A◆　**1**　(1) 24　(2) -4　(3) $\log 2$

(4) 2　(5) 0　(6) ∞　(7) $-\infty$　(8) 0

(9) $-\infty$　(10) $\frac{7}{2}$　(11) 1　(12) $\log 2$

2　(1) $y' = -\frac{1}{x^2} - \frac{6}{x^3} + \frac{6}{x^4}$　(2) $y' = \frac{3}{2\sqrt{3x+7}}$　(3) $y' = -\frac{x}{\sqrt{4-x^2}}$

(4) $y' = 2 + 2\log x$　(5) $y' = e^{2x}(2\sin 5x + 5\cos 5x)$

(6) $y' = \frac{\log x - 1}{(\log x)^2}$　(7) $y' = 5(x^2 + x - 1)^4(2x + 1)$

(8)　$y' = x\tan 2x + \frac{x^2}{\cos^2 2x}$　(9)　$y' = \tan x(\tan x + \sin 2x)$

(10)　$y' = \frac{\cos x}{(1-\sin x)^2}$　(11)　$y' = \frac{6x^2}{2x^3+1}$　(12)　$y' = \frac{2}{\sqrt{4x^2-1}}$

(13)　$y' = -\frac{6e^{3x}}{(e^{3x}-1)^2}$　(14)　$y' = \frac{2xe^{x^2}(x^2+2)}{(x^2+3)^2}$　(15)　$y' = \frac{2x^2-1}{\sqrt{x^2-1}}$

(16)　$y' = \frac{5x+2}{(5x+1)\sqrt{5x+1}}$　(17)　$y' = \cos x(\sin x + 1)e^{\sin x}$

(18)　$y' = \left(-\sin x\log x + \frac{\cos x}{x}\right)x^{\cos x}$

3　(1)　証明略　$\left(\text{ヒント：}\log\left|\frac{x-a}{x+a}\right| = \log|x-a| - \log|x+a|\right)$

(2)　証明略　$\left(\text{ヒント：}(\log|f(x)|)' = \frac{f'(x)}{f(x)}\right)$

(3)　証明略　$\left(\text{ヒント：}(\sin^{-1}\frac{x}{a})' = \frac{1}{\sqrt{a^2-x^2}}\right)$

(4)　証明略　（ヒント：(2) を利用する.）

4　$y = x - 1,\ y = x + \frac{5}{27}$

5　$x = \frac{7\pi}{4}$ のとき最大値 $y = \frac{7\pi}{4} + 1$，$x = \frac{\pi}{4}$ のとき最小値 $y = \frac{\pi}{4} - 1$

◆演習問題 B◆　**6**　$\frac{d}{dx}\tan x = \lim_{h\to 0}\frac{\tan(x+h)-\tan x}{h} = \lim_{h\to 0}\frac{\frac{\sin(x+h)}{\cos(x+h)} - \frac{\sin x}{\cos x}}{h}$

$= \lim_{h\to 0}\frac{\cos x\sin(x+h) - \sin x\cos(x+h)}{h\cos(x+h)\cos x}$

$= \lim_{h\to 0}\frac{\cos x(\sin x\cos h + \cos x\sin h) - \sin x(\cos x\cos h - \sin x\sin h)}{h\cos(x+h)\cos x}$

$= \lim_{h\to 0}\frac{\sin h}{h}\frac{1}{\cos(x+h)\cos x} = \frac{1}{\cos^2 x}$　$\left(\because\ \lim_{h\to 0}\frac{\sin h}{h} = 1\right)$

7　$(\mathrm{cosec}\,x)' = -\frac{\cos x}{\sin^2 x} = -\cos x\,\mathrm{cosec}^2 x$,

$(\sec x)' = \frac{\sin x}{\cos^2 x} = \sin x\sec^2 x$,

$(\cot x)' = -\frac{1}{\sin^2 x} = -\mathrm{cosec}^2 x$

8　(1)　証明略　$\left(\text{ヒント：}(\sinh x)' = \frac{e^x+e^{-x}}{2},\right.$

$\left.(\cosh x)' = \frac{e^x-e^{-x}}{2},\ (\tanh x)' = \frac{4}{(e^x+e^{-x})^2}\right)$

(2)　グラフは右に示す.

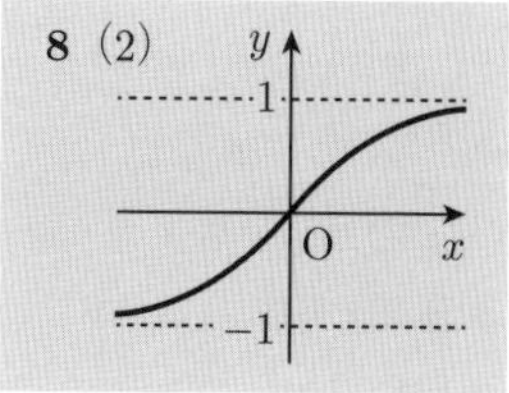

(3)　$(\sinh^{-1} x)' = \frac{1}{\sqrt{1+x^2}}$，$(\tanh^{-1} x)' = \frac{1}{1-x^2}$

9　1 辺の長さが 2 cm の正方形を 4 隅から切り取って箱を作るとき，容積は最大で $128\,\mathrm{cm}^3$ となる.

10　$y = 2x - 1,\ y = -2x - 1$

11　証明略　（ヒント：$y = \frac{1}{x}$ 上の点 $(a, \frac{1}{a})$ $(a \neq 0)$ における接線の方程式は $y = -\frac{1}{a^2}x + \frac{2}{a}$），面積は 2

12　$P_{\max} = \frac{E^2}{4R_0}$

第 3 章

以下，C は積分定数.

3.1 節 **3.1** 証明略（ヒント：実際に，右辺を微分してみよう.）

3.2 (1) $\frac{5}{2}x^2 - 3x + C$ (2) $x^3 + 5x^2 - 8x + C$

(3) $\frac{1}{4}x^4 - x^3 - 5x^2 + C$ (4) $\frac{1}{5}x^5 - \frac{4}{3}x^3 + 2x\sqrt{x} + C$

(5) $3x + \frac{2}{x} + C$ (6) $2e^x - 5\log|x| + C$

(7) $\frac{1}{3}x^6 - \frac{7^x}{\log 7} + C$ (8) $-\cos x - 5\sin x + C$

(9) $\tan x - \frac{2}{\tan x} + C$ (10) $\sin^{-1}\frac{x}{2} + C$

(11) $\cos^{-1}\frac{x}{3} + C$ (12) $\frac{1}{4}\tan^{-1}\frac{x}{4} + C$

3.3 (1) $\frac{1}{18}(3x+2)^6 + C$ (2) $\frac{1}{6}(4x-1)^{\frac{3}{2}} + C$

(3) $\frac{1}{2}\log|4x+1| + C$ (4) $\frac{1}{2}e^{2x-1} + C$

(5) $-\frac{4^{-5x+1}}{5\log 4} + C$ (6) $\frac{1}{3}\sin(3x+2) + C$

3.4 (1) $-\frac{\sin 2x}{4} + \frac{x}{2} + C$ (2) $-\frac{\cos x}{2} + C$

(3) $\frac{1}{2}\left(-\frac{1}{7}\cos 7x + \frac{1}{3}\cos 3x\right) + C$ (4) $\frac{1}{2}\left(\frac{1}{9}\sin 9x + \frac{1}{3}\sin 3x\right) + C$

(5) $\frac{1}{2}(\cos 2x - \cos 6x) + C$ (6) $-\frac{1}{\tan x} - x + C$

3.5 (1) $\frac{(3x-1)(x+2)^6}{21} + C$ (2) $\sqrt{x^2-1} + C$ (3) $e^{x^2-2} + C$

(4) $-\frac{\cos^5 x}{5} + C$ (5) $\frac{(\log x)^3}{3} + C$ (6) $\frac{1}{\cos x} + C$

3.6 (1) $\log(x^3-5)^2 + C$ (2) $\log|\sin x| + C$ (3) $\log(e^{2x}+2)^2 + C$

(4) $-\log|\cos x| + C$ (5) $-\log(2+\cos x) + C$

3.7 (1) $e^x(x-1) + C$

(2) $\frac{x^2}{2}\log x - \frac{x^2}{4} + C$

(3) $\frac{1}{4}(\sin 2x - 2x\cos 2x) + C$

(4) $\frac{1}{9}\{3(x+1)\sin 3x + \cos 3x\} + C$

3.8 (1) $\log\frac{|x-3|}{|x+2|^3} + C$ (2) $\log\frac{(x-1)^2}{x^2+x+1} + C$

(3) $x^2 - \frac{1}{2}\log|(x-1)(x+1)^3| + C$

3.9 証明略（ヒント：$\frac{1}{x^2-a^2} = \frac{1}{2a}\left(\frac{1}{x-a} - \frac{1}{x+a}\right)$）

3.10 (1) $-\frac{2}{1+\tan\frac{x}{2}} + C$

(2) $\log\left|\frac{1+\tan\frac{x}{2}}{1-\tan\frac{x}{2}}\right| + C$

(3) $\frac{2}{\sqrt{3}}\tan^{-1}\frac{x}{\sqrt{3}} + C$

3.11 (1) $\sin x - \frac{\sin^3 x}{3} + C$

(2) $\log|\sin x| - \frac{2}{\sin x} + C$

3.2 節 **3.12** (1) $\frac{15}{4}$ (2) $\log 2$ (3) 1 (4) 1 (5) $1-\frac{\pi}{4}$
(6) $\frac{\pi}{4}$ (7) $\frac{\pi}{6}$ (8) $\log 3$

3.13 証明略 （ヒント：$f(x)$ の原始関数を $F(x)$ として定義を用いる.）

3.14 4

3.15 (1) $(x+1)\log(x+1)-x$ (2) $2x(e^{x^2}-1)$

3.16 証明略 （ヒント：微分積分学の基本定理を用いる.）

3.17 (1) $\frac{1}{4}$ (2) $\frac{44}{75}$ (3) $\frac{1}{2}\log 2$ (4) $\frac{1}{2}(e-1)$

3.18 (1) 6 (2) 2 (3) 0

3.19 (1) 1 (2) $e-2$ (3) $\frac{\pi}{6}+1-\frac{\sqrt{3}}{2}$ (4) $\frac{8}{3}\log 2-\frac{7}{9}$

3.20 (1) $-\frac{1}{12}$ (2) $\frac{-(3e^{\pi}+2)}{13}$

3.21 (1) $\frac{16}{35}$ (2) $\frac{5\pi}{32}$ (3) $\frac{32}{35}$ (4) $-\frac{8}{15}$

3.22 $\lim_{n\to\infty}\sum_{i=1}^{n}\left(\frac{2i}{n}\right)\frac{1}{n}=2$

3.3 節 **3.23** (1) $\frac{e^6-1}{3}$ (2) $\log 3$ (3) 2 (4) $2\sqrt{3}$

3.24 (1) $\frac{9}{2}$ (2) $\frac{10}{3}$ (3) 2 (4) $\frac{\sqrt{3}}{9}\pi-\frac{1}{2}$ (5) $2\sqrt{2}$

3.25 (1) 4 (2) $\frac{4}{3}$ (3) $e-\frac{1}{e}$ (4) $\frac{9}{2}$

3.26 $\frac{e^2-1}{2}$

3.27 (1) $\frac{\pi}{2}(e^2-1)$ (2) $\frac{16}{15}\pi$ (3) $\frac{\pi^2}{2}$
(4) 2π (5) $\frac{2}{3}\pi$ (6) $\frac{32}{3}\pi$

3.28 (1) $\frac{\pi}{2}(e^2+1)$ (2) 9π (3) $\frac{\pi^2}{3}-\pi$ (4) $20\pi^2$

3.29 (1) $\frac{15}{2}\pi$ (2) $\frac{72}{5}\pi$ (3) $\frac{8}{15}\pi$ (4) 16π

3.30 (1) $\frac{20\sqrt{10}-2}{27}$ (2) $\frac{17}{12}$

3.31 (1) $\sqrt{2}\,\pi$ (2) 18π

◆演習問題 A◆ **1** (1) $-\frac{\log x}{x}-\frac{1}{x}+C$ (2) $x\log 3x-x+C$
(3) $\frac{2}{3}(x-6)\sqrt{x+3}+C$ (4) $\frac{2^x}{(\log 2)^2}(x\log 2-1)+C$
(5) $\frac{1}{2}\log|2x-1|-\frac{2}{2x-1}+C$ (6) $\frac{2}{15}(3x-2)(x+1)\sqrt{x+1}+C$
(7) $\frac{1}{32}(12x-8\sin 2x+\sin 4x)+C$ (8) $-\cos(\log x)+C$
(9) $\tan^{-1}e^x+C$ (10) $\frac{2(\sin x-1)}{\cos x}-x+C$
(11) $(x^2+3)\log(x^2+3)-x^2+C$

2 (1) $f(x)=x^2+3x+1$
(2) $f(x)=-\frac{2}{3}x^3-2x^2+x+23$

3 (1) $\frac{13}{3}$ (2) $\log 2$ (3) $\frac{4}{3}$ (4) $(e^2-5)e$ (5) $-\frac{2}{9}\pi$
(6) $e-2$ (7) $\frac{1}{2}\{\sqrt{2}+\log(1+\sqrt{2})\}$ (8) $\frac{\pi}{3}+\frac{\sqrt{3}}{2}$ (9) $\frac{\pi}{4}$

4 (1) $\frac{15}{8} - \log 4$ (2) $\frac{125}{6}$

5 (1) $\frac{\pi}{6}$ (2) $\frac{4}{3}\pi ab^2$ (3) $\frac{9}{2}\pi$

(4) $\frac{128}{105}\pi$ （ヒント：(4) 積分の計算において $x-2=t$ とおくとよい.）

6 (1) π (2) $\frac{4+\log 3}{2}$

◆演習問題 B◆ **7** (1) $x\sin^{-1}x + \sqrt{1-x^2} + C$

(2) $x\tan^{-1}x - \frac{1}{2}\log(x^2+1) + C$

(3) $\frac{1}{3}\log\frac{|x+1|}{\sqrt{x^2-x+1}} + \frac{1}{\sqrt{3}}\tan^{-1}\left(\frac{2x-1}{\sqrt{3}}\right) + C$

(4) $\sqrt{x^2-1} - \log|x+\sqrt{x^2-1}| + C$

8 (1) 0 (2) $2\sqrt{2}$ (3) $\frac{35}{8}\pi$

9 証明略 （ヒント：(1) $x=e^t$ より $dx=e^t\,dt$ $(=x\,dt)$ に注意する.

(2) $p\neq 0$ の場合と $p=0$ の場合に分けて部分積分を用いる.）

10 (1) $\frac{a^2}{6}$ (2) 4π

（ヒント：(1) $y=(\sqrt{a}-\sqrt{x})^2$

(2) y について解く.

$y=x\pm\sqrt{4-x^2}$. 右図参照.）

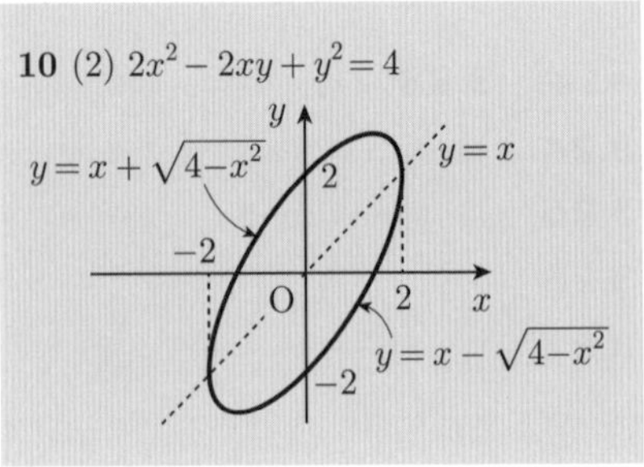

11 (1) $S=\frac{9}{2}$,

$V_x=\frac{72}{5}\pi$, $V_y=\frac{16}{3}\pi$

(2) $S=1$,

$V_x=\pi(e-2)$, $V_y=\frac{\pi}{2}(e^2+1)$

12 (1) $\frac{\pi}{9}(5\sqrt{5}-2\sqrt{2})$

(2) $\sqrt{2}\,\pi\{2\sqrt{3}+\log(2+\sqrt{3})\}$

第 4 章

4.1 節 **4.1** (1) $12x^2$ (2) $\frac{3}{4}x^2-9x$ (3) $108(3x+5)^2$

(4) $6x(5x^3+2)$ (5) $2e^x\cos x$ (6) $\frac{2\log(x+1)-3}{(x+1)^3}$

4.2 (1) $y'=3x^2-3$, $y''=6x$, $y'''=6$, $y^{(n)}=0$ $(n\geqq 4)$

(2) $3^n e^{3x}$ $(n\geqq 1)$

(3) $$y^{(n)}=\begin{cases} -\sin x & (n=1,5,9,\ldots) \\ -\cos x & (n=2,6,10,\ldots) \\ \sin x & (n=3,7,11,\ldots) \\ \cos x & (n=4,8,12,\ldots) \end{cases} = \cos\left(x+\frac{n\pi}{2}\right) \quad (n\geqq 1)$$

(4) $$y^{(n)}=\begin{cases} m(m-1)\cdots(m-n+1)x^{m-n} & (m\geqq n) \\ 0 & (m<n) \end{cases}$$

(5) $\frac{n!}{(1-x)^{n+1}}$

(6) $\frac{(-1)^{n-1}(n-1)!}{(1+x)^n}$

4.3 (1) $e^x(x+n)$ (2) $\frac{n!}{(1-x)^{n+1}}$

(3) $e^x\left\{x^3+3nx^2+3n(n-1)x+n(n-1)(n-2)\right\}$

4.4 (1) $-4\cos 2t$ (2) $-2t+4$ (3) $-t^2+4t+3$

4.5 $\frac{a+b}{2}$

4.6 証明略（ヒント：例 4.4 の証明をまねよ.）

4.7 (1) $\frac{\pi}{2}$ (2) 0

(3) 証明略（ヒント：平均値の定理より $f(x)$ は定数であることと (1), (2) からしたがう.）

4.8 $\lim\limits_{x\to-1}\frac{6x+2}{2x+5}$ は不定形でない．2 つ目の等号が間違い．正しい極限値は $-\frac{4}{3}$

4.9 (1) -4 (2) 2 (3) 0

4.10 (1)

x	$\cdots$	0	$\cdots$	1	$\cdots$	2	$\cdots$
y'	$+$	0	$-$	$-$	$-$	0	$+$
y''	$-$	$-$	$-$	0	$+$	$+$	$+$
y	↗	-1	↘	-3	↘	-5	↗

変曲点 $(1,-3)$
極大値 -1 $(x=0)$
極小値 -5 $(x=2)$

(2)

x	$\cdots$	0	$\cdots$	2	$\cdots$	3	$\cdots$
y'	$-$	0	$-$	$-$	$-$	0	$+$
y''	$+$	0	$-$	0	$+$	$+$	$+$
y	↘	1	↘	$-\frac{1}{3}$	↘	$-\frac{5}{4}$	↗

変曲点 $(0,1)$, $\left(2,-\frac{1}{3}\right)$
極小値 $-\frac{5}{4}$ $(x=3)$
極大値はない

(3)

x	0	$\cdots$	π	$\cdots$	2π
y'		$+$	0	$+$	
y''		$-$	0	$+$	
y	0	↗	π	↗	2π

変曲点 (π,π)
極大値，極小値はない

(4)

x	$\cdots$	$-\frac{1}{\sqrt{3}}$	$\cdots$	0	$\cdots$	$\frac{1}{\sqrt{3}}$	$\cdots$
y'	$+$	$+$	$+$	0	$-$	$-$	$-$
y''	$+$	0	$-$	$-$	$-$	0	$+$
y	↗	$\frac{3}{4}$	↗	1	↘	$\frac{3}{4}$	↘

変曲点 $\left(-\frac{1}{\sqrt{3}},\frac{3}{4}\right)$, $\left(\frac{1}{\sqrt{3}},\frac{3}{4}\right)$
極大値 1 $(x=0)$
極小値はない

（グラフは次ページに示す.）

4.11 (1) 直線 $y=-3x+7$ (2) 放物線 $y=(x+2)^2$

(3) 楕円 $\frac{x^2}{9}+\frac{y^2}{4}=1$ (4) アステロイド $x^{\frac{2}{3}}+y^{\frac{2}{3}}=1$

4.10 (1)

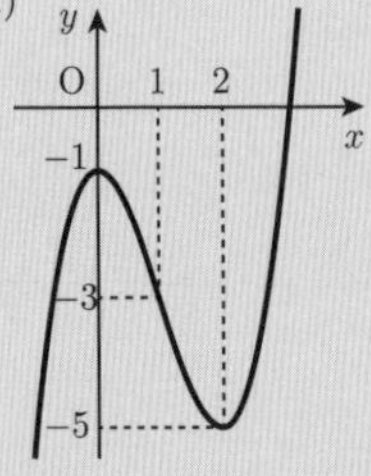

(2)

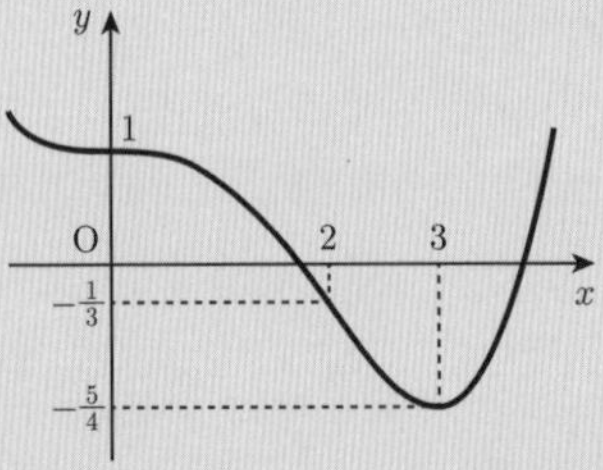

(3)

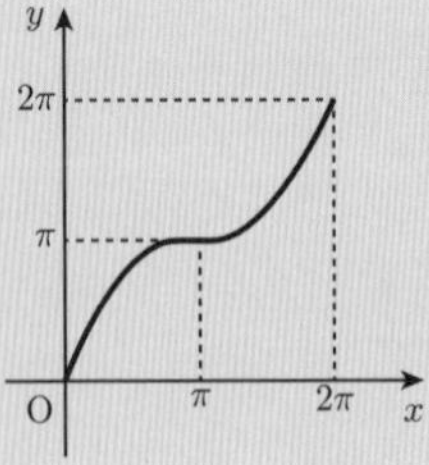

(4)

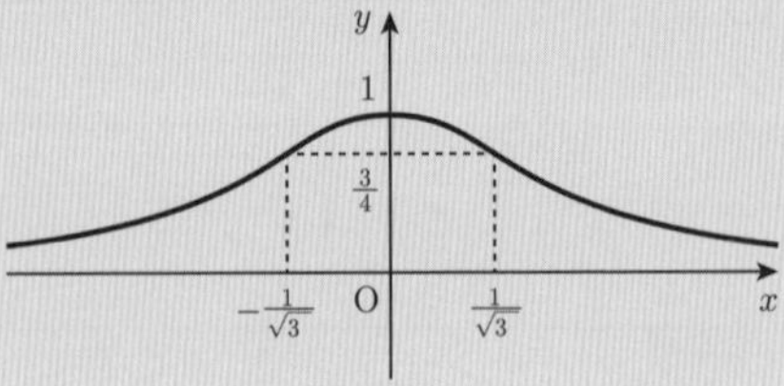

4.11 (1)

(2)

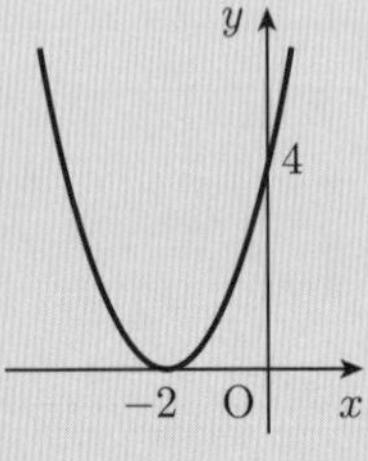

(3)

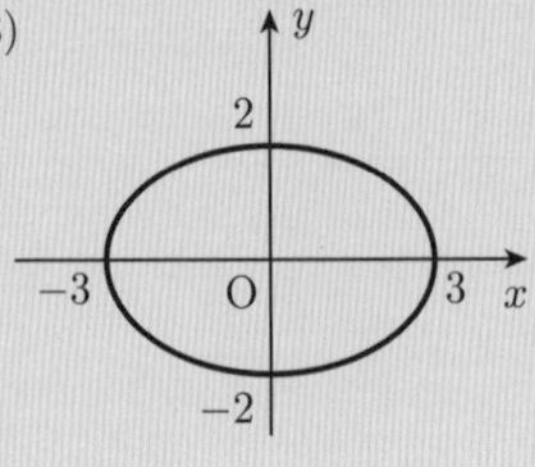

(4)

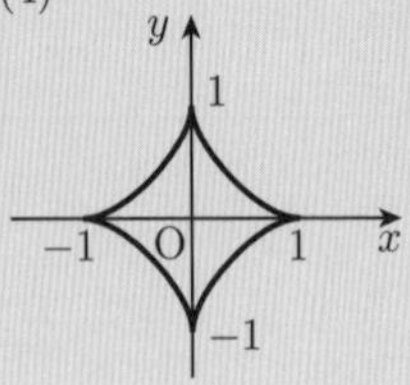

4.12 (1) -3 (2) $4t$ (3) $-\frac{1}{6t}$ (4) $-\frac{2}{3}\frac{\cos t}{\sin t} = -\frac{2}{3\tan t}$

4.13 (1) $y = 4x - 8$ (2) $y = \frac{x}{3} + \frac{4}{3}$ (3) $y = -x + 3\sqrt{2}$

(4) $y = -\frac{8}{\sqrt{3}}x + \frac{7}{\sqrt{3}}$

4.14 (1) $1 + \frac{1}{2}x$ (2) $\frac{1}{2} + \frac{\sqrt{3}}{2}\left(x - \frac{\pi}{6}\right)$ (3) $x - 1$ (4) x

4.15 (1) $1 + \frac{1}{2}x - \frac{1}{8}x^2$ (2) $\frac{1}{2} + \frac{\sqrt{3}}{2}\left(x - \frac{\pi}{6}\right) - \frac{1}{4}\left(x - \frac{\pi}{6}\right)^2$

(3) $(x-1) - \frac{1}{2}(x-1)^2$ (4) $1 + (x-1) + (x-1)^2$

4.16 (1) 2.02 (2) 2.0198

4.17 (1) 1.625 (2) 2.641

4.18 (1) $1 - \frac{1}{2}x^2 + R_4$ (2) $1 + x + x^2 + x^3 + R_4$

4.19 (1) $2 + (x+1) - 3(x+1)^2 + (x+1)^3 + R_4$

(2) $-1 + 2(x-1) - 4(x-1)^2 + 8(x-1)^3 + R_4$

(3) $-\left(x - \frac{\pi}{2}\right) + \frac{1}{3!}\left(x - \frac{\pi}{2}\right)^3 + R_4$

(4) $(x-1) - \frac{1}{2}(x-1)^2 + \frac{1}{3}(x-1)^3 + R_4$

4.20 収束する範囲，和の順に示す．(1) $|x| < 3$, $\frac{3}{3-x}$ (2) $|x| < \frac{1}{2}$, $\frac{1}{1+4x^2}$

4.21 (1) $1 + x + \frac{1}{2!}x^2 + \frac{1}{3!}x^3 + \cdots + \frac{1}{n!}x^n + \cdots$

(2) $1 - \frac{1}{2!}x^2 + \frac{1}{4!}x^4 - \frac{1}{6!}x^6 + \cdots + \frac{(-1)^n}{(2n)!}x^{2n} + \cdots$

4.22 (1) $1 + \frac{1}{2}x + \frac{1}{2^2 \cdot 2!}x^2 + \frac{1}{2^3 \cdot 3!}x^3 + \cdots + \frac{1}{2^n \cdot n!}x^n + \cdots$

(2) $\frac{1}{2} - \frac{1}{2^2}x + \frac{1}{2^3}x^2 - \frac{1}{2^4}x^3 + \cdots + \frac{(-1)^n}{2^{n+1}}x^n + \cdots$

(3) $1 - \frac{2}{2!}x^2 + \frac{2^3}{4!}x^4 - \frac{2^5}{6!}x^6 + \cdots + \frac{(-1)^n 2^{2n-1}}{(2n)!}x^{2n} + \cdots$

4.23 (1) $1 + (x-1) + (x-1)^2 + (x-1)^3 + \cdots + (x-1)^n + \cdots$

(2) $-\left(x - \frac{\pi}{2}\right) + \frac{1}{3!}\left(x - \frac{\pi}{2}\right)^3 - \frac{1}{5!}\left(x - \frac{\pi}{2}\right)^5 + \cdots + \frac{(-1)^{n+1}}{(2n+1)!}\left(x - \frac{\pi}{2}\right)^{2n+1} + \cdots$

(3) $(x-1) - \frac{1}{2}(x-1)^2 + \frac{1}{3}(x-1)^3 + \cdots + \frac{(-1)^{n-1}}{n}(x-1)^n + \cdots$

(4) $1 + (x-1) + \frac{1}{2!}(x-1)^2 + \cdots + \frac{1}{n!}(x-1)^n + \cdots$

4.24 (1) 証明略（ヒント：$e^{-ix} = e^{i(-x)}$ にオイラーの公式を適用し，$\cos x$ が偶関数，$\sin x$ が奇関数であることからしたがう．）

(2) 証明略（ヒント：$e^{ix} = \cos x + i\sin x$, $e^{-ix} = \cos x - i\sin x$ の連立方程式を $\cos x$, $\sin x$ に関して解けばよい．）

4.25 (1) 証明略（ヒント：$e^{ix}e^{iy} = (\cos x + i\sin x)(\cos y + i\sin y)$ を展開して加法定理を用いて変形すればよい．）

(2) （ヒント：(左辺) $= (e^{ix})^n$ に (1) の結果を適用すればよい．）

4.2 節 **4.26** (1) $\frac{4}{3}$ (2) $\frac{\pi}{2}ab$

4.27 (1) $8a$ (2) $\frac{\sqrt{a^2+b^2}}{a}(e^{2\pi a} - 1)$

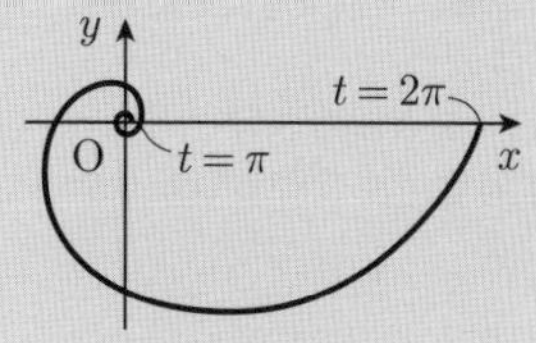

4.27(2) $a=1$, $b=2$, $0 \leqq t \leqq 2\pi$ の場合

4.28 $V=5\pi^2a^3$, $S=\frac{64}{3}\pi a^2$

4.29 (1) $\left(1, \frac{\pi}{2}\right)$ (2) $\left(2, \frac{2}{3}\pi\right)$

(3) $\left(2\sqrt{2}, \frac{5}{4}\pi\right)$ (4) $\left(4, \frac{11}{6}\pi\right)$

4.30 (1) $\left(\frac{3}{\sqrt{2}}, \frac{3}{\sqrt{2}}\right)$ (2) $(-\sqrt{3}, -1)$

(3) $(0, -3)$ (4) $(1, -\sqrt{3})$

4.31

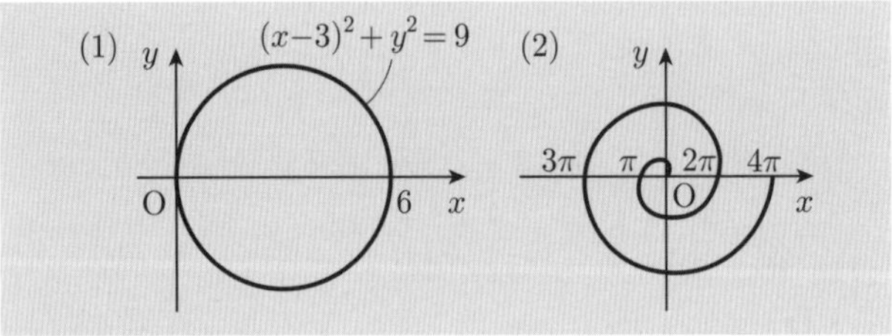

4.32 (1) 16π (2) 9π

4.33 (1) 8π (2) $8a$

4.34 (1) 6 (2) π (3) $-\frac{1}{4}$

4.35 (1) 発散する (2) $\frac{\pi}{3}$ (3) 1

4.36 (1) $v(t)=1-\sin t$ (2) $x(t)=t-1+\cos t$ (3) 2π (4) 2π

4.37 (1) $\frac{\log 2}{2}$ (2) $\frac{\pi}{4}$

4.38 0.335

4.39 (1) 証明略 (ヒント：$x \geqq 2$ のとき，$x^2-(x^2-x+2)=x-2 \geqq 0$，$x^2-x+2-2x=(x-1)(x-2) \geqq 0$ より (1) の不等式がしたがう．)

(2) 証明略 $\left(\text{ヒント：(1) の不等式から } \int_2^8 \frac{dx}{x^2} < \int_2^8 \frac{dx}{x^2-x+2} < \int_2^8 \frac{dx}{2x} \text{ となり，} \int_2^8 \frac{dx}{x^2} \text{ と } \int_2^8 \frac{dx}{2x} \text{ を計算すれば，(2) の不等式がしたがう．}\right)$

4.40 (1) 証明略 $\left(\text{ヒント：(与式)} \geqq \int_1^\infty \frac{dx}{\sqrt{x}}=\infty \text{ より発散することがしたがう．}\right)$

(2) 証明略 $\left(\text{ヒント：(与式)} \leqq 1+\int_1^\infty \frac{dx}{x^2}=2 \text{ より収束することがしたがう．}\right)$

(3) 証明略 $\left(\text{ヒント：(与式)} \leqq 1+\int_1^\infty \frac{dx}{x\sqrt{x}}=3 \text{ より収束することがしたがう．}\right)$

4.3 節 **4.41** (1) 証明略 (ヒント：任意定数を 2 個含む形なので解となることを示せばよい．)

(2) $y=\sin x+x$

4.42 C は任意定数とする． (1) $y=(x-1)e^x+C$

(2) $y=Ce^{\sqrt{x^2+1}}+1$ (3) $y=2e^{-\cos x}$

4.43 C は任意定数とする． (1) $y=x^2+x+\frac{C}{x}$

(2) $y = x + Ce^{-x}$ (3) $y = x^3 e^{-\sin x} + Ce^{-\sin x}$

4.44 (1) $y = 2x - 1 + 2e^{-2x}$ (2) $y = 3x^2 \log x - x^2 + \frac{1}{x}$

4.45 C_1, C_2 は任意定数とする．(1) $y = C_1 e^{-3x} + C_2 e^{-4x}$

(2) $y = C_1 e^{4x} + C_2 x e^{4x}$ (3) $y = e^{-2x}(C_1 \cos 2x + C_2 \sin 2x)$

(4) $y = C_1 \cos \sqrt{5}\,x + C_2 \sin \sqrt{5}\,x$

4.46 (1) $y = 2e^{-x} + e^{5x}$ (2) $y = 2e^{-x} + xe^{-x}$

(3) $y = e^{-x}(2\cos 2x - \sin 2x)$

4.47 C_1, C_2 は任意定数とする．(1) $y = C_1 e^{-2x} + C_2 e^{3x} - e^{2x}$

(2) $y = C_1 e^{-3x} + C_2 e^{x} - e^{-x} - 1$ (3) $y = C_1 e^{-x} + C_2 x e^{-x} + 2x - 3$

(4) $y = C_1 \cos x + C_2 \sin x + 4x^2 + 2x - 9$

4.48 C_1, C_2 は任意定数とする．

(1) $y = e^{x}(C_1 \cos x + C_2 \sin x) + 2\cos 2x - \sin 2x$

(2) $y = C_1 \cos x + C_2 \sin x + \cos 2x - 2\sin 2x$

4.49 C_1, C_2 は任意定数とする．(1) $y = C_1 e^{x} + C_2 e^{3x} - 2xe^{x}$

(2) $y = C_1 e^{-2x} + C_2 x e^{-2x} + x^2 e^{-2x}$ (3) $y = C_1 \cos x + C_2 \sin x - x\cos x$

◆演習問題 A◆ **1** ロピタルの定理を繰り返し用いて

$$(\text{与式}) = \lim_{x \to \infty} \frac{nx^{n-1}}{e^x} = \lim_{x \to \infty} \frac{n(n-1)x^{n-2}}{e^x}$$

$$= \cdots = \lim_{x \to \infty} \frac{n(n-1)\cdots 2 \cdot 1}{e^x} = n! \lim_{x \to \infty} \frac{1}{e^x} = 0$$

2 $\sqrt{3}\sin x - \cos x = 2\sin\left(x - \frac{\pi}{6}\right)$ と変形して計算する．

x	0	$\cdots$	$\frac{\pi}{6}$	$\cdots$	$\frac{5\pi}{6}$	$\cdots$	$\frac{7\pi}{6}$	$\cdots$	$\frac{3\pi}{2}$	$\cdots$	2π
y'		$+$	$+$	$+$	0	$-$	$-$	$-$	0	$+$	
y''		$+$	0	$-$	$-$	$-$	0	$+$	$+$	$+$	
y	-1	↗	$\frac{\pi}{6}$	↗	$\frac{5}{6}\pi + \sqrt{3}$	↘	$\frac{7}{6}\pi$	↘	$\frac{3}{2}\pi - \sqrt{3}$	↗	$2\pi - 1$

極大値 $\frac{5}{6}\pi + \sqrt{3}$ $\left(x = \frac{5}{6}\pi\right)$，極小値 $\frac{3}{2}\pi - \sqrt{3}$ $\left(x = \frac{3}{2}\pi\right)$，変曲点 $\left(\frac{\pi}{6}, \frac{\pi}{6}\right)$, $\left(\frac{7\pi}{6}, \frac{7\pi}{6}\right)$

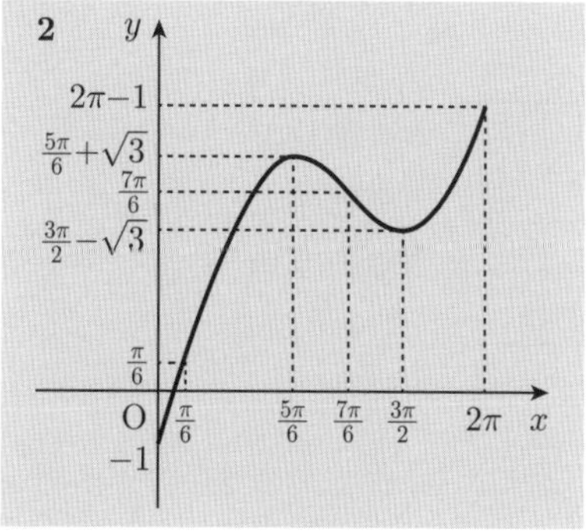

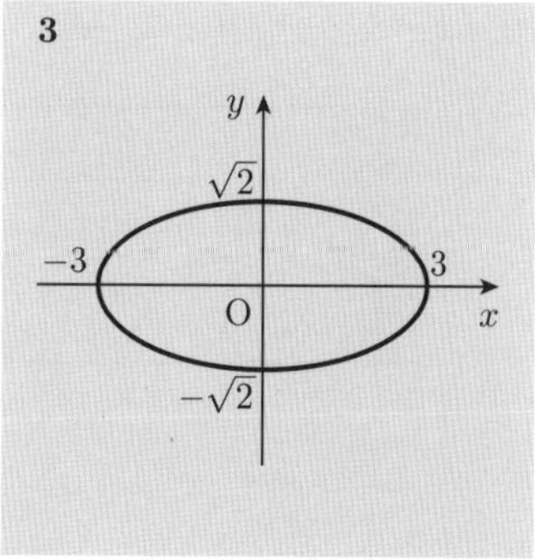

3　グラフは前ページに示す．$-\frac{1}{6}x + \frac{\sqrt{6}}{4}y = 1$

4　1 次，2 次，3 次近似式はそれぞれ，x, $x - \frac{x^2}{2}$, $x - \frac{x^2}{2} + \frac{x^3}{6}$

5　$3 + 7(x-1) + 6(x-1)^2 + (x-1)^3$

6　面積は $\frac{3}{8}\pi$，体積は $\frac{32}{105}\pi$

7　曲線の長さは $\frac{a\sqrt{1+b^2}}{b}(e^{2\pi b} - 1)$，面積は $\frac{a^2}{4b}(e^{4\pi b} - 1)$

8　$\frac{1}{x^2}$ は $x = 0$ で定義されないので広義積分を考えなければならない．発散する．

9　(1)　$\log 2$

(2)　$\frac{3}{2}$

(3)　$\frac{1}{2}\log 2$

10　(1)　$xu' = \frac{2}{u}$

(2)　$y^2 = x^2(4\log|x| + C)$　（C は任意定数）

11　C_1, C_2 は任意定数とする．

(1)　$y = C_1e^x + C_2xe^x + 6 + 4x + x^2 + e^{4x}$

(2)　$y = C_1e^x + C_2xe^x + 4 + 2x + \frac{4}{5}\cos 2x - \frac{3}{5}\sin 2x$

◆演習問題 B◆　**12**　$f'(0) = \lim_{h\to 0} \frac{h^2 \sin\frac{1}{h} - 0}{h} = \lim_{h\to 0} h\sin\frac{1}{h} = 0$

証明略　$\Big($ヒント：$x \neq 0$ のとき $f'(x) = 2x\sin\frac{1}{x} - \cos\frac{1}{x}$ である．

このとき $\lim_{h\to 0}\frac{f'(h) - f'(0)}{h} = \lim_{h\to 0}\left(2\sin\frac{1}{h} - \frac{1}{h}\cos\frac{1}{h}\right)$ は発散する．$\Big)$

13　証明略　（ヒント：ライプニッツの公式より

$f^{(2n-1)}(x) = (-1)^{n-1}\{x\cos x + (2n-1)\sin x\}$）

14　証明略　（ヒント：関数 $f(x) = e^x$ に平均値の定理を用いよ．）

15　(1)　証明略　（ヒント：$y' = \frac{1}{1+x^2}$ より $(1+x^2)y' = 1$．この両辺にライプニッツの公式を適用する．）

(2)　n が奇数のとき $y^{(n)}(0) = (-1)^{\frac{n-1}{2}}(n-1)!$，$n$ が偶数のとき $y^{(n)}(0) = 0$

（ヒント：$y(0) = 0$, $y'(0) = 1$ および (1) を用いよ．）

(3)　$x - \frac{1}{3}x^3 + \frac{1}{5}x^5 - \frac{1}{7}x^7 + \frac{1}{9}x^9 - \cdots$

16　(1)

x	$\cdots$	0	$\cdots$	1	$\cdots$	$\frac{3}{2}$	$\cdots$
y'	$-$	0	$-$	／	$-$	0	$+$
y''	$+$	0	$-$	／	$+$	$+$	$+$
y	↘	0	↘	／	↘	$\frac{27}{4}$	↗

極大値はない

極小値 $\frac{27}{4}$ $\left(x = \frac{3}{2}\right)$

変曲点 $(0, 0)$

(2)

x	$\cdots$	$-\sqrt{3}$	$\cdots$	-1	$\cdots$	0	$\cdots$	1	$\cdots$	$\sqrt{3}$	$\cdots$
y'	$+$	0	$-$	／	$-$	0	$-$	／	$-$	0	$+$
y''	$-$	$-$	$-$	／	$+$	0	$-$	／	$+$	$+$	$+$
y	↗	$-\frac{3\sqrt{3}}{2}$	↘	／	↘	0	↘	／	↘	$\frac{3\sqrt{3}}{2}$	↗

極大値 $-\frac{3\sqrt{3}}{2}$ $(x=-\sqrt{3})$，極小値 $\frac{3\sqrt{3}}{2}$ $(x=\sqrt{3})$，変曲点 $(0,0)$

(3)

x	$\cdots$	$-\frac{1}{\sqrt[3]{2}}$	$\cdots$	0	$\cdots$	1	$\cdots$
y'	$-$	$-$	$-$	0	$-$	／	$-$
y''	$-$	0	$+$	0	$-$	／	$+$
y	↘	$\frac{1}{3}$	↘	0	↘	／	↘

極大値，極小値はない

変曲点 $\left(-\frac{1}{\sqrt[3]{2}}, \frac{1}{3}\right)$, $(0,0)$

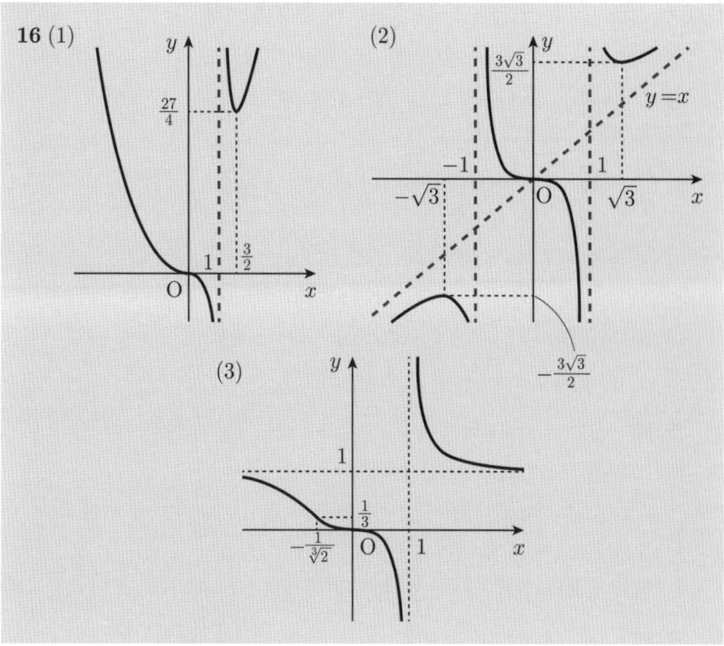

17 証明略 （ヒント：**4.16** を用いよ.）回転体の表面積は $\frac{32}{5}\pi a^2$

18 (1) $xz' + 6z = -2x^2$ （ヒント：$z' = -2y^{-3}y'$ であり両辺に $-2y^{-3}$ を掛けて整理する.） (2) $y^2 = \frac{4x^6}{C - x^8}$ （C は任意定数）

19 $x = C_1e^{-t} + C_2e^{4t}$, $y = C_1e^{-t} - \frac{2}{3}C_2e^{4t}$ （C_1, C_2 は任意定数）

第 5 章

5.1 節　**5.1**　(1)　定義域 xy 平面全体，値域 実数全体

(2)　定義域 $(x, y) \neq (0, 0)$，値域 $z > 0$

(3)　定義域 $x^2 + y^2 \geqq 1$，値域 $z \geqq 0$

5.2　平面 $x = a$ の切り口 $z = a^2 - y^2$（上に凸な放物線），平面 $y = b$ の切り口 $z = x^2 - b^2$（下に凸な放物線）

5.3　(1)　2 に収束　(2)　0 に収束　(3)　収束しない　(4)　0 に収束

5.4　(1)　連続でない　(2)　連続

5.5　$c = 2$

5.2 節　**5.6**　(1)　$f_x = 3x^2 - 4xy$, $f_y = 2y - 2x^2$, $f_x(1, 0) = 3$, $f_y(1, 0) = -2$

(2)　$f_x = 3(x - 2y)^2$, $f_y = -6(x - 2y)^2$, $f_x(1, 0) = 3$, $f_y(1, 0) = -6$

(3)　$f_x = \frac{-1}{(x-y)^2}$, $f_y = \frac{1}{(x-y)^2}$, $f_x(1, 0) = -1$, $f_y(1, 0) = 1$

(4)　$f_x = e^x \sin y$, $f_y = e^x \cos y$, $f_x(1, 0) = 0$, $f_y(1, 0) = e$

5.3 節　**5.7**　(1)　$z_x = 2f'(2x + 3y)$, $z_y = 3f'(2x + 3y)$

(2)　$z_x = \frac{1}{y} f'(\frac{x}{y})$, $z_y = -\frac{x}{y^2} f'(\frac{x}{y})$

5.8　(1)　$\frac{dz}{dt} = 4(\sin t + \cos t)^3(\cos t - \sin t)$

(2)　$\frac{dz}{dt} = a\, f_x(at, bt) + b\, f_y(at, bt)$

5.9　(1)　$\frac{\partial z}{\partial s} = 4s^3$, $\frac{\partial z}{\partial t} = -4t^3$

(2)　$\frac{\partial z}{\partial r} = f_x(r\cos\theta, r\sin\theta)\ \cos\theta + f_y(r\cos\theta, r\sin\theta)\ \sin\theta$,

$\frac{\partial z}{\partial \theta} = -\, f_x(r\cos\theta, r\sin\theta)\, r\sin\theta +\ f_y(r\cos\theta, r\sin\theta)\, r\cos\theta$

(3)　$\frac{\partial z}{\partial s} = f_x(s, t) + f_y(s, s + t)$, $\frac{\partial z}{\partial t} = f_y(s, s + t)$

5.4 節　**5.10**　(1)　$z_{xx} = 6xy^2$, $z_{xy} = z_{yx} = 6x^2y$, $z_{yy} = 2x^3$

(2)　$z_{xx} = e^x \sin y$, $z_{xy} = z_{yx} = e^x \cos y$, $z_{yy} = -e^x \sin y$

(3)　$z_{xx} = -\frac{2(x^2+y^2)}{(x^2-y^2)^2}$, $z_{xy} = z_{yx} = \frac{4xy}{(x^2-y^2)^2}$, $z_{yy} = -\frac{2(x^2+y^2)}{(x^2-y^2)^2}$

5.11　(1)　$f = 1 - \frac{1}{2}x^2 + xy - \frac{1}{2}y^2 + R_3$

(2)　$f = 2 + \frac{1}{2}(x - 1) + \frac{1}{4}(y - 2) - \frac{1}{16}(x - 1)^2 - \frac{1}{16}(x - 1)(y - 2) - \frac{1}{64}(y - 2)^2 + R_3$

5.5 節　**5.12**　(1)　接平面 $4x - 2y - z = 3$，法線 $\frac{x-2}{4} = \frac{y-1}{-2} = \frac{z-3}{-1}$

(2)　接平面 $x - 2y - z = -2$，法線 $x - 2 = \frac{y-1}{-2} = \frac{z-2}{-1}$

(3)　接平面 $x + 2y + 3z = 14$，法線 $x - 1 = \frac{y-2}{2} = \frac{z-3}{3}$

5.13　(1)　$dz = 2xy^3\, dx + 3x^2y^2\, dy$

(2)　$dz = e^x \sin y\, dx + e^x \cos y\, dy$

(3)　$dz = \frac{x}{\sqrt{x^2-y^2}}\, dx - \frac{y}{\sqrt{x^2-y^2}}\, dy$

5.6 節 **5.14** (1) $(0,0)$ のとき極小値 0 (2) 極値をとらない

(3) $(0,0)$ のとき極大値 0 (4) $\left(\frac{2}{3},\frac{2}{3}\right)$ のとき極小値 $-\frac{4}{3}$ (5) 極値をとらない

5.7 節 **5.15** (1) $\frac{3\sqrt{6}}{4}$

(2) 一辺の長さが 4 cm の立方体で $64\,\mathrm{cm}^3$ (3) $\frac{1}{\sqrt{6}}$

5.8 節 **5.16** (1) $y'=\frac{1}{2y}$ (2) $y'=-\frac{2x+3y}{3x+2y}$ (3) $y'=\frac{x^2-y}{x-y^2}$

5.17 (1) 接線 $x+\sqrt{7}\,y-8=0$，法線 $\sqrt{7}\,x-y=0$

(2) 接線 $y-2\sqrt{2}=0$，法線 $x=0$

(3) 接線 $x+y-2=0$，法線 $x-y=0$

5.9 節 **5.18** $\left(\pm\sqrt{\frac{3}{2}},\pm\sqrt{\frac{3}{2}}\right)$（複号任意）

5.19 (1) $\left(\pm\frac{1}{\sqrt{2}},\pm\sqrt{2}\right)$（複号同順）のとき最大値 1，$\left(\pm\frac{1}{\sqrt{2}},\mp\sqrt{2}\right)$（複号同順）のとき最小値 -1

(2) $\left(\pm\frac{1}{\sqrt{2}},\pm\frac{1}{\sqrt{2}}\right)$（複号同順）のとき最大値 2，$\left(\pm\frac{1}{\sqrt{2}},\mp\frac{1}{\sqrt{2}}\right)$（複号同順）のとき最小値 0

5.10 節 **5.20** (1) $y+x^2=0$ (2) $x^2+y^2=a^2$

◆演習問題 A◆ **1** 原点以外の点では，連続関数の比で表されているので連続．また $\lim_{(x,y)\to(0,0)} f(x,y)=f(0,0)$ だから，すべての点で連続である．

2 (1) $z_{xx}=2y$, $z_{xy}=z_{yx}=2x$, $z_{yy}=0$

(2) $z_{xx}=0$, $z_{xy}=z_{yx}=e^y$, $z_{yy}=x\,e^y$

(3) $z_{xx}=\frac{-y^2}{(x^2-y^2)^{\frac{3}{2}}}$, $z_{xy}=z_{yx}=\frac{xy}{(x^2-y^2)^{\frac{3}{2}}}$, $z_{yy}=\frac{-x^2}{(x^2-y^2)^{\frac{3}{2}}}$

3 証明略 $\Big($ヒント：$\frac{\partial z}{\partial r}=\cos\theta\,\frac{\partial z}{\partial x}+\sin\theta\,\frac{\partial z}{\partial y}$，$\frac{\partial z}{\partial \theta}=-r\sin\theta\,\frac{\partial z}{\partial x}+r\cos\theta\,\frac{\partial z}{\partial y}$ を右辺に代入して整理すればよい．$\Big)$

4 (1) $dz=\frac{1}{y}\,dx-\frac{x}{y^2}\,dy$ (2) $dz=\frac{y\,dx+x\,dy}{\sqrt{1-x^2y^2}}$

5 (1) $\frac{1}{2}(x-1)-\frac{1}{2}(y-1)=z$（$\Leftrightarrow x+y-2z=2$）

(2) $x+y=z-1$（$\Leftrightarrow x+y-z=-1$）

6 (1) $1+(-x+y)+(x^2-2xy+y^2)+R_3$

(2) $1+x+\frac{1}{2}(-x^2+2xy-y^2)+R_3$

7 (1) $\left(-\frac{1}{2},0\right)$ のとき極小値 $-\frac{1}{4}$ (2) $(2,0)$ のとき極大値 4

(3) 極値をとらない (4) $(2,2)$ のとき極小値 -2

(5) $(0,0)$ のとき極小値 0 (6) $(-1,0)$ のとき極小値 -1

8 (1) 接線 $y-1=0$，法線 $x+1=0$

(2) 接線 $6x-6y-\pi=0$，法線 $2x+2y-\pi=0$

(3) 接線 $x + ey - e = 0$，法線 $ex - y - e^2 = 0$

9 (1) $(-1, 0)$，$(0, -1)$，$\left(\pm\frac{1}{\sqrt{2}}, \pm\frac{1}{\sqrt{2}}\right)$ （複号同順）

(2) $(\pm 1, \pm 1)$ （複号同順）

10 $(1, 1)$ のとき最大値 2，$(-1, -1)$ のとき最小値 -2

◆演習問題 B◆ **11** (1) $(x, y) \to (0, 0)$ のとき $\frac{x^2+y^2}{x-y}$ は収束しないので，$f(x, y)$ は $(0, 0)$ で連続ではない．

(2) $f_x(0, 0) = \lim_{h \to 0} \frac{f(h,0)-f(0,0)}{h} = \lim_{h \to 0} \frac{h-0}{h} = 1$，

$f_y(0, 0) = \lim_{k \to 0} \frac{f(0,k)-f(0,0)}{k} = \lim_{k \to 0} \frac{-k-0}{k} = -1$

12 証明略 （ヒント：2 変数関数の平均値の定理より $f(a+h, b+k) = f(a, b) + f_x(a + \theta h, b + \theta k)h + f_y(a + \theta h, b + \theta k)k$ $(0 < \theta < 1)$ と表せる．ここで $(h, k) \to (0, 0)$ のとき，右辺の $f_x(a + \theta h, b + \theta k)$，$f_y(a + \theta h, b + \theta k)$ はそれぞれ $f_x(a, b)$，$f_y(a, b)$ に収束するから，$f(a+h, b+k) \to f(a, b)$ である．）

13 (1) $f(x, y(x)) = 0$ の両辺を x で微分すると，$f_x(x, y(x)) + y'(x) f_y(x, y(x)) = 0$ となる．したがって $y'(x) = -\frac{f_x(x,y(x))}{f_y(x,y(x))}$

(2) $y'(x) = f(x, y(x))$ の両辺を微分して，$y'(x) = f$ を代入（以下 $(x, y(x))$ を省略）すると $y''(x) = f_x + f_y f$．さらに微分して同様に代入すると，$y'''(x) = f_{xx} + f_x f_y + 2f_{xy} f + f_{yy} f^2 + f_y^2 f$

14 証明略 （ヒント：$f_x(0, 0) = \lim_{h \to 0} \frac{f(h,0)-f(0,0)}{h} = 0$，

$f_x(0, k) = \lim_{h \to 0} \frac{f(h,k)-f(0,k)}{h} = k$ だから，$f_{xy}(0, 0) = \lim_{k \to 0} \frac{f_x(0,k)-f_x(0,0)}{k} = 1$ である．また $f_y(0, 0) = \lim_{k \to 0} \frac{f(0,k)-f(0,0)}{k} = 0$，$f_y(h, 0) = \lim_{k \to 0} \frac{f(h,k)-f(h,0)}{k} = 0$ だから，

$f_{yx} = \lim_{h \to 0} \frac{f_y(h,0)-f_y(0,0)}{h} = 0$ である．）

15 (1) 証明略

（ヒント：$\begin{cases} \frac{\partial z}{\partial r} = \cos\theta \frac{\partial z}{\partial x} + \sin\theta \frac{\partial z}{\partial y} \\ \frac{\partial z}{\partial \theta} = -r\sin\theta \frac{\partial z}{\partial x} + r\cos\theta \frac{\partial z}{\partial y} \end{cases}$ を $\frac{\partial z}{\partial x}$ と $\frac{\partial z}{\partial y}$ について解くと示せる．）

(2) 証明略 （ヒント：右辺に対して合成関数の微分法則を繰り返し用いて整理すればよい．）

16 $\frac{dy}{dx} = -\frac{2x+y}{x+y}$，$\frac{d^2y}{dx^2} = -\frac{1}{(x+y)^3}$

17 $(\pm 2, \pm 2)$，$\left(\pm\frac{2}{\sqrt{3}}, \mp\frac{2}{\sqrt{3}}\right)$ （いずれも複号同順）

18 $(\sqrt{3}, \pm\sqrt{6})$ のとき最大値 $6\sqrt{3}$，$(-\sqrt{3}, \pm\sqrt{6})$ のとき最小値 $-6\sqrt{3}$

19 (1) $y^2 - 4x = 0$ (2) $y^2 - x - \frac{1}{4} = 0$

20 正方形

第 6 章

6.1 節 **6.1** $\displaystyle\int_1^2 \left\{\int_0^1 (x+y+1)\,dx\right\} dy = 3$

6.2 (1) 1 (2) $\frac{1}{6}$ (3) $\frac{14}{3}$

6.3 (1) $\displaystyle\iint_D \sqrt{1-x^2-y^2}\,dxdy,\ D=\{(x,y)\mid x^2+y^2 \leqq 1\}$

(2) $\displaystyle\iint_D \left(-\frac{1}{4}x-\frac{1}{5}y+1\right) dxdy,\ D=\left\{(x,y)\,\middle|\,\frac{1}{4}x+\frac{1}{5}y \leqq 1, x \geqq 0, y \geqq 0\right\}$

6.4 (1) $\frac{8}{15}$ (2) $\frac{1}{3}$ (3) $\frac{2}{3}$ (4) $\frac{4}{15}$（積分領域は図に示す.）

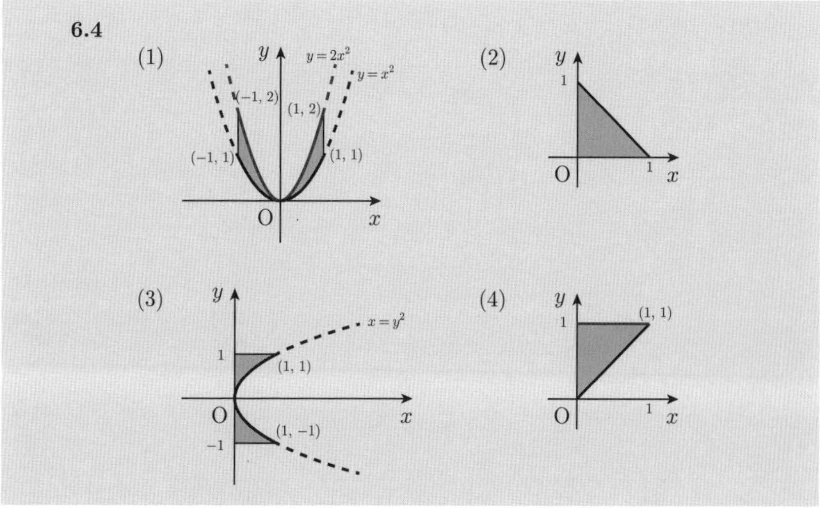

6.5 (1) $\frac{1}{24}$ (2) $\frac{31}{96}$ (3) $\frac{5}{3}$（積分領域は図に示す.）

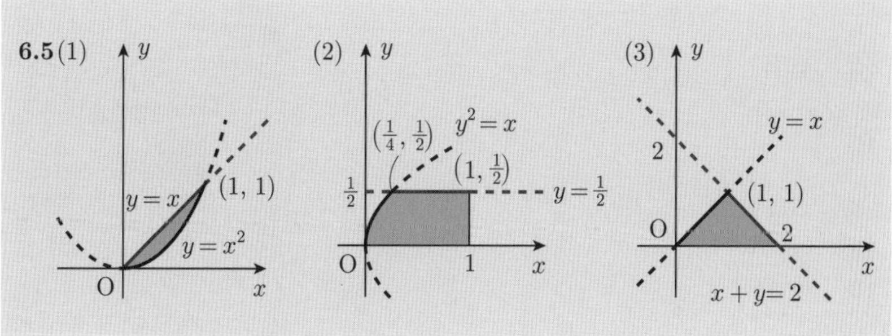

6.6 (1) $\displaystyle\int_4^8 \left\{\int_{-\frac{y}{2}+4}^{2} f(x,y)\,dx\right\} dy$

(2) $\displaystyle\int_0^1 \left\{\int_{-1}^{-\sqrt{x}} f(x,y)\,dy\right\}dx + \int_0^1 \left\{\int_{\sqrt{x}}^{1} f(x,y)\,dy\right\}dx$

(3) $\displaystyle\int_0^1 \left\{\int_{y^2}^{1} f(x,y)\,dx\right\}dy$

(4) $\displaystyle\int_0^1 \left\{\int_{1}^{2-x} f(x,y)\,dy\right\}dx$

(5) $\displaystyle\int_{-1}^0 \left\{\int_{-x}^{1} f(x,y)\,dy\right\}dx + \int_0^2 \left\{\int_{\frac{1}{2}x}^{1} f(x,y)\,dy\right\}dx$ （積分領域は図に示す.）

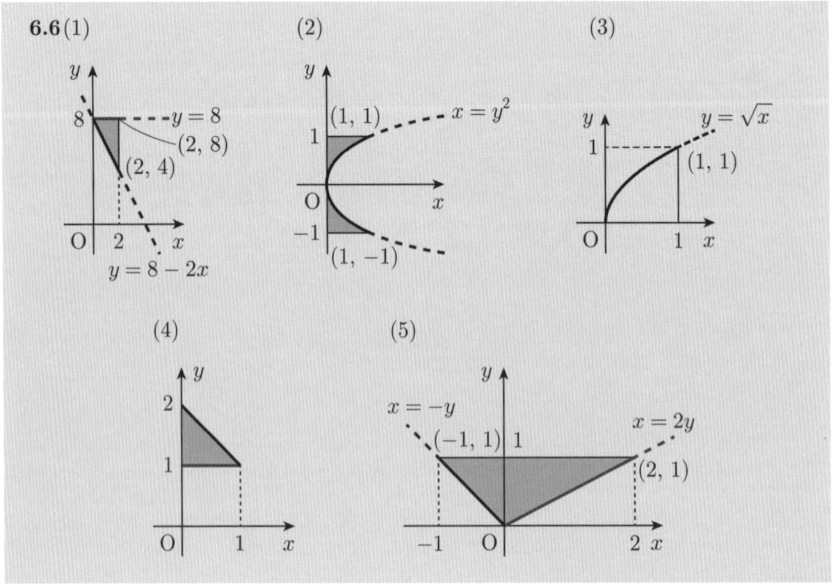

6.7 $\sqrt{e}-1$ （積分領域は図に示す.）

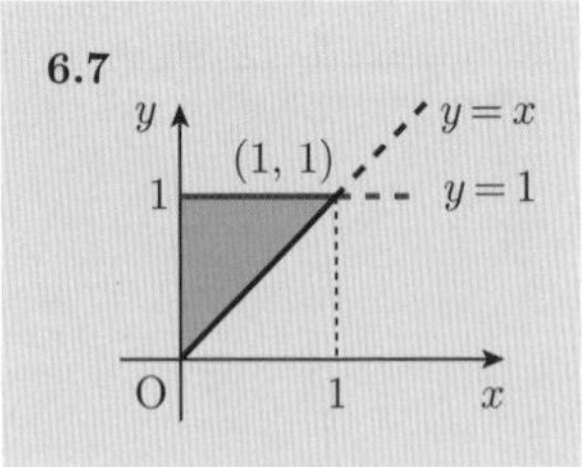

6.2 節 **6.8** $\frac{1}{4}$

6.9 $2u^2-2v^2$

6.10 $\frac{4}{15}$

6.3 節 **6.11** $\frac{4}{3}\pi r^3$

6.12 πa^3

6.13 $\frac{\pi ab}{2}$

6.4 節 **6.14** $4(\pi-2)a^2$

6.15 $\frac{\pi}{6}$

6.5 節 **6.16** $\frac{3}{2}\pi$

6.17 $\frac{1}{2}$

6.6 節 **6.18** $\left(\frac{4}{3\pi}, \frac{4}{3\pi}\right)$

◆演習問題 A◆ **1** (1) $\frac{19}{12}$ (2) $\frac{3}{2}\log 2$
(3) $\frac{1}{2}(e+e^{-1})-1$ (4) $\frac{\pi}{4}\log 2$

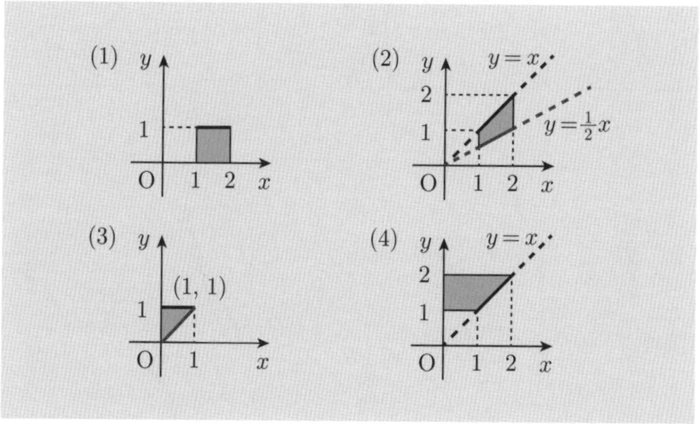

2 (1) 2 (2) $-\frac{\sqrt{3}}{4}$ (3) $-\frac{1}{12}$

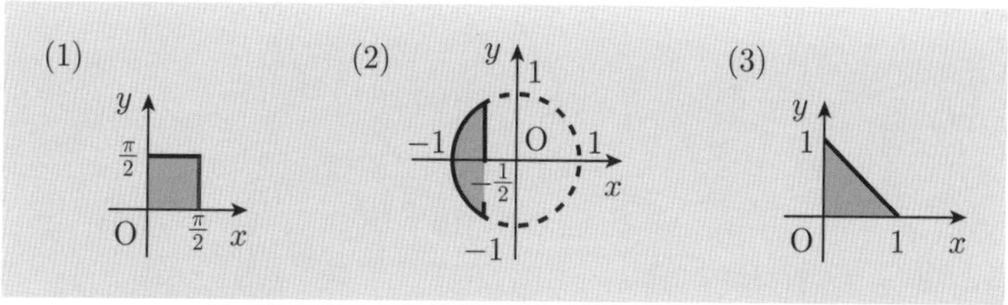

3 $\displaystyle\int_{-1}^{1}\left\{\int_{0}^{\sqrt{1-y^2}} f(x,y)\,dx\right\}dy$ （積分領域は図に示す.）

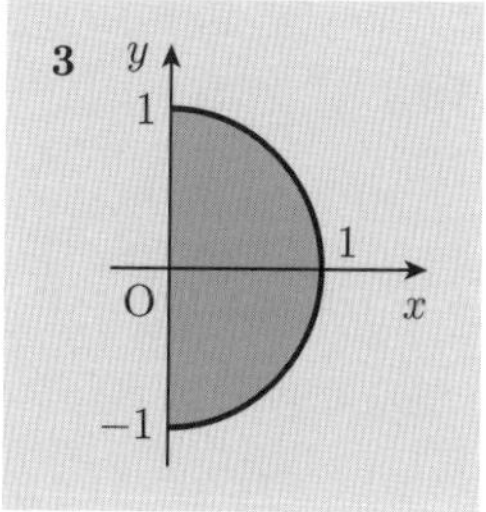

4 $\frac{1}{6}$

5 4

6 $\frac{4\pi}{3}\{a^3-(a^2-1)^{\frac{3}{2}}\}$

7 $\frac{16}{3}a^3$

8 $\frac{1}{2}$

9 $\left(\frac{1}{5}, \frac{1}{5}\right)$

10 $\left(1, \frac{2}{3}\right)$

◆演習問題 B◆ **11** (1) $\frac{16}{3}\log 2-\frac{14}{9}$ (2) $\frac{5}{3}$ (3) $\frac{3}{2}$

(4) $\frac{\pi}{4}\log 3$ (5) $\frac{1}{6}$ （図は下に示す.）

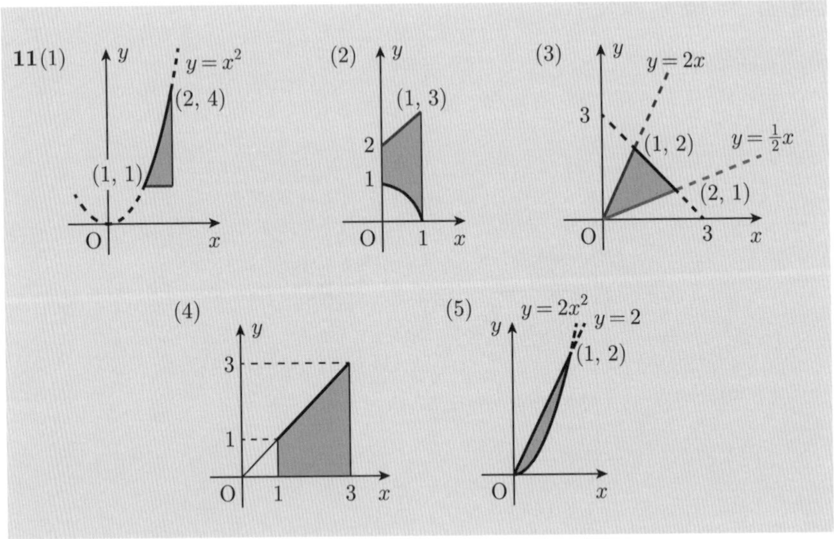

12 (1) $\displaystyle\int_0^3 \left\{ \int_{-\sqrt{9-x^2}}^{\sqrt{9-x^2}} f(x,y)\,dy \right\} dx$

(2) $\displaystyle\int_0^1 \left\{ \int_0^{\sqrt{y}} f(x,y)\,dx \right\} dy+\int_1^2 \left\{ \int_0^{2-y} f(x,y)\,dx \right\} dy$

(3) $\frac{1}{2}e-1$

13 $\frac{8}{3}\sqrt{3}$

14 (1) 図のような直円錐になる.

(2) $\frac{1}{3}\pi a^2 h$

(3) $\pi a\sqrt{a^2+h^2}+\pi a^2$

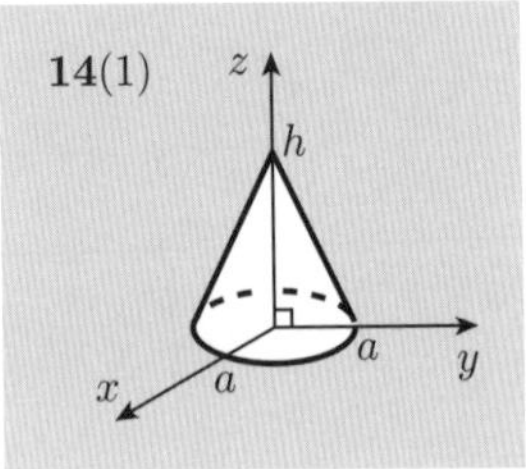

15 $\frac{\sqrt{\pi}}{4}$

付　録

基本事項・公式集

■和と定数倍の積分

$$\int \{f(x)+g(x)\}\,dx = \int f(x)\,dx + \int g(x)\,dx$$

$$\int kf(x)\,dx = k\int f(x)\,dx \quad (k\text{ は定数})$$

■置換積分法　$t=g(x)$ とおくとき $\displaystyle\int f(g(x))\frac{dg}{dx}\,dx = \int f(t)\,dt$

■部分積分法　$\displaystyle\int f(x)g'(x)\,dx = f(x)g(x) - \int f'(x)g(x)\,dx$

■三角関数の公式

$\sin^2\alpha+\cos^2\alpha=1,\quad \tan\alpha=\dfrac{\sin\alpha}{\cos\alpha},\quad 1+\tan^2\alpha=\dfrac{1}{\cos^2\alpha}$

$\sin(\alpha\pm\beta)=\sin\alpha\cos\beta\pm\cos\alpha\sin\beta$

$\cos(\alpha\pm\beta)=\cos\alpha\cos\beta\mp\sin\alpha\sin\beta$

$\tan(\alpha\pm\beta)=\dfrac{\tan\alpha\pm\tan\beta}{1\mp\tan\alpha\tan\beta}$

$\sin(-\theta)=-\sin\theta,\qquad \cos(-\theta)=\cos\theta,\quad \tan(-\theta)=-\tan\theta$

$\sin(\pi\pm\theta)=\mp\sin\theta,\quad \cos(\pi\pm\theta)=-\cos\theta$

$\sin\left(\dfrac{\pi}{2}\pm\theta\right)=\cos\theta,\quad \cos\left(\dfrac{\pi}{2}\pm\theta\right)=\mp\sin\theta$　（複号同順）

■対数　$(a>0,\ a\neq 1,\ M>0,\ N>0)$

$$a^x=M \iff x=\log_a M \iff a^{\log_a M}=M$$

(1)　$\log_a MN=\log_a M+\log_a N$

(2)　$\log_a \dfrac{M}{N}=\log_a M-\log_a N$

(3)　$\log_a M^p=p\log_a M$

※底の変換公式　$\log_a M=\dfrac{\log_b M}{\log_b a}$　$(b>0, b\neq 1)$

■定積分　$\displaystyle\int f(x)\,dx=F(x)+C$ のとき

$$\int_a^b f(x)\,dx=\Big[F(x)\Big]_a^b=F(b)-F(a)$$

■**偶関数**　$f(x)$ に対して　$\int_{-a}^{a} f(x)\,dx = 2\int_{0}^{a} f(x)\,dx$

■**奇関数**　$f(x)$ に対して　$\int_{-a}^{a} f(x)\,dx = 0$

■ $n \geqq 2$（n は自然数）のとき

$$\int_0^{\frac{\pi}{2}} \sin^n x\,dx = \int_0^{\frac{\pi}{2}} \cos^n x\,dx = \begin{cases} \dfrac{n-1}{n}\dfrac{n-3}{n-2}\cdots\dfrac{3}{4}\dfrac{1}{2}\dfrac{\pi}{2} & (n\text{ が偶数}) \\ \dfrac{n-1}{n}\dfrac{n-3}{n-2}\cdots\dfrac{4}{5}\dfrac{2}{3} & (n\text{ が奇数}) \end{cases}$$

■**面積**　①曲線 $y=f(x)$ と x 軸および 2 直線 $x=a,\ x=b$ で囲まれた図形の面積 S は

$$S = \int_a^b |f(x)|\,dx$$

②曲線 $y=f(x),\ y=g(x)$（$f(x) \geqq g(x)$）で囲まれた図形の面積 S は

$$S = \int_a^b \{f(x)-g(x)\}\,dx$$

■**体積**　曲線 $y=f(x)$ の x 軸まわり回転体の体積 V は $V=\pi\int_a^b y^2\,dx$

曲線 $x=g(y)$ の y 軸まわり回転体の体積 V は $V=\pi\int_c^d x^2\,dy$

■**曲線の長さ**　曲線 $y=f(x)$ の $x=a$ から $x=b$ までの長さ L は

$$L = \int_a^b \sqrt{1+(y')^2}\,dx$$

■**回転体の側面積**　曲線 $y=f(x)$ の x 軸まわり回転体の側面積 S は

$$S = 2\pi\int_a^b |y|\sqrt{1+(y')^2}\,dx$$

■**近似式**　1 次近似 $f(x) \fallingdotseq f(a)+f'(a)(x-a)$

2 次近似 $f(x) \fallingdotseq f(a)+f'(a)(x-a)+\dfrac{f''(a)}{2}(x-a)^2$

■**テイラー展開**

$$f(x) = f(a)+f'(a)(x-a)+\frac{f''(a)}{2!}(x-a)^2+\cdots+\frac{f^{(n)}(a)}{n!}(x-a)^n+\cdots$$

■**マクローリン展開**

$$f(x) = f(0)+f'(0)x+\frac{f''(0)}{2!}x^2+\cdots+\frac{f^{(n)}(0)}{n!}x^n+\cdots$$

代表的な曲線のグラフと 2 次曲線

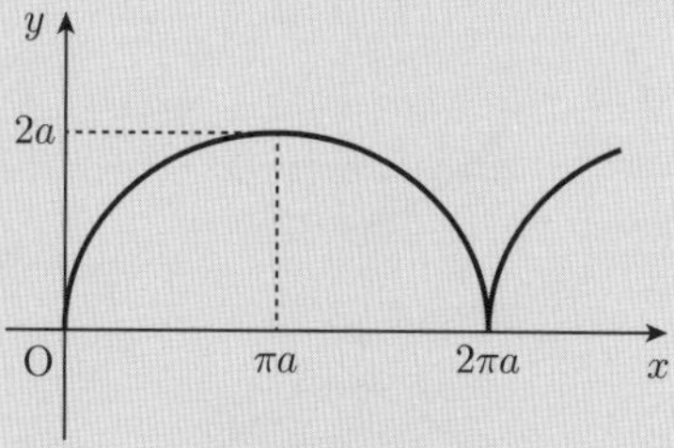

サイクロイド

$$\begin{cases} x = a(\theta - \sin\theta) \\ y = a(1 - \cos\theta) \end{cases}$$

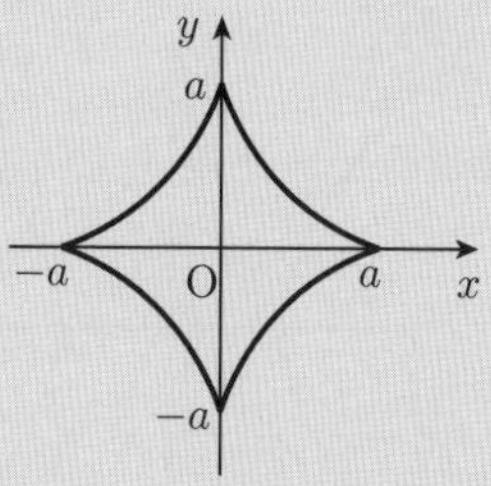

アステロイド

$$x^{\frac{2}{3}} + y^{\frac{2}{3}} = a^{\frac{2}{3}},\ \begin{cases} x = a\cos^3\theta \\ y = a\sin^3\theta \end{cases}$$

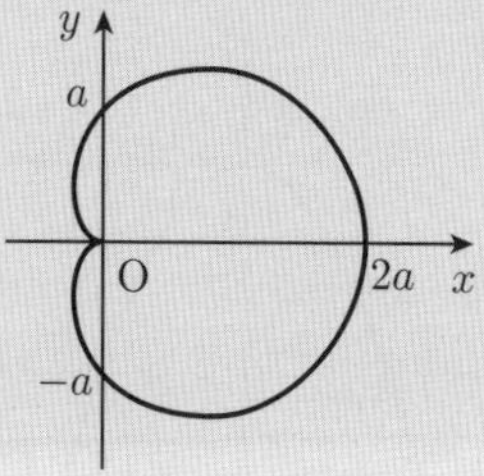

カージオイド

$$r = a(1 + \cos\theta)\quad (a > 0)$$

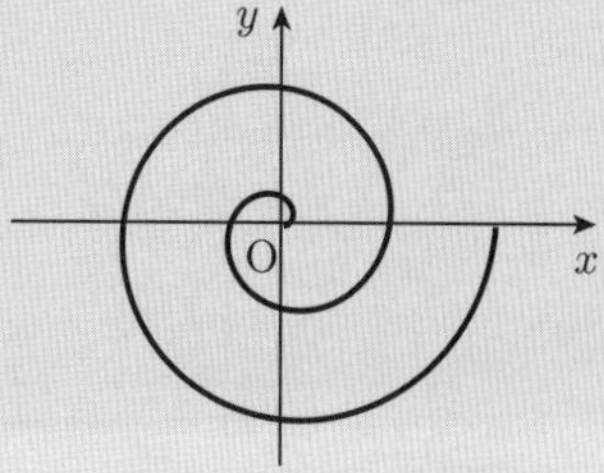

アルキメデスの螺旋《らせん》

$$r = a\theta\quad (a > 0)$$

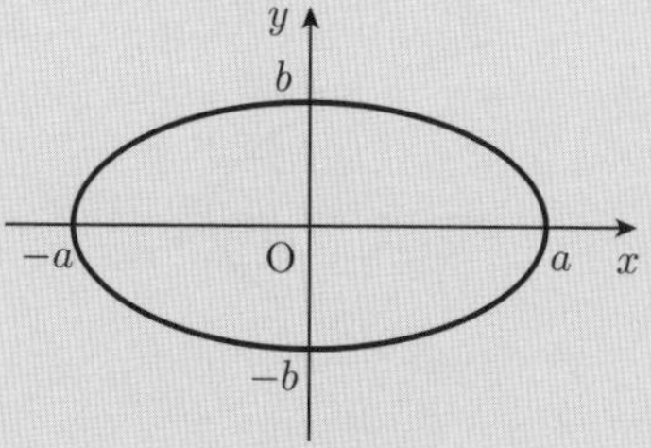

楕円

$$\frac{x^2}{a^2} + \frac{y^2}{b^2} = 1\quad (a > b)$$

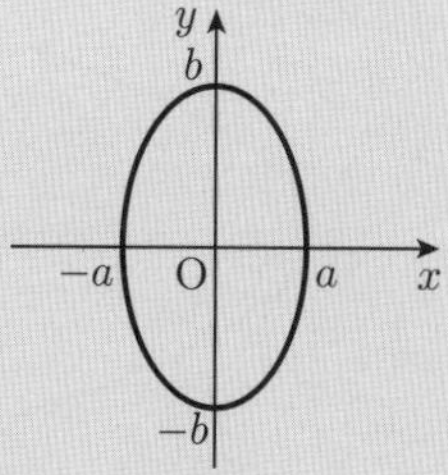

楕円

$$\frac{x^2}{a^2} + \frac{y^2}{b^2} = 1\quad (a < b)$$

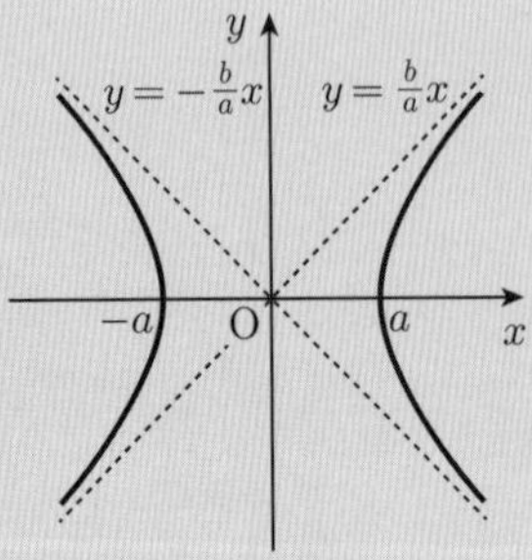

双曲線

$\frac{x^2}{a^2}-\frac{y^2}{b^2}=1 \quad (a,\ b>0)$

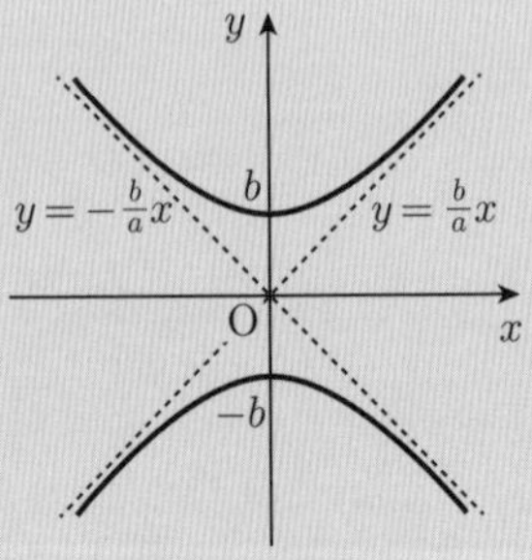

双曲線

$\frac{x^2}{a^2}-\frac{y^2}{b^2}=-1 \quad (a,\ b>0)$

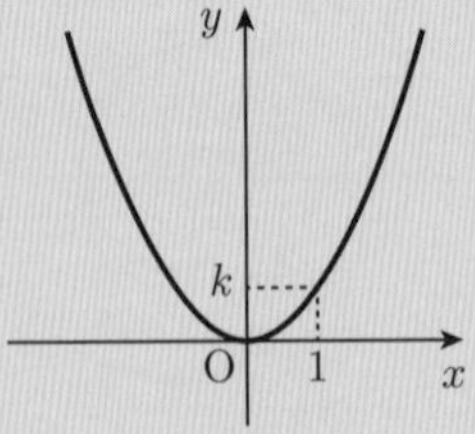

放物線

$y=kx^2 \quad (k>0)$

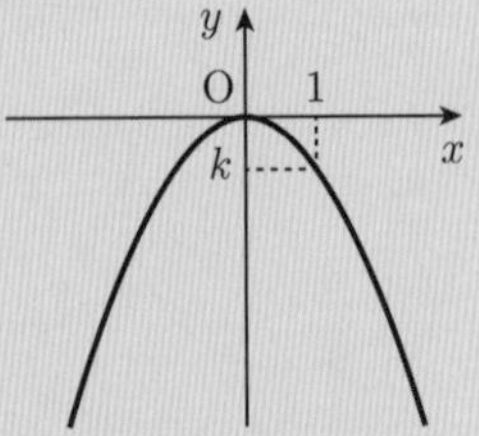

放物線

$y=kx^2 \quad (k<0)$

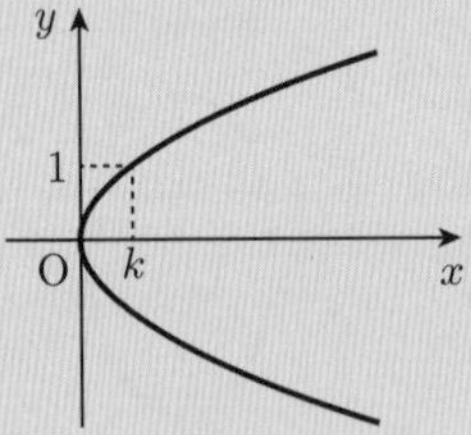

放物線

$x=ky^2 \quad (k>0)$

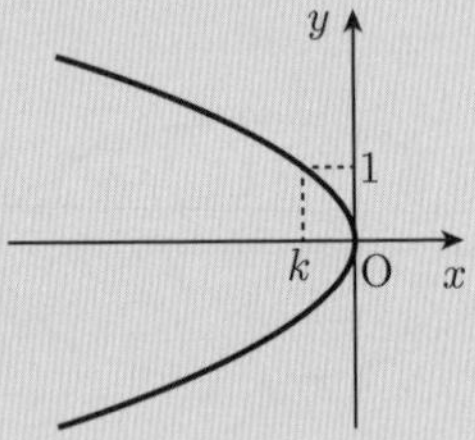

放物線

$x=ky^2 \quad (k<0)$

索　引

あ 行

か 行

さ 行

た 行

な　行

は　行

ま 行

や 行

ら 行

英 字

執筆者（五十音順）

新井《あらい》　達也《たつや》　筑波技術大学准教授

五十川《いそがわ》　読《さとる》　熊本高等専門学校名誉教授

上松《うえまつ》　和弘《かずひろ》　鶴岡工業高等専門学校名誉教授

奥村《おくむら》　昌司《しょうじ》　舞鶴工業高等専門学校教授

友安《ともやす》　一夫《かずお》　都城工業高等専門学校教授

中村《なかむら》　元《げん》　松江工業高等専門学校名誉教授

西川《にしかわ》　雅堂《まさたか》　鳥羽商船高等専門学校教授

濱田《はまだ》さやか　熊本高等専門学校准教授

南《みなみ》　貴之《たかゆき》　香川高等専門学校教授

終わりに，次の先生方にはこの本の編集にあたり，有益なご意見や，周到なご校閲をいただいた．深く謝意を表したい．

校閲者（五十音順）

赤池　祐次　呉工業高等専門学校

川崎　雄貴　広島商船高等専門学校

佐野　照和　木更津工業高等専門学校

長尾　秀人　明石工業高等専門学校

松田　一秀　新居浜工業高等専門学校

向江　頼士　宮崎大学

カバー・表紙デザイン：KIS・小林　哲哉

監修者

河東《かわひがし》　泰之《やすゆき》　東京大学大学院数理科学研究科教授　Ph.D.

編著者

佐々木《ささき》良勝《よしかつ》　近畿大学工学部准教授　博士（数理科学）

鈴木《すずき》　香織《かおり》　横浜国立大学経営学部准教授
博士（数理科学）

竹縄《たけなわ》　知之《ともゆき》　東京海洋大学学術研究院教授
博士（数理科学）

LIBRARY 工学基礎 & 高専 TEXT ＝ CKM–T3

微分積分［第 2 版］

2014 年 11 月 10 日 ©	初版発行
2023 年 2 月 25 日	初版第 9 刷発行
2023 年 10 月 25 日 ©	第 2 版発行

監修者　河東泰之
編著者　佐々木良勝
　　　　鈴木香織
　　　　竹縄知之

発行者　矢沢和俊
印刷者　小宮山恒敏

【発行】　株式会社　数理工学社
〒151–0051　東京都渋谷区千駄ヶ谷 1 丁目 3 番 25 号
☎（03）5474–8661（代）　サイエンスビル

【発売】　株式会社　サイエンス社
〒151–0051　東京都渋谷区千駄ヶ谷 1 丁目 3 番 25 号
営業☎（03）5474–8500（代）　振替 00170–7–2387
FAX☎（03）5474–8900

印刷・製本　小宮山印刷工業（株）

≪検印省略≫

ISBN978–4–86481–102–6

PRINTED IN JAPAN

サイエンス社・数理工学社の
ホームページのご案内
https://www.saiensu.co.jp
ご意見・ご要望は
suuri@saiensu.co.jp まで．